▷图 4.3　郭守敬望远镜（LAMOST）

▷图 4.8　中国天眼（FAST）

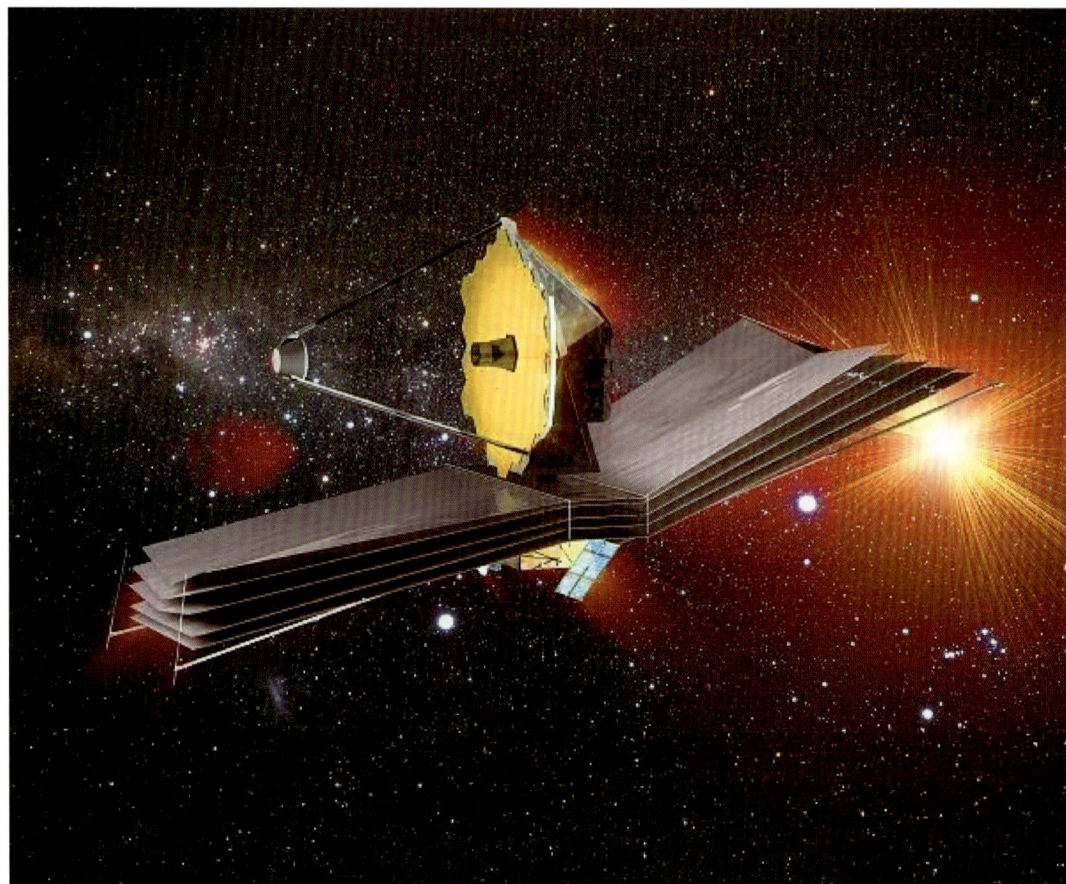

▷图 4.10　詹姆斯·韦布空间望远镜（JWST）

▷图 4.11　硬 X 射线调制望远镜卫星（"慧眼"）

▷图 5.1 太阳系大家族

▷图 7.10 "玉兔"二号月球车

▷图 8.13 天王星

▷图 8.6 "祝融号"火星车

▷图 13.3　色球上的耀斑爆发

▷图 13.5　活动日珥

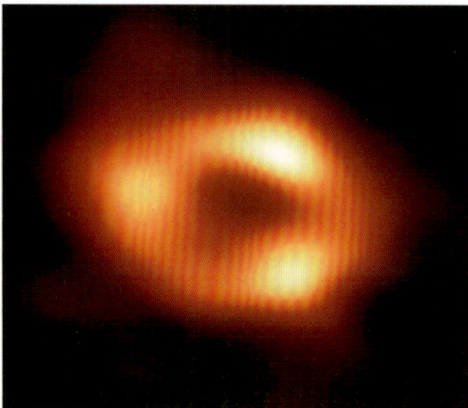

▷图 21.12　银河系中心人马座 A* 黑洞的
首张照片

▷图 22.1　詹姆斯·韦布空间望远镜的
首张全彩深空照片

普通高等教育"十五"国家级规划教材

基础天文学

Fundamental Astronomy

（第二版）

主　编　刘学富　　副主编　姜碧沩

参　编　卢方军　李志安　贾贵山

中国教育出版传媒集团

高等教育出版社·北京

内容提要

本书简明、科学地讲解了宇宙中的各类天体，如太阳、太阳系中的八大行星、恒星、白矮星、中子星、黑洞等的物理特征和运动规律，以及银河系、星系团乃至宇宙的结构和演化。与旧版相比，本版补充了太阳系、白矮星、脉冲星、黑洞等的最新研究成果，增加了引力波探测以及暗物质和暗能量研究的重大进展。

本书介绍了国内外的重大天文观测设备及其主要观测成果，包括哈勃空间望远镜、钱德拉 X 射线天文台，新近研制成功的詹姆斯·韦布空间望远镜、GAIA 天体测量卫星，以及我国的郭守敬光学望远镜（LAMOST）、500 米球面射电望远镜（FAST，"天眼"）、暗物质粒子探测卫星（DAMPE，"悟空"）和硬 X 射线调制望远镜卫星（HXMT，"慧眼"）等。

本书还给出了九个天文观测活动指南，并选编了大量的例题、习题（给出解答过程或参考答案）及部分奥赛题，供广大读者练习或参考。

本书适合高等学校理科专业的学生学习，也可供文科专业的学生及青少年天文爱好者参阅。其中注有 * 的章节内容，天文学专业的学生必读，非天文学专业的学生可以选读。

图书在版编目（C I P）数据

基础天文学 / 刘学富主编；姜碧沩副主编 . -- 2 版 . -- 北京：高等教育出版社，2024.7
ISBN 978-7-04-062233-1

Ⅰ. ①基 …　Ⅱ. ①刘 …　②姜 …　Ⅲ. ①天文学 - 高等学校 - 教材　Ⅳ. ①P1

中国国家版本馆 CIP 数据核字（2024）第 095681 号

Jichu Tianwenxue

策划编辑	张海雁	责任编辑	张海雁	封面设计	裴一丹	版式设计	徐艳妮
责任绘图	裴一丹	责任校对	张 然	责任印制	沈心怡		

出版发行	高等教育出版社	网　　址	http://www.hep.edu.cn
社　　址	北京市西城区德外大街 4 号		http://www.hep.com.cn
邮政编码	100120	网上订购	http://www.hepmall.com.cn
印　　刷	北京印刷集团有限责任公司		http://www.hepmall.com
开　　本	787mm×1092mm　1/16		http://www.hepmall.cn
印　　张	24.25		
字　　数	580 千字	版　　次	2004 年 7 月第 1 版
插　　页	2		2024 年 7 月第 2 版
购书热线	010-58581118	印　　次	2024 年 12 月第 2 次印刷
咨询电话	400-810-0598	定　　价	49.80 元

本书如有缺页、倒页、脱页等质量问题，请到所购图书销售部门联系调换
版权所有　侵权必究
物料号　62233-00

贺《基础天文学》第二版出版

九层之台，
起于累土；
千里之行，
始于足下*。

* 引自《老子》

苏定强　崔向群
2023年5月23日

前　言

　　伟大的波兰天文学家哥白尼有一句名言："人类的天职在于勇于探索。"浩瀚的宇宙魅力无穷，探索宇宙的奥秘是人类永恒的科学主题。千百年来，一代代学者志士在探索宇宙的道路上不断前进，艰苦卓绝，又乐在其中。

　　《基础天文学》第一版自2004年出版以来，承蒙读者喜爱，20多次重印。19年间，随着科技的进步，天文学也得到了极大的发展，进入了全波段、多信息的新时期。近年来，一大批性能卓越的天文观测设备投入运行，重大的天文学发现不断涌现，仅在过去6年，就有3个年度的诺贝尔物理学奖被授予天文学家。可以预期，伴随着天文观测设备的发展，更多重大的成果将会涌现。

　　中国古代在天文观测和授时方面取得了辉煌的成就，对国际天文学乃至人类文明做出了重要贡献。21世纪以来，随着经济的腾飞，我国的天文观测设备也得到了极大的发展，并面临着重大的发展机遇。中国的天文学研究正处在一个蓬勃发展的新时期。

　　但浩瀚的宇宙依然有大量问题需要探索。宇宙如何诞生并产生了现在的结构？宇宙中极大部分物质是暗能量和暗物质，暗能量怎么会使宇宙加速膨胀？有引力作用但无电磁作用的暗物质又是什么？黑洞的性质是什么？在黑洞附近的强引力场中广义相对论还是否正确？在中子星内部高密度下物质处于怎样的状态？宜居行星与地外生命在哪里？……无论从技术还是科学方面来说，天文学都是有理想的年轻人发挥才智的最佳领域之一。希望本书能让年轻人感受到宇宙的魅力，并吸引你们走上科学探索之路！

　　本书的修订得到了中国科学院苏定强院士和崔向群院士的大力支持和帮助，本书也得到了中国科学院赵刚院士的审阅。在此，作者一并表示衷心的感谢。书中不足之处，请读者批评指正（email：lxf1937@126.com）。

作　者

2023 年 11 月

目 录

绪论 ……………………………………………………………………… 1

第一篇　天文观测的基础知识

第一章　星空运转与周日视运动 ………………………………… 6

第 1 节　星座与四季星空 ………………………………………… 6

第 2 节　天体的周日视运动 ……………………………………… 7

第 3 节　太阳的周年视运动 ……………………………………… 9

第 4 节　天体的亮度和视星等 …………………………………… 11

习题一 …………………………………………………………… 13

第二章　天球和天球坐标系 ……………………………………… 14

第 1 节　天球和天球坐标系 ……………………………………… 14

*第 2 节　天球坐标系的变换 ……………………………………… 17

习题二 …………………………………………………………… 19

第三章　天文观测时间系统 ……………………………………… 20

第 1 节　平太阳时、世界时、区时与恒星时 …………………… 20

*第 2 节　原子时、历书时与力学时 ……………………………… 23

第 3 节　历法与节气 ……………………………………………… 25

*第 4 节　天体的出没时刻 ………………………………………… 27

习题三 …………………………………………………………… 30

第四章　天文望远镜 ……………………………………………… 31

第 1 节　当代天文光学望远镜 …………………………………… 31

第 2 节　郭守敬望远镜 …………………………………………… 33

第 3 节　天文光学望远镜系统 …………………………………… 35

第 4 节　天文光学望远镜的光学性能 ················· 37

*第 5 节　光学望远镜的光学像差 ··················· 40

*第 6 节　光学望远镜的机械装置 ··················· 41

第 7 节　射电望远镜 ························· 42

第 8 节　空间望远镜与空间探测器 ················· 46

习题四 ······························· 52

第二篇　我们的太阳系

第五章　太阳系大家族 ························· 56

第 1 节　太阳系大家族 ······················· 56

第 2 节　行星的视运动 ······················· 57

第 3 节　行星的轨道运动定律 ··················· 59

*第 4 节　行星运动的轨道要素和运动方程 ············· 61

第 5 节　太阳系的形成和演化 ··················· 65

习题五 ······························· 67

第六章　地内行星 ··························· 69

第 1 节　水星 ··························· 69

第 2 节　金星 ··························· 70

习题六 ······························· 72

第七章　地球与月球 ························· 74

第 1 节　地球在太阳系中得天独厚 ················· 74

第 2 节　地球的物理特征与结构 ·················· 75

第 3 节　地球的磁层与辐射带 ··················· 79

*第 4 节　地球的自转 ······················· 80

*第 5 节　地球内部的地极移动 ··················· 83

第 6 节　地球公转与四季 ····················· 84

*第 7 节　地球轨道参数的变化 ··················· 87

第 8 节　月球 ··························· 88

习题七 ······························· 93

第八章　地外行星 ··························· 94

第 1 节　火星 ··························· 94

第 2 节　木星 ··························· 99

第 3 节　土星 ………………………………………………………… 102

第 4 节　天王星 ……………………………………………………… 104

第 5 节　海王星 ……………………………………………………… 106

第 6 节　矮行星 ……………………………………………………… 107

习题八 ……………………………………………………………… 109

第九章　太阳系的小天体 …………………………………………… 111

第 1 节　小行星 ……………………………………………………… 111

第 2 节　彗星 ………………………………………………………… 112

第 3 节　流星和流星雨 ……………………………………………… 115

第 4 节　陨石和陨石雨 ……………………………………………… 117

习题九 ……………………………………………………………… 122

第十章　月食与日食 …………………………………………………… 124

第 1 节　月食 ………………………………………………………… 124

第 2 节　日食 ………………………………………………………… 125

习题十 ……………………………………………………………… 127

第三篇　太阳和恒星世界

第十一章　太阳 ………………………………………………………… 130

第 1 节　太阳的物理特征 …………………………………………… 130

第 2 节　太阳的内部结构 …………………………………………… 132

*第 3 节　太阳的能量来源 …………………………………………… 134

第十二章　太阳大气 …………………………………………………… 137

第 1 节　光球 ………………………………………………………… 137

第 2 节　太阳光球的光谱 …………………………………………… 139

第 3 节　色球 ………………………………………………………… 140

第 4 节　过渡区和日冕 ……………………………………………… 141

第 5 节　太阳磁场 …………………………………………………… 143

习题十二 …………………………………………………………… 145

第十三章　太阳活动 …………………………………………………… 147

第 1 节　太阳黑子活动 ……………………………………………… 147

第 2 节　色球活动 …………………………………………………… 149

第 3 节　日冕活动 ·· 151

第 4 节　太阳活动的空间观测 ·· 152

第十四章　日地关系 ··· 155

第 1 节　太阳是一个超级实验室 ·· 155

第 2 节　太阳对地球环境的影响 ·· 156

习题十四 ··· 157

第十五章　恒星的测量 ··· 159

第 1 节　恒星的距离 ·· 159

第 2 节　恒星的绝对星等与光度 ·· 161

*第 3 节　恒星的辐射 ·· 162

第 4 节　恒星的光谱 ·· 165

第 5 节　恒星的大小 ·· 169

第 6 节　恒星的质量 ·· 170

第 7 节　恒星的运动 ·· 172

*第 8 节　恒星的自转 ·· 175

第 9 节　恒星活动与能源 ··· 176

习题十五 ··· 179

第十六章　恒星的形成和演化 ·· 180

第 1 节　化学元素的起源 ··· 180

第 2 节　原恒星 ·· 181

第 3 节　主序前星 ··· 182

第 4 节　主序星 ·· 184

第 5 节　红巨星 ·· 185

第 6 节　恒星的归宿 ·· 187

习题十六 ··· 188

第十七章　白矮星、中子星和黑洞 ·································· 190

第 1 节　白矮星 ·· 190

第 2 节　中子星 ·· 192

第 3 节　黑洞 ··· 198

第 4 节　双致密星并合与引力波 ·· 203

习题十七 ··· 204

第十八章　双星 ·· 206

第 1 节　目视双星 ·· 206

第 2 节　食变双星 ·· 208

第 3 节　分光双星 ·· 210

*第 4 节　双星的洛希模型 ·· 211

*第 5 节　色球活动双星 ·· 212

*第 6 节　X 射线双星 ·· 213

*第 7 节　密近双星的演化 ·· 214

习题十八 ·· 216

第十九章　变星 ·· 217

第 1 节　变星的分类 ·· 217

第 2 节　脉动变星 ·· 218

第 3 节　激变变星 ·· 222

习题十九 ·· 224

第二十章　超新星 ·· 226

第 1 节　超新星的搜寻与发现 ···································· 226

第 2 节　超新星的分类 ·· 227

第 3 节　著名的超新星 ·· 228

*第 4 节　超新星的爆发机制 ······································ 232

习题二十 ·· 233

第四篇　银河系与河外星系

第二十一章　银河系 ·· 236

第 1 节　银河系的外貌 ·· 236

第 2 节　银河系中的恒星族 ······································ 238

第 3 节　星团 ··· 238

第 4 节　银河系的质量 ·· 240

第 5 节　银河系的较差自转 ······································ 241

第 6 节　银河系的旋臂 ·· 243

第 7 节　银河系的中心 ·· 246

第 8 节　银河系的形成和演化 ··································· 249

习题二十一 ·· 249

第二十二章　河外星系 ··· 251
　第1节　星系的形态分类 ··· 251
　第2节　星系的红移 ··· 257
　第3节　星系的光度 ··· 259
　*第4节　星系的质量 ·· 260
　第5节　星系的形成和演化 ··· 263
　习题二十二 ··· 266

第二十三章　活动星系 ··· 267
　第1节　类星体 ·· 267
　第2节　赛弗特星系 ··· 276
　*第3节　蝎虎座 BL 天体 ·· 278
　*第4节　其他活动星系 ·· 280
　*第5节　活动星系核的统一模型 ·· 283
　习题二十三 ··· 287

第二十四章　星际介质 ··· 288
　第1节　星际消光 ·· 288
　第2节　气体星云 ·· 289
　*第3节　宇宙线和星际磁场 ·· 295
　习题二十四 ··· 295

第二十五章　星系群、星系团与超星系团 ································· 297
　第1节　星系群 ·· 297
　第2节　星系团与超星系团 ··· 297

第五篇　膨胀的宇宙与宇宙中生命的探寻

第二十六章　宇宙学 ··· 304
　第1节　现代宇宙学的观测基础 ··· 304
　*第2节　现代宇宙学 ·· 306
　第3节　标准宇宙学模型——宇宙大爆炸模型 ······························ 308
　第4节　宇宙演化的简史 ··· 311
　第5节　宇宙的年龄与未来 ··· 313
　第6节　暗物质和暗能量 ··· 315
　习题二十六 ··· 316

第二十七章　茫茫宇宙觅知音 ································· 318

　　第 1 节　太阳系中的生命探索 ······························318

　　第 2 节　银河系中的生命之光 ······························319

天文实习——天文观测活动指南 ························· 321

　　实习 1　天文年历、星表、星图和星图软件的使用 ···············321

　　实习 2　流星和流星雨的观测 ······························327

　　实习 3　天文望远镜的使用与光学性能的测定 ···············330

　　实习 4　月球的白光照相 ································334

　　实习 5　太阳黑子的投影观测及数据处理 ···············336

　　实习 6　太阳光球光谱的拍摄与认证 ·················340

　　实习 7　目视双星的目视观测 ······························342

　　实习 8　大气消光的光电观测 ······························346

　　实习 9　变星的光电测光 ································351

附录 ··· 361

　　附录 1　全天 88 个星座表 ································361

　　附录 2　梅西叶星云、星团表 ······························364

　　附录 3　天文学常用数据表 ······························367

　　附录 4　常用物理常量表 ································368

　　附录 5　球面三角学基本公式 ······························369

参考文献 ··· 371

绪　论

　　天文学是研究宇宙以及宇宙中各类天体的科学。天文学以观测为基础，通过探测来自宇宙空间的电磁辐射、高能粒子和引力波等信息，研究天体的位置、化学成分、物理状态和结构、运动规律以及它们的形成和演化，并进而探索宇宙的诞生、组成和演化，包括寻找宇宙中可能大量存在而人类却几乎一无所知的暗物质和暗能量。

　　天文学是历史最为悠久的学科之一，产生于古代人类生产生活的需要。恩格斯在《自然辩证法》中说："必须研究自然科学各个部门的循序发展。首先是天文学——游牧民族和农业民族为了定季节，就已经绝对需要它……"天文学研究需要应用相关学科的知识，同时又高度依赖观测设备。随着数学、力学、物理学、化学等相关学科的发展以及技术的进步，天文学也经历了一次次飞跃，发展成现代天文学，而每一次飞跃都或者极大地促进了生产的发展，或者革新了人类对宇宙和自然的认识。

　　我国古代天文学创造了辉煌的历史。中国是世界上最早发明历法的国家之一，早在西汉时，就将至今仍在使用的二十四节气编入历法，指导农业生产。中国有世界上最古老、丰富的日食、彗星、超新星等天象记录，这些记录成为现代天文学研究的重要基础信息。中国古代制造了浑仪、简仪等精湛的天文仪器，出现了张衡、郭守敬等驰名中外的天文学家。中国古代天文学对世界天文学的发展乃至整个人类文明做出了重要贡献。

　　欧洲文艺复兴以后，以哥白尼、伽利略、开普勒、牛顿为代表的科学家把天文学推向新的阶段。欧洲工业革命中发展的照相术、光谱学等技术被应用到天体的光度测量和光谱分析中，从而将天文学从研究天体运动规律的学科扩展为以研究天体物理性质和物理过程为主的学科，从此诞生了天体物理学。

　　20世纪30年代，随着电子技术的发展，人们发现了来自银河系中心的无线电信号，由此诞生了射电天文学。第二次世界大战后，射电天文学获得迅猛的发展，促成了20世纪60年代天文学的四大发现，即发现了类星体、脉冲星、星际分子和宇宙微波背景辐射。20世纪80年代以来，射电干涉技术得到极大的进展，将天文观测的分辨率提高了几个数量级，其中最有代表性的成果就是2021年发布的首张黑洞照片，这是位于全球的多台毫米波望远镜组成的"事件视界望远镜"合作获得的。面向未来射电天文观测的需要，国际合作平方公里阵列（SKA）射电望远镜也正在建设之中，中国是SKA的七个创始成员国之一。

　　20世纪下半叶，随着探测器和空间技术的发展以及研究工作的深入，天文探测进一步从可见光、射电波段扩展到包括红外、紫外、X射线和γ射线在内的整个电磁波波段，天文学进入全波段天文学时代。对天体和天文现象的全波段观测为全面理解它们的辐射性质和物理本质提供了强有力的手段，进入空间同时也使得光学望远镜的观测不受大气吸收和闪烁的影响，可以达到分辨率和灵敏度的理论极限。1990 年，哈勃空间望远镜发射升空并运行至今，对几乎所有的天文学领域都做出了巨大的贡献，其最具代表性的成果是发现宇宙在加速膨胀和暗能量存在的证据。作为哈勃空间望远镜的继任者，詹姆斯·韦布空间望远镜于 2021 年 12 月发射成功，并已在日地系统的 L2 点附近开始工作。

20 世纪 80 年代以后，主动光学技术逐渐成熟，各国纷纷建造更新型和更大型的地面望远镜。美国分别于 1990 年和 1996 年建成两台口径 10 米的凯克望远镜，每个望远镜的主镜由 36 块六边形小镜拼接而成。欧洲南方天文台用四台 8.2 米口径的望远镜组成甚大望远镜，既可组合为等效口径 16 米的望远镜，也可单独使用成为光学干涉仪。基于该干涉仪，科学家证明银河系中心存在一个超大质量黑洞。主动光学技术的应用也为建设口径 30 米左右的巨型地面光学望远镜创造了条件，国际上已有巨型麦哲伦望远镜（GMT）、三十米望远镜（TMT）等几个方案在推进。

2015 年 9 月，美国激光干涉引力波天文台（LIGO）探测到双黑洞并合产生的引力波，打开了引力波天文学的窗口。2017 年 8 月，LIGO 和欧洲的室女座引力波天文台（VIRGO）探测到双中子星并合产生的引力波 GW170817，美国费米伽马射线天文台监测到该引力波事件产生的高能电磁辐射，从而引导全球的天文望远镜对该天体进行了一场史无前例的大联测。2017 年，美国牵头的国际合作冰立方（Ice Cube）中微子天文台探测到超大质量黑洞爆发产生超高能中微子的证据。探测到引力波和来自天体源的超高能中微子，使天文学进入多信使天文学的新时代。

因为科技和社会经济发展水平的落后，中国的天文学研究在近现代陷入低谷。新中国成立之后，一代代天文学家呕心沥血，接续奋斗，逐渐将中国的天文学研究带入国际前沿。2008 年，郭守敬望远镜（LAMOST）建成，这是世界上口径最大、光谱获取率最高的大视场多目标光谱巡天望远镜，也是中国大望远镜发展史上的一个里程碑。LAMOST 获得了银河系恒星和河外星系的海量光谱数据，在银河系结构和演化的研究、特殊恒星的搜寻以及宇宙学研究等方面取得了多方面重要的成果。2016 年，500 米口径球面射电望远镜（FAST，"天眼"）在贵州落成，并于 2020 年完成验收，对国内外开放。"天眼"是世界上最大、最灵敏的单天线射电望远镜，已经在脉冲星寻找、快速射电暴的观测研究方面取得多项突破性成果。2022 年，高海拔宇宙线观测站（LHAASO）在四川稻城建成，且部分阵列已在建设的过程中开始运行。LHAASO 在超高能伽马射线能段具有遥遥领先的灵敏度，发现了一大批超高能伽马射线源，从而开启了超高能伽马射线天文学。

中国在航天领域取得的巨大成就为空间天文带来了良好的发展机遇。2001 年，在"神舟"二号飞船的留轨舱上搭载了"太阳和宇宙天体高能辐射监测仪"，实现了我国在轨空间天文观测零的突破。2015 年 12 月，暗物质粒子探测卫星（DAMPE，"悟空"）发射升空。"悟空"具有世界上最宽的观测能段范围和最高的能量分辨率，获得了国际上最高精度的宇宙高能电子能谱，发现了异常的结构，这些"结构"可能和暗物质有关。2017 年 6 月，我国第一颗 X 射线天文卫星——硬 X 射线调制望远镜卫星（HXMT，"慧眼"）发射。"慧眼"打开了研究黑洞、中子星等天体的硬 X 射线快速光变的新窗口，连续打破宇宙中最强磁场测量的世界纪录，将黑洞系统准周期振荡的最高能量提高了近一个数量级，并发现了快速射电暴的高能对应体。继"悟空"和"慧眼"之后，我国在近年还发射了引力波高能电磁对应体全天监视器（GECAM）、爱因斯坦探针卫星（EP），并计划在

2024 年发射空间变源监视器卫星（SVOM）、中国巡天空间望远镜（CSST）等在国际上性能领先的空间天文观测设备。

在近地天体的就位探测方面，我国走进了国际第一方阵。2019 年 1 月，"嫦娥"四号飞船载着"玉兔"二号月球车实现了人类首次月球背面软着陆；2020 年 12 月，"嫦娥"五号完成了月球采样返回。2020 年 7 月，"天问"一号火星探测器升空；2021 年 5 月，"天问"一号搭载的"祝融号"火星车登陆火星。在月球和火星探测中，天文学家不仅运用天体力学理论来设计、计算轨道，还利用中国科学院的甚长基线干涉仪（VLBI）网进行测定轨，在工程任务中发挥了关键的支撑作用。

宇宙无限，奥秘无穷。古老的天文学始终位列自然科学的最前沿，与人类的生产、生活乃至思想和审美密切相连，是广受关注的学科。经过近几十年的发展，我国的天文学研究开始跻身国际先进行列。作为标志性的基础学科之一，在建设社会主义现代化强国和实现中华民族伟大复兴的征程中，我国的天文学研究面临着更为广阔的发展前景。正是扬帆远航时，希望广大的青少年积极投身其中，共创我国天文学研究的又一个辉煌时代。

第一篇

天文观测的基础知识

第一章

星空运转与周日视运动

深邃的夜空，繁星闪烁着诱人的晶莹之光，仿佛是一个缀满宝石的迷宫，那一颗颗亮星像宝石一样晶莹剔透，那一个个星座如悬挂在夜空中的一幅幅图画，令人心驰神往。让我们从熟悉这些星座开始，了解星空的运转和天体的周日视运动。

第1节 | 星座与四季星空

一、星座与星名

我们的祖先早就给天上的亮星起了名，有的根据神话故事命名，如牛郎星、织女星、天狼星、老人星等；有的根据中国二十八宿命名，如角宿一、心宿二、娄宿三、参宿四和毕宿五等；有的根据恒星颜色命名，如大火（心宿二）；还有的根据恒星所在天区命名，如天关星、北河二、北河三、南河三、天津四、五车二和南门二等。

1603 年，德国业余天文学家拜尔建议"平等对待"这些恒星，不能只给亮星起名。他提出：每个星座中的恒星从亮到暗按顺序排列，以该星座名称加一个希腊字母顺序表示，例如猎户座 α（参宿四）、猎户座 β（参宿七）、猎户座 γ（参宿五）、猎户座 δ（参宿三）等。某个星座中的恒星若超过了 24 个或者为了方便，就用星座的名称后加阿拉伯数字表示，如天鹅座 61 星、天鹅座 32 星、双子座 65 星及天兔座 17 星等。天文学家有时用星表的序号来表示星名，如猎户座 α 星也叫 HD39801（HD 星表 39801 号）。

人们根据一群星构成的图形加上想象，把恒星划分成许多星座。中国古代把恒星天空划分成三垣二十八宿，"垣"是墙的意思，"宿"是住址的意思。日月穿行在黄道附近，黄道附近的星被分成 28 个大小不等的星区，叫二十八宿。月球在绕地球公转过程中，每日从西往东经过一宿。二十八宿以外的星区被划分为三垣：紫微垣、太微垣和天市垣。紫微垣包括北天极附近的星区，太微垣大致包括室女座、后发座和狮子座，天市垣包括蛇夫座、武仙座、巨蛇座和天鹰座等星座。

1928 年，国际天文学联合会决定，将全天划分为 88 个星座，其中沿黄道天区的有 12 个星座，因为太阳的周年视运动穿过它们，所以也叫黄道 12 宫。它们是双鱼座、白羊座、金牛座、双子座、巨蟹座、狮子座、室女座、天秤座、天蝎座、人马座、摩羯座和宝瓶座。

北半天球有 29 个星座，如小熊座、大熊座、天龙座、天琴座、天鹰座、天鹅座、武仙座、狐狸座、飞马座、蝎虎座、北冕座、猎犬座、后发座、牧夫座、仙王座、仙后座、仙女座、英仙座、猎户座等。南半天球有 47 个星座，如大犬座、船底座、半人马座、鲸鱼座、波江座、长蛇座、天兔座、麒麟座、蛇夫座、盾牌座、船帆座和飞鱼座等。

这 88 个星座形状各异，色彩纷呈，人们按照它们组合的形状把它们想象成不同的人物和动物等，并给每个星座都联想了许多美丽动听的故事，比如中国民间早就传说的牛郎星和织女星的故事。古希腊故事把牛郎星和周围的星连在一起，认为像老鹰，叫天鹰座；把织女星和周围的星想象为一架琴，叫天琴座。天鹅座中的六颗亮星，古希腊神话故事把它说成一只在银河上空低飞的天鹅，所以叫天鹅座。

二、四季星空

美丽星空的 88 个星座不是每个地区的人们都能看到，这是由于所处的地理纬度不同。后面我们还要讲在不同地理纬度看到天体视运动的详情。

在北半球，人们在满天的繁星中，很早就认识了著名的北斗七星（大熊座），"望见了北斗星就知道了方向"，沿着北斗七星勺底的两颗星连线延长的方向就可以找到北极星。北极星距离北天极约 1°，北极星的地平高度约等于当地的地理纬度。因此，古代的航海家们由北极星识别方向，把轩辕十四、毕宿五、北河三、北落师门、娄宿三、角宿一、心宿二、牛郎星和室宿一星叫作导航的航海九星。现代星际航行也利用恒星导航，例如登月的"阿波罗 11 号"宇宙飞船没有用光学定位仪，而是靠一些亮星为飞行轨道定位。可见，今日它们仍在为人类的宇宙探测导航。

由于地球自西向东自转，地球上的人们看到所有的星星都和太阳一样有东升西落的现象。另一方面，由于地球的绕日公转，人们在不同季节的夜晚，即使在同一时刻看同一颗星，其在天空的高度和方位也不同。

我们的祖先很早就注意到了四季星空的变化，写下了描述寒来暑往、斗转星移的诗篇：

> 斗柄指东，天下皆春；
> 斗柄指南，天下皆夏；
> 斗柄指西，天下皆秋；
> 斗柄指北，天下皆冬。

这诗篇告诉了北半球的人们，在不同的季节里北斗星的斗柄所指的方向不同。

我们若要认识星空，最好到远离城市灯光的空旷地区，并要准备好一份星图和一个手电筒。如果你有一些星图天文软件（如 Skymap），事先用计算机演示当夜的星空图像，它会帮你认识星空。

第 2 节 | 天体的周日视运动

天体的周日视运动 由于地球自西向东自转，由相对运动原理，人们不觉得地球在运动，却看到所有天体都围绕着天轴（地球自转轴的延伸）自东向西运动，24 小时运转一周，这就叫天体的周日视运动。

站在地球不同纬度处的观测者，所见天体的升、落情况有所不同，这是因为不同纬度地区天极的高度不同。例如，图 1.1 为在北京地区的观测者拍摄的天体周日视运动的照片。下面我们分析几种在特殊地区看到天体周日视运动的情况。

一、在南、北两极观察天体的周日视运动

在地球的北极或南极（地理纬度 $\phi = \pm 90°$），人们看到的天体都平行于地平圈转动，看不到升落的情况，如图 1.2 所示。在北极地区只能看到北半天球的星，永远看不到南半天球的星，而在南极地区只能看到南半天球的星，永远看不到北半天球的星。在两极，半年是白天，半年是黑夜。在北极地区，从春分到秋分看到太阳每天以不同的高度围着观测者打转，永远不落，半年都是白天；从秋分到春分，太阳永不上升，半年的长夜，北极星高悬天顶，其他星星都围绕着天轴转圈，永不下落。而在南极地区，从春分到秋分，半年都是黑夜；从秋分到春分，半年内太阳永不下落，都是白昼。

▷图 1.1　北极星附近的星围绕天极的周日视运动照片

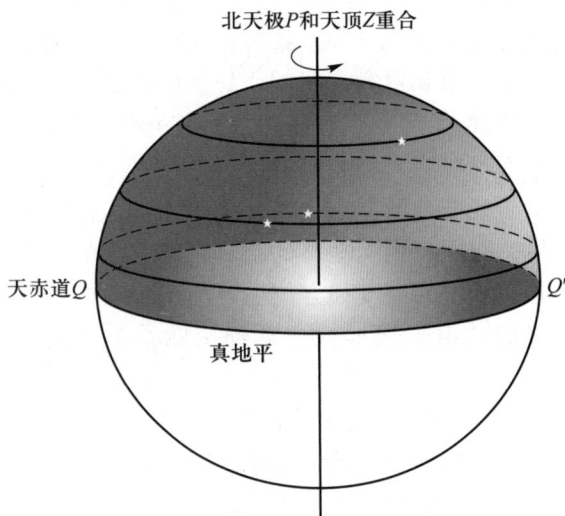

▷图 1.2　在南、北极地区看到的天体的周日视运动

二、在赤道地区观察天体的周日视运动

地球赤道地区（地理纬度 $\phi = 0°$）的观测者所看到情景是，所有天体都垂直于地平面做圆运动，如图 1.3 所示。在这个地区，在春分和秋分日中午时刻太阳在天顶，是真正的"太阳当头照，立竿不见影"。

三、在两极和赤道之间的地区观察天体的周日视运动

在两极和赤道之间的地区（地理纬度 $0° < \phi < +90°$ 或 $0° > \phi > -90°$），例如在北极与

赤道之间的地区，可看到全部北半球的天体及部分南半球的天体，如图 1.4 所示。地理纬度越高，天极离地面越高，可看到的南半天球的天体就越少。例如在北京，北极星的高度约 40°，那些赤纬（天体的赤道坐标）大于和等于 50° 的天体永不下落到地平以下，而一部分南天的天体（赤纬小于 −50°）则永远看不到。例如在广州的夜晚可看到老人星，而在北京就看不到。

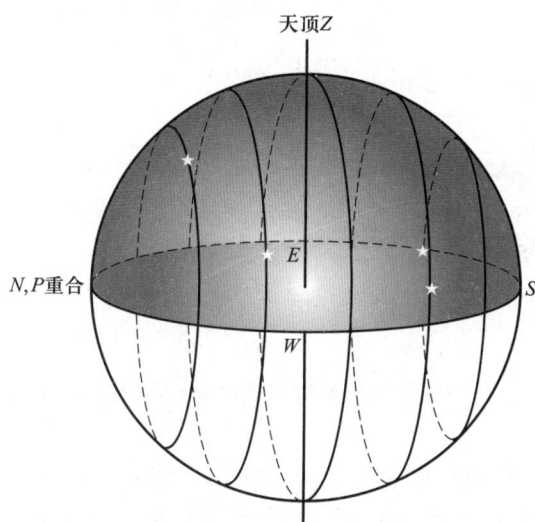

▷ 图 1.3　在赤道地区看到的天体的周日视运动　　▷ 图 1.4　在中纬地区看到的天体的周日视运动

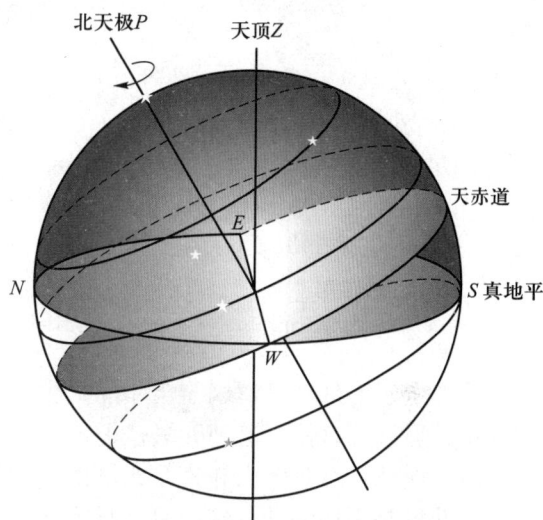

第 3 节 | 太阳的周年视运动

　　旭日东升，夕阳西下，这是大家都熟悉的太阳周日视运动现象，大家一定也注意到太阳在一年里，每天出没的方位和中午的高度有所变化，不同季节的夜晚的同一时刻（比如晚 8 点）所看到的星座也不同，这就是太阳的周年视运动现象。由于地球在自转的同时还绕日公转，一年里，视太阳在天球上相对其他背景恒星移动一周。

　　黄道 12 宫　一年内视太阳在天球黄道（地球绕日公转的轨道叫黄道）上穿行 12 个星座，人们把这些星座叫黄道 12 宫，如图 1.5 所示。太阳穿行 12 宫的时间大体如表 1.1 所示。

表 1.1　太阳穿行 12 宫的时间

日期：3 月 21 日 — 4 月 20 日 — 5 月 21 日 — 6 月 22 日 — 7 月 23 日 — 8 月 23 日 — 9 月 23 日
太阳经过：　　白羊座	金牛座	双子座	巨蟹座	狮子座	室女座

日期：9 月 23 日 — 10 月 23 日 — 11 月 22 日 — 12 月 22 日 — 1 月 20 日 — 2 月 18 日 — 3 月 21 日
太阳经过：　　天秤座	天蝎座	人马座	摩羯座	宝瓶座	双鱼座

　　现代流行的说法即每人都属一定的星座，这里所说的星座是指太阳一年穿行的黄道 12 宫里的星座。你可以依据表 1.1 由生日查出在那天太阳穿行的星座，它就是你所属的星

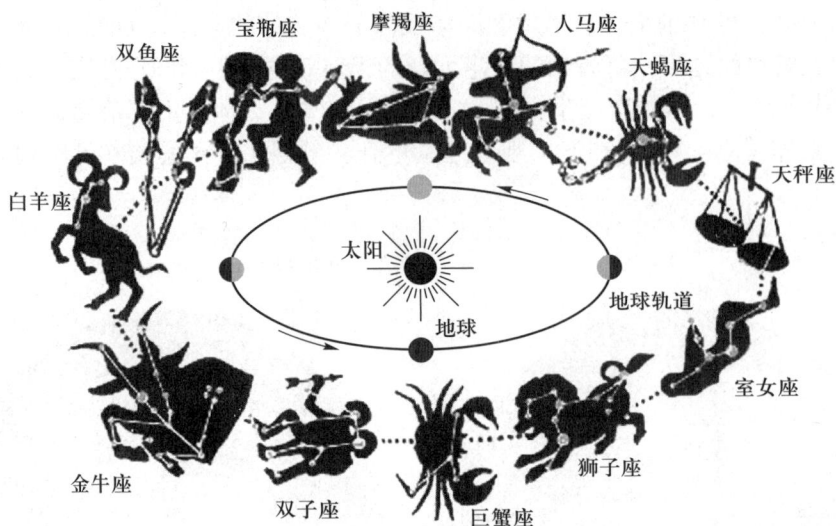

▷图 1.5　黄道 12 宫

座。比如生于 5 月 1 日就属于金牛座，生于 10 月 15 日就属于天秤座等。至于星座决定人的性格，显然没有什么道理，只是趣谈。

由于地球绕日公转的轨道是椭圆的，所以地球的公转速度是不均匀的，因此太阳的周年视运动也是不均匀的。在 1 月 3 日或 4 日地球运动到近日点，这时运动速度比其他地方大，所以太阳在摩羯座停留的时间最短。

春分点与秋分点　在一年里太阳的周年视运动是沿着黄道运动一周，黄道与天赤道交于两点：太阳沿着黄道由天赤道以南穿越到天赤道以北的那个交点叫升交点，也称为春分点，如图 1.6 所示。在黄道上与春分点相距 180° 的黄道与天赤道的那个交点叫降交点，也称为秋分点。

与春分点相距 90° 且在赤道以北的那一点叫夏至点，在天球上和夏至点相对的那一点，它与春分点相距 270°，在赤道以南，叫冬至点。太阳每年在公历 3 月 21 日前后到达春分点，6 月 22 日前后到达夏至点，9 月 23 日前后到达秋分点，12 月 22 日前后到达冬至点。

在地球的不同纬度处，太阳的周年视运动不同：在北半球中纬地区，春分日和秋分日那天，太阳正好位于天赤道上，早晨日出正东，傍晚日落正西，昼夜等长。春分过后，太阳从东北方升起，西北方落下，昼渐长，夜渐短。正午时刻的太阳高度逐渐增高，夏至日达到最高，白天的时间最长。夏至过后，太阳正午高度逐渐降

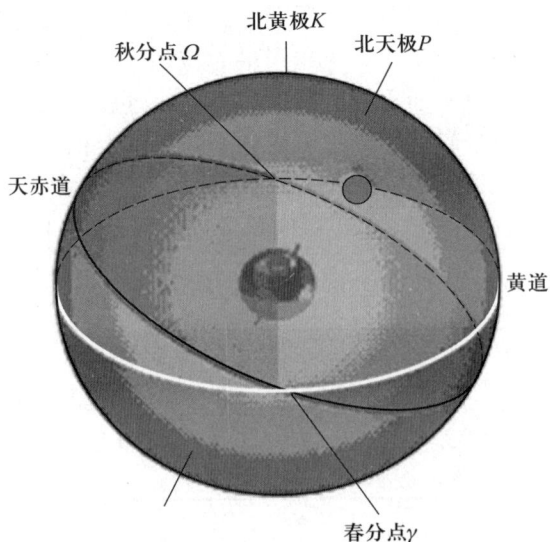

▷图 1.6　太阳的周年视运动

低，白昼也逐渐变短，至秋分日又昼夜平分。秋分过后，太阳南移，正午高度继续降低，冬至日达到最低，白昼最短，太阳从东南方升起，西南方落下。在南半球的中纬地区看到的太阳升落情形正好相反。

在地球赤道地区，春分日和秋分日中午太阳都位于头顶。从春分到秋分，太阳在天顶北；从秋分到春分，太阳在天顶南。一年中无论哪一天，太阳总沿着与地平面垂直的平行圈升落，一年四季都是昼夜平分。

在南极地区（$-66.5° > \phi > -90°$），一般从春分日到秋分日太阳永不升起，从秋分日到春分日太阳永不下落，但在南极圈内的不同位置，太阳升落的时间是有差异的。北极地区的情况与此相反。

在北极圈（纬度为 66.5°）上，夏至日那天太阳不落，24 小时都是白天，只在晚上 12 点，它才和地平面相切于北点。而冬至日那天太阳迟迟不升起来，只在中午时分，才在南点附近看到太阳的光芒一现，其余时间就是茫茫的黑夜。读者根据此道理，可想象在南极圈上看到的太阳升落情况。

第 4 节 | 天体的亮度和视星等

自古以来，人们出于农牧业生产的需要很早就开始观察星空、识别星的亮度。人们习惯上把肉眼看到的星的亮度分为 6 等，把最亮的星定为 1 等星，把勉强看到的暗星定为 6 等星。1850 年，普森注意到古代天文学家定出的 1 等星比 6 等星大约亮 100 倍。为了使星等系统更为精确，普森规定星等相差 5 等，亮度之比精确地等于 100。也就是说，星等每相差 1 等，其亮度之比等于 2.512，即 1 等星的亮度是 2 等星的 2.512 倍，2 等星的亮度是 3 等星的 2.512 倍。星等的范围也向两端延伸了，比 1 等星亮的有 0 等星和负星等的星，比如天狼星的视星等为 -1.46^m，太阳的视星等为 -26.7^m，月球满月时的视星等为 -12.6^m；比 6 等星更暗的有 7 等星、8 等星、9 等星……

一、视星等

视星等 根据心理学研究，人的眼睛有这样的特性，即入射的光强按等比级数增加时，人眼睛的感觉是按等差级数改变的，所以有如下星等和亮度的换算公式：
$$m = -2.5 \lg E$$
设两颗星的亮度分别为 E_1 和 E_2，则它们的星等 m_1 与 m_2 之差为
$$m_1 - m_2 = -2.5 \lg(E_1/E_2)$$
此星等对应着天体的视亮度，所以叫视星等。

二、色指数

对同一天体，天文学家用两个波段的星等差值表示它的颜色，并定义色指数：
$$C = m_{pg} - m_{pv}$$

式中 m_{pg} 是用照相方法得到的照相星等；m_{pv} 是仿视星等，即在照相底片上加黄色滤光片而测得的星等。

UBV 三色星等系统　U 是紫外星等，B 是蓝色星等，V 是黄色星等。

1953 年美国天文学家琼森和摩根提出了 UBV 三色星等系统，它已成为现代国际上通用的测光系统。UBV 测光系统要求望远镜是镀铝的反射望远镜，并采用美国生产的 1P21 型光电倍增管及将三种颜色的滤光片附加在探测器前边，现可应用于光电测光、照相测光或 CCD 测光。

三色测光所测得的星等，分别叫 U 星等（有效波长为 365 nm）、B 星等（有效波长为 445 nm）和 V 星等（有效波长为 550 nm）。

色指数　$(B-V)$ 和 $(U-B)$。

UBV 星表通常给出 V、$(B-V)$ 及 $(U-B)$，其中 V 是 V 星等，$(B-V)$ 和 $(U-B)$ 表示天体的色指数。

例题 1　说明在南极圈上，在春分日、夏至日、秋分日与冬至日看到的太阳升落情况。（不考虑地球大气的折射，也不考虑所见到的视地平低于数学地平的情况。）

解答： 在南极圈（纬度为 $-66.5°$）上，在冬至日那天，24 小时几乎都是白天，太阳不落，只是在夜里 12 点，太阳的视面中心过地平圈的南点。

在夏至日那天，太阳不会升起，只是在中午 12 点，太阳的视面中心过地平圈的北点。在春分日和秋分日是昼夜平分。

例题 2　最近，在极夜结束后，南极的企鹅观测到了日出。问在这时北极的白熊看到了什么现象？

解答： 如果你按照完全对称的情况，回答北极的白熊在这个时候观测到日落，这是不正确的。因为实际上白熊要在几天之后才会看到日落，这里必须考虑两种情况：

第一，对于任意观测者，实际看到的视地平是低于地平圈（数学地平）的，比如一个人站在平坦的地表面上，她看到的视地平比数学地平约低 $2.5'$，这可由下面的计算得出：

设 R 是地球半径，h 为眼睛在地球表面的水平高度，视地平比数学地平低的角度为

$$\theta = \arccos\left[R/(R+h)\right]$$
$$\tan\theta = [(R+h)^2 - R^2]^{1/2}/R = (2h/R)^{1/2} \ (\text{rad}) = 2.5'$$

企鹅大小不同，我们可以取高大的帝企鹅的眼睛高度大约在地球表面以上 1 m，视地平比数学地平大约低 $2'$。白熊是坐着的，眼睛的水平高度也是 1 m，视地平也大约低 $2'$。

这意味着，企鹅看到太阳的视面中心升到地平圈上的时候（日出），在北极，太阳的视面中心已经在地平圈（数学地平）之上 $2'$ 了。坐着的北极白熊看到的太阳已在地平圈以上 $4'$，亦即太阳视半径的四分之一已露在地平之上了。

第二，地球大气对光的折射作用也必须考虑，大气折射的大小取决于天气情况，在地平方向大气折射角平均为 $35'$。南极的企鹅看到太阳视面中心在地平圈（数学地平）上时，太阳实际上是在数学地平以下 $35' + 2' = 37'$。在北极，这时太阳仍然没有开始下落，太阳在地平圈之上，大气折射角大约是 $25'$（不是 $35'$，因为这时太阳实际上不是在南极的地平圈上，而是低于地平圈）。

因此，坐在北极的白熊看到的太阳高度为 $4' + 35' + 25' = 64'$，即大约 $1°$ 高。

例题 3　大约公元前 1100 年，中国古人在夏至日测量了太阳的最大高度，夏至日时得到

$h_1 = 79°07'$，而冬至日时 $h_2 = 31°19'$。在这两种情况下，太阳都处在天顶的南边。求出观测者所在的地理纬度，同时计算黄道与赤道在那时的夹角。

解答： 我们可以证明：天极的高度等于当地的地理纬度 ϕ 这一重要规律，所以天球赤道的地平高度为 $90°-\phi$。设黄道与赤道的夹角为 ε。

在夏至日，太阳的赤纬为 $+\varepsilon$，太阳的地平高度为 $h_1 = 90°-\phi+\varepsilon$；

在冬至日，太阳的赤纬为 $-\varepsilon$，太阳的地平高度为 $h_2 = 90°-\phi-\varepsilon$；

所以有 $\phi = 90°-(h_1+h_2)/2 = 34°47'$，$\varepsilon = (h_1-h_2)/2 = 23°54'$

因此，观测地的地理纬度 ϕ 为 $34°47'$，那时黄道与赤道的夹角 ε 为 $23°54'$。

习题一

1. 在地球上什么地方、什么时候，观察太阳由升起到落下持续的时间最长？

2. 在北京地区（地理纬度约为 $40°$）在春分日、夏至日、秋分日与冬至日的时候，太阳在上中天时的高度分别是多少？

3. 我们将太阳的圆面覆盖住天顶定义为太阳位于天顶，问在汕头（纬度为 $23.5°$）、基多（纬度为 $0°$）与圣保罗（纬度为 $-23.5°$）何时能够看到太阳位于天顶这种现象？请解释之。

习题一
参考答案

4. 在月球的天空中，太阳和地球哪个更常见？（提示：在月球的正面与在月球的背面分别考虑。）

5. 在春分日、夏至日、秋分日与冬至日时，太阳的赤经和赤纬分别是多少？

6. 猎户座的三星，在一个月前是在晚上 10 时升起来的，问这三颗星今天晚上何时升起？

7. 在春分日那天，在北极的北极熊与在南极的企鹅看到太阳的周日视运动的现象是怎样的？过了两天后，它们看到太阳的周日视运动又是怎样的？

8. 在椭圆星系 M32（仙女座大星云的一个伴星系）中约有 2.5×10^7 颗恒星，这个星系的视星等为 9^m。如果所有恒星的亮度相同，那么这个星系中单颗恒星的视星等是多少？

第二章

天球和天球坐标系

在晴朗的夜晚，仰望天空，眼前像有一个半球形的夜幕天穹，上面点缀着无数闪烁发亮的明星，感觉自己仿佛处在这个天穹的中心，这就是人们对"天球"的印象。天文学家为了研究天体的位置和天体的运动引入了"天球"的概念和天球坐标系。

第1节 | 天球和天球坐标系

天球是一个假想的球，它是以观测者（或地心、日心）为中心，以无穷远为半径的球，所有天体都投影在这个球面上。天球的轴是地球自转轴的延伸，叫天轴；天轴与天球有两个交点，它们叫天极；地球北极延伸的点叫北天极；地球南极延伸的那个点叫南天极。

天体在天球上的视位置，最方便是用球面坐标来表示，在天球上建立的球面坐标系叫**天球坐标系**。天文学中常用的天球坐标系有地平坐标系、赤道坐标系、黄道坐标系、银道坐标系。

一、地平坐标系

地平坐标系主要有两个参量：方位角 A 和地平高度 h（或天顶距 z），如图2.1所示。观测者的头顶方向与天球相交的点叫**天顶**（Z 点）。从观测者脚底方向延伸与天球的交点叫**天底**（Z'）。垂直于天顶和天底连线并过天球中心的平面叫地平面。它与天球相交于一个大圆，这个大圆叫地平圈，也叫真地平。这个真地平是数学平面，它和眼睛看到的视地平有所区别。在宽阔的海面上，因为地球是球形的，视地平总是低于真地平。与地平圈平行的小圆叫地平纬圈，与地平圈垂直的大圆叫地平经圈。从北点沿地平圈顺时针方向量度叫地平方位角，记做 A。天体 σ 的地平高度，是从地平圈沿着地平经圈向上量度，记作**地平高度** h。

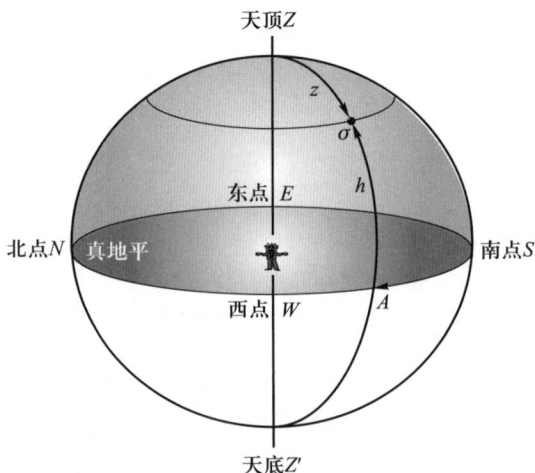

▷图2.1 地平坐标系

天体沿地平经圈到天顶 Z 的圆弧叫这个天体的**天顶距** z。

由图可以看出，天体的天顶距 z 与天体的高度 h 的关系为 $z = 90° - h$。所以在地平坐标系中，地平高度 h 参量也可以用天顶距 z 代替，两者之和等于 $90°$。

通过北天极 P 和天顶 Z 的大圆叫**天球子午圈**，它和真地平相交于 N 点和 S 点。靠近北天极的叫北点，和它相对的另一点是南点。在地平圈上沿顺时针量度，离南、北点各 $90°$ 的点分别叫东点（E）和西点（W）。通过天顶、东点、天底和西点的大圆 $ZEZ'W$ 叫**卯酉圈**。

天体通过子午圈叫"中天"，天体每天有两次中天，位置达到最高时叫上中天，位置达到最低时叫下中天。在极点是特殊情况，两次中天天体的高度一样，可以定天体通过面向的子午圈方向为上中天，相距 $180°$ 背向的那次中天叫下中天。

地球上任何观测点的天极高度等于当地的地理纬度，由相似三角形原理可以证明。如图 2.2 所示，在观测地 O' 处的天极为 P' 方向。由于两个边互相垂直的角相等（$\angle ZO'Q' = \angle P'O'E'$），所以，天极的高度角等于当地的地理纬度。

二、赤道坐标系

如图 2.3 所示，地球自转轴的延伸与天球相交的两点是北天极 P 和南天极 P'。地球赤道的延伸与天球相交的大圆圈叫天球赤道，即天赤道 QQ'。天赤道以北的半个天球叫北天球，以南的叫南天球。天球上平行于天赤道的小圆圈叫纬圈，垂直于天赤道并且过两个天极的大圆圈叫经圈或时圈。

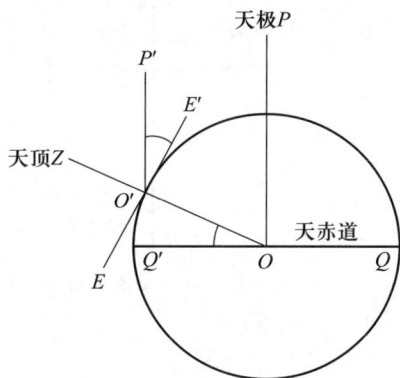

▷图 2.2 天极的高度角等于当地
地理纬度的示意图

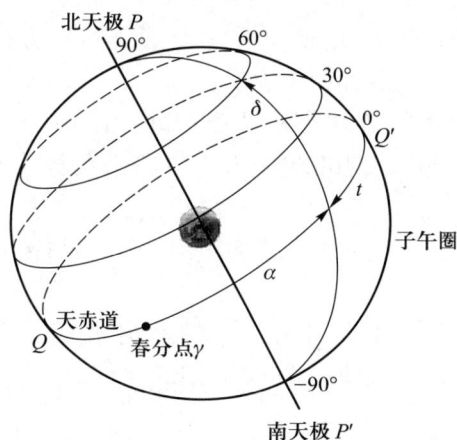

▷图 2.3 赤道坐标系

在赤道坐标系中，天体的位置，其赤经（RA）用 α 表示，赤纬（Dec）用 δ 表示。赤纬 δ 是沿着赤经圈，由天赤道向北天极、南天极两个方向计量，范围为 $0° \sim \pm 90°$，从赤道向北天极方向量度为正，向南天极方向量度为负。

地球公转轨道面的延伸与天球相交的大圆圈叫黄道，天赤道与黄道相交于两点，它们分别叫春分点和秋分点。春分点是由于太阳在春分日那天由南半天球进入北半天球时经过此交点，因此春分点也叫升交点，用符号 γ 表示。天体的赤经 α 是从春分点开始，沿着赤道圈逆时针方向计量到天体的赤经圈与天赤道的交点，以 $0\sim24^{\mathrm{h}}$ 计量。

三、时角坐标系

在时角坐标系中，主要的参量是时角 t 和赤纬 δ。

时角 t 是从过观测者子午圈与天赤道交点算起，到过天体的赤经圈与天赤道的交点，面向南，沿着赤道圈顺时针方向计量，按小时计量。一周 $360°$ 是 24 小时，所以 $15°$ 为 1 小时。从子午圈向西（逆时针）量度的时角称为负时角，例如 $345°$ 的时角为 $t=-1^{\mathrm{h}}$ 等。

赤纬 δ 是沿着赤经圈，由天赤道向北天极或向南天极两个方向计量，范围为 $0°\sim\pm90°$，从赤道向北天极方向量度为正，向南天极方向量度为负，这与赤道坐标系一致。

时角坐标系对于天文观测来说是很方便的，后面我们讲到天文时间系统时，就会一目了然。

四、黄道坐标系

如图 2.4 所示，黄道坐标系是以黄道为基本圈，春分点为原点的球面坐标系。垂直于黄道的大圆与天球相交的两个极点分别叫北黄极与南黄极。

天体黄道坐标的计量用黄经和黄纬表示。

天体的黄经是从春分点起算，沿黄道逆时针量度（自西向东），以 $0\sim24^{\mathrm{h}}$ 计量，量度方向与赤经方向相同。黄经用 λ 表示。

天体的黄纬是从黄道向北、南两个黄极计量 $0°\sim\pm90°$，向北黄极为正，向南黄极为负，用 β 表示。

黄道与赤道的夹角叫黄赤交角，目前黄赤交角约 $23°26'$。

由图 2.4 可知北黄极的赤道坐标：赤经 α 为 $270°=18^{\mathrm{h}}$，赤纬 δ 为 $90°-23.5°=66.5°$。

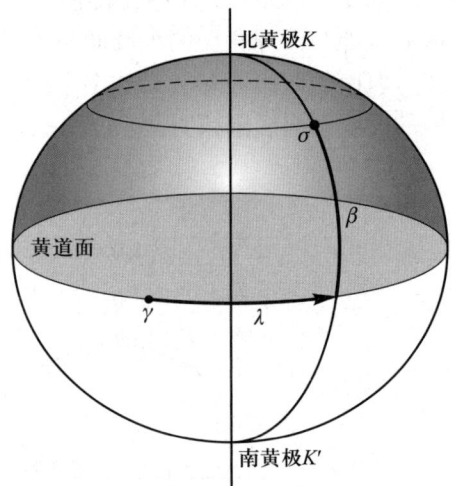

▷图 2.4　黄道坐标系

五、银道坐标系

研究银河系用银道坐标系是最方便的。银河系是一个扁的旋转椭球体，群星密集分布在银盘。这个椭球的对称平面叫银道面，它与天球相交的大圆叫银道。垂直银道面过天球中心与天球交两点，分别叫作北银极和南银极。接近北天极的叫北银极，接近南天极的叫南银极。

在银道坐标系中，天体的位置用银经 L、银纬 b 表示。银纬 b 的计量是沿着银经圈，由银道向北银极或南银极两个方向计量 $0°\sim\pm90°$，从银道向北银极方向量度为正，向南银极方向量度为负。

银道和赤道的交角，用 i 符号，银道由赤道之南进入赤道以北的交点叫升交点。银经 L 是从升交点起算，沿着银道逆时针方向计量，从 0 到 24^h。

*第 2 节 ｜ 天球坐标系的变换

由球面三角学的基础知识，我们可以证明天球坐标系之间的换算公式。

一、地平坐标与时角坐标的换算公式

设天体 σ 的地平坐标为（A，z），时角坐标为（t，δ），观测地点的地理纬度为 ϕ。对以北天极 P、天体 σ 和天顶 Z 为顶点的球面三角形，如图 2.5 所示，由球面三角学的基本公式，可得出如下换算式。

（1）已知天体方位角 A 和天顶距 z，利用球面三角公式求天体的时角 t 和赤纬 δ：

$\sin \delta = \sin \phi \cos z - \cos \phi \sin z \cos A$

$\cos \delta \sin t = \sin z \sin A$

$\cos \delta \cos t = \sin \phi \sin z \cos A + \cos z \cos \phi$

已知地方区时（如北京时）可以计算出地方恒星时，由地方恒星时 S 与时角 t 的关系式 $\alpha = S - t$，可求出天体的时角 t。

（2）已知天体的时角 t 和赤纬 δ，求天体的方位角 A 和天顶距 z（或地平高度）。利用如下球面三角公式即可：

$\cos z = \sin \phi \sin \delta + \cos \phi \cos \delta \cos t$

$\sin z \sin A = \cos \delta \sin t$

$\sin z \cos A = -\sin \delta \cos \phi + \cos \delta \sin \phi \cos t$

二、赤道坐标与黄道坐标的换算公式

设天体的黄经为 λ，黄纬为 β；天体的赤经为 α，赤纬为 δ；黄道与赤道的夹角为 ε（参看图 2.6）。由球面三角形 $K\sigma P$ 可得出黄道坐标与赤道坐标的换算公式。

（1）由天体的赤经 α、赤纬 δ，黄道与赤道的夹角 ε，求天体的黄经 λ、黄纬 β

$\sin \beta = \cos \varepsilon \sin \delta - \sin \varepsilon \cos \delta \sin \alpha$

$\cos \beta \cos \lambda = \cos \delta \cos \alpha$

$\cos \beta \sin \lambda = \sin \delta \sin \varepsilon + \cos \delta \cos \varepsilon \sin \alpha$

（2）由天体的黄经 λ、黄纬 β 与黄赤夹角 ε，求天体的赤经 α、赤纬 δ

$\sin \delta = \cos \varepsilon \sin \beta + \sin \varepsilon \cos \beta \sin \lambda$

$\cos \delta \cos \alpha = \cos \beta \cos \lambda$

$\cos \delta \sin \alpha = -\sin \beta \sin \varepsilon + \cos \beta \cos \varepsilon \sin \lambda$

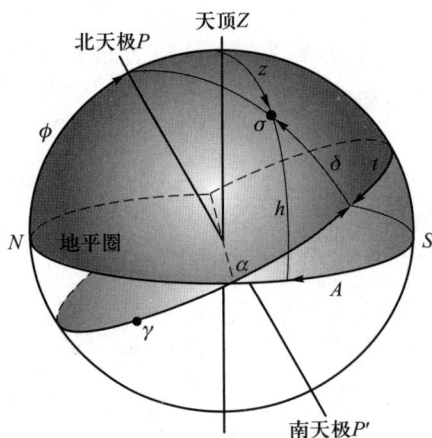

▷图 2.5　地平坐标与时角坐标的换算　　▷图 2.6　赤道坐标与黄道坐标的换算

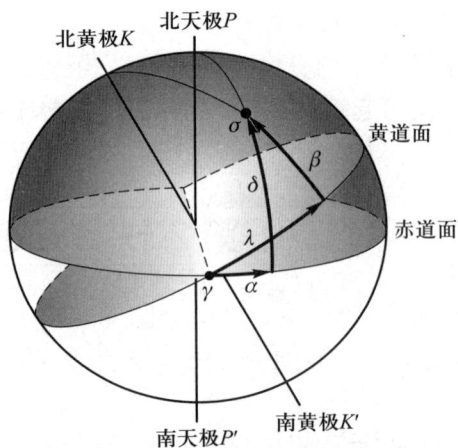

📚 **例题 1**　写出北黄极的赤道坐标与北天极的黄道坐标。

解答：先绘出天球的黄道坐标与赤道坐标的简化图，设黄赤交角为 23.5°，由图 2.7 可以看出：

北黄极的赤道坐标：赤经为 18^h；赤纬为 $90° - 23.5° = 66.5°$。

北天极的黄道坐标：黄经为 6^h；黄纬为 $90° - 23.5° = 66.5°$。

📚 **例题 2**　证明天体在上中天的时刻，它的赤纬 δ、天顶距 z 和观测地的地理纬度 ϕ 有如下关系：$z = \pm(\phi - \delta)$。如果天体在天顶之南中天，取正号，如果天体在天顶与天极之间中天，则取负号（参照图 2.8 证明）。

证明：由图可明显地看出：

$$\angle PON = \angle ZOQ' = \phi,\ z = \pm(\phi - \delta)$$

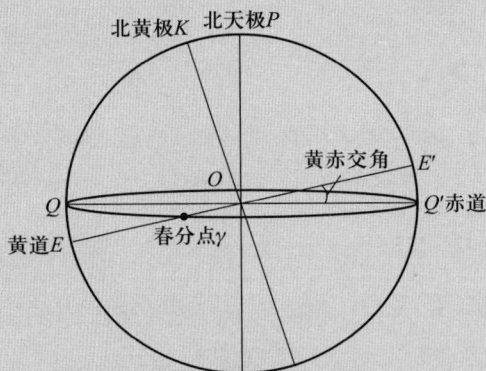

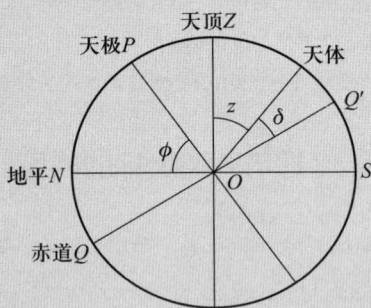

▷图 2.7　简化天球坐标系图　　　▷图 2.8　证明 $z = \pm(\phi - \delta)$ 的示意图

📖 **例题 3**　设想一个北极熊，在 2022 年内整年都坐在北极处。问当太阳处在地平线上的最高位置时，天空的多大部分处在黄道之下？在什么时间（指日期），天空的同样部分将再次处在黄道之下？

解答：在北极，当太阳在水平线上面的最高位置时是夏至日，这天的任意时刻黄道以下的天空部分都是 ε/π，即有 ε/π 部分的天空是在黄道之下，又是在地平之上。ε 是黄道与赤道的夹角（在 2022 年是 23°26′），π 是 180°。

因此 23°26′/180° = 0.13 在任意时刻都如此。次年 6 月 22 日夏至时天空的同样部分将再次处在黄道之下。

习题二

1. 我们通常认为全天肉眼可见的恒星有 6 000 颗,假设恒星在天球上均匀分布,请估计有多少颗位于恒显圈(即永不下落):(1)位于距北极 1° 处;(2)位于距赤道 1° 处。

2. 观测者位于纬度 40° 处观看时,天球赤道与地平圈相交成什么角度(两者相交东西两点)?若在纬度 −40° 处时,则上述角度又为多少度?

3. 对纬度 +55° 而言,春分点刚升出地平的时刻,黄道与地平圈构成什么角度?春分点刚沉没地平的时刻呢?对纬度 +66.5° 而言呢?

4. 地理纬度为 42° 处,天顶的赤纬等于多少?

5. 为什么赤经的计算照例是从西向东,而不是反方向的?

6. 天球北半球最亮的两颗星是织女星($\alpha = 18^h34^m$)和五车二($\alpha = 5^h10^m$)。问当春分点上中天的时刻,它们位于天空的哪一边(西边或东边),时角为多少?当春分点下中天的时刻呢?

7. 在北京($\phi = 39°57′$),五车二($\delta = 45°54′$)上中天时,天顶距为多少?

天球坐标系选题

1. 达马万德山位于伊朗北部里海的南岸。假定有个观测者站在达马万德山顶上(北纬 35°57′,东经 52°6′,海拔为 5.6×10^3 m)观测里海上方的天空。请计算对于这个观测者来说,他刚好能够看到的永不下落天体的赤纬最小值。在该纬度处地球的半径为 6 370.8 km。里海的海平面近似等于平均海平面。

2. 某人造地球卫星在地球赤道面上以正圆轨道绕地运行。德黑兰的观测者在纬度为 $\phi = 35.6°$ 处看到该卫星过当地子午线(中天)时的天顶距为 $z = 46.0°$。请计算该卫星的地心距离(以地球半径为单位)。

第三章

天文观测时间系统

时间和空间都是物质存在的形式，物质的运动和变化都是在时间和空间中进行的。为了计量时间，就必须观测物质的运动。天文观测的时间主要是依据地球的运动（自转和绕太阳公转）规律来计量的。

第1节 | 平太阳时、世界时、区时与恒星时

一、真太阳时与平太阳时

日常生活中用的钟和手表都是用平太阳时，而以真正的太阳为参考点，以真太阳的视运动来计量地球自转一周的时间，即太阳视圆面中心连续两次上中天的时间间隔叫作一个**真太阳日**。一个真太阳日分为 24 小时，一个真太阳小时分为 60 分，一个真太阳分分为 60 秒。真太阳时在日常生活中应用是不方便的，因为地球自转同时还绕日公转，而且公转速度是不均匀的，例如在近日点附近运动快，在远日点附近运动慢。因此，天文学家引入一个天球上的假想点——平太阳，它在天球上的视运动（周日视运动和周年视运动之和）是均匀的。以假想平太阳为参考点，来计量地球自转一周的时间，相应的时间叫作一个**平太阳日**，相应一个平太阳日的时、分、秒就是平太阳时、平太阳分和平太阳秒。平太阳时也可简称为平时。

真太阳时与平太阳时的关系，通过时差来联系。真太阳时角 $t_\odot$ 与平太阳时角 t_m 之差叫时差，即

$$\eta = t_\odot - t_m$$

由于真太阳的周年视运动是不均匀的，而平太阳的周年视运动是均匀的，所以 η 不是一个固定值，时差随时间的变化曲线叫时差曲线。在中国天文年历的太阳表中记载有每天 η 的数值。

二、恒星日与恒星时

恒星日是以某一个恒星为参考点来度量的地球自转周期，即该星连续两次经过上中天的时间间隔。天文学家规定，恒星日以天球上的春分点（假设这颗恒星位于春分点）为参考点，来计量地球自转的周期，规定：春分点连续两次通过某观测地子午圈的时间间隔叫

作一个**恒星日**，并以春分点（γ）在该地上中天的瞬间作为恒星时的起算点，即以春分点的时角来计量恒星时：

$$S = t_\gamma$$

这就是说地方恒星时在数值上等于春分点的时角 t_γ（以小时为单位）。再细分，一个恒星日等于 24 个恒星时，一个恒星时等于 60 个恒星分，一个恒星分等于 60 个恒星秒。

我们知道春分点的赤经等于 0^h，又知恒星时是春分点的时角，所以很容易证明：恒星时（S）与任一个天体的赤经和它的时角的关系为

$$S = \alpha + t$$

用望远镜观测某一天体时，已知地方恒星时 S，由星表查知天体的赤经 α，由上式可算出它的时角 t。望远镜的赤道装置有赤纬（δ）盘和时角（t）盘，从而可以方便地对向天体。恒星在上中天时，它的时角 $t = 0^h$，则有 $S = \alpha + 0^h$。因此，观测者由恒星钟知道观测时刻的地方恒星时，就知道了上中天恒星的赤经。

三、恒星时和平太阳时的关系

平时与恒星时有什么关系呢？让我们选择地球某处 A 点来计算（见图 3.1）。如果以恒星为参考点，地球转了一周之后又对向这个恒星，我们说这是过了一个恒星日。由于地球除了自转外，还围绕着太阳公转，当地球自转一周之后，地球上的 A 点，没有正对太阳，必须再转过 0.986° 才对准太阳。所以 1 个平太阳日比 1 个恒星日长。在一个回归年（地球公转周期）里有 365.242 2 个平太阳日，而有 366.242 2 个恒星日。在一回归年里，恒星日的日数比平太阳日的日数多一天，即

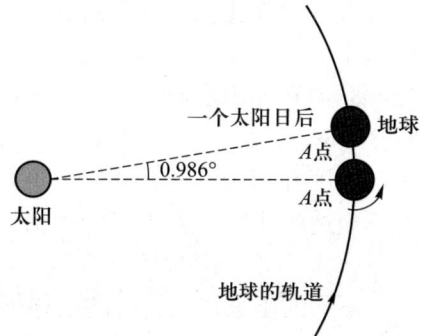

▷图 3.1　1 个太阳日比 1 个恒星日长的示意图

$$1\ \text{平太阳日} = \frac{366.242\ 2}{365.242\ 2}\ \text{恒星日} = \left(1 + \frac{1}{365.242\ 2}\right)\text{恒星日}$$

$$\text{引入符号}\ \mu = \frac{1}{365.242\ 2} = 3^m 56.555\ 4^s$$

因此，恒星钟比平时钟每天快约 4 分钟。

四、地方时与世界时

恒星时、平时都具有地方性，都是地方时。因为这些时间计量系统，计量时间的起算点是天体过天子午圈的时刻，而对于地面上不同地理经圈的两地，它们的天子午圈是不同的，这使得不同地点时刻的起算点各不相同，这就形成了各自的时间计量系统——地方时。

不难证明，不同的两地同时观测同一天体，其时角之差，等于这两地的地理经度之

差。因而，只要两地经度有差别，两地的地方时刻就不相同。例如我国幅员辽阔，当东部乌苏里江的渔民迎来黎明的曙光时，西部帕米尔高原还在深夜。如果各地都按地方时计量，将使各地人们的交流很不方便，于是国际上统一规定了全球的标准时——世界时。

世界时 以英国格林尼治天文台原址所在的子午线为起点，即格林尼治的地理经度 $\lambda = 0^h$，该地的地方平时（即平太阳时）作为世界时，用字母 UT 表示。其他地方的平时 m 与世界时的关系为

$$m = UT \pm \lambda$$

东经 λ 取正，西经 λ 取负。如果已知某地的地理经度，又知道地方平时，就可求出世界时，反之亦然。

五、区时

1884 年国际子午线会议规定，全世界统一实行分区计时制。这样便产生了区时。全球根据地理经度分成 24 个时区，每 15° 一个区，在同一时区内，都采用该区中央经线上的地方平时作为该时区的标准时间，相邻两时区的标准时间相差整一小时。根据这一原则，东、西两半球各分为 12 个时区，格林尼治子午线为零时区的中央子午线，两旁各 7.5° 的经度范围属零时区。这一时区内采用格林尼治地方时，即世界时。以此类推有东一时区、东二时区、东三时区……东十二时区；西一时区、西二时区……西十二时区。东十二时区和西十二时区重合，共同使用 180° 经线的地方时。这样划分，区时和地方时相差不超过半小时，对人们的生活影响不大。显然，区时等于世界时 UT 与时区号 N 相加。东时区 N 为正，西时区 N 为负。

不同的国家根据自己的法律规定使用自己国家的统一区时。我国从东向西横跨五个时区。中华人民共和国成立后，我国统一采用北京所在的东八时区的区时，即东经 120° 经线的地方时为"北京时间"。需要注意的是，北京时间是区时，不是北京地方平时，二者相差约 14.5 分。

$$北京区时 = UT + 8^h$$

中央广播电视总台发出的时号就是北京区时，减去 8 小时就是世界时。

六、区时与地方恒星时的换算

我们日常生活采用区时，而天文观测要用恒星时，因此，区时与恒星时的换算是很重要的。如果在地理经度为 λ 的地方（第 N 时区）的区时为 T，那么此时的地方恒星时 S 可由下式确定：

$$S = S_0 + (T - N)(1 + 1/365.242\,2) + \lambda$$

式中 S_0 为当日世界时零时的地方恒星时，可通过查天文年历得到。

例如，北京时间是东经 120° 的时区（第 8 时区），北京的地理经度 $\lambda = 7^h 45^m$，则有

$$S = S_0 + (T - 8^h)(1 + 1/365.242\,2) + 7^h 45^m$$

在天文观测时，已知区时，又知当地的地理经度，就可以利用上式求出地方恒星时，把恒星钟对准，观测时就有了恒星计时信号。已知地方恒星时 S，就可由 $S = \alpha + t$ 计算出当时

天体的时角 t，于是由天体的赤纬和时角，就可以利用望远镜对天体进行观测了。

七、日界线

按区时系统计量时间，平太阳日的起始时刻是不同的。为了统一全球的日期，国际上规定，在太平洋中以 180° 经线为准，避开陆地和岛屿画一条国际日期变更线，叫作**日界线**。在浩渺的南太平洋上，有三个岛屿：汤加塔布岛、瓦鸟群岛和查塔姆群岛。这三个岛屿跨越在 180° 两边。为了避免一个国家分属两个半球带来时间的混乱，这三个群岛都被划入东半球，归入东经 180°。这样，汤加和新西兰的一些岛屿上的人最先敲响每年的新年钟声。

从日界线以东往西走，越过日界线，即从西十二区进入东十二区，日期增加一天，时间不变。如果自日界线以西往东走，越过日界线，即从东十二区进入西十二区，日期减少一天。假如一个产妇坐飞机，恰巧在飞越日界线前后生出了一对双胞胎，飞机在东十二区上空时她生出了第一个婴儿，飞机飞越日界线，进入西十二区上空之后，她又生出了一个婴儿，那么这两个婴儿的出生日期正好相差一天，后出生的婴儿，应当是弟弟（或妹妹），但出生日期却早一天，按出生日期来论，反而成为哥哥（或姐姐）。

*第 2 节 | 原子时、历书时与力学时

一、原子时

在 20 世纪 30 年代之前，世界各天文台主要用精密的天文摆钟来维持时间的计量（称为守时），从而连续地发布时间。但是天文摆钟受气温、湿度、气压等条件变化的影响，每天的误差约为千分之一秒，经常需要用光学望远镜观测恒星的方法来改正钟的误差。

20 世纪 30 年代，人们制造出了石英钟。石英振荡器的振荡频率比摆钟稳定，它的发明使计时精度提高了一个量级，但石英钟仍然受气温变化的影响，以及振荡器存在老化和长期的变化。50 年代出现了原子钟。原子钟的基本原理是原子具有一系列确定的能级，如 E_1、E_2、$\cdots$、E_n，它的最低能级称为基态，其他能级称为激发态。当原子从一个能级跃迁到另一个能级时，会以电磁波形式向外辐射或吸收电磁能量。两个能级之间的能量差满足关系式：

$$E_2 - E_1 = h\nu$$

式中 $h = 6.626 \times 10^{-34}$ J·s，称为普朗克常量，ν 为跃迁频率。

原子在具有相应频率的外界电磁场作用下，将从高能级跃迁到低能级，并向外辐射能量，使外界入射的电磁能量得到放大，即产生了感应辐射。原子跃迁的频率非常稳定，目前人们把铯原子的跃迁频率作为标准。

1967 年 10 月第十三届国际计量大会通过原子时秒长的定义：位于海平面上的铯 −133 原子基态的两个超精细能级之间，在零磁场中跃迁所对应的辐射的 9 192 631 770 个周期

所持续的时间。原子时的起始时刻定为 1958 年 1 月 1 日世界时零点这一瞬间。这时原子时秒长等于世界时（平太阳时）秒长。但这一瞬间，两种时间计量系统相差为 $UT_1 - TAI = +0.003\ 9\ s$，$UT_1$ 是世界时 UT_0 经过地极移动改正后的世界时（UT_0 是由观测处理得到的，以地球自转为基准的世界时）。1969 年，当时的国际时间局（BIH）用几台精度更高、更稳定的铯原子钟组成一个系统来维持时间标准，称之为 TAI。

铯原子钟的精确度能达到 10^{-12} 量级，也就是说，铯原子钟每天的误差只有一亿分之一秒。或者说，铯原子钟约 30 万年才有 1 s 的误差。

目前除了铯原子钟之外，还有铷原子钟，它的体积较小，但精确度稍差。氢原子钟的精确度最好，能达到 10^{-15} 量级，也就是说比铯原子钟还好 1 000 倍，但它的体积比较庞大。

二、历书时与力学时

由于地球自转是不均匀的，所以以自转为基础的世界时 UT_0 也是不均匀的。为了得到均匀的计量时间单位，1958 年第十届国际天文学联合会决定以地球公转作为时间的计量单位，称为历书时。历书时（ET）的精确定义为：从公元 1 900.0 太阳几何平黄经为 $279°\ 41'\ 27.54''$ 的瞬间起算，这一瞬间的历书时记为 1900 年 1 月 1 日 12 时整。1 900.0 瞬间回归年长度的 31 556 925.974 7 分之一定义为历书时秒长。从 1960 年开始，天文年历中太阳、月球和行星历表都以历书时为基准进行计算，但是历书时需要用月球的运动来确定，误差比较大，后来改用力学时。

力学时是以天体力学理论计算得到的天文历表所用的时间系统。以太阳系质心为基准的力学时，称为太阳系质心力学时，记为 TDB。力学时与原子时（TAI）的关系为：原子时 1977 年 1 月 1 日 $0^h00^m00^s$ 瞬间对应的地球力学时为 1977 年 1 月 1.000 372 5 日。

根据国际天文学联合会决议，天文年历从 1984 年开始采用新的标准历元，即 2000 年 1 月 1.5 日力学时（TDB）为 J 2 000.0，此时儒略日 JD = 2 451 545.0。

三、时间的精确测定

在 20 世纪 70 年代以前，天文学上主要通过用光电中星仪、光电等高仪、摄影天顶筒等仪器观测恒星来精确测定时间。比较简单的方法是用中星仪，该仪器的望远镜指向子午圈以观测恒星过子午圈的时间，即恒星中天的时刻。我们知道一颗恒星中天时，恒星时就等于该恒星的赤经，即 $S = \alpha$。这种方法要求望远镜指向子午圈，但实际上望远镜指向会有微小的误差，即可能偏离子午圈一个小角度。为了改正这种误差，在观测过程中，测定望远镜的指向误差 t'，可得

$$S = \alpha + t'$$

观测时记录恒星过子午圈的时刻 S'，那么可得到

$$S = S' + u = \alpha + t'$$

式中 u 是守时钟的钟差。从星表中查出 α，或者通过计算得到观测时刻该恒星的视赤经 α，我们就可以准确地测定钟差 u，也就可以得到准确的时间是 $S = S' + u$。然后把恒星时 S

换算成平太阳时。为了提高观测精度，减小观测误差的影响，一般在 1~2 小时内观测一组恒星，约 20~40 颗恒星，记录各颗恒星中天的时刻和误差改正，计算每颗恒星中天时得出的钟差改正，最后取平均，即可得到比较准确的时间。

可见测定精确的时间，实际上是测定一个钟的误差，改正钟差，即可得到准确的时间。这要求守时钟非常稳定，变化很小，可以把观测得到的准确时间保存下来，以便及时提供精确的时间。

20 世纪 80 年代以来国际上采用人造卫星激光测距（SLR）、甚长基线干涉测量（VLBI）、全球人造卫星定位系统（GPS）和激光测月（LLR）等高新技术，精确测定地球定位参数。1988 年开始由国际地球自转服务局（IERS）综合全球新技术观测资料，向全世界提供精度高于 0.1 ms 的精确时间和精度高于 0.001″ 的地极坐标等地球定位参数。

第 3 节 | 历法与节气

我们知道以春分点作为标准，计量地球公转一周的时间，叫**一个回归年**。一个回归年包括 365.242 2 个平太阳日。人们习惯一年中有整日数，把计量一年中日数（整数）的方法和怎样选取起算点的方法称为历法。在历法中一年必须包含日的整数，称为历年。历法的研究史实质上是使历年的平均长度逐渐接近回归年长度的历史。

中国的历法研究有悠久的历史，自 2 100 多年前战国时代就诞生了阴阳历，以后人们又不断地对其进行改革和修订。随着人类社会的发展，历法也不断发展，日趋完善。

目前国际上通用的公历又称格里历，它的前身是儒略历。这两种历法都是太阳历，简称阳历，它以回归年为基本单位，与朔望月毫无关系。

一、儒略历

儒略历将每年划分为 12 个月，逢单的月份为大月，有 31 天，逢双的月份为小月，有 30 天。在 4 年中有一个闰年，3 个平年，闰年有 366 天，平年在二月份扣掉一天，一年有 365 天。因此，儒略历的平均年长为 365.25 天，它比回归年长 0.007 8 天。

二、格里历

格里历是公元 1582 年由罗马教皇格里高利十三世颁行的。它的一年中 1 月、3 月、5 月、7 月、8 月、10 月与 12 月为大月，有 31 天；4 月、6 月、9 月和 11 月为小月，有 30 天；二月份在平年时为 28 天。（我国民众传颂的"一、三、五、七、八、十、腊（十二月），31 天永不差；四、六、九、冬（十一月）三十日；只有二月二十八。"）

格里历规定四年一闰，闰年的二月份为 29 天。它还规定：凡公元数能被 4 除尽的年为闰年，除不尽的为平年；但对整世纪的年份如 1600 年、1700 年、1800 年等，只有世纪数能被 4 除尽的才是闰年，不能被 4 除尽的仍为平年。比如 1900 年的世纪数是 19，因而

1900 年就不是闰年，而 2000 年是闰年。这样，格里历每 400 年中不是有 100 个闰年，而是扣除了 3 个闰年，有 97 个闰年，共有（400-97）×365＋97×366＝146 097 天与地球真正的公转周期（即回归年）400×365.242 2＝146 096.88 天在 400 年中只差 0.12 天，每年与回归年仅差 0.000 3 天，显然比儒略历更为接近地球公转周期。格里历在 3 000 多年以后与回归年才差一天，精确度已够用，所以格里历被沿用至今，称为公历，以公元纪年。我国采用格里历并以 1 月 1 日作为一年的开始，用公元作为纪元。世界上许多国家也采用这种纪元方法。

三、中国农历

中国最早使用阴阳历，因为有二十四节气，能指导农事活动，所以后来又叫农历。这种历法是以月亮圆缺，即月相盈亏和太阳的周年视运动的周期为依据的。中国农历历法规定：以月相为朔的日期定为下一个月的初一。由于月相的朔望周期不是日的整数，平均为 29.530 59 天，便规定：大月 30 天，小月 29 天。此外，由于地球公转运动不是均匀的，如在近日点处比在远日点处运动快，所以朔望周期也长短不一，最多相差约半天，所以规定有的年份连续几个大月或连续几个小月。

中国农历也是以回归年为依据的。但回归年的周期与朔望月的周期是不通约的。积 12 个朔望月为 354 天或 355 天，与回归年相差 11 天左右，3 年累计已超过一个月。调节的方法是在有的年份安排有 13 个月，有两个一样的月份，成为置闰。置闰的规则依据二十四节气来定。

四、二十四节气

每年地球围绕太阳在黄道上公转一周，地球上的观测者在不同的夜晚，看到的星空随季节不断变化，这反映太阳在黄道上视位置的变化，可用黄经来表示，一年从 0° 至 360°。

在 5 000 年前，我国人民为了按时农业耕种就有了二分（春分、秋分）和二至（夏至、冬至）的概念。到战国末期完善了二十四节气的名称。二十四节气是把黄道等分成为 24 段，太阳视运动每经过一段的时间定为一节气。因为太阳在黄道上的视运动是不均匀的，所以各节气的时间长度也不相等，各个节气所对应的太阳黄经和日期列于表 3.1 中。二十四节气是天文历法的一部分，沿用至今，是安排农业生产掌握农时的重要依据。

表 3.1 二十四节气每年发生的日期（月－日）与太阳黄经

春季	立春	雨水	惊蛰	春分	清明	谷雨
	02-4；5	02-19；20	03-5；6	03-20；21	04-4；5	04-20；21
太阳黄经	315°	330°	345°	0°	15°	30°
夏季	立夏	小满	芒种	夏至	小暑	大暑
	05-5；6	05-21；22	06-5；6	06-21；22	07-7；8	07-23；24
太阳黄经	45°	60°	75°	90°	105°	120°

秋季	立秋	处暑	白露	秋分	寒露	霜降
	08-7；8	08-23；24	09-7；8	09-23；24	10-8；9	10-23；24
太阳黄经	135°	150°	165°	180°	195°	210°
冬季	立冬	小雪	大雪	冬至	小寒	大寒
	11-7；8	11-22；23	12-7；8	12-21；22	01-5；6	01-20；21
太阳黄经	225°	240°	255°	270°	285°	300°

五、儒略日

儒略日是种长期纪日法，它以公元前 4713 年 1 月 1 日格林尼治平正午，即世界时 $UT=12^h$ 为起算点，连续不断累计日数。在天文观测中特别是变星、双星的观测中常利用儒略日来计算日期和时间。中国天文年历的附表中载有世界时为零时的儒略日。例如，2001 年 11 月 18 日北京时 8 点（世界时为 0 点）的儒略日为 2 452 231.5。

六、干支纪年

中国有一套比儒略日更古老的连续纪日的方法，它从殷商时代就已被使用，今日在绘画、书法艺术领域还沿用干支纪年。干支就是甲、乙、丙、丁、戊、己、庚、辛、壬、癸 10 个天干和子、丑、寅、卯、辰、巳、午、未、申、酉、戌、亥 12 个地支。天干和地支的搭配共 60 种，又称"六十花甲子"，周而复始，循环使用。干支纪年是从东汉章帝元和二年（公元 85 年，乙酉年）四分历开始的。公元年数与年的干支可用下述方法加以换算。首先，对天干和地支分别给以序号（见表 3.2）。

表 3.2　干支序号表

序号	0	1	2	3	4	5	6	7	8	9	10	11
天干	庚	辛	壬	癸	甲	乙	丙	丁	戊	己		
地支	申	酉	戌	亥	子	丑	寅	卯	辰	巳	午	未

对于任一公元年数：

天干序号＝公元年尾数；

地支序号＝（公元年数/12）的余数。

例如：公元 2022 年，天干的序号＝2，天干为壬，地支的序号＝（2022/12）的余数＝6，地支为寅。因此公元 2022 年为壬寅年。

*第 4 节 ｜ 天体的出没时刻

天体的出没时间是变化的，掌握它的规律和特点，才能顺利进行观测。由于地球绕日公转一周（360°）要运行 365.242 2 天，所以视太阳在天球上沿着黄道每天大约东移 1°，因此同一颗星，第二天就比头一天早升起 4 分。

天体在出没的瞬间位于观测的地平上，所以天顶距都是 90°（即 $z=90°$）。如果观测地的地理纬度 ϕ 已知，通过查星表可知某天体 σ 在一定历元（例如 2000 年）的天球赤道坐标：赤经 α 和赤纬 δ。

如图 3.2 所示，由坐标变换公式 $\cos z=\sin\phi\sin\delta+\cos\phi\cos\delta\cos t$ 且 $z=90°$，可得

$$\cos t=-\tan\phi\tan\delta$$

由此式给出两个解，即时角 t 的正值与 t 的负值，前者为天体没地平的时角，后者为天体出地平的时角。

由恒星时 S 和时角 t 的关系式 $S=\alpha+t$ 可求出 S，再由上述恒星时 S 和北京时 T 的关系，可以推算出北京时或世界时。由此可以求出天体出没地平的北京时间或世界时间。

天体出没的方位角 A 也可由坐标变换公式得到：

$$\sin\delta=\sin\phi\cos z-\cos\phi\sin z\cos A$$

由于 $z=90°$，可得 $\cos A=-\sin\delta/\cos\phi$，此式给出两个解：大于 180° 的 A 对应于没地平的方位；小于 180° 的 A 对应于出地平的方位。方位角 A 从北点起计量，范围为 0～360°。

对于地理纬度为 ϕ 的观测地，赤纬 $\delta\geqslant(90°-\phi)$ 的天体为永不下落天体；赤纬 $\delta\leqslant-(90°-\phi)$ 的天体为永不上升天体，只有在 $-(90°-\phi)<\delta<(90°-\phi)$ 范围内的天体存在出没的现象。

对于太阳和月球，上边缘出或没于地平，才算作它们出地平或没地平。由于地球大气折射的影响及太阳和月球的视圆面比较大，计算它们的出没时刻和方位角时，注意用天顶距 $z=90°51'$ 代入坐标变换公式即可。

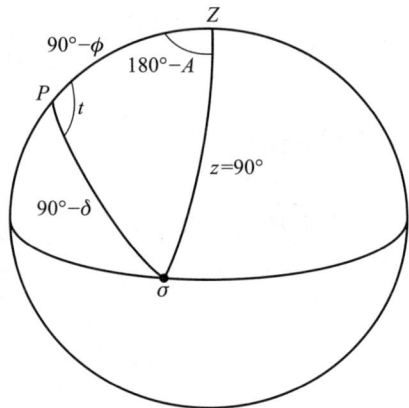

▷图 3.2　天体出没时的天文三角形
P 为天极，Z 为天顶

📚 **例题 1**　按干支纪年法 2004 年是甲申年，问北京召开奥运会的 2008 年是什么年？

解答： 公元年数与年的干支可用书中表 3.2 加以换算。

对于 2008 年：

天干序号=公元年尾数为 8，相应的天干序号是戊；

地支序号=（公元年数/12）的余数，即 2 008/12=167.3，2 008-167×12=4，地支序号是子，所以 2008 年是戊子年。

📚 **例题 2**　2003 年 1 月 1 日北京时间早 0 点整的儒略日是多少？

解答： 2003 年 1 月 1 日北京时间早 0 点 UT=$24^h-8^h=16^h$，是世界时 2002 年 12 月 31 日 16 点。查天文年历可知，2002 年 12 月 31 日世界时 0 点的儒略日为 2 452 639.5。

因此，2003 年 1 月 1 日北京时间 0 点的儒略日为 2 452 639.5+16/24=2 452 640.167。

📚 **例题 3**　某地天文台夜间观测猎户座 α 星（$\alpha=5^h51^m$）上中天，而此时，格林尼治天文台（地理经度 $\lambda=0$）的恒星钟指在 15^h09^m。试问该地的地理经度是多少？

解答： $S-\alpha=t$，由于 $t=0$，所以当地恒星时 $S=5^h51^m$，格林尼治天文台（地理经度 $\lambda_0=0$）

的恒星钟指在 15^h9^m，即 $S_0=15^h09^m$，该星在某地天文台与格林尼治天文台的时角差 $S-S_0=t-t_0=5^h51^m-15^h09^m=-9^h18^m$。由于 $t-t_0=\lambda-\lambda_0$，所以某地的地理经度为西经 9^h18^m 或西经 $139.5°$。

📚 **例题 4** 2003 年 5 月 1 日在中国国家天文台兴隆站（地理经度 $\lambda=7^h45^m$）观测变星 44i Boo（$\alpha=15^h3^m54^s$，$\delta=+47°46.3'$），问当夜北京时间 20 点整时的儒略日和地方恒星时为多少？此变星的时角为多少？当天夜里几时是它的光变主极小时刻？（此变星的星历表给出：$I_{min}=JD\ 2\ 439\ 852.490\ 3+0.267\ 815\ 9E^d$，式中第 1 项为文献给出的变星光变极小时刻，第 2 项为光变周期，E 为周期的整数倍。）

解答：2003 年 5 月 1 日夜间观测，我们以北京区时 20 点为起算点。当天北京时间 20 时是世界时 12 时，儒略日 JD 2 452 762.0。在兴隆观测，先求出当日北京时 20 点时的地方恒星时，即

$$地方恒星时\ S=S_0+(20^h-8^h)(1+\mu)+\lambda$$
$$=14^h38^m40.7^s+12(1+1/365.242\ 2)+7^h45^m$$
$$=10^h25^m28.9^s$$

由恒星时角 t 与恒星时 S 和恒星的赤经 α 的关系式 $t=S-\alpha$，得

$$该变星的时角\ t=-4^h38^m14.9^s（在东边天空）$$
$$(2\ 452\ 762.0-2\ 439\ 852.490\ 3)/0.267\ 815\ 9=48\ 202.925\ 96$$
$$(1-0.925\ 96)\times0.267\ 815\ 9=0.074\ 04\times0.267\ 815\ 9=0^h28^m33.23^s$$

由于这是我们以北京时 20^h 算出的儒略日，所以 $20^h+0^h28^m33.23^s=20^h28^m33.23^s$。当夜可观测两个主极小：一个在 $20^h28^m33.23^s$ 出现，另一个是此时再加上一个周期（0.267 815 9 日），即次日的凌晨 $2^h54^m12.52^s$ 也可以观测到该变星的光变极小。

📚 **例题 5** 一位天文学家每天都在相同的地方恒星时进行观测，而且总是注意到太阳正好在数学地平上。问观测是在何地、何时进行的？

解答：由于观测的地方恒星时是固定的，我们知道：恒星时定义为春分点的时角，所以所观测的天体在黄道上的坐标也是固定的。由于太阳的周年视运动是沿着黄道的，并且日出和日落的时刻都是在数学地平圈上，这只有在北极圈和南极圈地区才有可能。

在什么时间呢？这是容易求出来的。我们注意到在北极圈，6 月 22 日的子夜时刻，地方恒星时为 18^h；在 12 月 22 日的中午时刻，地方恒星时也是 18^h。

同理可知，在南极圈在 6 月 22 日的中午时刻，地方恒星时为 6^h，在 12 月 22 日子夜时刻，地方恒星时也是 6^h。

因此，答案是只有在北极圈（地理纬度为 $66.5°$）地区，在地方恒星时 18^h 或者在南极圈（地理纬度为 $-66.5°$）地区，在地方恒星时 6^h 的时候，天文学家总是观测到太阳在地平圈上。（注意，这里不考虑大气折射，所说的地平圈是指数学地平，不是看到的视地平；不考虑视地平比数学地平低的问题。）

📚 **例题 6** 已知在中世纪人们广泛应用儒略历，而现在大多数国家应用格里历，从第 3 世纪到现在（2000 年），儒略历和格里历相差了 13 天，即对于同样的日期来讲，儒略历落后格里历 13 天。上次儒略历与格里历相合是在第 3 世纪。计算到哪一个世纪两个历法相差 1 年，日期又重合。比如格里历是 10 月 22 日，儒略历也是 10 月 22 日。

解答：1 回归年=365.242 2 天。儒略历规定平时 1 年有 365 天，4 年一闰，在闰年里，1 年 366 天，所以儒略历的 1 平均年=365.25 天。为了缩小历年与回归年的长度差，格里历除了规定一

年 365 天，4 年一闰以外，还规定在 100 年以上，只有世纪数能被 4 除尽的才是闰年，如公元 100 年、200 年、300 年，虽能被 4 除尽但世纪数不能被 4 除尽，就不是闰年，而 400 年是闰年。所以在 400 年中格里历比儒略历少 3 天，如此格里历的历年的平均年长为（365.25×400-3）/400 = 365.242 5 天，和回归年在 3 333 年中才差 1 天。

本题已知这两个历法在第 3 世纪（公元 300 年）相合，在公元 2000 年儒略历落后格里历 13 天。所以 2 000-300 = 1 700，17 个世纪内相差 13 天，即 4 个世纪差 3 天；所以 365.242 2-13 = 352.242 2，352.242 2/3 = 117.414；而 4×117.414 = 469.66 是继 20 世纪之后的世纪数。则 469.66+19 = 488.66，即第 489 世纪，格里历与儒略历相差一年，在日期上又重合了。

习题三

习题三
参考答案

1. 2003 年 11 月 19 日凌晨北京时间 0^h30^m 拍摄流星雨，求当时的儒略日及恒星时。

2. 现在是恒星时 6^h38^m，已知某恒星再经过 2^h10^m 后上中天。试计算该恒星的赤经。

3. 若今天某星于晚上 8^h0^m 中天，问过 10 天后它将在何时上中天？

4. 两地经度差等于太阳时之差，还是等于恒星时之差？

5. 设赤经等于 18^h 的恒星，在晚上 8^h 位于子午圈。问当时大概几月几日？

6. 行星穿过子午圈时比坐标为 $\alpha = 0^h19^m4^s$，$\delta = 0°13.2'$ 的恒星早 2^m19^s。当时行星的天顶距比恒星中天时大 19.4'。求此行星的坐标。

7. 某星的时角等于 14^h22^m，它的赤经等于 13^h2^m。试求观测时刻的恒星时。

8. 如果地球自转方向与它真正转动的方向相反，问太阳时和恒星时两者间的关系将如何？

9. 由日界线向西做环球旅行时，短少一个太阳日，那么，是否同样也短少一个恒星日？

时间系统选题

人们通过观测发现一个很有意思的现象，每年都会有一天，这天之内，平太阳时与恒星时都会有 $0^h0^m0^s$。这事件发生时，太阳赤经大致是多少？

第四章

天文望远镜

天文望远镜是探测宇宙奥秘的重要武器，它的主要作用是收集天体的辐射，并使其成像。当今已进入全波段的观测时代，在地面上由于受地球大气窗口的限制，天体的电磁辐射在不同波段透过率不同，所以主要有光学望远镜（观测波段 300～900 nm）、红外望远镜（观测波段 1.25～28 μm）和射电望远镜（sub-mm、mm、cm 和 m 波）；在空间，原则上不受波段的限制，目前已经发射的有 γ 射线望远镜、X 射线望远镜、紫外望远镜、光学望远镜（如哈勃空间望远镜）、中红外望远镜和远红外望远镜。

第 1 节 ｜ 当代天文光学望远镜

1609 年伽利略将自制望远镜（口径 4.4 cm，见图 4.1）指向天空，发现了月球上的环形山、木星的 4 颗卫星、金星亮度的相位变化、银河系是由许多恒星组成的等。自那时开始，天文观测从肉眼观测时代进入了望远镜观测时代。天文望远镜的应用极大地扩展了人们的眼界，提高了观测的精度，给天文观测带来了革命性的变化，极大地推动了天文学的发展。

几百年来人们致力于提高望远镜的贯穿本领（使其能观测到更暗弱的天体）和分辨本领。按照望远镜聚光的方式不同，我们可以将其分为反射望远镜与折射望远镜。历史上反射望远镜与折射望远镜的发展也经历了一定的过程。早年，折射望远镜由于结构简单得到较快的发展，如 1897 年，美国叶凯士天文台建成一架口径达 1.02 m 的折射望远镜，迄今为止它是世界上口径最大的折射望远镜。此后由于折射望远镜对玻璃材料要求高，而且透镜会严重吸收紫外线等原因，国际上再没有人制作更大的折射望远镜。后来人们开始致力于发展反射望远镜，1948 年美国建成的 5.08 m 反射望远镜在后来的 55 年中为天文观测做出了伟大的贡献。后来更大口径的望远镜在世界林立。为什么人们致力于发展口径越来越大的光学望远镜呢？这是因为口径越大，收集的光量越多，贯穿本领越强，分辨本领也越高。曾经有一段时期，研制大口径的镜面比较困难，如受重力弯沉、温度变化影响，大镜面容易变形，大口径望远镜发

▷图 4.1　伽利略望远镜

展一度受阻。近年来应用多镜面拼接技术及光干涉技术，特别是随着实时矫正镜面变形的主动光学技术和自动补偿大气湍流影响的自适应光学技术的发展使望远镜突破大镜面的难关，口径有越来越大的发展趋势。

20 世纪中叶，天文望远镜得到了极大发展。1948 年美国建成在帕洛马山天文台的 5.08 m 海尔望远镜，那时它是这类大反射望远镜的发展巅峰。1976 年苏联建造了一架口径 6 m 的望远镜。20 世纪七八十年代，主动光学技术的出现，进一步推动了更大型望远镜的建造。分别于 1990 年和 1996 年，美国两台 10 m 口径的凯克（Keck）望远镜建成，它们位于夏威夷的莫纳克亚山，望远镜的主镜由 36 块六边形的小镜拼接而成，开辟了镜面做大的先河。

1998 年和 2000 年分别安装于智利塞罗·帕拉纳的甚大望远镜（VLT）（见图 4.2），通过主动光学技术，使四台 8.2 m 口径的望远镜组合成等效口径为 16 m 的望远镜，既可以单面使用，也可以组成光学干涉仪。此外，日本的口径 8.2 m 的昴星团望远镜是世界最大单镜面反射望远镜。1997 年在美国麦克唐纳天文台建成的和特（HET）望远镜，主镜由 91 块八边形的镜面拼接而成，等效口径为 9.2 m，是光学红外光谱巡天望远镜。著名的大望远镜还有两个口径 8.1 m 分别装在夏威夷的莫纳亚克山和智利的帕琼山的双子座望远镜。

▷图 4.2　欧洲南方天文台建造的甚大望远镜（VLT）

目前，世界上最大光学望远镜的口径已达到 10 m，并且口径 20 m、30 m、40 m，越来越多的巨型光学大望远镜正在世界兴建或正在筹划之中。中国的科学家们呕心沥血为大望远镜的发展、为祖国的天文事业做出了杰出的贡献。在光学望远镜方面，他们建造完成了自主设计的 2.16 m 光学望远镜之后，2009 年一架观天巨眼郭守敬望远镜（LAMOST）横空出世，开辟了我国天文大望远镜的先河。目前我国正在建设或筹建更大型的 10 m、12 m、…、30 m、…光学望远镜。在复兴中华、科技创新的征途中，中国科学家们已踏上新的征程。

第 2 节 | 郭守敬望远镜

大天区面积多目标光纤光谱望远镜（LAMOST，见图 4.3，冠名"郭守镜望远镜"）是我国天文界第一个国家重大科技基础设施。20 世纪 80 年代末，中国天文学家王绶琯发现成像巡天已记录下数十亿个天文目标，但仅对约十万分之一进行了有缝光谱的记录，光谱巡天是天文观测的瓶颈。王绶琯院士认为这是一个严重的问题，他提出超大规模光谱巡天的思想，即每次观测获得数千上万天体的光谱。王绶琯院士和苏定强院士一起提出了创新的大视场兼备大口径的主动反射式施密特光学系统（王－苏反射施密特系统）的初步设计方案，解决了大规模有缝光谱巡天需要大视场兼备大口径望远镜的难题，发明了新类型望远镜。LAMOST 于 2008 年 10 月 16 日在国家天文台河北兴隆站建成。

▷图 4.3 大天区面积多目标光纤光谱望远镜（LAMOST）

LAMOST 望远镜主镜的口径为 $6.67 \text{ m} \times 6.05 \text{ m}$，反射改正镜的口径为 $5.72 \text{ m} \times 4.4 \text{ m}$；望远镜对应赤纬 $-10°$ 到 $90°$ 的天区，等效口径为 3.6 m 到 4.9 m；视场直径为 $5°$，光谱范围从 370 nm 到 900 nm。LAMOST 望远镜主镜的镜面是由 37 块对角线为 1.1 m 的六边形小镜拼接而成的，反射施密特改正镜是由 24 块对角线为 1.1 m 的六边形小镜拼接而成的。

LAMOST 的光学系统（见图 4.4）是由主动光学控制的非球面的反射施密特改正镜、球面主镜和焦面三部分组成的反射式施密特光学系统。苏定强院士首创的参数连续变化的主动变形镜面光学系统，在观测过程中实现镜面曲面形状高精度连续变化，解决了观测跟踪中天体光的入射角和改正镜面位置不断变化要求镜面形状不断变化的难题，使大口径兼备大视场光学系统成为可能。我国的 500 m 射电望远镜（FAST，冠名"天眼"）也用了相同的主动变形反射面的思路。

LAMOST 的建成，使我国掌握了薄变形镜面和拼接镜面主动光学技术，并首创了镜

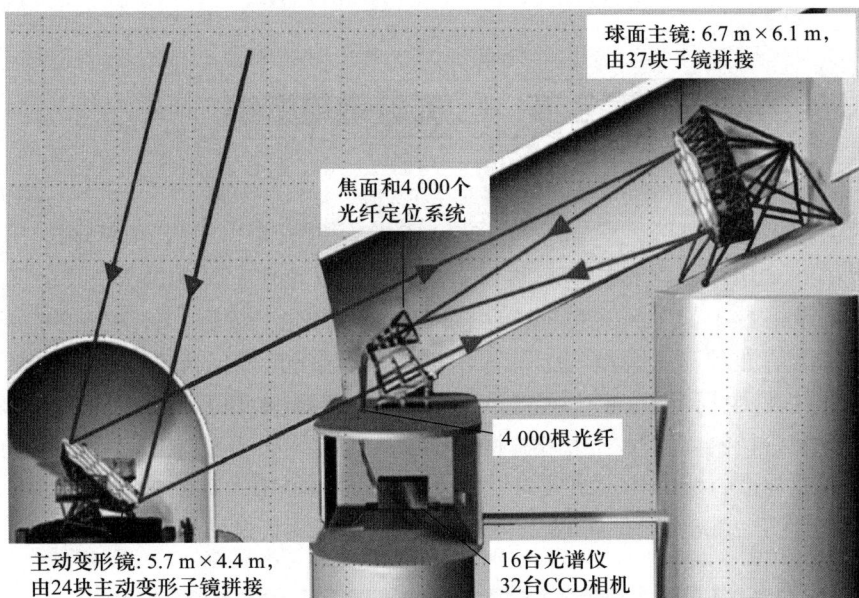

球面主镜: 6.7 m×6.1 m，
由37块子镜拼接

焦面和4 000个
光纤定位系统

4 000根光纤

主动变形镜: 5.7 m×4.4 m，
由24块主动变形子镜拼接

16台光谱仪
32台CCD相机

▷图 4.4　LAMOST 的光学系统

面上薄变形镜面的拼接技术和在一个光学系统中用两块拼接镜面的技术，将主动光学技术推进到世界水平的前沿。LAMOST 有世界上最大的焦面，可放置最多的光纤定位装置，创新发明的 4 000 根光纤快速高精度的定位技术使 LAMOST 每次观测都可以获得 3 000 多条天体的光谱，并被目前国际上的多个大规模光谱巡天计划所采用。LAMOST 的研制成功，是我国天文光学望远镜的一个里程碑。

　　LAMOST 为了实现 5° 的大视场巡天光谱观测的目标，焦面上有 4 000 个光学定位装置、4 000 根光纤、16 台光谱仪和 32 台 CCD 探测器，使之成为可同时直接获取天体光谱信息的接收解析系统。这在世界上首先开拓了同时观测几千个天体光谱的大规模光谱巡天的新颖构思和智慧设计，实现了望远镜大口径兼有大视场的突破。LAMOST 是国际上光谱获取率最高的望远镜，它是国际瞩目的科学成果。

　　自 2012 年正式巡天以来，中外的天文学家利用 LAMOST 巡天光谱数据在银河系形成与演化、恒星物理研究、特殊天体搜寻等方面已经取得了一系列高质量研究成果。例如，获取了迄今最为精确的大样本恒星年龄信息，以时间序列清晰还原了银河系幼年和青少年时期的形成演化图像，改写了人们对银河系早期形成历史的认识；天文学家利用 LAMOST 数据发现了一类新的太阳系外的行星族群，还发现了万余颗贫金属星、591 颗高速星、宇宙中锂含量最高的富锂巨星，以及发现了 2 万余颗类星体等。国内外天文学家利用 LAMOST 数据大样本的优势，使人们对神秘的宇宙的演化认识登上一个新的台阶，加深了理解，并直接向传统的银河系演化理论提出了挑战。

　　LAMOST 率先获得千万量级的天体有缝光谱，使人类进入千万量级的光谱巡天时代。

第 3 节 | 天文光学望远镜系统

一、天文光学观测仪器系统

天文光学观测仪器系统主要包括望远镜、辐射分析器、探测器和记录器。利用望远镜可以收集天体的电磁辐射，使之成像，由辐射分析器（包括摄谱仪、视频仪、干涉仪和滤光片等）和探测器（照相底片、光电倍增管、CCD 等）接收辐射，取得信息，通过计算机进行信息的实时处理。计算机还可发送信号控制望远镜和分析器的运转。

二、光学望远镜的类型

光学望远镜的光学部分主要是望远镜的物镜和目镜。物镜是核心器件，起聚光作用，其光学性能的好坏至关重要。物镜是反射镜的叫作反射望远镜；物镜是透镜的叫作折射望远镜；物镜是反射镜，但是前面加一块改正像差的透镜组成的望远镜叫作折反射望远镜（见图 4.5）。

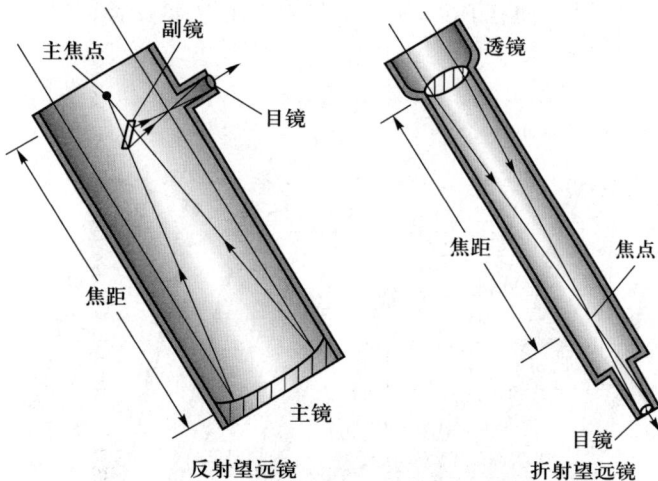

▷图 4.5　反射望远镜与折射望远镜的光路图

1. 折射望远镜

折射望远镜的物镜是复合透镜，即由两块以上的透镜组成，其光力（望远镜的口径和它的焦距之比 D/F）较小，镜筒长。折射望远镜适合于测定恒星的位置、运动等以及作为导星系统。由于大口径的光学玻璃易受温度、压力影响而变形，而且玻璃对紫外线吸收很严重，所以，19 世纪制造的口径 1 020 mm 的折射望远镜成了绝代最大折射望远镜。现代设计大型望远镜已不再考虑采用折射望远镜系统。

2. 反射望远镜

反射望远镜的物镜是反射镜，为了消除镜子的像差，一般将物镜做成抛物面镜或双曲面镜。反射望远镜与折射望远镜相比不会造成像的色差，可以使用大口径的玻璃材料，也可以采用多镜面拼镶技术，镜面镀铝或镀银后，从紫外到红外都具有良好的反射率，所以目前发展和设计的新型望远镜都采用反射望远镜系统。

反射望远镜可以工作在不同的焦点，根据工作焦点的不同，反射望远镜可分为以下几种系统：

（1）主焦点系统　在物镜的主焦点进行观测的系统。

（2）卡塞格林系统　卡塞格林系统的主镜为抛物面镜，副镜为凸的双曲面镜。在物镜的中心挖一个洞，光束从洞孔穿出后再成像。这种系统可以在望远镜的后面方便地附加终端设备，例如附加光电光度计等。

（3）R-C系统　它类似于卡塞格林系统的光路，也是在物镜的中心挖一个洞，光束经过主镜和副镜后，会聚的光从洞孔穿出后再成像，只是它的主镜是凹的旋转双曲面镜，副镜是凸的旋转双曲面镜。这种系统有较好的像质和较大的视场。

（4）牛顿系统　在系统中除了物镜外，附加了一个平面反射镜将主镜的焦点折出镜外。这种系统叫牛顿系统，因多了一个反射镜面，光损失较大，目前已很少使用。

（5）折轴系统　这种系统的望远镜物镜，射出的光束通过一平面镜反射到极轴方向，因为天体是绕极轴做周日视运动的，所以在望远镜跟踪天体转动时可以在空间固定处获得天体的像。这可以方便在其后附加大型的固定终端设备，例如大型摄谱仪等（见图4.6）。

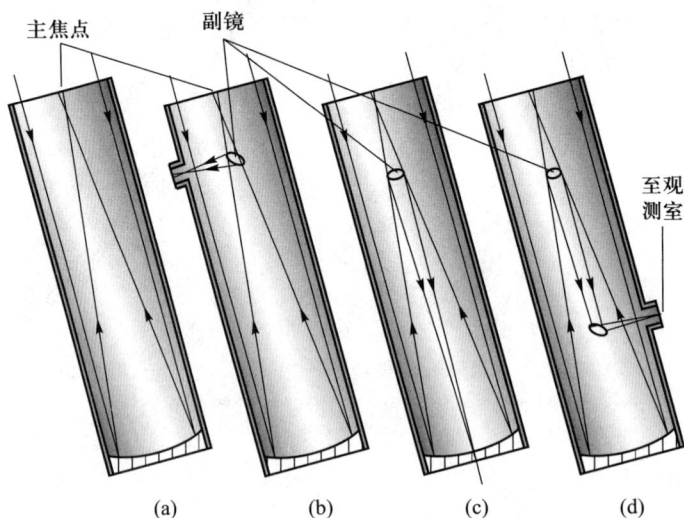

▷图4.6　反射望远镜的四种焦点系统

（a）主焦点系统；（b）牛顿系统；（c）卡塞格林系统或R-C系统；（d）折轴系统

3. 折反射望远镜

施密特望远镜是折反射系统，系统中的主镜为一个球面反射镜，球面镜的前面还配置了一个改正透镜，以改正球面反射镜的像差。这种系统是一个可以得到大视场的优质成像系统。一般施密特望远镜的有效视场可达十几平方度。

施密特－卡塞格林望远镜是一种施密特系统与卡塞格林系统相结合的系统，其特点是把施密特改正透镜里面有金属镀膜（铝或银）的中心区作为副镜用，会聚的光束通过主镜中心孔成像于主镜后的焦面。

第4节 ｜ 天文光学望远镜的光学性能

衡量天文望远镜光学性能的好坏主要有六个参量：① 口径；② 光力，即相对口径；③ 分辨本领；④ 视场；⑤ 放大率（对目视望远镜）或底片比例尺（对照相望远镜）；⑥ 贯穿本领（极限星等）。

1. 口径（D）

望远镜的口径指望远镜的有效通光直径。口径越大，能收集的光量越多，即聚光本领就越强，口径越大越能观测到更暗弱的天体。因而，大口径显示着探测暗弱天体的威力大，这是因为望远镜接收到天体的光流量与物镜的有效面积（πr^2）成正比。1609 年伽利略望远镜的口径仅有 4 cm 左右，但是它比人的眼睛（瞳孔的直径在夜间观察约为 6 mm）的通光面积大 43 倍，所以才掀起了天文观测的新时代。人眼直接观测只能看亮于 6.5^m 的星，可是通过 10 m 口径的望远镜能看到比 22^m 还暗的星。

2. 光力（A）

望远镜的光力也叫相对口径，即口径 D 和焦距 F 之比，$A=D/F$。光力的倒数叫焦比（$1/A=F/D$）。望远镜的光力越大，观测有视面天体（如太阳、月亮、行星、彗星、星系和星云等）就越有利，因为观测到天体的亮度与 A^2 成正比。例如，天文学家为了研究太阳的精细结构和细致的活动情况，需要通过望远镜呈现出一个大而明亮的太阳像，这需要口径大、焦距长的望远镜来观测。又如彗星观测，要研究它的形状，彗头、彗尾等结构也需要用光力大的望远镜。

3. 分辨本领（R）

望远镜的分辨本领是指望远镜能分辨天体细节的能力，它是望远镜很重要的性能指标。如果望远镜分辨本领低，放大率再大，像也是模糊的。望远镜的分辨本领由望远镜能够分辨的最小角度（叫分辨角）来衡量。显然，分辨角越小，望远镜的分辨本领越高。根据光的衍射原理，两束光刚能分开的最小角度叫分辨角。在望远镜（通光孔径为圆孔）的情况下，分辨角由如下公式确定：

$$\delta = 1.22\lambda/D$$

式中 D 为望远镜的口径，λ 为入射光的波长。显然，望远镜的口径越大，其分辨本领越高；同样口径的望远镜接收到的光，其波长越短，分辨本领越高。例如一台 1 m 的光学望远镜（目视的有效波长为 555 nm）的分辨本领是一台工作在 2 m 波段的口径 1 m 的射电望远镜的分辨本领的 3.6×10^6 倍（360 万倍）！

分辨角 δ 常以角秒为单位（1 rad = 206 265"），目视望远镜最敏感的波长 $\lambda = 555$ nm，用望远镜的物镜口径 D（单位为 mm）来计算，则有如下简化公式：

$$\delta'' = 140''/D$$

在良好的天文台址条件下，望远镜的口径越大，分辨本领越高，越能分辨天体的精细结构，越能观测更暗、更多的天体，所以用分辨角的倒数 $1/\delta''$ 表示望远镜的分辨本领 R。在大气抖动厉害的时候，口径大的望远镜的高分辨本领是难以实现的，就如同"英雄无用武之地"。例如，10 m 的大望远镜，它的分辨角 δ'' 的理论值为 0.014"，如果大气抖动很厉害，使星的影像直径就有 2"，那么这架大望远镜也实现不了高分辨本领的优越性。

4. 视场（ω）

望远镜的成像良好区域所对应的天空角直径的范围叫望远镜的视场，用角度（°）表示。若望远镜存在较大的像差，视场边上的像质很差，成像的良好区域小，自然视场就小。对于星系或特殊天体的巡天观测必须要有大视场的望远镜，这样，一次观测就可以覆盖比较大的天区。

施密特望远镜的焦距比较短，更主要的是它的光学系统的像差消得比较好，故它的视场 ω 可达十几度。一般反射望远镜的视场 ω 小于 1°。视场的理论值初步计算可用如下公式：

$$\tan(\omega/2) = D/F$$

如果光学系统存在较大的像差，视场边上的像质量很差，成像良好区域小，自然望远镜的视场就小，远远达不到计算的理论值，所以望远镜的视场大小要根据实际观测来测定。

5. 放大率（G）和底片比例尺（α）

（1）放大率

望远镜放大率是对目视望远镜讲的，有人认为望远镜的放大率越大越好，买望远镜时，先问它有多大放大率。对于普通民用望远镜（如双筒望远镜），这是一个需要考虑的参数，但对于天文望远镜而言，这是一个错误的想法。如果望远镜的口径小、分辨本领很低，放大率再大，也还是看不清楚。

目视望远镜的放大率等于物镜的焦距 F_1 与目镜的焦距 F_2 之比，即

$$G = F_1/F_2$$

一架望远镜配备多个目镜，就可以获得不同的放大率。显然目镜的焦距越短，可以获得的放大率越大。常用的目镜的焦距为 10 mm 左右，用它配在焦距 800 mm 的望远镜物镜后面，就可获得 80 倍的放大率。有的天文爱好者用显微目镜，可获得上千倍的放大率，但这样并不好，因为小望远镜用过大的放大率，观测的天体会变得很暗，而且由于光的衍射效应，其像会变得模糊。适合观测的最小放大率由下式决定：

$$G_{min} = D/d（眼）$$

这称为等瞳孔放大率。如 45 cm 口径的望远镜的等瞳孔放大率，$G_{min} = D/d = 450/6 = 75$

倍。目视望远镜的放大率也不要过大，最大放大率取决于目镜的最小焦距。一般按经验取 $G_{max} = 4\,Gr$，而 $Gr = 60''/\delta''$，式中 δ'' 为望远镜的分辨角。例如 40 cm 口径的目视望远镜的分辨角 $\delta'' = 140/400 = 0.35''$，所以最大放大率为 $G_{max} = 4\,Gr = 4 \times 60/0.35 = 686$ 倍。

（2）底片比例尺

照相望远镜在焦面获得天体的像，像平面上 1 mm 与对应天空的角直径（单位为角秒）的比率，叫作"底片比例尺"，以（″）/mm 为单位。我们知道 1 rad = 206 265″，则底片比例尺为

$$\alpha = 206\,265''/F$$

式中 F 为物镜的焦距，以 mm 为单位。显然，若要测量天体的位置或照月球的环形山的细节应当选用有长焦距物镜的望远镜；若要观测星系或做某种特殊天体的巡天，则要用视场大的施密特望远镜，它的底片比例尺大。

6. 贯穿本领（极限星等）

通过望远镜能看见的最暗的星等为望远镜的贯穿本领。它反映了望远镜观测恒星方面的能力。当然，望远镜的口径越大，就能观测到越暗的天体。此外它也与望远镜后接的探测器有关。例如 CCD（电荷耦合器件）就比照相底片量子效率高。对于照相观测或用 CCD 观测，由于有累积效应，在一定的时间范围内露光时间越长就能观测到越暗的星，望远镜的贯穿本领也越高。当然不能任意延长露光时间，因为延长到一定程度后，夜天光的作用也会导致贯穿本领的降低。所以配有照相机、光电倍增管、光电成像器件和 CCD 等探测器的天文望远镜，其贯穿本领不仅取决于天文望远镜本身，而且也和这些探测器的灵敏度有关。其贯穿本领必须根据望远镜和探测器的特性进行具体实测而定。

对于目视望远镜，它的极限星等可以经验地用如下公式计算：

$$m = 6.5 + 5\lg D/d + 2.5\lg k$$
$$d = 6\ mm,\quad k = 0.6$$

则有

$$m = 2.1 + 5\lg D$$

例如，我国的 2.16 m 望远镜，它的目视极限星等约为 18.7^m，而用 CCD 做成像观测的极限星等可达 21^m。

天文望远镜光学性能的总评价可以用一个叫品质因子 Q 的参量来度量。它的定义是

$$Q = F\omega^2\Delta\lambda$$

式中 F 为流量密度的增益，ω 为望远镜的视场，$\Delta\lambda$ 为望远镜观测的波段范围。对于地面望远镜，有

$$F = \left(\frac{D}{\delta F}\right)^2 \eta$$

式中 η 为望远镜的通光反射或透射效率，δ 为星像的视影直径。由此式可知好的大气条件（大气宁静度高、透明度高）使星像的视影直径变小与增大望远镜的口径是等价的。

显然，流量密度的增益 F 越大时，获得的信息质量会更好；望远镜的视场 ω 越大，自然可以观测到更多的天体；可观测的工作波段 $\Delta\lambda$ 的范围越大，应用范围也就越广。所以新一代的大型天文望远镜设计均是以高品质因子 Q 为目标的。

*第 5 节 | 光学望远镜的光学像差

实际制作的望远镜的光学性能往往不能满足理想条件，光束经过光学系统后都不能得到良好的像，如恒星呈现为一个衍散的圆斑，星系的样子变形等，这些都是光学系统有像差的表现。实验表明，不可能完全消除望远镜像差，只要镜面光学磨制的误差小于或等于入射波长的四分之一，就是一个良好的光学系统。这也叫瑞利准则。望远镜的像差有如下几种。

1. 球差

平行于光轴的光束入射到望远镜的物镜上，离光轴近的光束比离光轴远的光束聚焦在更远的地方，这称为球差。在实际应用中，反射物镜一般不用球面镜而采用抛物面镜或双曲面镜，其目的就是减小球差的影响。由于正透镜的球差为负值，负透镜的球差为正值，所以天文折射望远镜的物镜一般都是采用两块（正透镜和负透镜）以上的复合透镜，以达到减小球差的目的。

2. 彗差

相对光轴倾斜比较大的平行光束入射到物镜，在焦平面上得不到点源像，而是成一个彗星状的斑点，这称为彗差。反射镜做成旋转双曲面即可以减小彗差。

3. 像散

窄细的倾斜平行光束通过光学系统后不会聚于一点，其在光轴的焦面处也不是一点而是一个弥散的圆，这种现象称为像散。

4. 场曲

光学系统成像的焦面不是平面而是一个曲面，这种现象称为场曲。

5. 畸变

由于望远镜的光学系统的各个方向放大率不同所造成的像的变形，称为畸变。

6. 色差

光束通过望远镜的透镜物镜时，由于折射率随波长变化而造成不同波长的光聚焦在光轴的不同地方，使像呈现颜色，这称为色差。单透镜不能消除色差，因此折射望远镜常采用多块不同折射率的透镜组合。我们除了要尽量减小各种像差外，还要使所有镜面光轴一致，且安装位置符合要求。

*第6节 | 光学望远镜的机械装置

望远镜的机械装置要满足望远镜有一定的指向精度和跟踪精度的要求。现代的望远镜其操纵和跟踪装置都由计算机的软件来实现。天文爱好者的小型望远镜最好也要有跟踪装置即转移钟。望远镜的机械装置主要有赤道装置和地平装置两种方式。

一、赤道装置

这种装置有两个相互垂直的轴，分别为赤纬轴和赤经轴（极轴）。极轴指向天极，与地球自转轴平行，高度等于当地的地理纬度。镜筒可以绕着赤纬轴转动，并可以固定在使用的赤纬方向上。通常由赤纬盘及时角盘显示望远镜的指向。跟踪天体时，望远镜自东向西绕极轴运动，方向与地球自转方向相反，速度为15″/s，用来补偿地球自转，使望远镜保持指向被测的天体。利用赤道装置实现跟踪天体的周日视运动是很方便的。赤道装置又有双柱式（用两个柱子支撑极轴）和叉式（叉式的两臂固定镜筒）两种。高纬地区用双柱式不很方便，因为若重力平衡不够好的话，会增加望远镜的重力弯沉影响，故可改用叉式。

二、地平装置

这种装置有两个相互垂直的主轴，分别为水平轴和垂直轴，望远镜筒与水平轴相连。跟踪天体时必须两个轴同时转动，运动虽复杂，但由计算机软件来控制不难实现所要求的指向精度和跟踪精度。这种装置的优点是重力对称，结构简单，造价较低。其缺点是在天顶处有一个不能跟踪的盲区，盲区的大小一般不超过1°。现代新建的5 m以上的甚大望远镜的机械装置的方案，一般多采用地平装置。

三、望远镜观测前的调试

新的望远镜如果安装不妥或不够准确会对观测带来很大影响。所以首先要检查望远镜的基座是否调到水平，必须调到水平仪的气泡完全居中时为止。其次是调整望远镜的极轴。望远镜的极轴应和天轴，即地球自转轴平行，极轴的地平倾角应等于观测地点的地理纬度，且位于子午面内。调整可按以下步骤进行。

1. 粗调极轴的高度

将望远镜放在赤纬90°、时角12^h的位置上使望远镜指向北极星，然后根据天文年历加以改正，改正以后的极轴应当是对向了天极。如果极轴的高度与当地的地理纬度相差很大时，应当对极轴做高度的精确调整。

2. 精调极轴的方位

先将望远镜对向子午面（时角 0^h）内，锁定极轴，并将望远镜指向南方赤道附近一颗亮星。此时关掉转移钟，从望远镜的带有十字丝的目镜里看此星的视运动。如果是沿着中间的十字丝的横线而过，则极轴的方位正确。如果向下走则极轴偏东，应当将极轴的北端向西稍转；如果向上走则极轴偏西，应当将极轴的北端向东稍转；反复调整达到星像沿着横丝走的情况为止。

3. 精调极轴的高度

让望远镜位于 18^h 的时圈内指向东方的一颗亮星，关掉转移钟，从带有十字丝的目镜里看星。如果星像沿着横丝而过，则极轴的高度正确；如果星像向下走则极轴稍低，应当升高极轴的倾角；如果星像向上走则极轴偏高，应当降低极轴的倾角；反复调整达到星像沿着横丝走的情况为止。

调整好极轴后，应当进一步检验望远镜的光学质量。观测时检验望远镜的光学质量与实际的分辨本领。这可以通过目视、照相或 CCD 所成的像来检验光学质量和实际的分辨本领。这可以利用较亮的目视双星，看看望远镜能分辨出双星的最小角距离是多少。检验望远镜的极限星等，可以在天气良好无月的夜晚观测暗星，检验目视能观测到最暗的星等是多少，再用天体照相仪或用 CCD 照相机继续拍照，做尽可能长时间的露光，所能拍到的最暗星等就是它的极限星等。

第 7 节 ｜ 射电望远镜

射电望远镜是观测和研究来自天体的射电波的基本设备，可以测量天体射电辐射的强度、频谱及偏振等性质。射电望远镜包括收集射电波的定向天线、放大射电信号的高灵敏度接收机、信息记录和处理以及显示系统等。

一、射电望远镜系统

典型的射电望远镜包括天线系统、接收系统和记录系统：

（1）天线系统　经典的天线是旋转抛物面天线，它的优点是有汇集射电波的接收面，频带较宽，比较易于进行机械跟踪和扫描。它的主要限制是机械结构与精度要求的矛盾。由于天线的精度要保持在工作波长的 1/20 以内，所以波长越短，天线要求的精度就越高。

（2）接收系统　主要有一个接收机，其作用是把微弱的无线电信号放大。

（3）记录系统　使用记录仪或电表将经过接收机放大的信号显示出来，并进行记录。

近年来系统广泛采用了数字技术，利用计算机不仅可以处理数据，还可以实现综合孔径、谱线观测等。很长时期以来，制造巨型天线与如何使它在观测过程中不变形的高精技术是一大难关。20 世纪 90 年代初，主动光学技术和自适应光学技术的发展，解决了射电望远镜发展大面积天线的技术难关，比如因温度和重力弯沉引起天线变形问题与大气抖动的随机影响等。

二、当代射电望远镜

1931 年，在美国新泽西州的贝尔实验室里，无线电工程师卡尔·央斯基（Karl Guthe Jansky）发现一种每隔 23 小时 56 分 04 秒出现最大值的无线电干扰。经过仔细分析，1933 年，他发表了经典论文《明显的外太空电子干扰源头》，指出这是来自银河系中心的射电辐射。射电天文学从此诞生。遗憾的是，因为贝尔实验室认为该信号对跨越大西洋的无线电通信并没有造成影响，未能支持央斯基提出的建造 30 米口径天线研究银河系射电辐射的建议，央斯基因此转向其他研究。

此后，美国的格罗·雷伯（Grote Reber）在 1937 年制造出一个口径为 9.45 米的抛物面型射电望远镜，观测到了太阳以及其他一些天体发出的无线电波。1939 年，雷伯接收到来自银河系中心的无线电波，并且根据观测结果绘制了第一张射电天图。雷伯也被称为抛物面型射电望远镜的首创者。

1960 年，英国剑桥大学的马丁·赖尔（Martin Ryle）利用干涉的原理，发明了综合孔径射电望远镜。其基本原理是：用相隔较远的两架射电望远镜接收同一天体的无线电波，两束波进行干涉，其等效分辨率最高可以等同于一架口径相当于两地之间距离的单口径射电望远镜。赖尔因为此项发明获得 1974 年诺贝尔物理学奖。

因此，射电望远镜的发展有两条途径，一条是建造大的单天线射电望远镜，另一条是基于干涉技术建造射电望远镜阵列。著名的单天线望远镜包括美国在波多黎各利用死火山口建造的 305 米直径的阿雷西博（Arecibo）望远镜，德国埃弗斯堡（Effersberg）山上直径 100 米的可跟踪抛物面射电望远镜，美国口径 110 米 × 100 米、可自动跟踪的绿岸（Green Bank）射电望远镜，等等。20 世纪 60 年代末开始，随着射电技术的发展和提高，人们研究成功了射电干涉仪、甚长基线干涉仪、综合孔径望远镜等新型的射电望远镜。比如，美国的甚大阵（Very Large Array）由 27 面直径 25 米的天线排成 "Y" 字形组成（见图 4.7）。而超长基线阵列（Very Long Baseline Array）则由 10 架分布在美国各地的 25 米口径的射电望远镜组成。

射电干涉技术的发展，极大地提高了望远镜的分辨率。例如，美国的阿雷西博 305 米射电望远镜是该时期最大的射电望远镜，其在 21 cm 波长的角分辨率为 3.2 角分，而美国的甚长基线望远镜阵列（VLBA）在同样波长处的角分辨率则可以达到 5 毫角秒，是前者的 7 万多倍。

为了进一步增加干涉基线的长度，1997 年美国和日本发射了 **"甚长基线干涉空间天文台"**（Space Very Long Baseline Interferometry）卫星，该卫星在空间展开成 8 米的射电望远镜，与地面的射电望远镜进行干涉，形成一个基线超过地球直径 2.5 倍的射电干涉仪，从而可以为天文学家提供遥远天体的极其详细的图像。

射电干涉仪的最新代表是 **"事件视界望远镜"**（EHT）。EHT 由全球各地的 8 个毫米波或亚毫米波射电观测台组成，包括位于西班牙、美国和南极等地的射电望远镜，从而形

▷图 4.7　美国的甚大阵射电望远镜

成一个等效于地球般大小的射电望远镜干涉阵列。2019 年 4 月 11 日，EHT 合作组发布了 M87 星系中心的黑洞图像，这是人类首次获得黑洞的图像。EHT 合作组也因此在次年就被授予基础科学突破奖。2022 年 5 月 12 日，EHT 合作组又公布了银河系中心超大质量黑洞 Sgr A*（人马座 A*）的照片。

　　经过数十年的发展，我国的射电天文学也取得了长足的进步，在部分方向已经居于国际领先水平。1984 年，北京天文台密云米波综合孔径射电望远镜建成，完成了米波射电巡天，并开展了射电变源和超新星遗迹的观测研究。1987 年，上海天文台建成 25 米射电望远镜，主要用于国际甚长基线干涉仪（VLBI）联测，同时在"嫦娥"1 号、2 号的 VLBI 测定轨中也发挥了重要作用。1990 年，紫金山天文台青海观测站的 13.7 米毫米波射电望远镜建成，该望远镜装备了自行研制的超导 SIS 接收机，工作频段为 85～115 GHz，用于银河系内分子云与恒星形成、行星状星云、恒星晚期演化、星际介质物理、星际分子谱线巡天等天文观测研究。1993 年，新疆南山 25 米射电望远镜建成并投入使用，除了用于 VLBI 观测外，还开展了脉冲星、星际分子和银道面 6 cm 波段偏振巡天等研究工作。进入 21 世纪，为了满足射电天文观测以及我国月球探测和火星探测工程的测定轨需要，还在北京密云、云南凤凰山和上海余山分别建造了口径为 50 米、40 米和 65 米的射电望远镜。2020 年，云南景东 120 米口径脉冲星射电望远镜启动建设，建成后将成为国际上口径最大的可转向射电望远镜。

三、中国 500 米口径球面射电望远镜（FAST）

　　我国的 500 米口径球面射电望远镜（FAST，见图 4.8）是世界上已经建成的最大口径单天线射电望远镜，位于贵州省平塘县的天然圆形喀斯特洼地中。FAST 的反射镜边框是 1 500 米长的环形钢梁，而钢索则依托钢梁，悬垂交错，呈现出球形网状结构，三角形反射镜面就安放在网状结构之上。FAST 的反射面总面积约为 25 万平方米，用于将无线电波会聚到馈源接收机处。

▷图 4.8　坐落在贵州省平塘县的中国天眼（FAST）

　　FAST 概念在 1994 年由以南仁东为代表的中国老一代天文学家提出。FAST 2011 年 3 月 25 日开工建设，2016 年 9 月 25 日落成启用，2020 年 1 月 11 日通过国家验收，正式开放运行。在建设中，FAST 团队攻克了望远镜超大尺度、超高精度的技术难题，高质量按期完成了工程建设任务。

　　FAST 采用了多项自主创新设计和技术。和阿雷西博 305 米口径望远镜相比，FAST 由于采用了可变形的索网结构，可以根据观测天体的方向通过 2 000 多个促动器调节反射镜面，在反射面中的不同区域形成 300 米的瞬时抛物面，从而可以将来自被观测天体的射电辐射会聚到一点，而不是像美国阿雷西博望远镜一样会聚到一条线上，这从根本上解决了天文观测所需带宽的限制。同时，在馈源定位技术方面，FAST 采用轻型索驱动并联机器人的大胆设计方案，使得馈源舱只有 30 吨重，而美国阿雷西博望远镜的馈源舱及其平台重达 900 吨。FAST 舱源定位系统的轻巧设计极大减少了电磁波的遮挡问题，这也是 FAST 能实现高灵敏度观测能力的一个重要的支撑。FAST 的技术参量如表 4.1 所示。

表 4.1　FAST 的技术参量

地理坐标	东经：106° 51′ 24.0″，北纬：25° 39′ 10.6″，海拔：1 110 m
反射镜口径	500 m
有效照明口径	300 m
焦比（D/F）	0.46～0.47
天空覆盖天区	天顶角俯仰 40°
接收机（L 波段）	19 波束
探测器系统温度	25 K
工作频率	1 050～1 450 MHz

灵敏度	11.5～16.0 K/Jy
角分辨率	～2.9′
指向精度	<16″

注：表中数据摘自 FAST 官网。

自 2016 年 9 月落成启用以来，FAST 为我国天文学发展做出了巨大贡献，其主要成就集中在脉冲星、快速射电暴和星际介质的观测研究方面。

发现脉冲星是国际大型射电望远镜观测的主要科学目标之一。自 2017 年 10 月 10 日首次对外宣布发现脉冲星以来，FAST 已经发现了 660 余颗新的脉冲星，包括毫秒脉冲星、脉冲星双星系统等珍贵的样本。FAST 对脉冲星的观测达到了国际最高精度水平，为超大质量黑洞并合产生纳赫兹引力波的探测奠定了重要基础。

快速射电暴是宇宙中的一种极端爆发现象，持续时间只有几毫秒，但释放的能量相当于太阳几天甚至一年内释放的能量。FAST 利用其高灵敏度的优势，在快速射电暴的观测研究中取得了一系列突破性成果：发现了能重复发出快速射电暴的河外天体；从快速射电暴的偏振特性推算其爆发源位于超新星遗迹之中；在约 50 天内探测到来自同一个爆发源的 1 652 次爆发事件，获得迄今最大的快速射电暴爆发事件样本，超过此前本领域所有文章发布的爆发事件总量，首次揭示了快速射电暴爆发率的完整能谱及其双峰结构，等等。

中性氢是宇宙中丰度最高的元素，广泛存在于宇宙的不同时期，是不同尺度物质分布的最佳示踪物之一。采用原创的中性氢窄线自吸收方法，FAST 首次获得原恒星核包层中的高置信度的塞曼效应测量结果，发现在恒星形成之前的星云塌缩过程中，磁通量并没有如恒星形成理论所预言的一样增加，而是基本保持不变。FAST 这一结果的直接推论是恒星形成的速度要比理论预言的高一个数量级，从而对恒星形成理论提出了严峻的挑战。

第 8 节 ｜ 空间望远镜与空间探测器

1957 年苏联成功发射人造地球卫星，这标志着人类航天时代的到来。天文观测也因此突破了地球大气的限制，从伽马射线、X 射线、紫外、光学、红外到射电波段，不同类型的天文望远镜相继升空，将天文学推进到全波段时代，从而展示了一幅全息的宇宙图景。在半个多世纪的时间内，空间天文观测在探测宇宙更深层次，发现致密天体和对太阳系天体的实地、近地考察等方面获得了令人瞩目的成就。下面分别简单介绍几个有代表性的空间望远镜。

一、哈勃空间望远镜和詹姆斯·韦布空间望远镜

哈勃空间望远镜运行在离地球表面约 560 km 的圆形轨道上（见图 4.9），主镜口径为 2.4 m，其光学系统是 R-C 系统，即一个改进型的卡塞格林系统。哈勃空间望远镜比地面

望远镜的优越之处在于它不受地球大气的吸收、散射和抖动的影响，因而有更高的分辨率（能分辨 0.1″ 的细节），并有更宽的工作波段（从远紫外 105 nm 到近红外 1 100 nm）及更高的灵敏度（采用 CCD 探测器）。1990 年 4 月 25 日，"发现号"航天飞机把哈勃空间望远镜送入太空。但它首次发回的天体图像模糊，科学家经过细致的检验，发现光学系统存在像差，这是在镜面磨制时的一个错误导致的。1993 年 12 月 2 日 7 名宇航员登上航天飞机，在太空用 12 天时间完成了哈勃空间望远镜的维修工作，达到了其 0.1″ 的设计空间分辨率。后来，宇航员又给哈勃空间望远镜更换了几台终端观测设备。

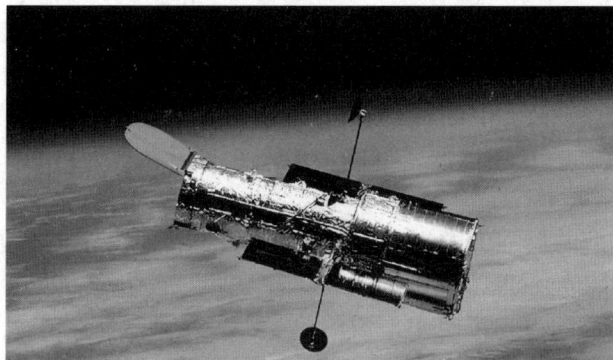

▷图 4.9　哈勃空间望远镜

　　哈勃空间望远镜在轨运行超过 30 年，取得了巨大的成功，其成就包括：① 精确测定宇宙的年龄为 137 亿年；② 发现几乎每个星系的中心都存在一个超大质量黑洞；③ 帮助科学家确定了行星的形成过程；④ 在太阳系以外的行星中发现了有机分子；⑤ 通过观测 Ia 型超新星发现了宇宙加速膨胀以及暗能量存在的证据等。

　　2021 年 12 月 25 日，北京时间 20 时 15 分，哈勃空间望远镜的继任者詹姆斯·韦布空间望远镜（JWST）在法属圭亚那库鲁基地成功发射升空，它运行于距离地球 150 万 km 的日地系统拉格朗日 2 点（见图 4.10），以获得稳定的低温工作环境。JWST 的主镜由 18

▷图 4.10　詹姆斯·韦布空间望远镜（JWST）

块六边形反射镜组成，等效直径为 6.5 m，工作在红外波段。

JWST 装备了四台科学仪器：近红外相机（NIRCam）、近红外光谱仪（NIRSpec）、中红外仪器（MIRI）和精细指向传感器/近红外成像仪和无缝光谱仪（FGS/NIRISS）。NIRCam 是 JWST 的主相机，将覆盖 0.6~5 μm 的红外波长范围，观测目标包括正在形成的最早的恒星和星系、邻近星系中的恒星数量，以及银河系和柯伊伯带天体中的年轻恒星。NIRCam 配备了星冕仪，可用以拍摄围绕中心明亮物体的非常微弱的物体，比如恒星系统周围的行星等。NIRSPec 用于获得被观测天体在 0.6~5 μm 的波长范围内的光谱，并研究其温度、质量和化学成分等特性。NIRSpec 是太空中第一台具有多目标能力的光谱仪，可以同时观测 100 个物体。MIRI 包括一个宽视场相机和一个中分辨光谱仪，观测的波长范围为 5~28 μm。它能够看到遥远星系的红移光、新形成的恒星、微弱可见的彗星以及柯伊伯带中的天体。FGS/NIRISS 观测的波长范围为 0.8~5 μm，是一种具有三种主要模式的专用仪器，可以使 JWST 实现高精度指向，以便获得高质量的图像。

作为有史以来建造的最强大的空间望远镜，JWST 将研究宇宙历史的每个阶段，以实现人类对宇宙以及生命起源理解的巨大飞跃。在早期宇宙研究方面，JWST 可以回望 135 亿年前的宇宙，看到早期宇宙黑暗中形成的第一批恒星和星系。在星系研究方面，JWST 前所未有的红外灵敏度将帮助天文学家将最暗、最早的星系与今天的大旋涡和椭圆星系进行比较，帮助我们了解星系如何在数十亿年的时间里逐渐聚集到了一起。在恒星形成研究方面，JWST 的红外探测能力能够直接看到恒星和行星系统诞生处的巨大的尘埃云，而这些尘埃云对哈勃空间望远镜等可见光天文望远镜来说是不透明的。此外，JWST 将告诉我们更多关于太阳系外行星大气的信息，甚至有可能找到宇宙其他地方生命的组成要素，它还将对我们太阳系内的天体进行观测研究。

二、天体测量卫星依巴古（HIPPARCOS）和盖亚（GAIA）

HIPPARCOS 是"高精度视差收集卫星"的英文缩写，它是一颗地球同步卫星，由欧洲空间局（ESA）于 1989 年发射，它的分辨率精度很高，为 0.002″，比地面高 50 倍。它测量了在 500 pc 范围内，10 万余颗恒星的距离。这些距离非常可靠，为其他天体测量和天体物理研究提供了重要的资料数据。

GAIA 是"用于天体物理的全天球天体测量干涉仪"的英文缩写，是欧洲空间局（ESA）在 HIPPARCOS 之后的发射的第二颗天体测量卫星，它于 2013 年发射。GAIA 对恒星位置和自行的测量精度比 HIPPARCOS 高 200 倍，能完成约 10 亿颗恒星（约占银河系恒星总数的 1%）的运动学普查，绘制银河系的三维地图，在此过程中揭示银河系的组成、形成和演化。同时，因为 GAIA 将对其 10 亿颗恒星中的每一个进行大约 70 次观测，从而记录每一颗恒星的亮度和空前精确的位置变化，所以 GAIA 的数据还可以用来发现其他恒星周围的行星、太阳系中的小行星、太阳系外围的冰状物体、褐矮星以及遥远的超新星和类星体等。

三、其他波段的空间探测器

1. 紫外和红外波段

1975 年美国的柯伊伯机载天文台（KAO），探测到大量 5～1 000 μm 的红外源（主要辐射红外电磁波的天体）。1983 年 1 月 20 日发射的红外天文卫星（IRAS）在当年 11 月就获得了丰收。它在离地 900 km 处飞行了 10 个月后就找到了 25 万个红外点源，2 万个红外小面元等。1995 年底发射的"红外空间天文台"（ISO）是继红外卫星之后，工作波段在 3～200 μm 的重要天文红外卫星。它的探测能力比前者高 100 倍。

在紫外波段方面，1992 年 6 月美国发射了极远紫外探索卫星（EUVE），其上配备了扫描成像系统，可得到分辨率为 6′ 的全天远紫外亮源图。1996 年美国发射了远紫外光谱探索卫星（FUSE）。

2. X 射线源和 X 射线暴

由于大气的吸收，X 射线的探测必须在高空进行。自从贾科尼（R. Giacconi）等 1962 年利用高空火箭发现了太阳系外的 X 射线源——天蝎座 X-1 和蟹状星云的 X 射线后，人类加快了对 X 射线的研究步伐。1970 年美国发射了 X 射线卫星"乌呼鲁"（肯尼亚语"自由"的意思），发现了几百颗 X 射线源（辐射 X 射线电磁波的天体），它们包括超新星、超新星遗迹、新星、X 射线双星及类星体等。1977 年美国的"高能天文台 1 号"（HEAO-1）和"高能天文台 2 号"（HEAO-2），在银河系发现了 3 000 多颗 X 射线源，而且还在河外星系仙女座大星云中发现了 80 多个 X 射线源。

1990 年 6 月，德国、美国和英国共同研制的伦琴 X 射线卫星（ROSAT）上天，探测到几十万个各类 X 射线源，包括孤立中子星、X 射线双星、超新星遗迹、活动星系核和星系团等，还发现了彗星的 X 射线辐射，提出了离子间电荷交换产生 X 射线的理论。1999 年，美国国家航空航天局（NASA）和欧洲空间局（ESA）分别发射了钱德拉 X 射线天文台和 XMM-牛顿 X 射线天文台，这两颗旗舰级的 X 射线卫星将 X 射线天文学推进到精确测量的时代，其中钱德拉 X 射线天文台的空间分辨率达到 0.5″，与以往相比提高了一个数量级，可以和光学天文观测相媲美。

3. γ 射线源和 γ 射线暴

20 世纪 60 年代，人们用气球搭载探测器探测到在银河系中心方向有很强的 γ 射线辐射。1972 年 11 月，美国发射小型的 γ 射线天文卫星 SAS-2。SAS-2 在轨运行 7 个月，清楚地看到了天空弥漫的 γ 射线成分，揭示了银道面上的弥漫 γ 辐射与银河系结构特征密切相关，并探测到了来自蟹状星云脉冲星和船帆座脉冲星的 γ 射线。1975 年 8 月 9 日，欧洲发射了"COS-B"卫星，其在轨运行 6 年 8 个月，给出了银河系的第一幅完整的 γ 射线天图，发现了来自 X 射线双星的 γ 射线辐射，并对 GEMINGA 脉冲星进行了详细的观测。1991 年，NASA 牵头发射了康普顿伽马射线天文台（CGRO），其在轨运行超过九年时间，发现了几百个高能 γ 射线辐射天体，发现最高能量的 γ 射线主要来自活动星系核。2008 年，NASA 牵头的费米（Fermi）γ 射线天文台发射，目前仍在稳定运行。Fermi 卫星主探测器 LAT 的灵敏度比 CGRO 卫星上的 EGRET 灵敏度提高 30 倍，极大地改变了人类对高能 γ 射线天空的认识，Fermi 卫星还发现了大量新的 γ 射线脉冲星，包括只辐射 γ 射线的脉冲星。

1967 年，本用于监测地球核试验的美国 Vela 卫星意外地发现了来自太空的 γ 射线暴，这种神秘暴发的典型持续时间为几秒或若干分钟，亮度很高，其对应体是什么、距离多远等问题，引起了科学家的强烈兴趣。CGRO 观测到几千个 γ 射线暴，发现它们在天球上均匀分布，强烈支持其起源于银河系以外。

1997 年 2 月 28 日，意大利－荷兰联合研制的 BeppoSAX 卫星观测到 γ 射线暴（GRB970228），并获得了其精确的定位，地面的光学和射电望远镜以及哈勃空间望远镜随后在此位置发现了一个此前不存在的明亮天体，其位于遥远的星系之中，一星期之后该天体开始变暗。BeppoSAX 的发现及其他望远镜的随后观测第一次证明 γ 射线暴起源于遥远的河外星系，对应着巨大的能量释放过程，其能量来源和辐射机制成为至今仍未很好理解的问题。2017 年 8 月 17 日，Fermi 卫星上的 GBM 探测器发现了双中子星并合引力波事件（GW170817）的高能电磁对应体，引发了全球从不同方面研究该中子星并合事件的热潮，这对于中子星物态、爆炸核合成的研究具有重大意义。

四、中国的天文卫星

中国从 20 世纪 70 年代开始，即利用高空气球进行空间 X 射线、γ 射线和红外天文观测，并开展了 X 射线天文卫星的研制工作。

2015 年 12 月，暗物质粒子探测卫星（英文缩写为 DAMPE，入轨后被命名为"悟空"）发射升空，这是我国的首颗天文卫星。DAMPE 可以探测高能 γ 射线、电子和宇宙射线，具有世界上最宽的观测能段范围和最高的能量分辨率。DAMPE 获得了国际上最高精度的高能电子能谱，直接探测到 1 TeV（10^{12} 电子伏）附近的高能电子谱拐折，发现 1.4 TeV 附近存在一个可能的尖锐鼓包，这些信号可能和暗物质有关。

2017 年 6 月，我国发射了硬 X 射线调制望远镜卫星（英文缩写为 HXMT，入轨后被命名为"慧眼"，见图 4.11）。HXMT 是我国第一颗 X 射线天文卫星，包括高能、中能和低能 X 射线望远镜三组科学载荷，其主要科学目标是研究黑洞、中子星等天体的多波段快速光变。HXMT 直接测量到宇宙中最强磁场，将黑洞系统准周期振荡的最高能量提高

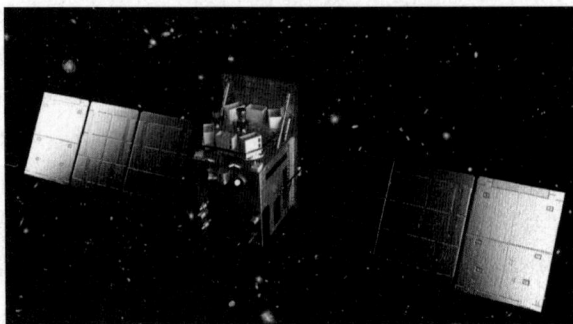

▷图 4.11　硬 X 射线调制望远镜卫星（"慧眼"）

了近一个数量级，发现了快速射电暴的高能对应体，并进行了高精度的脉冲星导航试验。目前，HXMT 仍在轨正常运行。

此外，我国还于 2020 年 12 月发射了引力波暴高能电磁对应体全天监视器（英文缩写为 GECAM，入轨后被命名为"怀柔一号"），并正在研制爱因斯坦探针卫星（EP）、空间变源监视器卫星（SVOM）、增强型 X 射线时变与偏振空间天文台（eXTP）等多个空间天文卫星。这些正在研制的空间天文卫星都有国际合作贡献，表明中国的空间天文研究得到了国际认可，正在走入第一方阵。

五、中国空间站上的天文观测

1992 年，我国启动载人航天工程，从将中国航天员送入太空，到太空出舱、发射空间实验室，如今已走到第三步，即建造空间站，解决有较大规模的、长期有人照料的空间应用问题。在载人航天空间科学活动中，天文观测一直占有着重要的地位。2001 年 1 月，在"神舟"二号飞船的留轨舱上搭载了"太阳和宇宙天体高能辐射监测仪"，包括超软 X 射线探测器、X 射线探测器和 γ 射线探测器，实现了我国在轨空间天文观测零的突破。2015 年，在"天宫"二号空间实验室上，搭载了伽马暴偏振探测仪（POLAR），获得全球最大的伽马暴 X 射线偏振精确测量样本，迈出了探索伽马暴中心引擎的第一步。

开展空间天文观测是中国空间站的主要科学目标之一，我国有两个"旗舰"级的空间天文观测设施，即中国巡天空间望远镜（CSST）和高能宇宙辐射探测设施（HERD）。

CSST 是一台口径 2 m 的巡天空间望远镜，将于 2024 年前后发射升空，具有大视场、高像质、宽波段等突出特点，其探测灵敏度和空间分辨本领与美国著名的哈勃空间望远镜相当，而观测视场和获取数据规模远超哈勃空间望远镜。CSST 具备自主飞行能力，但保持共轨飞行状态，执行正常任务时与空间站共轨飞行，进行高分辨率天文观测，开展天体物理学和空间天文学研究，需要补给燃料和维修设备时，光学舱可与空间站对接，进行推进剂补加和设备维修维护，提高自身寿命和工作性能。

HERD 是下一代的大规模空间高能粒子实验设施，由我国科学家在 2007 年提出并开始进行预先研究，计划于 2026 年发射安装到中国空间站上。相比于国际上已有的其他同类实验，HERD 的主要技术指标提高了约一个数量级，其主要科学目标包括：① 以前所未有的灵敏度搜寻暗物质；② 探究宇宙线起源的世纪之谜；③ 开展高灵敏度高能伽马射线巡天和监视，在探索宇宙极端条件物理方面牵引重大科学发现，并探索脉冲星导航的新机制。

今天，天文观测除了覆盖整个电磁波段外，还增加了引力波、中微子、宇宙线等手段，已经进入多信使天文学的新时代，形成了深地、高山、空间的立体交叉布局。可以预期，天文学将很快迎来一个更加辉煌的时代。

📖 **例题 1** 双星 ζHer 的两个伴星的角距离是 1.38″。问地面上多大口径的光学望远镜才能分辨它？如果望远镜物镜的焦距是 1 m，那么目镜的焦距多大才能分辨开两个子星（人眼睛的分辨率为 2′）？

解答：在光学区域可以用有效波长 $\lambda = 550\,\mathrm{nm}$。设物镜的口径为 D，焦距为 f，放大率为 ω，

目镜焦距为 f'，由望远镜的口径 D 与波长 λ 的关系，先求出望远镜物镜的口径，即

$$D = 1.22\lambda/\theta = 1.22 \times 550 \times 10^{-9}/(1.38/3\,600 \times \pi/180)\ \text{m} = 0.100\ \text{m} = 10.0\ \text{cm}$$

目视望远镜的放大率 ω 要达到把观测天体的角距离放大到可以由眼睛分辨的程度（人眼睛的分辨率为 $2'$），所以求出的放大率应当是

$$\omega = 2'/1.38'' = 87$$

已知望远镜物镜的焦距 $f = 1\ \text{m} = 100\ \text{cm}$，所以

$$f' = f/\omega = 100/87\ \text{cm} = 1.15\ \text{cm}$$

目镜的焦距为 1.15 cm。

📚 **例题 2** 望远镜物镜的口径为 90 mm，焦距为 1 200 mm。

（1）望远镜的出射光瞳为 6 mm（相当于人眼瞳孔的大小），目镜的焦距为多少？

（2）此目视望远镜的放大率是多少？

（3）通过望远镜物镜和目镜所看到的月球角直径是多大？

解答： 设望远镜物镜的口径为 D，望远镜的出射光瞳大小应当是目镜口径 d。

（1）$D/d = f/f'$，所以 $f' = f \cdot d/D = 1\,200 \times 6/90\ \text{mm} = 80\ \text{mm}$。

（2）放大率为 $\omega = f/f' = 1\,200/80 = 15$。

（3）假设月亮的角直径 $\alpha = 0.5°$，则通过望远镜看到月亮的大小是 $\omega \times \alpha = 7.5°$。

📚 **例题 3** 我们用肉眼可以分辨月球上的"危海"（直径 520 km）吗？为什么？

解答： 设月球上的"危海"的角直径为 α，由于月球的角直径为 $31'$，线直径为 3 475 km，由 $520/3\,475 = \alpha/31'$ 可求出 $\alpha = 4.6'$，人眼睛的分辨率为 $2'$，所以可以用肉眼分辨出月球上的"危海"。

📚 **例题 4** 口径 10 m 的凯克望远镜建在夏威夷的莫纳克亚山，观测到的星像直径可以小到 $0.3''$，请你估算一下用凯克望远镜进行目视观测的极限星等。

解答： 夜间人眼的瞳孔的最大直径约为 6 mm，极限星等约为 6.5^m，根据星等的知识，我们利用公式 $m_1 - m_2 = -2.5\lg(I_1/I_2) = 2.5\lg(D_2/D_1)^2$，可以估算凯克望远镜的目视极限星等，即

$$m_1 = 6.5 + 2.5\lg(10\,000/6)^2 = 22.1$$

所以应用 CCD 探测器可以观测暗于 22^m 的星。

习题四

1. 某一空间望远镜对于红光（700 nm）可以达到 $0.05''$ 的角分辨率（受衍射的限制），问对于紫外线（350 nm），其角分辨率是多少？

2. 一个黑苍蝇落在了一台口径 5 cm 的望远镜的物镜上，当一个观测者用它观测月亮时，他会见到什么？

3. 为什么射电天文学家可以在白天观测，而光学天文学家除了太阳观测以外的绝大多数观测只能在夜晚进行？

4. 一个望远镜有 $10' \times 10'$ 的视场，探测器是 1 024 × 1 024 个像素的 CCD，1 个像素对应天空的角直径是多少？

5. 美国帕洛马天文台的 5 m 望远镜（$A = D/F = 5.33/51.6$），在卡塞格林焦点上附加目镜，计算

习题四
参考答案

最小的目镜焦距以及它的最低放大倍数。

6. 现代大望远镜应用什么先进技术来克服镜面受温度、重力弯沉以及地球大气湍流的影响?

7. 一个 40 cm 口径望远镜($D/F = 400/2\,000$)的终端加 CCD 系统,CCD 的像素数为 $1\,024 \times 1\,024$,每个像素是 $15\,\mu m \times 15\,\mu m$,问用此望远镜附加 CCD 探测器能拍摄到天空的范围是多少平方角秒?

8. 在两个地方的射电望远镜做天体的干涉测量,其基线为 $2\,900$ km,(1)问做干涉测量射电望远镜在 22 GHz 波段的分辨率是多少?(2)同样分辨率的光学望远镜的口径应当多大?

望远镜选题

1. 请估算人眼(按一只眼睛算)每秒能够接收到的、从一颗视星等为 6 等($m = 6$,人眼的极限星等)、光谱型为 G2 的主序星发出的波长为 $\lambda = 550$ nm(V 波段)的光子数。假定人眼的瞳孔直径为 6 mm,这颗恒星的全部辐射都在 $\lambda = 550$ nm 处。

2. 中国 500 m 口径球面射电望远镜(FAST)坐落于贵州平塘县,望远镜的相关参数如下所示:

主动反射面口径	500 m
有效照明口径	300 m
焦比	0.461 1
天空覆盖	天顶角俯仰 40°
系统温度	25 K
工作频率	70 MHz～3 GHz
天线效率	57%

(1)计算 FAST 可观测天区的范围。

(2)射电望远镜的本征灵敏度可以用有效接收面积和系统温度之比来表示,有效接收面积 A_e 并不等于几何面积 A_g,而是取决于望远镜的天线效率 $\eta = A_e/A_g$。粗略估算在天顶距 20° 范围内,FAST 的本征灵敏度 $R = \dfrac{A_e}{T_s}$。

3. 一个学生想利用地球自转确定他的望远镜目镜的视场。为了完成这个任务,他将望远镜指向织女星(天琴座 α,赤经 18.5^h,赤纬 $+39°$),同时关闭跟踪,测量织女星经过整个视场直径的时间 $t = 5.3^m$,请计算望远镜的视场大小(以角分为单位)。

第二篇

我们的太阳系

第五章

太阳系大家族

我们地球所在的太阳系是个大家族，太阳是这个家族的主宰。太阳以强大的引力，吸引着太阳系的所有成员：水星、金星、地球、火星、木星、土星、天王星、海王星八大行星（见图 5.1）和矮行星及它们的卫星，还有数以万计的小行星、彗星、流星体等。它们都围绕着太阳沿着各自轨道运转。太阳的质量占太阳系总质量的 99.86%，太阳是发光发热的恒星。

▷图 5.1　太阳系大家族

我们的太阳系处在银河系的猎户座旋臂，太阳带领太阳系的所有成员围绕着银河系的中心旋转，运行一周大约需要 2.3 亿年。

第 1 节 ｜ 太阳系大家族

太阳系有八大行星，按照离太阳的距离从小到大为：水星、金星、地球、火星（它们是类地行星），此外有木星、土星、天王星和海王星（它们是类木行星）。除了八大行星外，还有冰冷的矮行星，如冥王星、谷神星、妊神星、厄里斯、阋神星、创神星、塞德娜等。大行星中除了水星和金星外都有自己的天然卫星。月球是地球的唯一天然卫星。火星有 2 个卫星：火卫一与火卫二。目前已发现木星有 79 颗卫星，土星有 82 颗卫星，天王星有 27 颗卫星，海王星有 14 颗卫星（见表 5.1）。迄今为止，已发现太阳系有 200 多颗卫星。随着科学的发展，天文空间探测技术的进步，我们还会发现更多的卫星。

表 5.1　太阳系的主要成员的主要物理参量

主要成员	平均离日距离 /AU	轨道周期 /a	质量 /$m_{地}$	半径 /$R_{地}$	卫星数	自转周期 /d	平均密度 /（kg · m^{-3}）
水星	0.39	0.24	0.055	0.38	0	59	5 400
金星	0.72	0.62	0.82	0.95	0	−243	5 200
地球	1.0	1.0	1.0	1.0	1	1.0	5 500
月球	—		0.012	0.27	—	27.3	3 300
火星	1.5	1.9	0.11	0.53	2	1.0	3 900
谷神星	2.8	4.7	0.000 15	0.073	0	0.38	2 700
木星	5.2	11.9	318	11.2	79	0.41	1 300
土星	9.5	29.4	95	9.5	82	0.44	700
天王星	19.2	84	15	4.0	27	−0.72	1 300
海王星	30.1	164	17	3.9	14	0.67	1 600
冥王星	39.5	248	0.002	0.2	5	−6.4	2 100
彗星 Hale–Bopp	180	2 400	1.0×10^{-9}	0.004	—	0.47	100
太阳	—	—	332 000	109		25.8	400

在火星和木星之间有一个众多小行星聚集的区域，称之为小行星带。在太阳系的海王星之外，包含冥王星在内，大量冰冷小行星组成的系统称为柯伊伯带。目前在太阳系中已发现的小行星数超过 127 万颗。在冥王星和柯伊伯带之外，太阳系的边缘处是奥尔特云。奥尔特云像一个巨大球壳，它是一个包围着太阳、行星、矮行星、小行星和亿万颗彗星物质和冰粒的巨大球层。它从 5 000 AU 延伸到 100 000 AU，奥尔特云内充满不少活跃的彗星，可以说它是长周期彗星和非周期彗星的发源地。

太阳系中充满了星际气体的原子、分子、有机分子和尘埃颗粒等行星际物质，它们弥漫于整个太阳系空间。

第 2 节 ｜ 行星的视运动

夜空里繁星密布，如何在浩瀚的星海中找出大行星呢？这并不困难，首先，由于大行星比恒星离我们近得多，有一定的视面，它看起来不像恒星那样闪烁；其次，大行星出现在黄道附近；再者，大行星比一般的恒星都亮，如金星最亮，其星等为 $-4.4^m \sim -3.3^m$，它出现在黎明时的东方或黄昏时的西方，是非常明亮的白色星，火星是亮度在 0.8^m 到 -1.5^m 之间的红色行星。我们知道行星本身不发光，靠反射太阳光而发亮，所以其亮度随行星到太阳与地球间的距离不同而变化，离地球最远和最近时，我们看它的视角直径也不相同，因此，同一行星的亮度不同时期也有明显的变化。水星、金星还有明显的圆缺的"相位"变化，仔细观察火星，它的亮度也有相位的变化，在月球上看地球也会看到地球相位的变化。

当你连续观察几天到几十天，会发觉，行星相对于恒星背景有明显的移动，其路径是在黄道附近，有时是自西向东（称为顺行），有时又向相反方向运动（称为逆行）。顺行的时间长，逆行的时间短；由顺行转为逆行或由逆行转为顺行的转折点，似乎是静止的，叫"留"。

我们分两种行星来谈它们的视运动。水星和金星在地球轨道之内运动，叫地内行星，地球轨道之外的行星，如火星、木星、土星、天王星、海王星叫地外行星。

一、地内行星的观测最佳时机

在地球轨道以内的水星和金星，绕日公转比地球快。从地球上来看，地内行星绕日转动有 4 个很重要的特殊位置，即下合、上合、东大距和西大距，如图 5.2 所示。

当行星和太阳的黄经相等时，称为行星的合日，简称"合"。行星在太阳前面称为"下合"，行星在太阳后面称为"上合"。合时，行星与太阳同升同落，我们看不见它。地内行星在上合后，于黄昏时出现在西方天空，成为昏星。而下合后，行星则向西偏离太阳，于黎明时出现在东方天空，成为晨星。当行星与太阳角距离达到最大值时，称为"大距"，在太阳之东称为"东大距"，在太阳之西称为"西大距"。大距时，因为离太阳角距离大，受阳光的影响小，所以此时是观察地内行星的最佳时机。水星的大距在 $18° \sim 28°$ 之间，金星的大距则在 $45° \sim 48°$ 之间。

地内行星在一个会合周期内，所经历的过程为：上合→（顺行）→东大距→（顺行）→留→（逆行）→下合→（逆行）→留→（顺行）→西大距→（顺行）→上合。

由于水星离太阳太近，人们看到它的机会很少，而人们常在早晨或黄昏时见到金星，因此我们可选择金星作为观察对象来观察地内行星在天球上的行踪。首先查阅天文年历或用天文软件，选择金星在大距附近的日期来观察。当观察了金星所在的位置后，标记在事先复印好的星图上，并记录观测的时间，然后隔两日再观察金星所在的位置，在星图上记下标号，如此坚持几个月，即可绘出金星的视运动图。

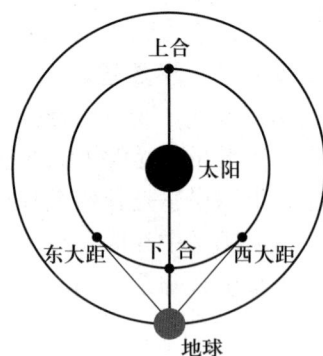

▷图 5.2　地内行星的观测最佳时机是东大距与西大距

二、地外行星的观测最佳时机

地外行星的视运动有 4 个很重要的特殊位置，即合、冲、东方照和西方照。地外行星的轨道在地球轨道的外面，所以只有上合，称之为合。行星与太阳的黄经相差180°时为"冲"，冲时太阳西落时行星东升，所以整夜可见。行星与太阳的黄经相差90°时，称为"方照"，行星在太阳之东为"东方照"，行星在太阳之西为"西方照"。东方照时，行星中午升起，日落时位于中天附近，上半夜可见于西方天空；西方照时，行星子夜升起，日出时位于中天附近，下半夜见于东方天空。

由于地外行星公转角速度比地球小，合时，行星与太阳同升同落；合后，行星偏离太阳向西，日出前东方天空可见；以后行星与太阳角距离日增，经过西方照后直到冲；冲后，行星位于太阳之东，且与太阳角距离日减，经过东方照后又到"合"的位置，完成了一个会合周期。

地外行星在合附近是顺行，冲附近是逆行，在从西方照到冲和冲到东方照时都经过"留"。地外行星在一个会合周期中视运动所经历的过程为：合→（顺行）→西方照→（顺行）→留→（逆行）→冲→（逆行）→留→（顺行）→东方照→（顺行）→合。

冲日是行星与地球相距最近的时刻，因此此时是观测的最佳时机（图 5.3）。由于地球和行星的轨道都是椭圆的，在每次"冲"时行星和地球间的距离不同。当行星过近日点并发生冲时，称为"大冲"。行星在大冲时离地球最近，最有利于观测。2003 年 8 月 29 日北京时间凌晨 2 点，火星大冲，地球与火星的距离是近百年来最近的一次，距离约为 5 576 万 km。

观测地外大行星，要先查阅天文年历或用天文软件，查看行星在一年内的合、冲、东方照、西方照等的日期和时刻。观测地外行星选择冲日最好，观测时记下行星在星图上的位置，然后隔几天（如 4～5 天）再行观测，并记下位置，坚持数月之后即可描绘出行星的行踪图。

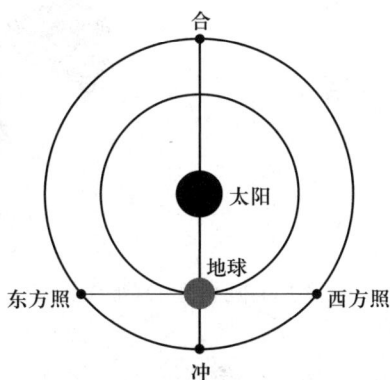

▷图 5.3 地外行星的观测最佳时机是大冲（冲日）、东方照和西方照

第 3 节 ┃ 行星的轨道运动定律

一、万有引力定律

1687 年牛顿发表了万有引力定律，把天体的运行规律和地面物体的运动规律统一起来。万有引力定律的数学表达式为

$$F = G\frac{m_1 m_2}{r^2}$$

任何两个相距为 r 并具有质量 m_1 及 m_2 的质点之间必然存在相互吸引的力 F。式中 G 称为引力常量，其数值由所选定的单位制确定。在国际单位制（SI）中，$G = 6.674\,30 \times 10^{-11}\ \mathrm{N \cdot m^2/kg^2}$。

二、开普勒的行星运动三定律

德国的数学家、天文学家开普勒（Johannes Kepler，1571—1630）依据实测天文学家第谷（Tycho Brahe，1546—1601）对太阳系行星运动的大量观测资料，呕心沥血，毕生从事行星运动的研究，总结出了行星运动的三定律。他指出，行星在空间围绕太阳运动，遵循开普勒三定律。

（1）行星运动的轨道是椭圆，太阳位于椭圆的一个焦点上。

（2）行星绕太阳运动时，以太阳为坐标原点的行星径矢在相等的时间内所扫过的面积相等（见图 5.4）。

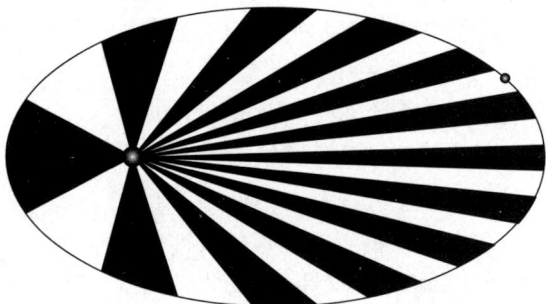

▷图 5.4　开普勒第二定律示意图

（3）不同行星在轨道上的公转周期 T 的平方与行星轨道半长径 a 的立方成正比，即

$$\frac{T_1^2}{T_2^2} = \frac{a_1^3}{a_2^3}$$

或者

$$\frac{a_1^3}{T_1^2} = \frac{a_2^3}{T_2^2} = \cdots = \frac{a_i^3}{T_i^2} = \frac{Gm_\odot}{4\pi^2} = 常量$$

式中 G 为引力常量，$m_\odot$ 为太阳质量。

开普勒第一定律和开普勒第二定律是严格正确的，开普勒第三定律有一小小的偏差，因为它忽略了不同行星的质量差别。严格的第三定律应当为

$$\frac{T_1^2}{T_2^2} = \frac{a_1^3}{a_2^3} \frac{(m_\odot + m_2)}{(m_\odot + m_1)}$$

或者

$$\frac{a^3}{T^2(m_\odot + m)} = 常量$$

采取合适的单位，即以太阳质量为质量单位，以回归年表示行星运动周期 T，以天文单位（日地平均距离 AU）表示行星运动的半长径 a，则第三定律精确表示为

$$\frac{T_1^2}{a_1^3(m_\odot + m_2)} = \frac{T_2^2}{a_2^3(m_\odot + m_1)}$$

式中 m_1 和 m_2 分别为两个行星的质量。

由开普勒第二定律知道，行星在轨道上的运动速度是不均匀的，在近日点附近要比远

日点附近运动得快。由第三定律知道，行星离太阳越远，公转周期越长；轨道半长径与周期之间有确切的数量关系。

依据第三定律可以计算太阳的质量及有卫星绕转的大行星的质量 m。因为由近似公式可以得到

$$m = \frac{4\pi^2}{G}\frac{a^3}{T^2}$$

所以只要知道行星绕太阳或卫星绕大行星公转的周期和轨道半长径，就可以求出太阳或大行星的质量。

三、行星的会合周期

地球所看到的行星视运动是行星的公转和地球公转的复合运动，称为"会合运动"。行星相邻两次合（或冲）所经历的时间间隔，称为"会合周期"。

行星运动的会合周期 S 的近似计算公式是

$$\frac{1}{S} = \frac{1}{T} - \frac{1}{E} \quad （对地内行星）$$

$$\frac{1}{S} = \frac{1}{E} - \frac{1}{T} \quad （对地外行星）$$

式中 E 是地球近点年的长度，$E=365.259\,6$ 天。例如，水星 $T=87.97$ 天，求出 $S=115.93$ 天；金星 $T=224.701$ 天，求出 $S=583.924$ 天。

*第4节 | 行星运动的轨道要素和运动方程

一、行星运动的轨道要素

太阳系天体的运动轨道是圆锥曲线，包括椭圆（特殊情况是圆）、抛物线、双曲线三种类型。轨道在空间的位置和行星在轨道上的位置依赖于 6 个参数，称之为轨道要素。下面我们以较为普遍的椭圆轨道（太阳系所有的行星、卫星和大部分小行星都是椭圆轨道）为例来描述这 6 个轨道要素（见图 5.5）。以太阳为原点 O，以黄道平面为 xy 平面，春分点方向为 x 轴方向，建立空间坐标系，6 个轨道要素的物理意义可以分别表述如下。

（1）**轨道半长径** a

（2）**偏心率** e　$e=\sqrt{(a^2-b^2)}/a$，b 是轨道半短径。

轨道半长径 a 和偏心率 e 决定了椭圆的大小和扁平的程度。近日点距离太阳的距离为 $a(1-e)$；远日点距离太阳的距离为 $a(1+e)$。

（3）**轨道倾角** i　指行星轨道平面对黄道平面的倾角。

（4）**升交点黄经** Ω　指行星轨道平面与黄道平面的交线与 x 轴方向的夹角。行星在天

球上从黄道以南运动到黄道以北所经过的交点，叫"升交点"，另一个交点叫"降交点"。升交点黄经是指升交点从春分点起算的日心黄经。

轨道倾角 i 和升交点黄经 Ω，完全决定了轨道平面的空间位置。

（5）**近日点角距 ω**　指轨道长轴上近日点方向与轨道交线的夹角，它决定了椭圆长轴的方向。此角决定了行星轨道长轴在轨道面中的方向。

（6）**行星过近日点的时刻 τ**　决定行星在轨道上何时处于何处的问题。

对行星的视位置做多次观测，就能算出该行星的 6 个轨道要素，然后可以根据行星的轨道要素计算出任一时刻行星的视位置。

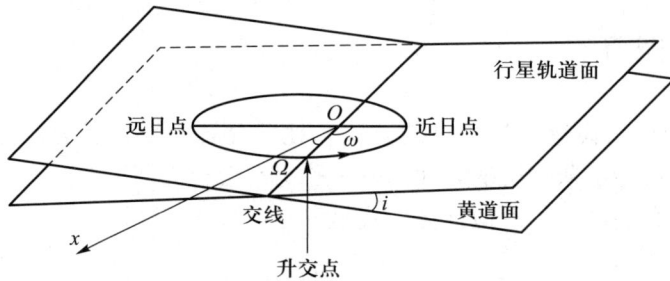

▷图 5.5　行星的轨道要素

表 5.2 给出了八大行星的部分轨道要素和其他轨道运动参数。

表 5.2　八大行星的部分轨道要素和其他轨道运动参量

行星	轨道半长径/AU	偏心率	倾角	公转周期 /d	会合周期 /d	轨道运动平均速度 /（km·s^{-1}）
水星	0.387 1	0.205 6	7.0°	87.97	115.88	47.87
金星	0.723 3	0.006 8	3.4°	224.70	583.92	35.02
地球	1.000 0	0.016 7	0°	365.24	——	29.79
火星	1.523 7	0.093 4	1.9°	686.98	779.93	24.13
木星	5.202 7	0.048 3	1.3°	4 332.71	398.88	13.06
土星	9.555 5	0.056 0	2.5°	10 759.50	378.09	9.66
天王星	19.191 1	0.046 1	0.8°	30 685.00	369.66	6.80
海王星	30.109 0	0.009 7	1.8°	60 190.00	367.49	5.44

根据表 5.2 中数据和行星视运动的研究可以发现，行星的轨道运动具有以下几个主要特征：首先，除了水星外，其他行星的轨道偏心率都很小，都接近于圆；其次，行星的轨道面相对于黄道面的倾角都很小，这表明行星轨道几乎在同一平面上；再次，所有行星公转的方向都与地球公转的方向相同，都是自西向东转。它们的这些共同特征是由于它们都是太阳系大家族的成员，经历过共同的起源和演化进程。

二、行星的轨道运动方程

根据天体力学的二体问题微分方程的解，可以得出椭圆轨道上行星位置的极坐标方程：

$$r = \frac{a(1-e^2)}{1+e\cos f}$$

式中 a 为轨道半长径，e 是偏心率，都是已知的轨道要素，只要知道给定时刻 t 时的极角 f，就可以计算极半径 r，从而得到行星在轨道上的位置。而轨道在空间的位置是由另几个轨道要素给定的，于是行星的空间位置当然也就可以计算了。以上计算的关键是求出极角 f 与 t 的关系，为此我们绘出图 5.6 来作辅助说明。

以椭圆中心 O 为中心，以轨道半长径 a 为半径画圆，从行星位置 P 向长轴作垂线，与圆交于 P'，垂足至太阳的距离为 L，OP' 与长轴的夹角 E 称为偏近点角。从几何关系不难看出 $\cos f = L/r$，$\cos E = (ae + L)/a$，于是有

$$r\cos f = a(\cos E - e) \tag{5-1}$$

代入极坐标方程可得

$$r = a(1 - e\cos E) \tag{5-2}$$

将微分方程通解中的一个积分为

$$E - e\sin E = \frac{2\pi}{T}(t - \tau)$$

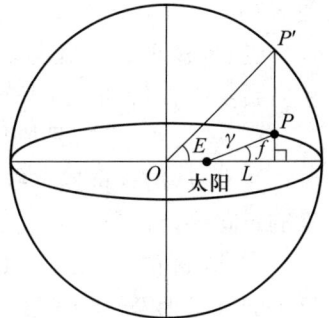

▷图 5.6　行星运动的极坐标示意图

式中 t 指任意时刻，τ 为 6 个轨道要素之一（行星过近日点时刻），T 是行星轨道运动的周期。根据开普勒第三定律，T 可以从轨道半长径 a 计算得到。定义 $M = \frac{2\pi}{T}(t - \tau)$。显然当 $t = \tau$ 时，$M = 0$，而且 M 是 t 的线性函数，所以 M 是从近日点起算的一个随时间均匀增加的角度，称为平近点角，于是有

$$E - e\sin E = M \tag{5-3}$$

此式称为开普勒方程，它是开普勒最先推导出来的。

计算星历表的过程是：由任意时刻 t 计算 M；由 M 求解开普勒方程（5-3）式得 E；由 E 通过（5-2）式计算 r；再由 r 和 E 通过（5-1）式计算 f，问题就得到解决了。天体力学利用迭代法，可以求得精度较高的 E 值。

三、行星际飞行器的轨道问题

在当今的航天时代，在地球上发射人造卫星、宇宙飞船，其速度和轨道的关系是怎样的呢？这是天体力学中的二体问题，在此做简单的阐述。

从二体问题微分方程的解，可以获得关于运动速度 v 的公式（称为活力公式，或运动能量公式）：

$$v^2 = G(m_1 + m_2)\left(\frac{2}{r} - \frac{1}{a}\right)$$

式中 G 为引力常量，m_1、m_2 分别是两个天体的质量，r 是至质量中心的距离，a 是绕质量中心运动的轨道半长径。活力公式是能量守恒定律的反映。它维持着动能 $\frac{1}{2}mv^2$ 与引力势

能 $-\dfrac{\mu m}{r}$ 之和为常量 $-\dfrac{\mu m}{2a}$ 的关系，其中 $\mu = G(m_1 + m_2)$。

对于正圆轨道，$a = r$，$v_0 = \sqrt{G(m_1 + m_2)/r}$，此时的速度 v_0 称为环绕速度。

对于抛物线轨道，$a = \infty$，$v_1 = \sqrt{2} v_0$，此时的速度 v_1 称为逃逸速度。

在某一位置处，飞行器若达到不同的速度，则其运行轨道将取不同的类型（见图 5.7）。

当 $v < v_0$ 时，取椭圆轨道，远点在该处；

当 $v = v_0$ 时，取正圆轨道；

当 $v_0 < v < v_1$ 时，取椭圆轨道，近点在该处；

当 $v = v_1$ 时，取抛物线轨道，离去的方向与来的方向平行；

当 $v > v_1$ 时，取双曲线轨道，离去的方向与来的方向相差一个角度。

四、三种宇宙速度的计算

三种宇宙速度是指在地球表面发射人造天体时有三种不同的发射速度。第一宇宙速度指环绕地球飞行的最低速度；第二宇宙速度指脱离地球引力场绕太阳飞行的最低速度；第三宇宙速度指脱离太阳引力场，飞出太阳系的最低速度。

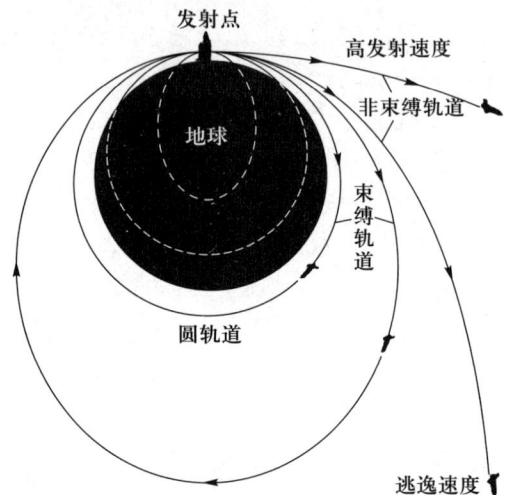

▷图 5.7　环绕地球的轨道速度与
逃逸速度的关系

1. 第一宇宙速度

第一宇宙速度是卫星或飞行器对地球表面的环绕速度，即

$$v_0 = \sqrt{G(m_1 + m_2)/r}$$

式中 m_1 是地球的质量，m_2 是飞行器的质量，r 是地球半径。飞行器的质量 m_2 与地球的质量 m_1 相比可以忽略，又注意到 $Gm_1 = r^2 g$（从 $F = G\dfrac{m_1 m_2}{r^2}$ 及 $F = mg$ 立即可以推知），g 是地球表面的重力加速度，于是 $v_0 = \sqrt{rg}$，取 $r = 6\,378\ \text{km}$，$g = 9.8\ \text{m/s}^2$，可算出 $v_0 = 7.9\ \text{km/s}$。按此速度飞行，飞行器绕地球一周的时间为 $T = 2\pi r/v_0 \approx 84\ \text{min}$。

2. 第二宇宙速度

第二宇宙速度是卫星或飞行器对地球表面的逃逸速度。在活力公式中，令 $a = \infty$，即得 $v_1 = \sqrt{2Gm_1/r} = \sqrt{2} v_0 = 11.2\ \text{km/s}$。

3. 第三宇宙速度

第三宇宙速度是卫星或飞行器在地球位置处对太阳的逃逸速度。地球绕太阳公转的轨道可近似认为是圆轨道，那么地球公转的速度就是在地球位置处对太阳的环绕速度，其值为

$$2\pi r/T \approx 29.8 \text{ km/s}$$

式中 r 取用 km 表示的天文单位的值，T 取 365.242 2 d。

逃逸速度为 $v_1 = \sqrt{2}v_0 = 42.1$ km/s。若轨道设计为入轨时与地球公转方向相同，则可借助地球公转的速度，于是飞行器自身的速度可减为（42.1−29.8）km/s = 12.3 km/s。需注意，这是飞行器脱离地球引力束缚后应达到的速度。脱离地球引力束缚，需要在发射时达到第二宇宙速度 v_1。从能量的角度来考虑，要想获得第三宇宙速度 v_2，付出的能量应当等于脱离地球引力束缚所需要的能量加上能达到 12.3 km/s 所需要的能量。由于能量与速度的平方成正比，于是应当有 $v_2^2 = v_1^2 + (12.3 \text{ km/s})^2$，已知 $v_1 = 11.2$ km/s，所以

$$v_2 = \sqrt{v_1^2 + (12.3 \text{ km/s})^2} = 16.7 \text{ km/s}$$

这才是最后算出的第三宇宙速度。表 5.3 列出了太阳系八大行星和月球表面的环绕速度和逃逸速度。

表 5.3　太阳系各天体的宇宙速度

	环绕速度 v_0/(km·s^{-1})	逃逸速度 v_1/(km·s^{-1})
水星	3.0	4.3
金星	7.3	10.3
地球	7.9	11.2
火星	3.5	5.0
木星	42.1	59.5
土星	25.2	35.6
天王星	15.1	21.4
海王星	16.7	23.6
月球	1.7	2.4

第 5 节 ｜ 太阳系的形成和演化

按照现代宇宙大爆炸模型的观点，大约在 138 亿年前，宇宙中所有的物质与能量都聚集在一个无限致密与灼热的原始火球之中，这个原始火球处于高温、高密状态，在原始火球里，物质以基本粒子的形态存在。后来，在基本粒子的相互作用下，原始火球发生了大爆炸。在这场大爆炸之后，我们今天的宇宙诞生了。这种爆炸不是物质向虚无空间的飞散，而是向四面八方的均匀膨胀。后来膨胀减慢，今天我们所观测到的宇宙的较慢膨胀才开始。

随着宇宙的膨胀，温度逐渐降低，这有利于基本粒子的结合；电子和中微子与其反粒子（正电子和反中微子）等这些基本粒子在结合过程中释放出能量，发射出辐射（光子）。随着宇宙的胀大，其中的物质逐渐冷却，温度降低下来，粒子的运动也就慢多了，这就使它们有可能合并成稳定的原子核（质子和中子）。此后，这些粒子组合到一起形成了第一批氢原子和氦原子。随着整个温度的降低，宇宙中不断创生出更重元素的原子核。宇宙中最丰富的物质是氢和氦组成的星际气体和星际物质。它们在引力的作用下聚集到一起，逐

渐形成巨大的星际云团。

由于星际云团本身的密度不均匀，这些小尺度的高密度区在自引力作用下压缩得足够紧密，逐渐形成了恒星、星系、星系团和大尺度结构的"种子"。经过进一步的引力收缩，形成了恒星、行星等天体。不同的星际云在运动中相互吸引、彼此撞击，有的聚拢合并，有的分裂离散，逐渐地形成了千姿百态的星系和巨大的星系团、超星系团和大的吸引体。

关于太阳系的形成，星云说认为，在无数弥漫的星际云之中有一块星云叫作太阳系星云，它就是我们地球所在的太阳系的诞生之地。太阳系星云原来是一大团炽热的、缓慢旋转的气体尘埃星云，这些弥漫尘埃星云漫游在浩渺的宇宙之中。由于引力的作用，它逐渐收缩、凝聚，同时旋转速度加快，逐渐形成一个"铁饼"状的星云团块，这个引力团块的核心部分形成了太阳，那些远离星云中心的旋转气体环不断收缩，逐渐变冷。这些环系在运动中不断受到其他团块的撞击，分裂为许多行星，并逐渐形成行星系统，最后形成了太阳、八大行星和无数小天体所组成的太阳系家族。按照这种观点，我们可以得知太阳和地球是一母（太阳系星云）所生的儿女，是同胞姐妹。

另一些科学家认为，太阳系内的行星是由另一颗恒星与我们的太阳相撞击后，从太阳上分裂出一些物质形成的，其中包括我们的地球。按照这种学说，太阳是我们地球的母亲。

也有人认为，当太阳形成后，在轨道上遇到另一个由气体和尘埃组成的冷星云。太阳的吸引力俘获了那个星云的部分物质，这些物质就绕太阳旋转，逐渐演化形成太阳系的行星系统。按照这种观点，太阳和地球不是"直系亲缘"，但是很有缘分。

我国天文学家戴文赛教授发展了太阳系的星云学说，他进一步阐明了太阳系内行星的形成过程。太阳系星云不断受到临近的其他星云碰撞，分裂出小的团块和颗粒，在自引力作用下逐渐收缩、凝聚形成较大的团块和大的颗粒。这些团块和物质颗粒在引力作用下，向云盘的赤道沉降，形成薄的尘埃层。中心区收缩凝聚成太阳，周围大颗粒逐渐凝聚成大团块——星子。星子在绕日公转中有的互相碰撞成碎块，有的互相结合成更大的团块，成为大星子。大星子吸引周围的物质颗粒，迅速成长为行星胎，它继续吸引小星子及星际物质，演化为行星，其中之一就是襁褓中的地球。

从太阳的化学成分中有铁等重元素来看，太阳可能是第三代恒星，即宇宙大爆炸后形成的恒星的后代。在宇宙大爆炸后的 90 亿年左右，即从现在倒推 50 亿年时，出现了第二次超新星爆发的繁盛时期，一颗超新星内的重元素充斥到太阳系所在的星云——太阳系星云，在自引力与向外压力相抗衡的运动中，孕育了太阳系。太阳刚诞生时是个温度为 10^7 K 的原始恒星，它继续收缩，中心温度迅速增加，并开始闪烁发光，经过漫长的岁月，当内部温度达到 1.5×10^7 K 时，核心的氢被点燃，开始了氢聚变成氦的热核反应，它成为充满活力的主序星——太阳，带领着太阳系家族在广袤的宇宙中遨游。

在太阳系星云中刚刚诞生的地球，在运动中不断与周围的小行星碰撞，逐渐壮大，同时也增强了自身的引力，吸引了周围更多的小天体，像滚雪球一样，地球越来越大。初期的地球的温度很高，被炽热的浓厚岩浆所笼罩，周围由厚厚的蒸汽和气体形成的云层环绕。经过了漫长的时间地面逐渐冷却，当温度降到 300 K 左右时，浓厚的云层随着地球引力的增强开始缓缓下降。随着电闪雷鸣的轰击，倾盆大雨的冲刷，地球渐渐降温，外壳逐渐凝固了，大气纯净了，出现了蜿蜒的山脉和汪洋的海洋，地球上生命的故事也从此开始了。

大约 50 亿年之后，当太阳内部的氢核燃料都燃烧成了氦核以后，壳层的氢开始燃烧，这时太阳的体积开始膨胀而成为红巨星。它膨胀的体积先是包容了水星、金星的范围，使它们蒸发融化。然后它进入了不停地膨胀、收缩循环的脉动不稳定阶段。此后，太阳又进一步膨胀，这时它的体积大到包容了地球的轨道，这时地球也就融化蒸发，只留下了火星及其轨道外的行星。太阳在脉动之后的进一步膨胀中，外层与核心分开，恒星的外层渐渐扩张，通过物质抛射，形成行星状星云。而核心区域的物质随着整个星球的膨胀，内部的辐射压力大为减小，不足以抵抗自身的引力，这时物质塌缩，挤向中心，使中心密度急剧增加，从而形成了一个致密的白矮星。这时，它依靠简并电子气的压力与引力相平衡，而且内部已停止了热核反应。在一段很长的时间内它继续发射余热和微弱的光，直到失去它的全部热量成为一颗冰冷、静寂的黑矮星。

📖 **例题 1** 一艘飞船在日落的同时从靠近地球赤道的人造卫星发射基地出发，它的驾驶员希望持续观测太阳位于地平线上的情景，则飞船的运动速度应为多少？详细解释飞船的运动。

解答： 地球的赤道半径为 6 378 km，我们可以算出赤道上的自转速度为 0.46 km/s=1 669.76 km/h。地球是自西向东自转，因此飞船要以 1 669.76 km/h 的速度自东向西运动（假定飞船距地面的距离与地球半径相比可以忽略不计），才能抵消地球自转的影响，使驾驶员能持续观测太阳位于地平线上的情景。

📖 **例题 2** 一名宇航员乘宇宙飞船从月面的冷海上空高度 100 km 的上空飞过，同时另一名宇航员正在月球上的白天在月面上的冷海行走，飞船上的宇航员能否用 20 倍的双筒望远镜发现月面上的宇航员？考虑所有的可能性。

解答： 首先计算从冷海上空 100 km 的高度望去，月面上的宇航员的张角。由于飞船上的宇航员在冷海的正上方，他看到的月面上宇航员的最大宽度约为 0.6 m（宇航员的肩部），张角 $\theta''=(0.3/100\,000)\times 206\,265''=1.2''$，宇航员如果用 20 倍的双筒望远镜，即放大 20 倍后为 24″，人眼的分辨本领约为 60″，还是无法发现月面上的宇航员。但是当宇航员身上的宇航服或头盔上反射率高的地方将足够的太阳光反射到上方时，飞船上的宇航员便可发现他。

📖 **例题 3** 火星的相继两次大冲的时间间隔为 779.9 d，计算火星的轨道半长轴为多少？

解答： 已知火星的会合周期为 779.9 d=2.14 a，地球的轨道周期为 1 恒星年，日地平均距离为 1 AU，利用行星会合周期公式，有

$$1/T=1/E-1/S=1/1-1/2.14=0.53$$

所以，火星的轨道周期 $T=1.88$ a。由于火星的质量远小于太阳的质量，依据开普勒第三定律，求出 $a=T^{2/3}=1.88^{2/3}=1.52$ AU，即火星的轨道半长轴为 1.52 AU。

习题五

1. 木卫一到木星的距离为 4.22×10^5 km，它绕木星的公转周期为 1.77 d，月球到地球的距离 3.84×10^5 km，它绕地球的公转周期为 27.32 d。算出木卫一的质量与月球的质量之比。

2. 大家知道，如果给物体在水平方向以 7.906 km/s 的速度，那么它将不再回落到地球上，而变成靠近地球表面飞绕的卫星了。问这个卫星的公转周期是多少？

习题五
参考答案

3. 太阳半径 $R = 6.96 \times 10^5$ km，请算出太阳表面上的逃逸速度。

4. 大炮在地球上射出炮弹的速度是 900 m/s。问这大炮在月球上射出炮弹的速度是多少？已知月球上一切物体的重量减轻为地球上的 1/6（忽略地球上的空气阻力）。

5. 如果太阳的质量突然增大一倍，那么地球轨道会怎样改变？

6. 只有水星、火星的轨道显著偏离圆形，利用表 5.3 中的资料，计算它们在近日点和远日点离太阳的距离。

7. 一个行星在圆轨道上的轨道角动量是它的质量、轨道速度和它距太阳的距离的乘积，计算木星和地球的轨道角动量之比。

8. 一个宇宙飞船在近日点刚刚擦过地球，在远日点刚刚擦过火星。求它的轨道半长径、偏心率和公转周期。为了简化，假设地球和火星的轨道是圆形的。

第六章

地内行星

水星离太阳最近，金星是最亮的行星，它们都在地球轨道以内，所以叫地内行星。当它们和太阳的黄经相等时称为"合"。在上合（行星和地球位于太阳两侧）之后，日落后出现在西方天空，成为昏星；在下合之后，日出前出现在东方天空，成为晨星。

第1节 | 水 星

水星出现在太阳的附近，经常淹没在耀眼的太阳光辉之中，即便在有利的条件下，人们也只有在夕阳余晖中或是在黎明时才能看到。因为它与太阳的角距离不超过 28°（角距离在 18°～28° 之间），而古代称 30° 为一辰，所以我们的祖先把水星叫作辰星。

一、水星的运动规律

水星是距离太阳最近的行星，离太阳的平均距离只有约 5 791 万 km。它的直径只有 4 879.4 km，约为地球的 1/3。水星的质量比地球小得多，约为 3.3×10^{23} kg，仅为 0.055 个地球质量。水星的平均密度约为 5 400 kg/m³。水星的表面引力是地球的 0.4 倍。水星的自转周期是 58.65 天（地球日），绕日公转一周为 87.97 天（地球日），也就是说，水星每自转三周所需的时间，恰好等于它绕日公转两周的时间，这就是说水星一年的时间等于它一天半的时间。水星绕日的公转轨道是椭圆，离太阳有时近有时远，所以在我们看来它有时亮些，有时暗些，它的平均视星等为 -1.9^m。由于水星很靠近太阳，加上它的一昼夜大约是地球上的 58.65 天，白昼日照时间很长，因而，在水星表面赤道区域，白昼的温度高达 350 ℃，就是一块铅放在上面也要熔化，而夜间的温度降至 -170 ℃左右。在温度变化如此剧烈的恶劣环境下，难怪它是个"不毛之地"，没有智慧的生命存在。

二、水星的表面特征

水星的表面貌似月球（见图 6.1）。表面上有大大小小的陨石坑和岩石块，环形山密布，有许多被撞击形成的盆地、裂谷和悬崖等，还有由于冷却和收缩而形成的皱纹区（见图 6.2）。美国 NASA 发射的"水手"10 号在 1974 年到 1975 年间曾 3 次飞掠水星，测量了水星的质量和电磁场分布。有一段时间水星因为相似于月球受到冷遇，后来因科学家认为水星两极可能有彗星撞击带来的冰，又受到关注。2004 年 NASA 发射的"信使号"探测器于 2011 年环绕水星飞行。科学家认为在 40 亿年前，由于小行星猛烈地撞击水星，冲击波殃及了整个半球，使得内部炙热的熔岩喷涌而出填补了裂口，形成了盆地。

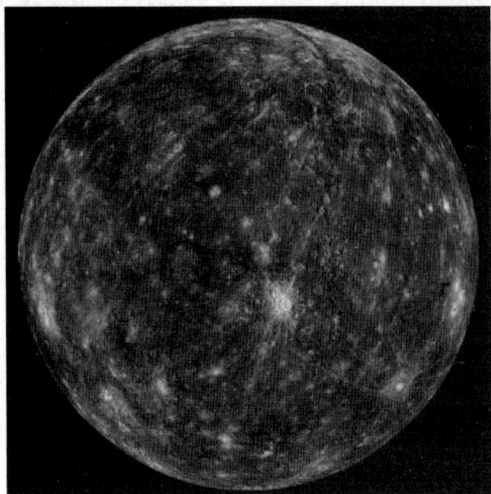

▷图 6.1   NASA 在官网公布了其利用最新的
PDS 技术（光电位置探测器）绘制的
首个完整的水星地形图像

▷图 6.2   水星表面由于冷却和收缩而形成
的皱纹区

水星是太阳系中仅次于地球的第二大密度的行星。它有一个巨大的金属核，约占行星半径的 85%。有证据表明核部分是熔融液体。水星的表面有一个岩石的地幔和坚实的外壳。水星没有大气层，而拥有一个薄薄的外逸层。外逸层主要有太阳风等带电粒子流撞击产生的原子，其中主要是氢、氦、氧、钠和钾的原子。

三、水星的磁场

"水手" 10 号空间探测器发现水星有较强的磁场。太阳风与水星磁场相互作用形成弓形激波和水星的磁层，有时还会产生强烈的磁性龙卷风，将快速炽热的太阳风等离子体输送到水星表面。水星的磁场及内部的秘密还没有解开。因此，21 世纪科学家又萌发了探测水星的热情，近年发射了一系列空间探测器和宇宙飞船以进一步探测水星的磁场，了解磁场的起源和演化。

第 2 节 ｜ 金　星

金星是我们肉眼看到的夜空中最明亮的行星，最亮时的视星等为 -4.4^m。除了太阳和月亮外，金星是全天最亮的白色星，所以，古时我们的祖先称它为太白金星。它的圆面亮度和月球一样也有盈亏的变化。

一、金星的运动规律

金星距离太阳约 1.082×10^8 km，比水星远，比地球近。其直径约为 12 103.6 km，它的体积相当于 0.86 个地球体积。金星自转一周的时间比地球慢得多，它的自转方向与公转方向相反，是自东向西自转，所以站在金星上看太阳，太阳从西方升起来，在东方落下去。金星自转一周是 -243.02 天（负号表示逆转）。金星的绕日公转周期是 224.7 天。金星像地球那样，自转轴倾斜于黄道面，它的赤道面与黄道面的夹角为 177.4°。在金星上的一个恒星日是 243.02 天，而它的一个太阳日是 117 天（地球日）。

我们所见金星盈亏相位的变化周期，是地球公转周期（365.242 2 天）与金星公转周期的（224.7 天）的会合周期，即 583.9 天。

二、金星的表面特征

由于金星大气的保护和"挡驾"，所以金星的表面比较平坦，类似月球的低洼盆地，但是也有陨石坑和密布的火山口，其中有一座火山口直径约为 700 km，而且火山经常会有大规模爆发活动。金星表面有大裂谷、蜿蜒的山脉及耸立的高峰。金星和地球非常相似，都有一个铁核，外面被热岩地幔包裹，再外面是薄的岩石，最外面是壳层。

从 1962 年到 1978 年，美国发射了"水手"2 号及 6 个"先驱者－金星号"探测器。美国 NASA 发射的"麦哲伦号"探测器于 1994 年结束了为期五年的金星考察任务，使用雷达技术对金星表面绘制了图像（见图 6.3）并完成了引力探测任务。"麦哲伦号"探测器探测到了金星上极端猛烈的火山活动。金星的炙热表面一直是行星科学家们热烈讨论的课题。

▷图 6.3　"麦哲伦号"探测器探测到的金星表面

三、金星的大气层

金星的周围有一层浓厚的大气层，这层大气的温度最高达 482 ℃，气压是地球大气压的近百倍。大气中有腐蚀性很强的硫酸雨，这种恶劣的环境并没有挡住人们的探测活动。

苏联在金星表面降落过 10 个探测器，但即使在着陆后起作用的少数探测器中，成功也是短暂的。最长的幸存者持续了约两个小时，着陆器拍摄的金星照片显示了贫瘠、昏暗和多岩石的景观，大气呈现的是硫黄色的景象。在极端炎热的金星大气中主要有二氧化碳（占比 97%）和少量的氮、水蒸气及一氧化碳等。大气中的二氧化碳、水汽起到温室玻璃罩的作用，即金星有"温室效应"。金星吸收太阳的热能并储存起来，日积月累使金星在夜间也有难耐的高温。

四、金星的磁层圈

金星没有内部产生的磁场。相反，金星具有所谓的感应磁场。这种弱磁场是由太阳磁场和行星外层大气相互作用产生的。感应磁场的形状像一个延伸的彗尾，它沿着太阳风方向掠过金星并向外延伸。

例题 1 当水星运行到太阳和地球之间时，我们在太阳圆面上会看到一个小黑点穿过，这种现象称为水星凌日。其道理和日食类似，我们能否用肉眼直接观测到水星凌日？

解答：水星离地球比月亮远，视直径仅为太阳的 190 万分之一。水星挡住太阳的面积太小了，不足以使太阳亮度减弱，因此用肉眼直接看不到水星凌日的现象，我们只能通过望远镜附加减光片观测或做投影观测。水星凌日平均每 100 年发生 13 次。2003 年 5 月 7 日下午 1:20—6:30，发生了水星凌日，我国大部分地区的人均可用望远镜附加减光片观测到，太阳视面上有一个清晰的黑色的小斑点，那就是水星。

例题 2 金星上的一天（1 个太阳日）有多少个地球日？如果金星的自转和公转方向一样而不是逆转，那么会发生怎样的变化？

解答：按会合周期计算：金星自转周期 −243 天（因为逆转所以是负值），它绕日公转周期为 225 天，$1/S = 1/225 + 1/243$，所以 $S = 117$ 日（地球日）。

如果金星的自转和公转方向一样而不是逆转，有 $1/S = 1/225 - 1/243$，那么金星上的 1 个太阳日为 3 037.5 天（地球日）。

例题 3 金星在西大距时，升起的时间大约是几点？

解答：金星和太阳在视线方向最大夹角时是在大距的时候，这时金星和太阳的夹角为 45° 左右，相当于 3 个小时，因此金星在西大距时，约凌晨 3 点钟升起。

习题六

1. 水星在东、西大距时，大约几点上升？几点下落？（最大角距为 28°。）

2. 水星在近日点时，从水星上看太阳的角直径有多大？

3. 水星的平均轨道速度是 48 km/s，利用开普勒第二定律计算水星在下列位置的速度：（1）在近日点；（2）在远日点。转换这个速度为角速度（每天多少角度），并与水星的自转速度 6.1°/d 作比较。

习题六
参考答案

4. 假设金星和地球的轨道是圆形的，在金星离地球最近时，比较地球对金星的潮汐力与太阳对金星的潮汐力。

5. 按照斯特藩定律，计算温度为 750 K 的金星表面每平方米每秒发出的辐射能量，与温度为 300 K 的地球表面每秒每平方米发出的辐射能量之比。

6. 在没有任何温室效应的情况下，金星的表面温度会像地球那样，表面温度大约是 250 K。而事实上，金星的表面温度是 750 K，利用这个信息和斯特藩定律，估算从金星表面发出的红外辐射有多少比例被金星大气里的二氧化碳吸收了。

第七章

地球与月球

我们的家园地球是太阳系唯一有智慧生命的星球，同时它也是太阳系的一颗普通行星。月球是它的唯一的自然卫星。地月系统在太阳系中以独特的运动规律描绘出美丽而壮观的天文图景（见图7.1）。

▷图7.1　在月球上拍摄的地球照片

第1节 ｜ 地球在太阳系中得天独厚

地球是太阳系家族的宠儿，它之所以如此幸运，是由于地球占有着得天独厚的条件。在八大行星中，地球与太阳的距离和质量的搭配恰到好处，而且地球有比较安定的宇宙环境。

首先，在八大行星中地球离太阳的平均距离为1.49亿km，不近也不远，因而它得到的太阳的热辐射能量适中，不冷也不太热，具有生物生长所需要的条件。而其他行星却没有这个"福分"。如水星离太阳太近，只有日地平均距离的1/3，加上周围没有大气，水星中午时的温度可达350 ℃，而夜晚，水星表面的温度又下降到−170 ℃左右，如此情况怎能适合生物生存？金星离太阳也比地球近，而且它的表面上有浓厚的二氧化碳大气，使温度最高可达480 ℃，白天、黑夜都是高温、闷热的天气。而火星离太阳比地球远，是日地距离的1.5倍，它的表面平均温度为−23 ℃，与地球南极洲的平均温度相差不多。更不用说那些比火星更遥远的其他大行星了。

地球的"天赐"条件还与太阳和地球的质量有关。太阳的质量是地球质量的 33 万倍，大约为 1.989×10^{30} kg，太阳的这个质量使它可以享有约 100 亿年的寿命，这不仅足以使地球完成其生命的演化，而且可以使地球上的人们今后再享受 50 亿年的温暖和光明。若太阳的质量比现在大 15 倍，则它的寿命只有几千万年，地球也就演变不到现今这样。反之，假如太阳的质量比现在小，若为现今太阳质量的 1/5，则其寿命虽然可延长至 1 万亿年，但它的温度则会太低，将不能满足地球上万种生灵的生存需求。加之地球自转和公转的方式，使地球大部分地区昼夜相间，四季分明，为生命繁衍创造了有利的条件。假如地球质量太大，引力过强，则会吸住大量的空气，形成很厚的大气层；气压过高，会形成液态空气的海洋，如在木星浓厚的大气下的表面是液态氢海洋。反过来，若地球的质量太小，引力过弱，则空气会逃逸掉，地球就会失去大气层这个"保护伞"。如月球的质量仅为地球质量的 1/81.3，由于质量小，引力吸不住大气，没有大气层的保护，水也被蒸发掉，所以月球上没有液态水，也没有空气，经常受到外来天体的轰击。地球大气的厚度恰到好处，它给地球上的"居民"以充足的氧气，适宜的阳光和温度，并且抵挡了大量的紫外线、高能粒子流的辐射和碰撞。

再者，地球所处的宇宙环境相对比较安定。太阳系中的小天体：小行星、彗星及流星体大多在一定的轨道上运行。虽然有一些受大行星吸引而改变轨道，与其他天体撞击，但与其他大行星相比，地球是幸运者，被小天体碰撞的频率还不算高。而月球、水星和火星等却被撞得伤痕累累，环形山比比皆是，记录着多次遭受碰撞的经历。地球的宇宙环境对地球的演化和文明的发展是至关重要的，它涉及地球的安危及生物的生存环境。地球自诞生以来虽有过多次碰撞，但相对其他大行星及其卫星来讲，我们的地球有着相对比较安定的宇宙环境，这也使我们的地球成为太阳系家族中的幸运儿。

第 2 节 ┃ 地球的物理特征与结构

一、地球的大小与质量

从月球上和人造地球卫星上拍的照片来看，地球是一个浑圆的蓝色星球。20 世纪 70 年代人造地球卫星的精确测量表明：地球的赤道半径 $a = 6\,378.164$ km；地球中心到两极的极半径 $c = 6\,356.779$ km；也就是说，地球是赤道略凸，两极稍扁的椭球体，其平均半径 $R = 6\,371.03$ km；地球的扁率 $(a-c)/a = 0.003\,352\,9$。地球体与球体的差别很小，只是在南极有约 30 m 的凹陷，在北极有约 20 m 的隆起，其余地区差值很小。

人们测定地球质量主要是根据开普勒第三定律，即

$$(m_\oplus + m_{\mathrm{m}}) = \frac{4\pi^2}{G} \frac{a^3}{P^2}$$

式中 $m_\oplus$ 为地球质量，m_{m} 为月球质量（月球质量相对地球较小，可以忽略）；P 为月球绕

地球运转的周期，以年为单位（$P = 27.3 \text{ d} = 7.48 \times 10^{-2} \text{ a}$），$a$ 为月球绕地运转的轨道半长径，以天文单位（AU）为单位（$a \approx 3.84 \times 10^5 \text{ km} = 2.53 \times 10^{-3} \text{ AU}$）。由此可以求出地球的质量。

此外，我们还可以由实验测出地球表面的重力加速度 g，由重力加速度 g 与质量 $m_\oplus$ 的关系式 $g = Gm_\oplus/R^2$（式中 g 约为 9.806 m/s^2，G 是引力常量），取地球平均半径 $R = 6\,371.03 \text{ km}$，可以近似计算出地球的质量 $m_\oplus = 5.964 \times 10^{24} \text{ kg}$。

由于地球不是严格的球对称体，根据更精确的测算，地球质量的准确值是 $m_\oplus = 5.976 \times 10^{24} \text{ kg}$，也就是说，地球约有 59 万亿亿吨。这个质量数值仅为太阳的 33 万分之一，在浩瀚的宇宙中地球只是一粒"微尘"。

由于已知地球的体积为 $1.083 \times 10^{21} \text{ m}^3$，所以算出地球的平均密度为 5.52 g/cm^3。地球比其他行星更"结实"，不像木星那样"虚胖"，木星的密度仅为地球的 1/7。而土星的密度仅有 0.69 g/cm^3，比水还轻，如果土星掉在一片汪洋大海中，它会漂浮起来。

二、地球的圈层结构

科学家把地球从地壳往上分成四个圈层，即岩石圈、水圈、生物圈和大气圈。这四个圈层不是孤立存在的，它们之间是互相联系、互相交融、密切相关的。

1. 岩石圈

人类立足之地是地球的表层，这一层主要是岩浆岩构成的固态球层。地球表面的岩石层称为地壳，地壳的下面是地幔，可分为上地幔、过渡层和下地幔。上地幔浅部为 100 多千米，也是坚硬的岩石，它与地壳共同组成了地球最外面厚为 70～150 km 的岩石圈。岩石圈内的岩浆岩是地球内部的炽热岩浆上升后冷却凝固而成的岩石。在岩浆岩上面一般有一层很薄的沉积岩和一层薄薄的土壤覆盖着。科学家们把包含岩浆岩、沉积岩和土壤的覆盖面称为岩石圈。

2. 水圈

岩石圈的表面高低不平，低凹部分被液态水所淹没成为海洋、湖泊和河流。此外，在陆地下面一定深处，还存在着地下水。这些不同形态的水构成的圈层称为水圈。水是生命的源泉，地球上最早的生命可能诞生于海洋。生物维持生命离不开水，地球上一旦没有水，那么地球将会像火星一样变成一个毫无生气的荒寂世界。

3. 生物圈

在岩石圈上部、大气圈下部和水圈里，生存着千千万万种有生命的生物，这些生物的总体及其分布范围，称为生物圈。地球作为太阳系的一个成员，有着得天独厚的天文条件，加上地球的大气圈和岩石圈的调节作用，太阳提供给地球充足的阳光，使生物有了适于生存的阳光、温度和各种气候条件。生物圈广泛地渗透在大气圈、水圈和岩石圈里。生物活动形成的循环，是地球外部圈层物质循环的重要内容，也是各个圈层互相联系的纽带。

4. 大气圈

在海洋和陆地的外面是大气圈。大气圈是从海陆表面到行星际空间的过渡圈层，它由好几层组成，总厚度可达 1 000 km。大气圈主要由氮气和氧气组成（氮气占 78%，氧气占 21%），此外还有少量的氩气（占 0.93%）和二氧化碳（占 0.027%），以及微量的氢、氖、氦、氙气。

地球的大气层起着保护地球和人类的重要作用。地球大气像地球的盔甲，避免与减少了来自太空的小行星、流星体、彗星的碰撞灾难与太阳紫外线的杀伤。大气使地球保持适宜的湿度和温度，并维护着人类和万种生灵需要的水和富氧的空气，使地球上的人类和万种生灵得以生养繁栖。

地球大气层的底部是地面，大气层的上界有多高，目前并不清楚。因为大气的密度随着高度的增加而减小，它与行星际空间之间没有截然分明的界限。根据世界气象组织的规定，按大气温度的垂直分布，大气层自下而上可粗略地分为对流层、平流层（包括臭氧层）、中间层和电离层以及稀薄的外层大气（见图 7.2）。

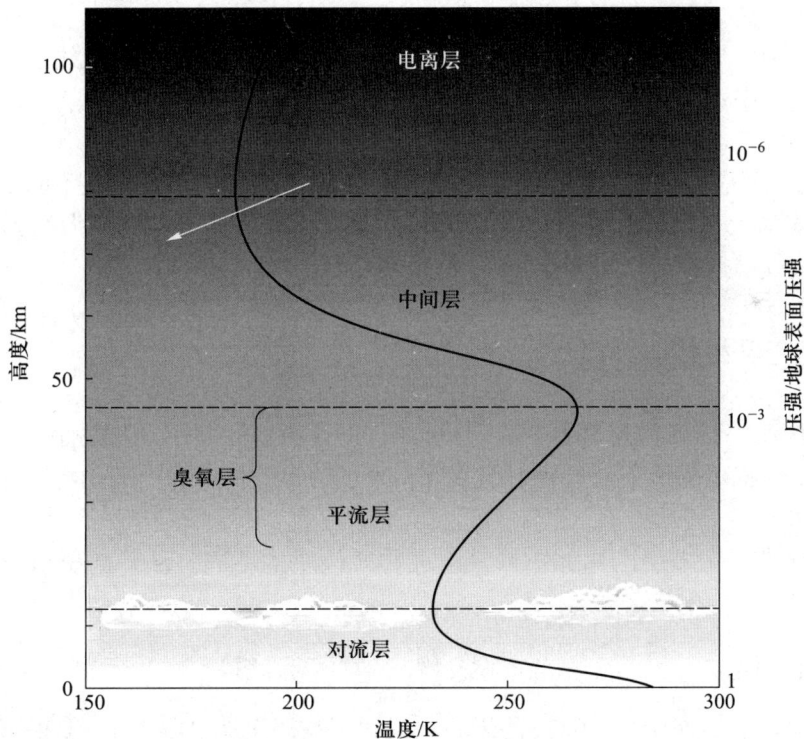

▷图 7.2　地球大气的温度、压强随高度的变化

（1）对流层

对流层是距地球表面最近，也是最稠密的一层，厚 8～17 km，这里集中了整个大气 75% 的质量和 95% 的水汽。在对流层中大气温度随高度升高而降低，大气从海陆表面吸取热量，形成热空气上升、冷空气下沉的此起彼伏的对流运动，使海陆表面和对流层间存在频繁的水汽交换，形成云、雾、雨、雪等。因此，对流层是展现风、云、雨、雪等种种

天气现象的大舞台，与我们人类关系最为密切。

（2）平流层

对流层顶至 50 km 高度之间分布着平流层，这里水汽很少。在平流层里分布着臭氧层，它能大量吸收太阳紫外辐射，造成气温随高度升高而升高，致使大气难以上下对流，所以在这里大气以水平流动为主。臭氧分子分布在 15～50 km 的大气平流层中，它仅占大气总质量的 10 万分之一，像一层薄薄的轻纱笼罩着地球，形成一个环绕地球的天然屏障。虽然它很稀薄，但是它吸收和挡住了 99% 以上的太阳紫外辐射，使地球上的人类和生物能够正常生长发育、世代繁衍。如果没有臭氧层，那么地球将成为一个没有防范的星球，杀伤生物的紫外线便无遮无拦地长驱直入，使地球上的生灵遭受灭顶之灾。

（3）中间层

地面以上 50～80 km 之间的大气称为中间层。由于没有臭氧的存在，该层温度随高度升高而迅速下降，使这里成为一个对流运动剧烈的高空对流层。

（4）电离层

中间层顶至 200 km 高度之间是电离层。该层的气体已很稀薄，在太阳紫外线作用下大气原子发生电离，形成若干个主要由带电粒子组成的电离层。该层大气温度最初随高度升高而剧烈增加，然后增速变慢，逐渐过渡到恒温区。电离层能反射无线电短波，可给人类的远程通信带来极大方便。

（5）外层大气

电离层以上为外层大气非常稀薄，由于受到地球的引力较小，大气不断地向行星际空间逃逸。该层的大气物质都是带电粒子，其运动受地球磁场的控制。大约到 3 000 km 高度，地球的大气层逐渐与行星际空间融为一体了。

三、地球的内部结构

科学家们通过研究地震波的传播、热传导，进行放射性勘探以及磁性和重力探测，加上地球资源卫星提供的地下红外辐射照片等，来了解、分析地球内部的物理性质，揭示地球内部的结构。

地球内部是一个多层的球体，依其组成物质性质的不同，从外向里可分为地壳、地幔、地核。

1. 地壳

地壳在地球的最外层，由坚硬的岩石组成，平均厚度为 21.4 km，但很不均匀。海洋地壳比较薄，厚度范围是 2～11 km，大陆地壳厚度范围是 15～80 km；著名的喜马拉雅山地区地壳厚度为 70～80 km。地壳还可以进一步划分为花岗岩层和玄武岩层。

2. 地幔

地壳向下延伸到约 2 891 km 的深度，可分为上地幔、过渡层和下地幔三层。上地幔浅部约 100 km 也是坚硬的岩石，它与地壳组成了地球最外面厚 70～150 km 的岩石圈（也称岩石圈板块）；再往下延伸至约 700 km 深处是相对比较柔软的软流圈。软流圈以下则是过渡层和下地幔，其物质主要由橄榄石、辉石等组成。

3. 地核

在下地幔下面（2 900～4 980 km）是液态的外地核。在 4 980～5 120 km 之间的区域叫过渡层。从 5 120 km 深处一直到地心（6 400 km）是固态的内地核。外核物质主要是铁、镍元素，内核物质主要是铁元素。地球内部，越往深处温度越高，压强越大。在地壳底部，最高温度约 1 000 ℃，压强约为地球大气压的 1 万倍；而地幔的温度为 1 200～2 000 ℃，地核的温度更高了，竟达 5 500～6 000 ℃，压强增加到地球大气压的三四百万倍。

第 3 节 ｜ 地球的磁层与辐射带

地球内部和近地空间都存在磁场。地球磁场源于内部，是偶极磁场，有南、北两个磁极，它像一个巨大的磁棒，磁极不完全与地极重合。在地磁北极处的垂直磁感强度为 0.58 高斯，在地磁南极处的垂直磁感强度为 0.68 高斯，在地磁赤道上的水平磁感强度为 0.31 高斯。地磁场的强度具有短期和长期变化，其中短期变化有日变化和季节变化以及各种扰动。地球磁场的变化主要受太阳活动、太阳风及宇宙线（来自宇宙的高能粒子流）的影响。地球磁场的短期变化称为地球的变化磁场，长期的缓慢变化的地磁场称为基本磁场。根据 400 多年的地磁观测资料，人们发现北磁极慢慢地在向西漂移。

一、地球的磁层

地球的偶极磁场在近地空间受太阳风（太阳不断发射的带电离子流）的影响，磁场的磁感线都向后弯曲，朝着太阳的方向被太阳风压缩到一定范围，形成包层，而背向太阳的方向则延伸很长，可及范围远远超过地月距离。地球的大气圈的外层大气是由极其稀薄的电离气体构成的，地球偶极磁场就浸没在这个极其稀薄的电离气体内，因此这个区域称为磁层（见图 7.3）。

根据"探险者"10 号空间探测器的观测资料得知，朝向太阳一侧的磁层顶端离地心 8～11 个地球半径，在太阳活动激烈时，它被强劲的太阳风压缩到 5～7 个地球半径的范围，而在背向太阳的那侧则延伸至几百甚至几千个地球半径，形成远远超过地月距离的地球磁尾。在磁尾中存在着一个特殊界面，这个界面两边磁感线突然改变方向，该界面称为中性片（或电流片）。由于太阳风的带电粒子流高速接近地磁场的边缘，所以形成一个弓形激波的波阵面。波阵面与磁层顶之间的过渡区叫磁鞘，磁鞘的厚度为 3～4 个地球半径。

二、地球的辐射带

地磁场俘获来自太阳风的带电粒子，在地球的周围形成发光的地球辐射带（见图 7.4），

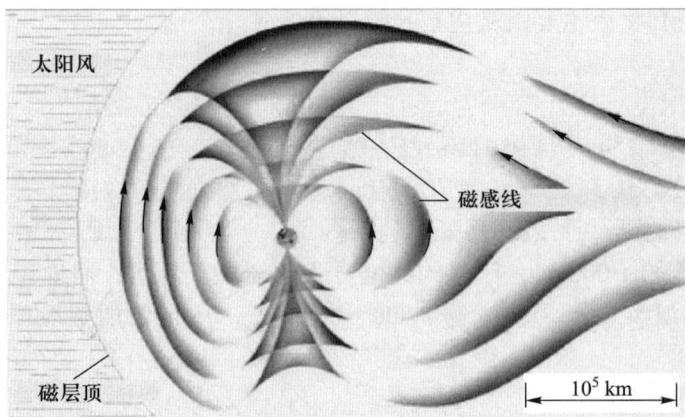

▷图 7.3 地球的磁层

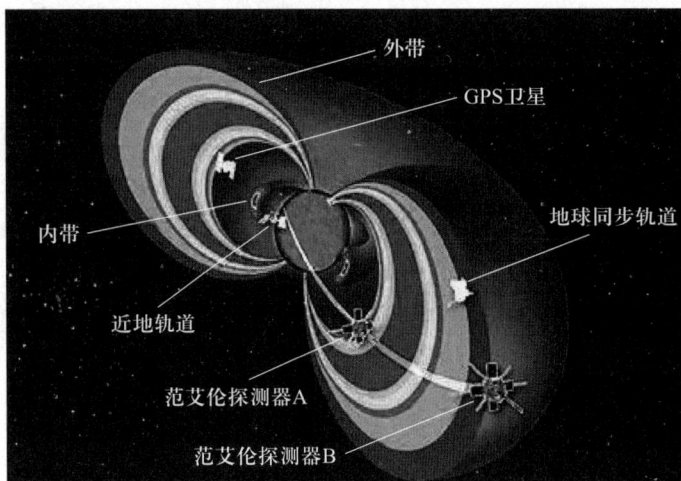

▷图 7.4 地球的辐射带

它是由空间探测发现的。1958 年 1 月美国发射的"探险者"1 号地球卫星搭载的范艾伦制作的粒子计数器，发现离地面 1 000 km 以上的高度有难以置信的辐射强度。后经"探险者"3 号和"探险者"4 号的再度证实，人们知道这种辐射的是由高能电子和质子引起的。因此，地球的辐射带称为范艾伦辐射带，它分为内辐射带与外辐射带。辐射带的范围和形状受地磁场的制约，也和太阳活动有关。

*第 4 节 ｜ 地球的自转

　　旭日东升，夕阳西下，大家已经习以为常。如果你注意观察星空，就会发现星星也在随着时间运转，东升西落。这些都是地球自转的证据。地球上昼夜更替，正是由于地球绕着它的自转轴不停地自西向东自转，面对太阳的一面是白天，背着太阳的一面是黑夜。地球自转一周就是一日，地球不停地自转，昼夜循环不止。

地球是自西向东自转，而人在地球上不觉地球动，却看到太阳从东方升起西方落下。如同人坐在车里不觉车运动，似乎外边的景象在运动一样，这是一种相对视运动。

根据长期的精确观测，人们发现地球自转的速率是变化的，是不均匀的，主要存在长期减慢和季节性的变化，以及短周期的变化和不规则的变化。

一、地球自转的不稳定性

地球连续地自西向东旋转，它的自转速率似乎非常稳定，过去我们一直用地球自转作为计量时间的标准。在 20 世纪 30 年代人们制作的石英钟每天误差约万分之一秒。以观测地球自转作为时间基准的方法来确定石英钟的钟差时，人们发现石英钟存在比较显著的周年和半年的变化。经过分析研究人们发现并不是石英钟的变化，而是由于地球自转存在季节性的变化。非常稳定的原子钟问世后，更证实了地球自转的变化。

1967 年国际上定义原子时秒长时，确定 1958 年 1 月 1 日世界时秒长等于原子时秒长。这一瞬间，世界时（UT_1）与原子时（TAI）起始时刻之差是 0.003 9 s。由于地球自转速度存在变化，以地球自转为基准的世界时 UT 连续变化。由于地球自转速率存在长期变慢现象，以地球自转为基准的世界时 UT 会产生累积变化，使得世界时（UT_1）和原子时（TAI）的累积之差逐渐加大。国际地球自转服务局（IERS）决定采用协调时 UT_c（它以 TAI 秒长为基础）。当 UT_1-UT_c 累积之差接近 0.9 秒时，在 UT_c 上实施"闰秒"。1972 年以来一般 1 年多会产生 1 个闰秒，到 2017 年 1 月 1 日共增加了 37 秒（UT_c+37 s ＝ TAI）。但是到 1998 年地球自转开始加快，使 UT_1-UT_c 累积的趋势变慢。在 1998 年末实施了一次闰秒后，直到 2005 年末才又实施了一次闰秒，在 2016 年末又实施了一次闰秒。

二、地球自转的长期减慢

研究发现，地球自转存在长期减慢，使日长单位以每百年约 0.002 s 的速度增加。引起地球自转长期减慢的主要原因是，太阳和月球对地球的引潮力引起的海洋潮汐摩擦，产生与地球自转角速度相反的力偶矩。

虽然自转长期变慢使日长单位每百年仅仅增加约 0.002 s，但是长期的积累使时间的变化是相当可观的。近 20 个世纪以来，由于地球自转长期减慢，时间累积相差了 4 小时。早期地球自转速度比现在快得多，从古珊瑚的化石就可以证实这一事实。活的珊瑚表面结构是珊瑚分泌碳酸钙形成平行的生长纹结构。白天由于光合作用，珊瑚增加钙化，夜间珊瑚碳酸钙吸入量减少，所以生长纹反应了阳光控制的节率。最近发现在泥盆纪（3.7 亿年前），古珊瑚化石每年约有 400 条生长纹，这说明 3.7 亿年前，地球每年自转 400 周。4.2 亿年前，地球每年自转约 420 天。可见古地质时期，地球自转比较快，一年的天数比现在多得多。

三、地球自转的年际变化

日长的年际变化是指几年的波动，其幅度达万分之五秒左右。近年来人们从观测资料证实，大气角动量的变化对日长的年际变化起主要的作用。日长年际变化和大气海洋存在的振荡有关，一种震荡叫南方涛动。南方涛动和厄尔尼诺事件是同时发生的，有时称为ENSO事件。

南方涛动是东西赤道太平洋的气压发生逆转的变化，原来西赤道太平洋为低气压，东赤道太平洋为高气压，在赤道太平洋上存在东南信风，当逆转变化后，西赤道太平洋变为高气压，东赤道太平洋变为低气压，东南信风逐渐消失，西风加强，增加了大气的角动量，使地球自转减慢。ENSO事件的发生是不规律的，一般在2～7年左右发生一次，使地球自转速度产生年际的变化。

四、地球自转的季节性变化

日长变化还存在显著的周年和半年的季节性变化。日长的周年变化使世界时的累积变化幅度为20～25 ms，半年变化约为9 ms。

地球自转为什么会存在季节性的周期性变化呢？它是由于高空大气风速存在季节性的变化，冬春季节，全球大气角动量增加，夏秋季节则减小。大气是地球的组成部分，地球整体的角动量应当是守恒不变的。当大气角动量增加时，固体地球的角动量就会减小，地球自转就会变慢。因此，地球自转在夏季（7月、8月）比较快，在冬季（1月、2月）比较慢。由于大气角动量还存在半年的周期性变化，及地球围绕太阳公转，地球受太阳的引潮力影响，这也使地球自转产生半年的周期性变化。

五、地球自转的短周期变化

地球自转的短周期变化指短于半年的周期性变化。月球对地球的引潮力引起地球自转的短周期变化非常显著。它们主要有13.66天和27.56天的周期性变化，以及9.13天的周期项。日长13.66天周期项的振幅约为0.003 6 s，27.56天的振幅约为0.001 9 s，9.13天的振幅约为0.000 7 s。

在日长变化的 ΔLOD 序列中，把年际的、季节性的变化和潮汐变化扣除后，在剩余的变化中很清楚地看出还存在40～50天的波动，它的峰值能达到万分之五秒。经研究分析，科学家认为这种波动的原因主要是大气角动量存在亚季节性的变化。在亚热带，大气区域性流动引起了大气角动量的40～50天的波动。

近几年来，甚长基线干涉测量（VLBI）、人造卫星激光测距（SLR）和全球定位系统（GPS）进行连续观测，得到精度很高的地球自转参数（地极的坐标和精确的世界时）。资料分析表明，地球自转还存在大约一天的周日变化，变化的幅度只有万分之一秒左右。这是海洋潮汐和固体地球之间相互作用的结果。

六、地球自转的不规则变化

地球的运动还可能受地球的外部与内部因素的影响。外部因素，如天体的碰撞、太阳的剧烈活动等，内部因素，如大地震以及地球上的某些异常现象：强厄尔尼诺现象、大气环流急剧变化等，都可能影响地球的自转，使它发生不规则的异常变化。

*第 5 节 | 地球内部的地极移动

我们的地球不是一个坚硬不变形的刚体，而是一个弹性的椭球体。地球的自转轴在地球内部并不是固定不变的，它存在缓慢而复杂的运动，这种运动称为地极摆动或地极移动。

一、地极移动的发现

地极移动是如何发现的呢？19 世纪 40 年代，俄国普尔科沃天文台的天文学家用一种称为垂直环的天文望远镜观测当地的地理纬度，发现纬度存在周期性变化现象。当时他不了解引起纬度变化的原因。1886 年，德国天文学家居斯特纳发现柏林天文台的中星仪所观测的纬度值也存在周年性的变化，和普尔科沃天文台的结果非常相似。那么地理纬度为什么会变化呢？居斯特纳提出了一种设想，他认为地球自转轴可能在地球内部移动，从而引起了地极移动。

为了证实地球自转轴在地球内部的移动，当时选取柏林、布拉格和檀香山三个经度差约 180° 的台站，同时进行观测。观测表明，柏林和布拉格的纬度变化曲线非常相似，而檀香山的纬度变化曲线的相位与前两个天文台的结果正好相反。我们知道，当地的地理纬度等于天极的高度，也就是说当地极移动时，如果柏林和布拉格的纬度增加，则檀香山的纬度减小。这一事实完全证实了纬度变化是由地极移动引起的论点。

1891 年美国天文学家钱德勒分析研究了，17 个天文台站 100 多年来共 3 万多个纬度观测值，发现纬度变化除了存在周年性的变化外，还存在一种周期约为 1.2 年的变化。为了深入研究，1899 年正式成立了国际纬度服务（ILS）组织，在北纬 39° 08′ 的纬度圈上建立了 5 个国际纬度站，它们是日本的水泽，俄国的基塔布，意大利的卡洛福特，美国的盖捷斯堡和美国的尤凯亚。观测的纬度结果由 ILS 进行统一综合处理，然后 ILS 再公布地极运动的资料。后来，1988 年国际天文学联合会成立了国际地球自转服务（IERS）机构，它们负责研究地极移动工作。

二、地极的长期漂移

观测研究表明，地极存在长期的漂移。地极以每年约 0.003″ 的速度向西经 80° 的方向漂移。目前，认为引起地极移动长期变化的主要原因可能是，第四纪（约 250 万年前开始）冰川融化后，地壳反弹变化。地壳反弹的时间很长，因此经历许多世纪后，极移仍存在线性的长期漂移。

三、地极的钱德勒摆动

假如地球是一个刚体，从理论上可推导出地球自转轴应存在一种 305 天的周期摆动（欧拉周期）。但是从观测的资料分析研究，发现并不存在 305 天的周期，而存在一种近 1.2 年的摆动，称之为钱德勒摆动。摆动的平均振幅是 0.18″。

我们知道地球是一个弹性体，从地球分层弹性模型理论计算得到的摆动周期正是 435 天的钱德勒摆动周期。钱德勒摆动是一种阻尼的摆动，也就是说钱德勒摆动的振幅随时间变化，摆幅逐渐衰减，但衰减到一定程度后，摆幅又会增大。这说明存在某种激发的动力维持着钱德勒摆动。

科学家认为，钱德勒摆动的主要激发源可能是大气和地下水的变化，以及地震。地球表面大气压存在季节性的变化，引起了全球大气质量的重新分布，这种变化是维持钱德勒摆动的最重要激发源。另一种激发源是地下水的变化，雨季的降雨、晴朗天气的蒸发和雨水随江河流入大海，引起陆地上的地下水的迁移。还有一种可能的激发源就是地震，但也有些科学家指出一次地震产生的能量太小，不足以激发钱德勒摆动。

四、地极的周年摆动

地极周年摆动的振幅平均为 0.09″。引起地极周年摆动的主要原因是大气压的变化，它使全球大气质量的分布存在周年性的变化，其次是地下水的周年变化，以及冰雪覆盖层的面积、厚度的变化。由于上述因素的周年性变化比较稳定，所以地极周年摆动的振幅变化不太大。

第 6 节 ｜ 地球公转与四季

地球自转的同时，还绕着太阳做公转运动，公转一圈是一年。地球上"冬去春来，寒来暑往"的四季变迁正是由于地球的绕日公转。

一、地球绕日公转

地球绕日公转的轨道面称为黄道，公转的轨道是一个椭圆。轨道的偏心率非常小，目前约为 0.016 7，即非常接近于一个圆。太阳位于椭圆的一个焦点上。地球在轨道上和太阳最近的距离是 1.471×10^8 km，轨道上那点称为近日点。每年的 1 月 3 日或 4 日地球运行到近日点。地球与太阳最远的距离为 1.521×10^8 km，轨道上那点称为远日点，每年 7 月 2 日或 3 日地球通过远日点。地球公转的方向是自西向东的。

相对于春分点来说，太阳视运动连续两次通过春分点所需的时间称为 1 个回归年。1 个回归年的长度等于 365.242 2 平太阳日。相对于近日点来说，地球连续两次通过近日点所需的时间称为 1 个近点年，1 个近点年等于 365.259 6 平太阳日。近点年比回归年稍长一点，这是由于地球的进动，公转轨道长轴在轨道平面内以每年约 11″ 的速度自西向东进动，旋转一周约需 11 万年。同样，由于月球受太阳的引力，它围绕地球的运动也有进动，使白道与黄道的交线存在周期变化，每 18.6 年旋转一周，即交点每年后退约 19.355°。相对于月球的交点来说，太阳视运动在天球上连续两次通过轨道的升交点所需的时间等于346.620 平太阳日，称为交点年，由于它与日食和月食有关所以也称为食年。

地球公转的平均速度为 29.79 km/s。按开普勒第二定律，地球绕太阳公转时，它的径矢（焦点到椭圆的距离）在相等时间内扫过的面积是相等的。由于地球在近日点时与太阳的距离比远日点时的距离少 5×10^6 km，既然要求地球公转时径矢扫过的面积相等，那么在近日点附近地球公转的速度要比在远日点附近的速度快。在近日点处公转速度最快，为30.3 km/s，在远日点处公转速度为 29.3 km/s。对于北半球来说，冬半年（从秋分到春分）公转的时间为 179 天，夏半年（从春分到秋分）公转的时间为 186 天。

二、四季成因

由于地球绕日运动轨道的偏心率很小，所以地球距离太阳的远近对地球上的气候影响不大。地球上季节的冷暖主要取决于太阳辐射是直射还是斜射（见图 7.5）。我们知道地球自转轴与公转轨道面（黄道面）是不垂直的，地球赤道面和黄道面的交角（黄赤交角）目前为 23° 26′ 12″。由于黄赤交角的变化非常小，而且地球公转是平动，因此地球绕太阳公转时，太阳光辐射相对地球的入射角随公转变化。地球公转到夏至（每年 6 月 21 日或 22日）时，太阳直射在北纬 23° 26′ 的北回归线上。此时北半球昼最长夜最短，而南半球夜最长昼最短，北半球为夏季，而南半球为冬季。例如北纬 40°（北京所处纬度），夏至日昼长约为 14 h 51 m，夜长约为 9 h 9 m。地球公转到秋分（每年 9 月 22—24 日）和春分（每年3 月 20—22 日）时，太阳光直射在赤道上，此时南北半球的昼夜长度相等。当地球公转

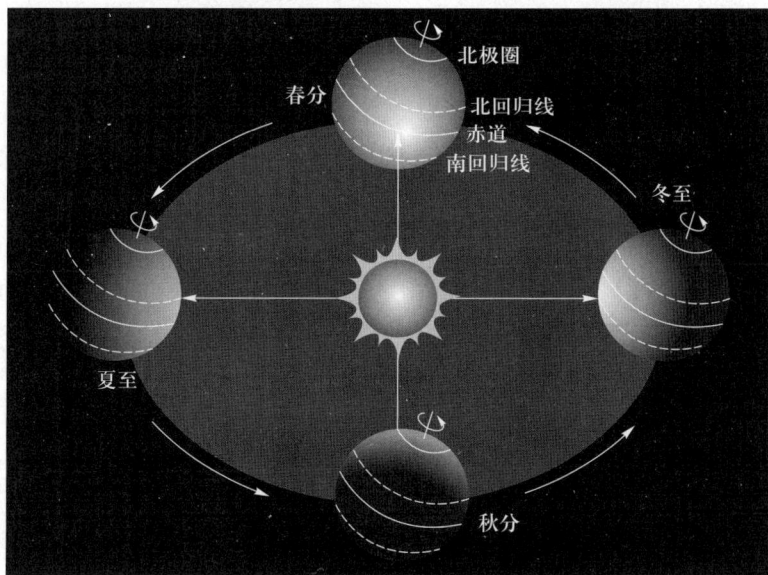

▷图 7.5　四季成因

到冬至（每年 12 月 21—23 日）时，太阳光直射在南纬 23°26' 的南回归线上，则南半球处于夏天，昼最长夜最短，而北半球为冬天，昼最短夜最长。由此可见，对于北半球来说，夏季得到太阳光的直射，昼长于夜，冬季时太阳光斜射，昼短于夜。夏季得到太阳的辐射量比冬季多，所以夏季炎热，冬季寒冷。地球不停地绕日旋转，从而形成了地球上一年四季气候的循环。

三、岁差与章动

地球的自转轴除了在地球内部存在摆动外（极移），它在空间的方向还存在一种长期的运动，叫作岁差。如图 7.6 所示，这种运动类似于旋转中的陀螺，其自转轴在空间的摆动形成一个圆锥形。由于地球自转轴是倾斜的，地球又是一个旋转椭球体，其赤道带隆起，在月球和太阳对地球赤道隆起部分的引力作用下，地球自转轴有被"扶正"的趋势，但是转动的地球产生一种抗衡力，使倾角保持不变，产生地轴进动，使天极（自转轴延伸到天球上的交点）绕黄极做圆周运动，画出一个以黄极为中心的半径约为 23°26' 的小圆。天极绕黄极旋转一周约 2.6×10^4 年，地球自转轴在空间的这种运动称为**岁差**。由于岁差，北天极在天球上随时间运动，目前北天极指向北极星（小熊座 α 星）的位置。再过 1.3×10^4 年，即北天极绕黄极运行半周后，将指向织女星（天琴座 α 星）。目前确切地说，北极星与天北极的角距约为 1°（查天文年历可知当时精确的值）。由于地轴进动，赤道面与黄道面的交线也以同一周期旋转，使天球上的春分点在黄道上向西移动。与太阳周年运动方向（即地球公转方向）相反，春分点是自东向西移动，成为春分点西移，每年移动 50.278 6″。春分点在黄道上约 2.6 万年进动一周，称为岁差周期。

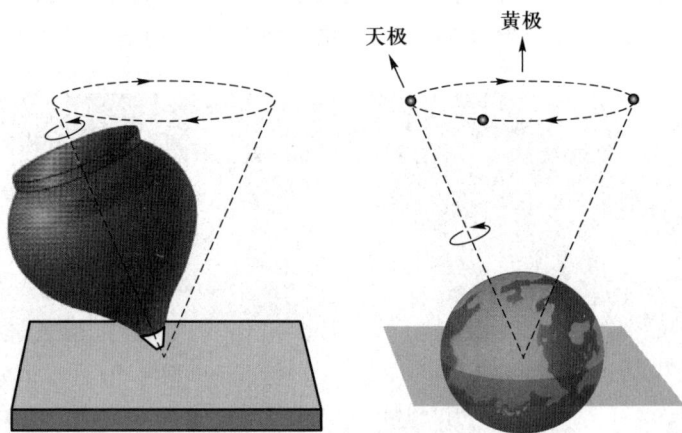

▷图 7.6　地球的岁差原理图

太阳从春分点开始做周年视运动，经过一个回归年之后到了新的春分点，但是比回到原来的春分点时间要短一些。若以黄道上某一恒星为基准点，太阳视运动连续两次通过此恒星位置所花的时间才是真正的地球公转的物理周期，称为**恒星年**。所以回归年短于恒星年。回归年与恒星年每 26 000 年差一年，即每年差约 20 分钟。

由于春分点的岁差，恒星的赤经、赤纬和黄经有微小变化，这种变化是由于坐标系的变化而不是由于恒星本身的运动。在天文观测使用的星图、星表中都标明了历元，给出了恒星的视赤经、赤纬的百年变化量或年变化量，它就是由于地球岁差引起的变化量。观测时要注意加以改正，以得到观测时刻正确的恒星位置。

　　地球自转轴在空间的运动除了长期进动——岁差外，还存在一种短周期椭圆式摆动，称为**章动**。这种摆动叠加到岁差上，使天极围绕黄极做波浪式的运动。章动的主要周期是 18.61 年，主章动的摆幅约为 9.214″。引起地球自转轴章动的主要原因是，月球绕地球公转的轨道面（白道面）存在一种周期性的运动。月球绕地球公转，公转的轨道称为白道。白道和黄道的两个交点称为升交点和降交点。白道和黄道的升交点在黄道上做后退的（向西）运动，白道和黄道的交角为 5°08′。当升交点和春分点重合时，白道和赤道的交角为 5°08′ + 23°27′ = 28°35′，当升交点和秋分点重合时，白道和赤道的交角为 23°27′ − 5°08′ = 18°19′。白道和黄道升交点运动一周的时间为 18.58 年。由此带来的月球对地球的引力变化引起了地球自转轴的章动。

*第 7 节 ｜ 地球轨道参数的变化

一、公转轨道偏心率的变化

　　地球公转轨道的偏心率随时间在缓慢地变化。1984 年美国天文学家伯格通过计算给出，椭圆轨道偏心率变化的范围为 0.000 5～0.060 7。我国天文学家张家祥 1982 年计算得到的结果是 0.002 4～0.057 1。这意味着当偏心率最大时（按 0.057 1 计算），地球和太阳最远的距离可达 $1.581\ 40 \times 10^8$ km，最近的距离为 $1.410\ 56 \times 10^8$ km，相差达到 $1.708\ 3 \times 10^7$ km。当偏心率变为 0.000 5 时，轨道接近为圆。目前轨道的偏心率约为 0.016 722，偏心率较小，地球的远日点和近日点的距离之差约为 5.003×10^6 km。地球公转轨道偏心率变化的周期约为 9.5 万年，在 4 万多年之前偏心率为最小值，再过 4 万多年，偏心率又达到最小值。那时地球公转轨道几乎接近正圆，地球的近日点和远日点的距离几乎相等。

二、黄赤交角的变化

　　地球公转的轨道面（黄道面）和地球赤道面的夹角——黄赤交角也存在缓慢的变化，这是由于黄道面位置的变化产生的。黄赤交角变化的范围在 22°00′ 到 24°30′ 之间，变化的周期约为 4.1×10^4 年。上次黄赤交角最小值距今约 2.8 万年。近期计算黄赤道交角的公式为

$$\varepsilon = 23°27′8.26″ - 0.468\ 4″\,t$$

式中 t 是 1900 年起算的儒略年数。目前黄赤交角正以每世纪约为 47″ 的速度减小。目前黄赤交角的数值为 23°26′12″。

三、公转轨道近日点的进动

地球绕太阳公转的轨道是椭圆，椭圆轨道的长轴（称为拱线）方向逐渐旋转，使地球的近日点和远日点在黄道上做旋转运动，称为近日点进动。目前，地球过近日点的时间是每年的 1 月 3 日或 4 日，过远日点的时间是每年的 7 月 2 日或 3 日。由于近日点在黄道上运动的方向和地球公转方向一致，近日点和春点在黄道上会合的周期是 2.17×10^4 年。

以上叙述的黄赤交角的变化、轨道偏心率的变化以及轨道近日点的进动都与行星对地球的长期的引力影响有关，称之为行星摄动。

$$\boxed{\text{第 8 节} \mid \text{月 \quad 球}}$$

月球是地球唯一的天然卫星，它和地球一样都不发光，只反射太阳的光。月球围绕地球公转，又跟着地球一起围绕着太阳公转。月球的自转周期和绕地球公转的周期相同，所以月球总是以同一面向着我们。直到航天时代，在太空飞船拍出的照片上，我们才一睹它背面的芳容。

一、月球的自转与物理特征

月球自转的周期与绕地球公转的周期相等都是 27.32 天，这种说法是近似的。严格来讲月球有天平动，即我们所看到的月面经常有一些微小的变动。经度天平动最大可达 $7° 54'$，周期为一个近点月（月球连续两次通过近地点的时间）。纬度天平动最大可达 $6° 51'$。

利用激光测距的方法精确测出的月球和地球的平均距离是 384 401 km。我们由它的视角直径和月地距离，可以计算出月球的平均直径是 3 474.8 km，约为地球直径的 3/11。

月球体积只有地球体积的 1/49。月球的质量也比地球小得多，约为 7.35×10^{22} kg，是地球质量的 1/81.3。由月球的质量和体积，可以算出月球的平均密度为 3.35 g/cm³，相当于地球密度的 3/5。月球表面的重力加速度比地球小，为 1.62 m/s²，仅为地球表面重力加速度的 1/6。也就是说，人在月球上的重量只有在地球上重量的 1/6，在月球表面轻轻一跳，就会腾空而起，连地球上的跳高冠军也望尘莫及。

月球是个略扁的球体，扁率只有 0.001 2。南北极区也不对称，北极区隆起，南极区洼陷。月球的重心和几何中心并不重合，重心偏向地球 2 km。

二、月球的公转与月相

月球绕地球的公转是由西向东运行的。它的公转周期叫作恒星月，平均为 27.32 天。所以，月球在星空背景上的视运动是每天（平太阳日）自西向东移动 $13° 10' 35''$，即月出地平每天晚 52m42s。

月球的公转轨道是椭圆，近地点距离约为 363 300 km，远地点距离约为 405 500 km，它的偏心率相当大，为 0.055 5。月球轨道面和天球相交的大圆叫白道。白道和黄道的夹角为 5°09′。白道和黄道相交于两点，分别称为升交点和降交点。由于太阳引力的摄动，交点沿着黄道西移，每年移动 20°，经过 18.58 年旋转一周。此外，月球轨道的拱线（月球轨道的近地点和远地点的连线）也不停地变化，变化周期为 8.85 年。

月球在绕地球公转的同时随着地球一起绕太阳公转，因此人们看到月球的亮度有周期性的变化。月亮的盈亏变化叫月相，月相变化的一个周期叫朔望月。一个朔望月为 29.530 59 天。由于太阳引力的影响，朔望月的长短稍有变化。为什么月球的公转周期是约 27.32 天，而朔望月较长呢？这是因为地球绕太阳公转周期为 365.25 天，在月球绕地球转了一周后，地球同时绕太阳运行了大约 27°，按照计算会合周期 T 的公式：

$$\frac{1}{T} = \frac{1}{27.32} - \frac{1}{365.25}$$

可以求出朔望月的时间为 29.53 天。

月相变化的原理可用图 7.7 来说明。图中心的圆球代表地球，外面圆周上的小圆球代表月球，最外面的图是从地球上看到的月相。当月球到达太阳与地球之间时，太阳光照射不到的月球的那个半球对向地球，因此从地球上看不到月亮，这时就是"朔"，也就是新月。随着月球的公转，被阳光照亮的那半个月面开始有一部分朝向地球，为向右凸出的镰刀形。当地球上看到被太阳照亮的月球右边一半时，这时的月相称为"上弦"。上弦后，

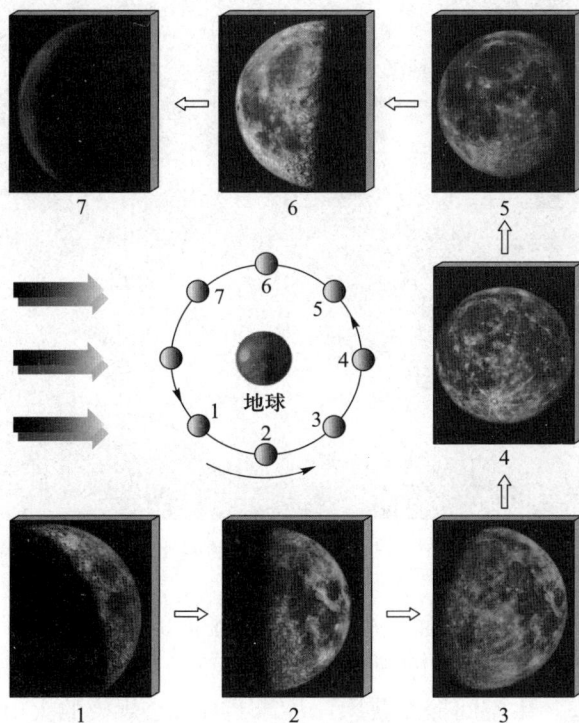

▷图 7.7　月相变化原理图解

1—盈娥眉月（新月后 4 天）；2—上弦（新月后 7 天）；3—盈凸月（新月后 10 天）；4—满月（新月后 14 天）；
5—亏凸月（新月后 18 天）；6—下弦月（新月后 22 天）；7—亏月（新月后 26 天）

地球上逐渐看到大半个月面，当太阳照亮的月球那半球正朝向地球时，我们就看到一轮圆月，这时称为"望"。满月时亮度约为 -12.7^m。过了"望"，地球上看到亮的部分变小，只能看到左边明亮的半圆，这时称为"下弦"。以后，又逐日减小，成为镰刀形，称为"亏月"，或者叫残月，接着是下个月的朔，之后就出现新月。

因为月球的公转运动是自西向东的，所以在朔（农历初一）以后，月球位于太阳之东，日落后，一个月牙出现在西方地平线上空。以后每过一天，月球和太阳的角距离增加约 $13.2°$。在上弦前后（农历初八左右），日落时月亮出现在子午圈附近。到望月时（农历十五或十六），月亮在天空正好和太阳相对，一轮圆月日落时升，日出时落。望月之后，月球上升时间每天晚约 50 分钟。下弦（农历二十三左右）以后，月球到下半夜才升起。到了农历月底之前，残月仅在黎明前上升，经过一短暂时间，就淹没在太阳的光辉之中。

三、月球的表面特征和空间探测

月球的正面（见图 7.8）布满了大大小小的环形山，有著名的哥白尼环形山、第谷环形山，其上都有明亮的辐射纹。月面上有一些"月海"（这是一些暗区，没有水），最大的海叫"风暴洋"；月面上还有奇峰峻岭，还有延绵数百千米、宽几千米到几十千米的大裂缝。

▷图 7.8　月球正面的照片

由空间探测得知，月球的背面（见图 7.9）与正面的景象迥然不同。背面的月海面积较小也少，只有东海、莫斯科海和智海 3 个月海，而"月陆"居多，多山谷，且山谷盆地保留着更为原始的状态。由空间探测获悉，月球上有大小规模的火山活动。

早在 1959 年，苏联发射的"月球"2 号宇宙飞船击中了月球环形山中的一处凹地。这是地球上的人类首次送给月球的礼物。此后人们相继发射了一系列空间探测器来探测

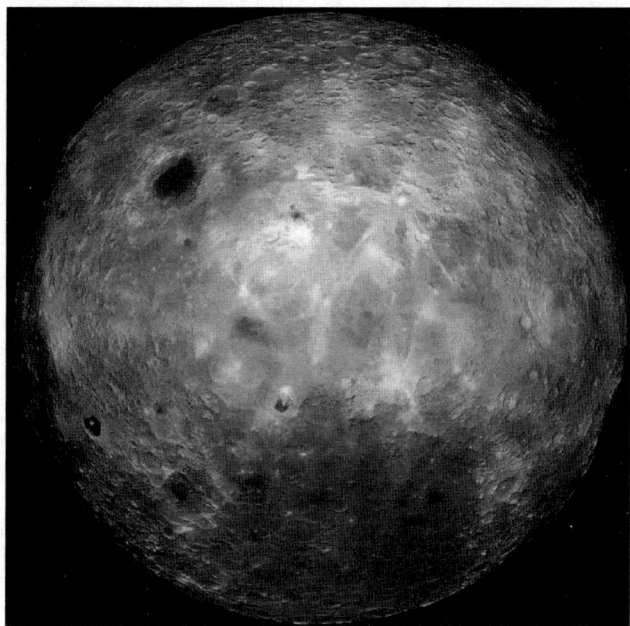

▷图 7.9　月球背面的照片

月球。1969 年美国发射的"阿波罗"11 号登月舱登陆月球，实现了人类登上月球的梦想。飞船指令长阿姆斯特朗从登月舱下来，踏上月球第一只脚时说了句名言："这是我个人的一小步，而对于整个人类来说却是一大步。"的确，它标志着人类登上月球的新旅程。

从 1969 年 7 月至 1972 年 12 月先后有 7 艘"阿波罗"飞船飞向月球，有 6 艘登月成功。至今为止，已有 12 名宇航员登上月球表面考察，并携带岩石与月球土壤返回地球。空间探测表明，月球上有大大小小不同规模的火山活动，还有"月溪"，这是一些熔岩管崩塌之后形成的山谷。空间探测还证实，火山活动会产生大量含锌铁的氧化物和钛的物质。

值得注重的是月球的背面探测。由于月球的自转与公转的周期相等，所以月球始终以同一面朝向地球。因此人类在太空探测之前没有真正认识月球的背面。60 年前苏联的"月球"3 号探测器传回了月球背面的图像。大约 50 年前美国的"阿波罗"8 号三位宇航员环月飞行，这是人类首次用肉眼看到了月球背面。

2019 年 1 月 3 日中国发射的"嫦娥"四号探测器成功着陆月球背面。落月后通过"鹊桥"中继星通信和联络，展开设备开展多项工作。"嫦娥"四号探测器实现了人类在月球背面软着陆的创举，它搭载的"玉兔"二号月球车（见图 7.10），首次揭示了月球背面地下 40 米的地质分层结构，并且测到月球表面的辐射平均值为国际空间站上所测的两倍，在太阳活动活跃期间更高。特别重要的是发现了一种可控核聚变的燃料氦-3，这对人类获取新能源和在军事方面都具有重大意义。

月球上几乎没有大气，只有微量的氦和氩气体。有没有水？这是人们最关心的。美国 NASA 1994 年发射的"克莱门汀号"航天器，在月球的南极附近发现了"冰湖"；1998 年发射的"月球勘探者"通过探测也表明，月球的两极区域有大量的水冰存在。人类有望利用月球的水源，以月球作为中间站向更遥远的宇宙深空进军。

▷7.10　我国发射的"嫦娥"四号着陆器携带的"玉兔"二号月球车登上月球背面

📚 **例题 1**　地球的质量减小到怎样的程度，月球就永远逃离地球？

解答： 月球绕地球的公转速度 $v=\sqrt{\dfrac{Gm_{E}}{r}}$，而月球处的逃逸速度 $v'=\sqrt{\dfrac{2Gm_{E}}{r}}$。

若月球要逃离地球，则地球的质量减小一半，月球就会逃逸。

📚 **例题 2**　1957 年苏联发射了人造卫星"Sputnik I"，它有篮球大小，直径为 580 mm，质量为 83.6 kg，表面有 2 mm 厚的精制的铝合金板。这颗卫星的轨道是椭圆轨道，被发射之后，它的近地点距离地球表面 227 km，远地点距离地球表面 945 km。估算一下当时用肉眼是否能观测到这颗卫星。

解答： 让我们比较一下用肉眼观测来自远地点的卫星的光流量和来自月球的光流量：

用 W 表示太阳的光流量，α_{*} 表示观测天体的反照率，有 $S_{*}=\pi r_{*}^{2}=\pi d_{*}^{2}/4$，此处 r 和 d 分别是观测天体的半径和直径，R_{*} 是从观测天体到观测者的距离。

由月球到达观测者的流量：$I_{M}=W_{\alpha M}S_{M}/(2\pi R_{M\text{-}O}^{2})$；由卫星到达观测者的流量：$I_{I}=W_{\alpha I}S_{I}/(4\pi R_{I\text{-}O}^{2})$。（在解题中我们不考虑散射、随机的辐射与镜子的散射，$2\pi R_{M\text{-}O}^{2}$ 和 $4\pi R_{I\text{-}O}^{2}$ 之间的差异，是由于月球的一面向着观测者。）

由于卫星表面是高精度的铝合金，所以我们可以假设 $\alpha_{I}=1$，所以有

$$I_{M}/I_{I}=\alpha_{M}(S_{M}/S_{I})(4\pi R_{I\text{-}O}^{2}/2\pi R_{M\text{-}O}^{2})=2\alpha_{M}(d_{M}/d_{I})^{2}(R_{I\text{-}O}/R_{M\text{-}O})^{2}$$

由月球的反照率 $\alpha_{M}=0.07$ 有

$$I_{M}/I_{I}=0.14\times(3.475\times10^{6}/0.58)^{2}(2.27\times10^{5}/3.72\times10^{8})^{2}=1.87\times10^{6}$$

由于 $m_{M}-m_{I}=-2.5\lg I_{M}/I_{I}-2.5\lg(1.87\times10^{6})=-15.7^{m}$，所以星等差为 15.7^{m}。

已知满月的视星等为 -12.7^{m}，所以卫星的星等 $m_{I}=15.7^{m}-12.7^{m}=3.0^{m}$。由于人的眼睛可以看到 6^{m} 的天体，卫星"Sputnik I"在天顶时是 3^{m}，所以卫星"Sputnik I"是可以看到的。

1. 由于地球自转轴进动，北天极绕北黄极以 23.5° 为半径的小圆，自东向西旋转，26 000 年转一周。目前北天极位于北极星（小熊座 α 星）附近，春分点恰好位于宝瓶座。问 13 000 年以后的北极星是哪颗星？春分点位于什么星座？

2. 已知月球与地球的距离是 3.84×10^5 km，它的角直径是 0.5°，问月球的直径是多少？

3. 想象月球上的居民在新月的时候看到地球是什么相？在满月的时候呢？月球的相和地球的相两者之间一般的关系是怎样的？

4. 6 月 21 日太阳赤纬 $\delta = 23°27'$。问在什么纬度处，6 月 21 日的白昼长度只有 3 小时？

5. 近似地把地球的大气层看作密度为 1.3 kg/m³ 均匀的大气层，厚度为 7.5 km，计算它的质量，并与地球的质量相比较。

6. 如果 4 个木星样的大行星在地球的同一方向排列成一条线，那么其潮汐力对我们的地球有没有显著的影响？

7. 月球的质量约为地球的 1/80，月球的半径约为地球半径的 1/4，问一个在地球上 980 N 的宇航员加上 490 N 的太空服和背包，在月球上的重量是多少？

第八章

地外行星

火星、木星、土星、天王星、海王星的轨道在地球轨道以外，叫地外行星，它们离太阳比地球更远，有着自己的运动规律、特殊地位和物理条件。

第1节 | 火 星

人们在夜空看到火星是火红色的，古代人对它的红色迷惑不解，所以称它为惑星或荧惑。火星最亮时的视星等为 -2.01^m，最暗时为 1.5^m。火星和地球的特征相似，又距离地球较近，为了寻找火星上的生命遗迹，探寻空间旅行的基地，火星已成为人类登月以后空间探索和旅行的重要目的地。

一、火星的运动规律与物理特征

火星是在地球轨道之外与地球邻近的大行星。火星绕日轨道的偏心率为 0.093，火星近日点距离太阳为 1.38 AU（2.07×10^8 km），远日点距离太阳为 1.67 AU（2.49×10^8 km）。火星的绕日公转周期是 686.98 天（地球日），自转周期是 1.025 957 天，也就是 24.6 小时，和地球的自转周期很相近。它的自转轴与黄道面夹角为 66°，即赤道面与黄道面的夹角为 24°，这与地球的黄赤交角 23.5° 也很相近。

火星比地球小，其半径为 3 397 km，约为 0.53 个地球半径。可以推算，火星的体积大约是地球体积的 1/7。

火星的质量约为 6.4×10^{23} kg，是地球质量的 10.8%，其表面重力加速度不及地球的 4/10。因此，人如果站在火星上，重量会减轻一多半。

二、火星的表面特征

火星的南北极都有白色的极冠。这极冠冬天增大，夏天消融，人们自然认为这是水和冰的象征。空间探测表明，极冠的主要成分是干冰（固体二氧化碳）和水冰。火星的大气远比地球大气稀薄，气压仅为地球大气压的 0.5%～0.8%。火星大气的主要成分是二氧化碳，占 95%；氮占 3%，水蒸气含量很少，仅占 0.01%。火星云层的主要成分是干冰。由于火星大气稀薄而干燥，火星表面的昼夜温差变化很大，常常超过 100 ℃。白天赤道附近最高可达 20 ℃，晚上，由于火星保暖作用很差，最低温度可降到 −80 ℃。两极温度更低，最低温度可达 −139 ℃。陆地生物不可能在这种酷寒、恶劣的环境下生活，所以，火星是满目荒凉，赤地千里的地方。通过空间探测得到的土壤分析表明，火星的土壤有大量的氧化铁，由于长期受紫外线的照射，铁就生成了棕红色的氧化物。由于大气中的尘埃是棕红色的氧化物，所以火星天空呈现橙红色。如果你站在火星上，仰望天空，天空呈现一片桃红，只有在黎明和黄昏时天空才呈现苍白的淡蓝色。

三、火星的极冠与尘暴

在地面望远镜里人们可以看到火星的一个极有白斑，这个白斑叫作极冠（见图 8.1）。另一个极冠或不显著或在背面。在火星的冬季，极冠的直径达到 3～4 km，到夏季极冠缩小甚至完全消失。20 世纪初，人们推测极冠是由水冰组成的，它随着季节而变化。但是现代空间观测证明，极冠是由碳氧化物即干冰组成的，而不是像地球两极那样的水冰。

由于火星表面温差很大，所以气候变化十分剧烈，时常发生"尘暴"。当大尘暴来临时，尘埃飞扬弥漫，形成尘埃云，可持续数月之久。特大尘暴往往席卷南半球，蔓延到北半球，甚至覆盖整个星球，风速达 180 m/s，远远超过地球上的 12 级大台风。1971 年 5 月"水手" 9 号飞向火星，7 月进入环绕火星的轨道后就遇到了大尘暴。当时地面望远镜也发现火星表面出现了朦胧的黄云，原来火星上起了大风，到了 11 月发展成席卷全球的大尘暴，一直到次年的 1 月才风停尘息。火星表面上环形山遍布，隆起的陡壁和大峡谷相互交错。火星上最突出的是火山，最大的火山是奥林匹斯火山，它的直径约 600 km，高于基准面约 21 km，其高度是地球上最高峰珠穆朗玛峰的 2 倍多，它可能是太阳系中最大的环形火山。在火星的赤道区和中纬度地区有许多弯弯曲曲的干涸河床，最长的达 1 000 km，宽约 200 km。从"水手" 9 号飞船拍摄的照片，科学家推测大约在 1 000 万年前，在火星赤道附近的一个区域发生过特大洪水。火星上的沉积岩与地球上一样是由于水流冲刷形成的，这表明火星过去曾经是温暖而湿润的。

▷图 8.1　火星的图像，右下角图是"火星探路者"拍摄的近火星表面照片

四、火星的卫星

在火星的夜晚，人们可以在空中看到"双月悬天"的奇景。这两个月亮就是它的两个卫星：火卫一和火卫二（见图 8.2）。两个卫星像月球一样，它们的一面向着火星，自转周期与公转周期同步。

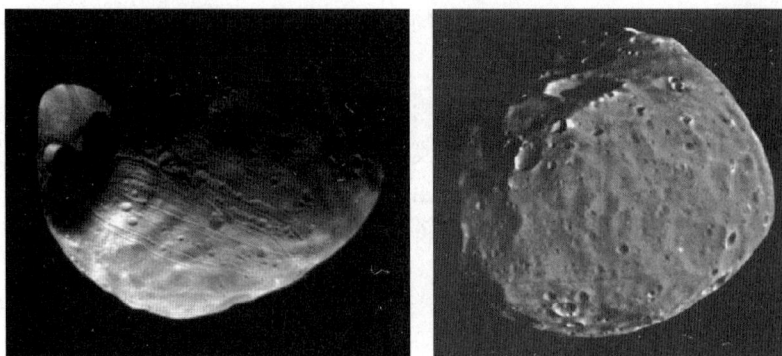

(a)"水手"9号拍摄的火卫一照片　　　(b)"水手"9号拍摄的火卫二照片

▷图8.2　火星的卫星照片

火卫一有不规则的形状，长约 28 km，宽约 20 km，公转周期为 7 小时 39 分，比火星的自转周期短。火卫一的表面崎岖不平，有许多陨石坑，显示了遭受过撞击的累累痕迹。火卫二长约 16 km，宽约 10 km，公转周期是 30 多个小时，比火星的自转周期慢不了多少。因此在火星上可以看到两个"月亮"悬在空中，真是美不胜收！

五、火星的（空间）探测

20 世纪 60 年代是行星际航行时代，自 1965 年 7 月美国 NASA 发射的"水手"4 号飞掠火星以来，相继有"水手"6 号、"水手"7 号、"水手"9 号飞掠火星。1975 年 NASA 先后又发射了"海盗"1 号和"海盗"2 号，每艘"海盗号"都由环绕器和着陆器组成，1976 年着陆器都成功登陆火星。1996 年底，NASA 研制的"火星全球勘探者号"（MGS）探测器发射成功，次年进入环绕火星的轨道。"火星全球勘探者号"揭示了隐藏的撞击坑，并发现了数百处可能是流水形成的沟（见图 8.3），这意味着火星表面可能曾经有液态水流动。

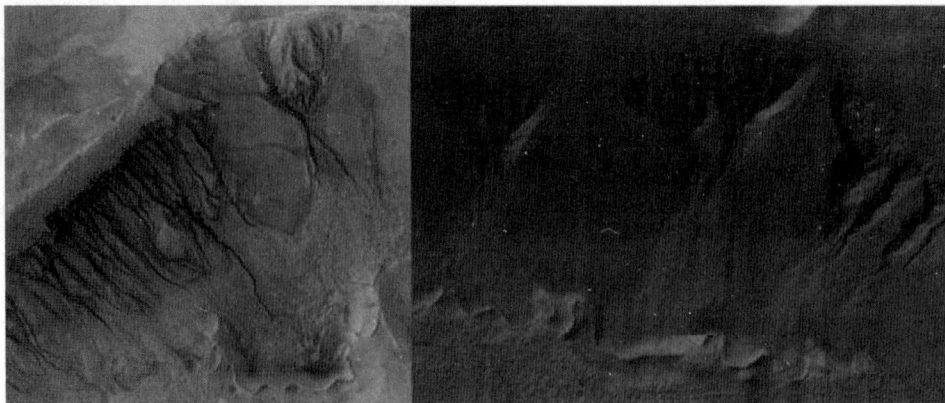

▷图8.3　"火星全球勘探者号"MOC 相机拍摄的火星表面的冲沟

2001 年 NASA 发射的"火星奥德赛号"飞往火星。"火星奥德赛号"的重大成就之一是它搭载的伽马射线谱仪首次在火星上探测到了氢的存在，间接证实了火星地下含有水冰。2003 年欧空局将环绕器"火星快车号"和着陆器"小猎犬"2 号送往火星。"火星快车号"搭载的可见光与红外线矿物光谱仪在火星表面多处检测出了黏土（水合层状硅酸盐）等水化合矿物，这表明火星表面在很久以前很可能有大量液态水流过。"火星快车号"通过雷达观测，首次在火星地下发现了疑似液态的水湖（见图 8.4）。

▷图 8.4 "火星快车号"显示火星上的疑似冰封世界

此后，美国 NASA 的"勇气号""机遇号"火星车在 2004 年相继成功发射，并着陆火星。"机遇号"发现的"蓝莓"（赤铁矿结核）和石膏脉（水合硫酸钙矿物），均是火星曾有过温暖湿润环境的证据。2007 年 NASA 的"凤凰号"着陆器发射升空，次年降落在火星的北极区域。"凤凰号"在着陆区一带的土壤下挖出了高纯度水冰，堪称是"火星有水"的铁证。2005 年，NASA 的"火星勘测轨道飞行器"（MRO）发射升空。2013 和 2016 年 NASA 的"MAVEN 任务"，欧空局和俄罗斯宇航局合作的"痕量气体轨道器"相继飞往火星。2018 年，NASA 的"洞察号"着陆器奔赴火星。"洞察号"携带着火震仪和热流检测仪等仪器，目标是探索火星的内部结构、热状态、自转变化等地球物理性质。

蓬勃发展的我国航天事业对火星的探测也投入到国际竞争。"天问"一号火星探测器于 2020 年 7 月 23 日发射升空，成功进入火星预定轨道。2021 年 5 月着陆巡视器（见图 8.5）与环绕器分离，"祝融号"火星车（见图 8.6）着陆火星表面，开展对火星的表面形貌、土壤特性、物质成分、水冰、大气、电离层、磁场等的科学探测。"祝融号"火星车拍摄了着陆点的全景、火星地形地貌等影像图。当年 11 月 8 日，"天问"一号环绕器又成功实施第五次近火星制动，准确进入遥感使命轨道，开展火星全球遥感探测，获取了火星形貌与地质结构、表面物质成分与土壤类型分布、大气电离层、火星空间环境等科学数据，同时兼顾火星车拓展任务阶段的中继通信。

火星上没有智慧生命，这已无可争辩，但是火星上几十亿年前有无生命的问题还在探索。1996 年 12 月美国科学家宣布：1984 年在南极洲发现的陨石 ALH84001 是来自火星的陨石（见图 8.7）。科学家研究了这块地球上的火星岩石，认为它是火星与小行星或彗星碰撞后作为陨石落到地球上的。岩石成分的研究表明，这些陨石中存在化石微生物。这表明，在几十亿年前火星上很可能有过相当温暖潮湿的气候，并且有过温泉，条件是适合于生命存在的。这块火星陨石是存在微观生命的证据，这又极大地激起了人们对火星探测的热情。

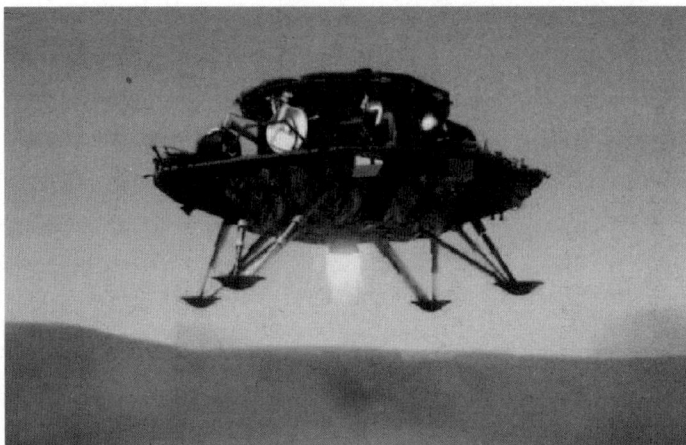

▷图 8.5 "天问"一号着陆巡视器

▷图 8.6 "祝融号"火星车

▷图 8.7 1984 年在南极洲发现的 ALH84001 火星陨石

第 2 节 ｜ 木　　星

在夜空中木星的亮度仅次于金星，最亮时的视星等为 -2.7^m。用望远镜观测木星，可以看到木星上有许多不同颜色的斑纹和平行于赤道的明暗相间的条带。这都是木星大气中的云带，有上千千米厚。

一、木星的物理特征与运动规律

木星的体积和质量都是八大行星中最大的，它的赤道半径为 7.15×10^4 km，是地球的 11.2 倍，极半径为 6.69×10^4 km。它的体积是地球的 1 400 倍。木星的质量约为 1.9×10^{27} kg，是地球质量的 318 倍。木星距离太阳的平均距离是 $7.783 \ 3 \times 10^8$ km，公转周期是 4 332.71 天（地球日），约 12 年。在八大行星中它的自转速度最快。木星的赤道旋转速度最快，自转周期为 0.413 54 天，即 9 h50 m30 s，高纬度区的自转速度慢些，约 9 h55 m，即木星的自转是较差自转，赤道区快，两极区慢，这也说明它不可能是固体球。它的赤道相对于它围绕太阳公转的轨道面只倾斜了 3°。这意味着木星几乎直立旋转，所以它没有像地球那样明显的季节（见图 8.8）。

▷图 8.8　2019 年 2 月 12 日美国 NASA 的 "朱诺号"宇宙飞船捕捉到木星的这一引人注目的景象

二、木星的表面特征和磁场

木星是一颗巨大的气态行星，其内部主要是旋转的气体和液体。木星的大气成分与太阳相似，主要为氢和氦。在大气深处，压力和温度升高，氢气将被压缩成液体。1977 年美国 NASA 发射的"旅行者号"揭示出木星的著名大红斑是一个含红磷化合物的特大气旋。1995 年美国 NASA 发射的"伽利略号"探测器飞掠木星，揭示出木星大气层厚约 1 000 km，大气内的风速随着木星自转而变化。木星旋转很快，旋转的同时产生强烈的喷射流，将其云层分裂成长长的暗带和明亮区域。在木星上，风暴席卷全球，在赤道区风暴的风速可达到 539 km/h。

木星上的那颗大红斑被观测了 300 多年，而最近这个大红斑消失了，并出现了三个椭圆形小红斑。2021 年 10 月美国 NASA 发射的"朱诺号"发现，这些小红斑云层下正发生风暴，而且发现木星的正气旋顶部较暖，大气密度较小，而底部较冷，大气密度较大，与此相反，反气旋的顶部较冷，底部较暖。木星上除了正气旋和反气旋外，还夹杂着环绕星球的白色与红色的云带。

2001 年 1 月"卡西尼号"卫星飞掠过木星，发现木星有强大的磁层，这磁层面向太阳，直径是木星直径的 7～21 倍，横越 100 万到 300 万千米，有逐渐变细的尾巴，在木星后面延伸超过 10 亿千米，直到土星的轨道。木星的磁场强度是地球的 16～54 倍。它的磁层与木星一起旋转，磁层边界随太阳风压力的变化而伸缩（见图 8.9）。

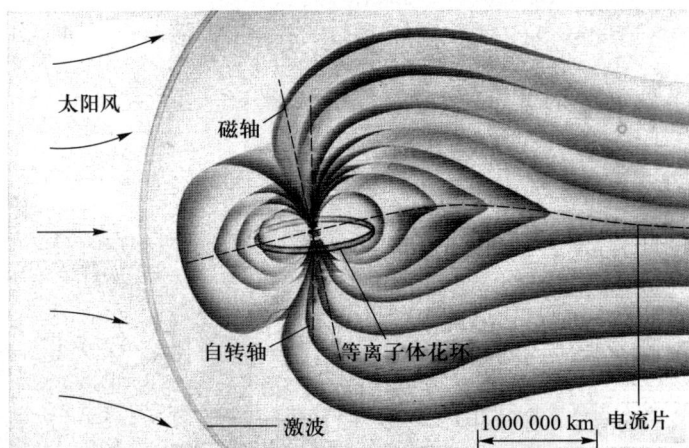

▷图 8.9　木星的磁层

此外，"卡西尼号"发现了木星上的极光，这极光是太阳风中的带电粒子被引导到木星的磁极而形成的。在行星附近，磁场捕获大量的带电粒子并将它们加速到非常高的能量，并产生强烈的辐射，这也导致木星两极出现壮观的极光。钱德拉 X 射线望远镜的探测数据表明，木星的两极的极光各自独立存在，这与地球两极出现的极光互为镜像不同。

三、木星的光环

"旅行者" 1 号宇宙飞船发现木星也有光环。它是由小而暗的石块、尘埃颗粒组成的。木星的光环分为内环和外环，外环较亮，内环较暗，几乎与木星大气层相接。光环的光谱型为 G 型，光环也环绕着木星运转，每 7 小时转一圈。环中的碎石块直径在数十米到数百米之间。由于黑石块不反射太阳光，因而长期以来一直未被人们发现。

四、木星的卫星

木星有 53 颗已确认的卫星和 26 颗临时卫星等待确认。木星 4 颗最大的卫星（木卫一、木卫二、木卫三和木卫四）是 1610 年由伽利略发现的，故被称为伽利略卫星。

1996 年 6 月 27 日美国 NASA 发射的"伽利略号"飞船飞临木卫三，发现木卫三的表面充满起伏的环形山，有很高的山脊，也有裂缝和沟壑，表面为冰层所覆盖。木卫三有着自己的磁场。

特别令人兴奋的是，"伽利略号"发现木卫二上面有水。木卫二的白色冰层之上有浅的沟壑，处处是龟裂的区域，宛如海面的冰块（见图 8.10）。有水就有可能有生命存在，这给人类寻找知音带来希望的曙光。

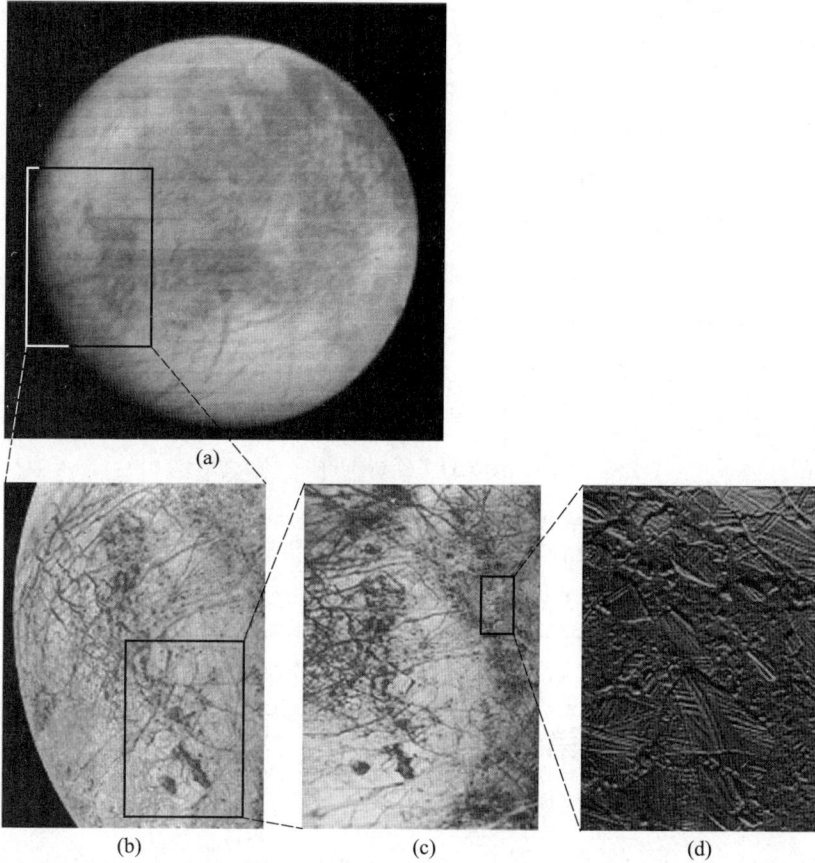

▷图 8.10　1996 年"伽利略号"飞船拍摄的木卫二照片

（a）为木卫二全景照片；（b）、（c）、（d）为局部放大照片

"伽利略号"还揭示出木卫一上火山活动很活跃，火山的周围有大量的二氧化硫的堆积物。

木卫四上面有为数不多的小陨石坑和巨大的盆地。它们也是人类进一步探测的理想目的地。

木星的主要卫星的一些参量列在表 8.1 中。

表 8.1　木星的主要卫星的一些参量

名称	距木星的距离 / km	轨道周期 / d	最大直径 / km	质量 / $m_月$	密度 / （$kg \cdot m^{-3}$）
Metis	1.28×10^5	0.29	40		
Adastea	1.29×10^5	0.30	20		
Amalthea	1.81×10^5	0.50	260		

名称	距木星的距离 / km	轨道周期 / d	最大直径 / km	质量 / $m_月$	密度 / (kg·m⁻³)
Thebe	2.22×10^5	0.67	100		
Io（木卫一）	4.22×10^5	1.77	3 640	1.22	3 500
Europa（木卫二）	6.71×10^5	3.55	3 130	0.65	3 000
Ganymede（木卫三）	1.07×10^6	7.15	5 268	2.02	1 900
Callisto（木卫四）	1.88×10^6	16.7	4 800	1.46	1 900
Leda	1.11×10^7	239	10		
HimaLia	1.15×10^7	251	170		
Lysithea	1.17×10^7	259	24		
Elara	1.17×10^7	260	80		
Ananke	2.12×10^7	631（逆行）	20		
Carme	2.26×10^7	692（逆行）	30		
Pasiphae	2.35×10^7	735（逆行）	36		
Sinope	2.37×10^7	758（逆行）	28		

第 3 节 ｜ 土 星

　　夜空中土星是一颗美丽的大行星，它像一顶宽边的大草帽，草帽的帽檐是它的美丽光环。这个"草帽"可谓之大，"帽檐"的一边放上地球，则帽檐的另一边刚好放上月球。土星是天上较亮的行星，它的平均视星等为 0.67^m。

一、土星的物理特征与自转

　　土星离太阳的平均距离是 $1.429\,4 \times 10^9$ km，即 9.5 AU，比木星更远些。土星也是一个巨大的星球，其赤道半径为 $6.016\,8 \times 10^4$ km，约是地球半径的 9 倍，它的极半径只有 5.4×10^4 km。土星的体积和质量都仅次于木星，在太阳系的大行星中居第二位。土星的体积是地球的 745 倍，土星的质量是 5.7×10^{26} kg，为地球质量的 95 倍。土星的密度在八大行星中最小，平均密度仅为 690 kg/m³，比水的密度（ 1 000 kg/m³ ）还小。也就是说，假如能把土星放在足够大的海洋里，它会漂浮在水上。人们推断土星有一个固态岩石核。

　　土星的公转周期是 10 759.5 天（地球日），约为 29.5 个地球年。土星的自转类似于木星，自转快而且是较差自转，根据对它的磁球爆发测定它的内部自转周期是 10h40m，它的赤道自转周期是 10h14m，比内部快 26m。由于自转很快，土星的扁率为 0.09，是大行星中扁率最大的。土星的赤道面与黄道面有 27° 的夹角，因此土星上有季节的变化。

二、土星的光环

土星的光环由数十亿颗大小冰粒和岩石块组成，上面附着尘埃颗粒。这些环看起来大多是白色的（见图 8.11），有趣的是，每个环都以不同的速度绕着土星运行。土星的光环系统像一个高密度唱盘上的纹路一样（见图 8.12）。按照发现的顺序以字母命名，光环的主环有 A、B 和 C 环，此外还有 D、E、F 环和更暗淡的 G 环。各环彼此之间相对接近，只有 A 环和 B 环之间的空隙（称为卡西尼缝）较大。最近发现，在更远的地方还有一个非常微弱的菲比环。2004 年 7 月 1 日"卡西尼号"飞船进入土星轨道，证实了土星光环的绝大部分物质都是固态的冰。

▷图 8.11　哈勃空间望远镜拍摄的土星

▷图 8.12　土星光环的局部

三、土星的表面特征和磁场

土星是一颗巨大的气体星球，没有真正的表面。这颗行星由外部至更深处都是旋转的气体和液体。外观土星被云层覆盖着，这些云层呈现出微弱的条纹，这是喷射的物质流和风暴。在赤道地区，高层大气中的风速达到 500 米每秒，内部压力是如此强大，以至于将气体挤压成液体。在土星的北极有一个有趣的大气特征——六边形的喷射流。这种六边形的图案首先在"旅行者"1 号宇宙飞船拍摄的图像中被观察到。2004 年"卡西尼号"飞船进入到环绕土星的轨道，更进一步证实，这是一种约 322 km/h 的喷射流，其内有一个巨大的旋转风暴。

土星的磁场比木星的磁场弱些，但仍然比地球的磁场强 578 倍。土星的光环和许多卫星都完全位于土星巨大的磁层内，在这个空间区域中，带电粒子的行为更多地受到土星磁场的影响，而不是太阳风的影响。"卡西尼号"探测到了土星上的极光，它是由土星卫星喷射出的带电粒子和土星快速旋转的磁场相互作用的结果。

四、土星的卫星

土星的卫星是独特而丰富的世界，目前土星已有 53 颗被确认的卫星，另有 29 颗临时卫星等待确认。

最引人注目的是土卫六，它类似地球，很可能有生命存在。2014 年 8 月 7 日"卡西尼号"宇宙飞船飞掠土卫六并获取了图像。研究分析表明，土卫六上面有撞击坑、山地丘陵、平原和湖海。只不过，土卫六的湖海里流动的并不是地球上的液态水，而是液态的碳氢化合物（甲烷）。"卡西尼号"积累了 13 年的数据使人们认识到，面纱遮盖之下的土卫六，其实是一个表面有着液态甲烷的湖泊和经常下甲烷雨，有着液态物质冲刷过类似河道痕迹的星球。特别是，土卫六还是目前太阳系中已知的可能拥有全球性的地下液态海洋的星球之一，是最有可能孕育生命的热点星球。

土卫一距离土星最近，运行在 E 环之内，布满了环形山，光环投影其上，出现艺术的条纹。土卫二几乎全由冰构成，加上运行中产生土星的潮汐热，其表面常有水蒸气一样的间歇泉。

在众多的卫星之中，土卫十六和土卫十七这两颗卫星分别在土星的 F 环内外两侧。在它们的引力下，环中的粒子被约束在一个狭窄的范围内。土卫十七外形不规则，布满了撞击坑，表面上的环形山显示有撞击物质落在其上。

第 4 节 | 天 王 星

天王星是 1781 年英国的一位音乐教师、天文爱好者，后来伟大的天文学家威廉·赫歇尔用自制望远镜发现的。天王星离太阳的平均距离约为 2.9×10^9 km，约为 19 AU。因为它离地球很远，所以只有在冲日前后，当它的天顶距不很大时，才能被肉眼勉强看到（视星等约为 6.5^m）。

一、天王星的物理特征与运动规律

天王星的直径为 $5.111\ 8 \times 10^4$ km，约是地球直径的 4 倍。天王星的质量约为 $14.5m_{\oplus}$，平均密度为 1 300 kg/m³，略大于水的密度。天王星的公转周期是 30 685 天（地球日），约为 84 个地球年。

天王星的自转很特殊，由于分辨不清其表面特征，地面观测不能精确测出它的自转速度。然而行星探测器精确地测出了天王星的自转周期是 17.2h。而且它的自转轴几乎就在公转的轨道面上，行星的赤道面与轨道面的交角约为 98°，可以说是"躺"在轨道面上自转，像一个孩子躺在地上打滚一样。而且它自转的方向也与众不同，是由东向西转，因此它和金星一样也是太阳系家族的"逆子"。

天王星的表面包围着很厚的大气层，地面观测难以看清。由行星探测器探测得知，天王星大气的主要成分是由氢和氦。大气层下的天王星的表面还不清楚，只是推测可能有很厚的冰块层。

人们通过射电望远镜观测到天王星也有磁场。1986 年 1 月 24 日，"旅行者" 2 号越过天王星磁场与太阳风相互作用形成的弓形激波区，测得磁层在朝阳面至少延伸到 5.9×10^5 km 高度，其磁尾延伸约 6×10^6 km。天王星磁轴与自转轴夹角约为 60°，而且它也有与地球类似的辐射带。

"旅行者" 2 号于 1986 年飞掠时，观察到天王星正处于非活动期，天王星上的气候变化似乎具有高度的季节性，它的每个季节可持续长达 20 年之久。因此当哈勃望远镜在 11 年后再次观察它时，它正处于活跃期，有许多明亮的风暴，天王星的光环也明显增亮。

天王星的大气高层的云主要是硫化氢，在巨大的引力和压力下，在厚大气层下是深深的液体，深达 24 000 km。因为天王星离太阳遥远（约 19 AU），它的表面温度很低，比海王星低很多，约为 −197.2 ℃，它是太阳系中最冷的大行星。

天文学家使用美国 NASA 的钱德拉 X 射线天文台首次探测到来自天王星的 X 射线。这一结果可能有助于科学家更多地了解太阳系中这颗神秘的冰巨行星——天王星。

二、天王星的卫星

目前已发现天王星有 27 颗卫星。天王星的卫星中天卫一到天卫五都是发现较早的规则卫星，天卫一几乎在天王星的赤道面内公转和自转。

1986 年 1 月 "旅行者" 2 号发现了天卫五内侧的 10 个较小的卫星。1997 年 9 月人们用 5 m 的海尔望远镜又发现了 2 个天王星的卫星。

天卫一是一颗直径为 1 162 km 的冰质卫星。它是卫星中最年轻的，表面的冰火山活动很活跃，留卫星在表面的是冰层，还有横跨半个星球的深谷。

天卫二也是一颗冰质卫星，其直径为 1 169 km。它的表面比天卫一更暗，上面布满了环形山，似乎自形成以来没发生过地质活动。

天卫五是个直径只有 480 km 的小的冰质组合体，其表面有着不同年代、不同来源的地貌。

三、天王星的光环

天王星光环的发现是一个天赐良机。1977 年 3 月 10 日发生天王星掩食恒星的天象，即从地球上看去，天王星遮掩了后面的一颗恒星。高空和地面的光电测光资料都表明，天王星并未掩星，恒星是被天王星的光环所掩。因此人们发现了天王星有光环（见图 8.13）。1986 年 1 月 "旅行者" 2 号证实了天王星至少有 10 个光环。环的总宽度约为 7 000 km，环的间隙很大，环本身很窄，最宽处只有 80～90 km，窄处只有 20 km。其光环也是由石头、尘埃颗粒和冰块组成的。

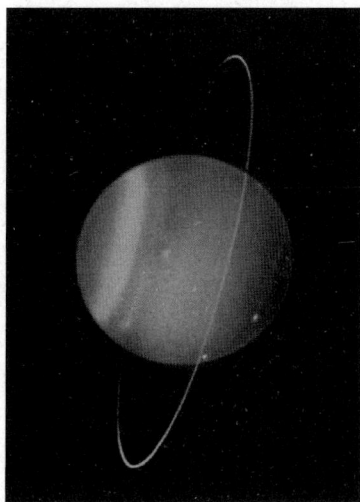

▷图 8.13　天王星

第 5 节 | 海 王 星

海王星离太阳比较远，看起来星光比较暗弱，因而在夜空中直接用肉眼观察不到。用望远镜观测，它是一颗视星等为 7.84^m 的行星。

海王星是先由天体力学理论推算出来，后用望远镜寻找发现的。英国剑桥大学刚毕业两年的学生，只有 26 岁的亚当斯于 1845 年 9 月根据天王星的运动规律，算出了这颗未知行星的位置和质量。同年夏季法国的勒威耶也独立计算，确认天王星之外有一颗未知的行星。1846 年他将计算结果报告给德国柏林天文台的台长伽勒，就在当夜（9 月 23 日）伽勒在推算的天区发现了海王星。

一、海王星的物理特征与运动规律

海王星距离太阳遥远，约为 $4.504\,3 \times 10^9$ km，即 30 AU。它的直径为 49 492 km，约是地球直径的 3.9 倍，体积约是地球的 57 倍。海王星的质量约为 $17.1m_\oplus$，平均密度为 1 600 kg/m³。

海王星的公转周期是 6.019×10^4 天（地球日），约为 165 个地球年，它的平均自转周期是 0.671 25 天，赤道的自转周期为 16.5 小时，两极的自转比赤道自转快，周期为 14.2 小时。自转轴与轨道面交角约为 $65°12'$，与地球差不多，因此海王星上也应有四季变化。每个季节长达 41 个地球年。由于它每个季节都持续 40 多年，所以需要多年的空间探测才能了解它的季节变化。

"旅行者" 2 号发现其上频繁发生气象活动，最引人注目的是有一个 "大黑斑" 风暴，高层大气还出现白色的 "滑板式" 风暴（见图 8.14），它们比低层大气具有更高的速度且绕海王星运行。在 "旅行者" 2 号掠飞 12 年之后，哈勃望远镜和位于夏威夷的红外望远镜拍摄后惊奇发现，海王星上原来的大黑斑消失不见了，又有新型的大黑斑出现。

研究发现，海王星大气拥有丰富的甲烷和氢，因而它呈现出蓝色。大气层拥有云带和风暴，是个狂风呼啸、乱云飞渡、富有生气的世界。

海王星也有磁场，它的磁轴与自转轴的夹角约为 46°。海王星的磁层每次在旋转过程中都会经历剧烈的变化，其磁感强度比地球的大 27 倍。

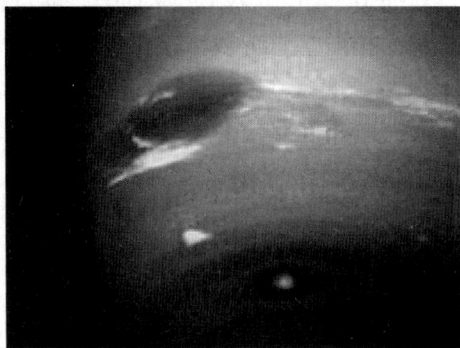

▷图 8.14 海王星的 "大黑斑" 风暴和 "滑板式" 风暴

二、海王星的光环

海王星的光环至少有 5 个主环和 4 个环弧（见图 8.15）。环系统中奇特的尘埃团块称为弧。这些弧线按照运动定律均匀地扩散出去，而不是聚集在一起。

三、海王星的卫星

现已发现海王星有 14 颗卫星。海王星最大的卫星是海卫一，它的直径约为 5 000 km，自转与公转方向相反，这表明它可能是海王星捕获的天体。海卫一非常冷，表面温度约为 −235 ℃。尽管海卫一是深度冻结的，但"旅行者"2 号发现其上有间歇泉向上喷射物质。观测表明，海卫一有稀薄的大气层。

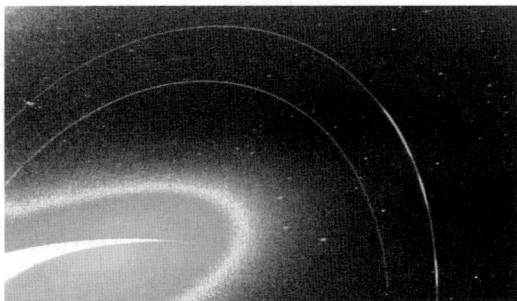

▷图 8.15　海王星的光环

第 6 节 ｜ 矮 行 星

一、冥王星

冥王星原被认为是太阳系的第九大行星。在进行更为深入的观测之后，科学家们对冥王星的体积与质量有了全新的认知。科学家们发现，冥王星的质量远没有想象中的那么大，只有地球的 1/200。也正是因此，后来国际天文学联合会取消了冥王星的第九大行星的资格，2006 年将其"降级"为矮行星。

2009 年美国的"新视野号"探测器升空，它的目标是冥王星。在几年的跋涉之后，2015 年探测器顺利来到冥王星的外围轨道，并迅速打开了摄像仪器，对冥王星表面进行了记录，将拍下来的图像传回地球。人们看到它是一颗白色、红色和橙色交杂的绚丽星球（见图 8.16）。这个行星的表面有一层厚厚的冰盖层，这里地形复杂多变，不仅有平原、高原，更有无数条绵延不断的山脉，是一个丰富多彩的世界。

冥王星的直径约为 2 376.6 km，体积仅为地球的 0.65%，比水星还小。它的质量仅为地球的 0.22%。冥王星的公转周期是 90 800 天（地球日），它的轨道面与黄道面的交角为 17°，自转方向与公转方向相反，是自东向西自转。它的轨道与海王星的轨道有交叉。

研究表明，这颗星球的环境极其恶劣。冥王星的大气十分稀薄，表面大气压只有地球的 10 万分之一。冥王星上没有氧气，只有氮气、甲烷以及一氧化碳，这对于地球生命来说是致命的。而且，这大气层只是冥王星公转 248 个地球年内在

▷图 8.16　冥王星
美国 NASA 的"新视野号"于 2015 年
7 月 14 日飞掠冥王星时拍摄

运行到近日点附近时才产生。

　　因为冥王星离太阳非常遥远，所以冥王星所能接收到的太阳辐射十分微弱。因此冥王星的表面温度很低，平均温度仅为 −229 ℃，最高也只有 −218 ℃。在这种极端低温的环境中，氮气也会被冻成固态氮。美国 NASA 的"新视野号"传回的数据却大大出乎人们的意料。冥王星的内部其实非常活跃，并没有因为低温而停止活动。这是由于冥王星的地下深处存在一些放射性元素，它们衰变产生的热量可以加热冥王星。在冥王星的氮冰表面下方，可能存在着深度超过 100 km 的液态水海洋。另外，冥王星表面还存在火山。根据"新视野号"传回的数据，冥王星上还存在会移动的物体，经过研究发现，其实那是漂浮在固态氮上方的水冰。在冥王星内部热对流的作用下，水冰会在氮冰上缓慢移动。

　　冥王星有五颗卫星，其中最大的一颗是冥卫一。它的体积只有冥王星的一半，它的质量约为冥王星的 1/10，距冥王星的距离仅为 19 000 km。有趣的是，冥卫一的自转周期与绕冥王星的公转周期及冥王星的自转周期相同，这种"三重同步"现象在太阳系中是独一无二的。

二、谷神星

　　谷神星是火星和木星之间小行星带中最大的天体，也是位于太阳系内的矮行星。当美国 NASA 的"黎明号"探测器于 2015 年到达时，谷神星成为第一颗接受探测器访问的矮行星。

　　谷神星多年来一直被称为小行星，但它比它的岩石邻居大得多，如此不同，以至于科学家们在 2006 年将其归类为矮行星。尽管谷神星的质量约占小行星带总质量的 25%，但冥王星的质量仍然是谷神星的约 14 倍。

三、阋神星

　　这颗冰态的矮行星比冥王星略小，直径约为 2 326 km。它是太阳系中质量最大的矮行星。它的表面反照率异常高。在它的公转周期内，它与太阳的距离远大于冥王星与太阳的距离。

四、创神星和塞德娜

　　创神星也是一颗冰态的矮行星，它的直径约为 1 300 km。另一颗红色的冰矮星塞德娜，直径约为 1 500 km，它运行在柯伊伯带和奥尔特云之间，其公转周期长达 10 500 年。

　　例题 1　在火星冲日那天，火星升起的时间大约是几点？

　　解答：火星冲日，夜里 12 点太阳在下中天时火星在上中天。因此在火星冲日那天，火星大约在 18 点升起。

　　例题 2　在火星大冲时，估计火星的轨道速度 v_M。已知地球的平均轨道速度是 $v_1 = 29.8$ km/s，地球和火星的轨道偏心率分别是 $e_1 = 0.017$ 和 $e_2 = 0.093$，火星到太阳的平均距离 $a_2 = 1.524$ AU。

解答：利用开普勒第三定律（$T^2/a^3=$常量），可以求出 $v^2a=$常量，由此可以判断轨道速度的平方与轨道半长径成反比，即火星的轨道速度比地球的轨道速度小。在火星大冲时火星在近日点附近，设近日点速度为 v_per，近日点距离为 $a(1-e)$。已知 $\dfrac{v_\text{circ}^2}{v_1^2}=\dfrac{1}{a_2}$，由开普勒第二定律有，$\dfrac{1}{2}v_\text{per}a(1-e)=\dfrac{\pi ab}{T}$，式中的 a 为半长轴，半短轴 $b=a(1-e^2)^{1/2}$。因此

$$v_\text{M}=v_\text{per}=2\frac{\pi a}{T(1-e)}(1-e^2)^{1/2}=\frac{v_\text{circ}}{1-e}(1-e^2)^{1/2}=v_1\sqrt{\frac{1+e}{1-e}}\frac{1}{\sqrt{a_2}}\approx 26.5\ \text{km}/\text{s}$$

📖 **例题3** 火星在 1975 年大冲时的视星等为 $m_1=-1.6^\text{m}$，与离太阳的距离为 $r_1=1.55\ \text{AU}$，在 1982 年大冲时火星与太阳的距离为 $r_2=1.64\ \text{AU}$。求火星在 1982 年大冲时的视星等。

解答：火星在大冲时与地球的距离为 $\Delta=r-1$，观测到的流量密度与火星到地球的距离和到太阳的距离有关，$F\propto\dfrac{1}{r^2\Delta^2}$，$m_1-m_2=-2.5\lg\dfrac{r_2^2(r_2-1)^2}{r_1^2(r_1-1)^2}$

$$m_2=m_1+5\lg\frac{r_2(r_2-1)}{r_1(r_1-1)}=-1.1^\text{m}$$

所以，火星在 1982 年大冲时的视星等为 -1.1^m。

📖 **例题4** 2003 年 8 月 28 日 UT$17^\text{h}56^\text{m}$ 发生了火星大冲，下一次大冲发生在 2018 年，请计算那次大冲的具体日期。

解答：利用火星的会合周期公式：

$$1/T_\text{S}=1/T_\text{E}-1/T_\text{M}$$

$$T_\text{S}=T_\text{E}T_\text{M}/(T_\text{M}-T_\text{E})=779.95\ \text{d}$$

此处，T_E 和 T_M 分别是地球与火星公转的恒星周期。所以火星的会合周期约为 780 天，即相隔 780 天发生一次冲。若在 2018 年 8 月 28 日发生大冲，则

$$15\times365+4=5\ 479$$

$$5\ 479/779.95=7.025$$

这意味着 2018 年 8 月 28 日是在 7 个火星会合周期之后，确切地说，下次大冲应当是在 2018 年 8 月 28 日之前 $5\ 479-7\times779.95=19.35$ 天，所以是在 2018 年 8 月 9 日。

习题八

1. 火星上的"居民"（假若存在的话）看太阳，太阳圆面张成 22.7′ 角。已知太阳的线半径等于 109 倍地球半径，求太阳光到达火星所经历的时间。

2. 火星是否每年都能接近地球到最小距离，也就是说，能否每年有一次冲？

3. 想象火星上的"居民"看地球像金星那样，时而是昏星，时而是晨星。问每经过多长时间，在火星上就能看见地球作为昏星出现一次？

习题八 参考答案

4. 观测者指出，某行星每隔 665.25 天发生一次冲。问它距离太阳多少天文单位？

5. 验证火星的表面引力是地球表面引力的 40%。计算从火星上看地球的会合周期。从火星上看，什么是地球的大距？（假设两个行星的轨道是圆形的。）

6. 土星环的物质在土星的赤道面上以 1 500 km/h 的速率流动，问它们环绕土星一周需要多少

时间?

7. 若土星的表面温度是 97 K，土星辐射的能量比它从太阳获得的能量大 3 倍多。利用斯特藩定律计算，在没有任何内部热源的情况下土星的表面温度。

8. 天王星与海王星上有四季吗？为什么？

9. 从海王星上看太阳的角直径是多少？你估计在海王星上能看到日食吗？

火星选题

火星大冲发生在 2018 年 7 月 27 日（火星在此时比其他"冲"时显得更亮），且每 15 年或 17 年重复一次。上一次大冲（也被称为"最大冲"，因为那是许多世纪中火星最亮的一次）发生在 2003 年 8 月 28 日，下一次将发生在 2035 年。

（1）请确定这次大冲时火星所在的星座（用星座的英文符号表示）。

（2）假设地球和火星的轨道为正圆，基于 2003 年大冲的日期，推算 2018 年和 2035 年大冲发生的日期。

（3）请解释 2018 年大冲推算日期与真实发生日期的差别（请画图解释）。

第九章

太阳系的小天体

在太阳系大家族中除了八大行星和矮行星以外，还有众多的小行星、彗星和流星体。它们相对大行星而言是一些"小不点"。别看它们是小天体，它们对于地球和人类却是个巨大的威胁，因为它们如果越轨来到地球轨道上与地球相撞，就会造成巨大的灾难。

第1节 | 小 行 星

在太阳系大家族中，小行星是指体积比较小的行星。大多数小行星的形状是不规则的，只有少数小行星是球形的，如灶神星。小行星表面的反照率各不相同，说明它们的组成物质是不同的。反光能力大的是石质小行星，反光能力差的是碳质小行星。有些小行星还有一个甚至几个卫星。

一、小行星的运行轨道

绝大多数小行星分布在火星和木星轨道之间（2.17～3.64 AU）的带区。带内小行星的分布是不均匀的，有些区域密集，有些区域稀疏。个别小行星因受外界的干扰，不在小行星带内运动，而跑到外边。有的还窜到地球轨道和金星轨道以内，对地球构成威胁。这些近地小行星称为阿波罗体。

小行星轨道的偏心率和倾角的平均值为 $e=0.15$，$i=9.4°$，偏心率比大行星的大。已发现的小行星都绕日顺向公转。由于小行星有自转运动，而且由于它的形状不规则，各处反射太阳光的能力不同，所以人们会观测到小行星的亮度有周期性变化。小行星的自转周期一般为 2～16 h，自转轴的取向无规律。

2004 年 2 月 14 日，美国 NASA 发射的"NEAR"宇宙飞船成功地进入围绕爱神星运动的轨道，成为第一颗小行星的人造卫星，并获得了大量清晰的爱神星照片。爱神星（Eros，小行星 433 号）于 1898 年 8 月 13 日由德国天文学家威特发现，轨道半径为 1.46 AU，公转周期为 1.75 年，自转周期为 5 小时 16 分，偏心率为 0.22，距地球最近时为 0.13 AU，大小为 33 km × 13 km × 13 km。

二、小行星撞击地球事件

地球是我们的家园，保护地球是人类的共同责任。而给地球随时带来不确定性威胁的正是小行星。太阳系内的绝大多数小行星，在木星、火星以及月球引力的影响下，偏离原有的轨道，或者干脆撞击到它们的表面，因此它们给地球"挡"了不少"炮弹"。但是，正是因为这几个天体引力的影响，它们还会使一部分原本不会撞上地球的小行星，由于运行轨道的偏离而直接撞向地球。

1908 年 6 月 30 日发生的震惊全球的"通古斯大爆炸"事件，是一个直径 61 m 的天体撞向俄罗斯西伯利亚一个针叶林地带。随之而来的爆炸将大约 2 000 km^2 的森林夷为平地。幸亏这次爆炸发生在森林沼泽地带，才没有多少人伤亡。事后科学家在现场发现了 3 个直径 90～200 m 的大陨坑，但没有发现陨石或碎片。

2013 年 2 月 14 日在俄罗斯车里雅宾斯克州，在晴朗的天空中，突然一颗耀眼的火球划过天空，以雷霆万钧之势冲向地球。几秒之后，耀眼的火球在空中爆炸。这颗火球的强光甚至在 100 km 以外都可见，这颗火球爆炸带来的冲击波震碎了无数房屋和汽车的玻璃，此次事故造成了 1 200 多人受伤，并且对周围的建筑物也造成了非常严重的破坏。

2022 年 3 月 12 日凌晨 5 点 23 分，一颗直径约 2 m 的小行星（2022 EB5）闯入地球大气层，在冰岛附近海域上空解体爆炸。这是人类有史以来第五次提前预警闯入地球的小行星。这颗小行星撞击地球的能量相当于约 4 000 吨 TNT 炸药。幸好由于绝大部分能量通过爆炸在地球高空中释放，这颗小行星没有对地球上的生命财产造成任何损害。

科学家们不断监测穿越地球轨道的小行星，特别是近地小行星，即距离地球 4 500 万 km 以内的小行星，因为它们很可能带来撞击地球的危险。科学家们认为雷达是检测和监测潜在撞击危险的宝贵工具，通过反射物体上传输的信号，他们可以从回波中获得图像和其他信息，如关于小行星的轨道、自转、大小、形状和金属含量的信息。

我国紫金山天文台有专门团队用 1 m 的施密特望远镜监测和搜寻近地小行星，近期已发现了 8 颗小行星，并对以上小行星进行了检测。国际上有专门的组织或团队联合搜寻小行星，他们尽可能做出预报，以便人类能在地球之外引开它或用导弹击毁它。

第 2 节 ｜ 彗 星

在绚丽的天穹中，有时能看到拖着长尾巴的天体，这就是彗星。古人把它叫作扫帚星。有人把彗星看作是不祥之兆，这是不对的，没有任何道理。

当彗星离太阳还较远的时候，看起来，彗星只是个云雾状的小斑点，而当它过近日点时，由于受太阳的辐射压和太阳风的作用，蒸发出来的气体被推向背离太阳的后方，从而形成了彗尾，于是人们常看到长尾天使——彗星。

一、彗星的形态和结构

彗星主要由冰块、尘埃组成，当它逐渐接近太阳时，本身的冰块、尘埃体被蒸发、升华而形成彗头和彗发。彗头的中央部分叫彗核，包围着彗头的外部叫彗发。在彗发的外面还包围着氢原子云，称为彗云或氢云，如图 9.1 所示。

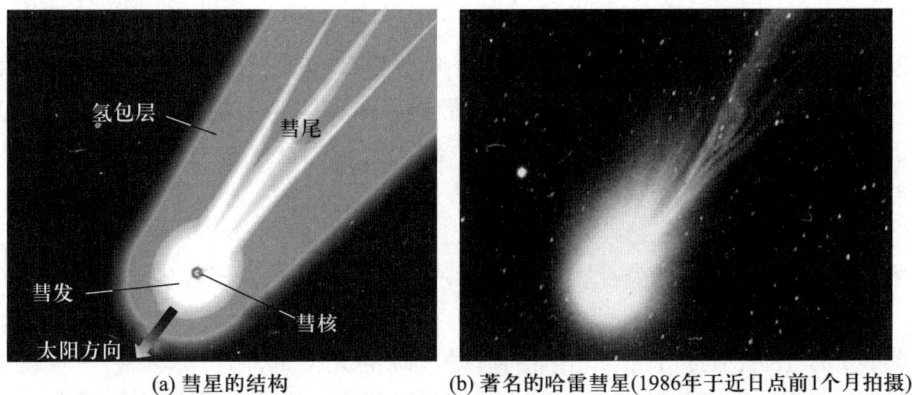

(a) 彗星的结构   (b) 著名的哈雷彗星(1986年于近日点前1个月拍摄)

▷图 9.1

当彗星接近太阳时，太阳的辐射压和太阳风把从彗星蒸发出来的气体推向背离太阳的后方，形成一条或数条彗尾。彗尾的形状多种多样，有的细而长，有的短而粗，有的呈扁形，有的呈针叶状。细长的彗尾，主要由电离的离子、气体分子组成，叫离子彗尾，这种彗尾呈蓝色。短粗而且弯曲的彗尾，主要由尘埃粒子组成，叫尘埃彗尾，这种彗尾呈现黄褐色。有的彗星两种彗尾兼而有之，如海尔－波普彗星。

彗星的体积庞大，但质量很小，从几十亿吨到数亿亿吨，平均密度约为 1 g/cm^3。彗核直径一般为几百米到十几千米。彗星的物质主要集中在彗核。彗发延伸在彗头之外的长度不同，有些彗尾长达数亿千米。如 1843 I 彗星的彗尾长达 3.2 亿 km，超过火星公转轨道的半径。

二、彗星的化学成分

由彗星的光谱观测分析可知，彗星的化学成分主要是水（H_2O）、氨（NH_3）、甲烷（CH_4）、氰（C_2N_2）、氮（N_2）、二氧化碳（CO_2）等物质。近年来通过射电观测发现，彗星上还存在着氰化氢（HCN）和乙腈（CH_3CN）有机化合物的分子和多种离子。这说明彗星上还保存着太阳系形成时期的有机分子。冰水一类物质是构成彗星的主要成分，约占80%。彗星每经过一次近日点，由于被太阳蒸发及本身升华和扩散，要损失 0.1%～1% 的质量，加之向外有喷流效应，其上的物质损失很快。

三、彗星的轨道

彗星的轨道是拉得很长的椭圆，大多数彗星的远日点在冥王星之外，甚至在 50 000 AU以外。那些小椭圆轨道的彗星的周期较短，周期短于 200 年的彗星叫短周期彗星。著名的哈雷彗星的轨道周期是 75 年，中国前紫金山天文台台长张玉哲教授是唯一两次（1910年、1986 年）目睹哈雷彗星并研究卓著的中国天文学家。

从彗核结构分析来看，彗核是在很低的温度下形成的，而且需始终保持低温才能继续存在。1950 年荷兰天文学家奥尔特（J. H. Oort）根据 19 颗长周期彗星轨道半长径分布的统计，推测出在太阳系边缘区，海王星轨道之外，在 2 万～10 万 AU 之间有一个长周期彗星发源地，后人称之为**"奥尔特云"**。1951 年美籍荷兰天文学家柯伊伯提出，在海王星外存在一个拥有几亿到几百亿颗彗星的彗星带，后人称之为**"柯伊伯带"**。关于彗星的来源，有人认为彗星可能来自类木行星的光环，有人则认为彗星是大行星或卫星上火山爆发抛出的物质，目前尚无定论。

四、彗木相撞事件

1994 年 7 月 16 日发生了彗木相撞的震撼全球的天文事件。"苏梅克－列维 9 号"彗星与木星撞击，事先世界各国的天文学家相继做了预报，其中中国紫金山天文台的预报时间与观测到的碰撞时间仅相差 3 分钟。

"苏梅克－列维 9 号"彗星是 1993 年 4 月 24 日由美国天文学家苏梅克夫妇和天文爱好者列维一起发现的。此彗星样子很怪，彗核分裂为 21 块，一字排开，像一串糖葫芦。1994 年 7 月 16 日 20 点 15 分，"苏梅克－列维 9 号"彗星的第一块碎片，以 60 km/s 的速度撞到木星大红斑的东南方，即南纬 44° 的地方。此后 5 天半内，其他的 20 块碎片像一连串的炮弹相继地向木星轰击。

天文学家测定出，第一块碎片撞到木星时产生的能量约有 2 000 亿吨 TNT 当量（4.2×10^{16} J），其释放的能量相当于 1945 年投在广岛的原子弹的千万倍。撞击时的温度高达 3 万摄氏度。在木星大气中撞出的黑斑状窟窿直径达 1 000 km。而最大的一块彗核碰撞产生的能量约有 6 万亿吨 TNT 当量，相当于 3 亿颗原子弹同时爆炸，撞出的黑窟窿的面积是地球表面积的 80%。在这 130 小时之中，在木星的上空就接连爆炸了相当于 20 亿颗原子弹，令人惊心动魄！

五、彗星的空间探索

2001 年美国 NASA 的"深空"1 号航天器围绕彗星 Borrelly 飞行，并拍摄到它的彗核长约 8 km。2004 年 1 月，美国 NASA 的"星尘号"探测器在距离"Wild 2"彗星核236 km 的范围内成功飞行，收集到彗星的冰粒和星际尘埃，并于 2006 年将样本送回地球。在彗核的这次近距离飞越期间拍摄的照片显示了尘埃的喷射和崎岖的纹理表面。科学家们从彗星的星尘样品中发现了在太阳或其他恒星附近形成的矿物，这表明这些物质来自太阳系内部，而后才成为了彗星外部区域的物质。

美国 NASA 的"深度撞击号"由一艘飞越的航天器和一个撞击器组成。2005 年 7 月，撞击器在一次碰撞彗星"Tempel 1"的路径中，汽化了彗核并使彗星表面下方喷射出大量细小的粉末状物质。在成功完成主要任务之后，"深度撞击号"飞船和"星尘号"飞船仍然完整无损。2011 年，NASA 早先发射的"星尘号"探测器追上"Tempel 1"并观察到了，自 2005 年与"深度撞击号"相遇以来彗核的变化。

第3节 | 流星和流星雨

一、偶发流星与火流星

在夜空中看到的单个出现的流星，在时间和方向上没有什么周期性和规律，这种流星叫作偶发流星，中国的民间通常叫它"贼星"。火流星是偶发流星的一种，它出现时非常明亮，像一条巨大的火龙，闪闪发光飞驰而过，有的还伴随有爆炸声。

为什么会出现火流星呢？原来，在太阳系中除了大行星、矮行星和它们的卫星及数十亿颗小行星、彗星以外，还有无数的流星体和密集的流星体群。它们由行星际空间的尘埃、彗星碎片、冰块、颗粒组成，在太阳强大的吸引力作用下也围绕太阳运动。大多数的流星体、流星体群的轨道不是圆形，而是拉得很扁的椭圆形。流星体大约以 42 km/s 的速度绕日飞驰，它们在绕日运行的过程中，有时会接近大行星的轨道，每当接近大行星时便受到摄动，从而如同孤雁出群一样脱离原来的流星体的轨道。当它们闯入地球大气 80～115 km 高空时与地球大气剧烈地摩擦、灼热熔化，产生耀眼的光芒。质量大的流星体在摩擦中爆炸燃烧，这时人们会看到一个明亮的大火球划破夜空，这就是**火流星**。

一天之中，黎明看到的流星数目比傍晚看到的流星数目多好几倍。这与地球的自转和公转运动的方向有关。假如地球不运动的话，流星从四面八方均匀地进入地球大气，则在地球上的任何地点将看到大体同样数目的**偶发流星**。然而，地球绕日的公转方向是自西向东，平均速度约为 30 km/s，它的自转方向也是自西向东，速度约为 0.46 km/s。流星体也沿着椭圆轨道绕日运转，其速度约为 42 km/s。这些流星体相对于地球而言，其分布是四面八方的。若是从地球转动的后面追上地球，进入大气，流星体相对地球的速度为两个速度相减，大约为 11.5 km/s。然而当流星体迎头面向地球飞驰而来，撞击的速度则是地球的公转速度和流星体的速度之和，即大约为 72.5 km/s。速度大的流星体摩擦生热发光也就强些，因而也就容易被观察到。

偶发流星在一年之中出现的情况怎样呢？根据观测统计，在北半球每年 4 月出现的流星最少，9 月出现的流星最多。也就是说，一年之中，秋天看到的流星比春天多得多。这又是什么原因呢？这与地球公转及流星体在它的轨道上的分布不均匀性有关，确切的原因目前还不清楚。

二、流星的化学组成

流星进入地球大气，在 80～115 km 的高空开始燃烧、发光，在 50～70 km 的地方烧尽化为乌有，在这期间流星的速度达到 12～72 km/s。天文观测研究表明，进入地球大气的流星体的颗粒大小不一，小的如细砂、尘埃，大的像篮球或更大，总的来看，小颗粒的流星体比大颗粒的多得多。据统计，闯入地球大气中的流星体的大小与它们的质量成正比。一天之内，可能有数十亿甚至数百亿颗流星体进入地球大气，它们撒在地球的海洋、陆地和田野里。

一般的流星体密度都极低，大约是水的密度的 1/20。流星体是一种多孔性的松散结构的固体。许多流星体通过大气时在很低的压力下就破碎，这种现象正说明，它们是由易碎的和多孔的松脆物质所组成的。

根据流星光谱的资料，可以认证出流星中有氢、氮、氧、钠、镁、铝、钙、铬、镍等的中性原子及镁、硅、钙、铁等的电离原子。速度不同的流星含的中性原子和电离原子也有差异。

三、流星雨

当密集的流星体群闯入地球大气时，人们就看到来自天空某一点（确切说是从某一区域）的一群流星向四方辐射出来，犹如节日放礼花绚丽多彩，这就是流星雨，或叫群发流星。天空的这一区域称为**流星雨的辐射点**。这些流星体群以相同的速度冲进地球大气，与地球的高层大气摩擦，生热发光，形成壮观的流星雨。人的眼睛有透射效应，会把遥远的平行运动的流星，看作是从一个辐射点发出来的。这如同我们日常看到两条平行的铁轨，似乎在遥远的地方会聚在一点一样。辐射点在哪个星座，就用哪个星座的名称来称呼这个流星雨。如辐射点在英仙座的叫英仙流星雨，辐射点在天琴座的叫天琴流星雨，辐射点在狮子座的叫狮子流星雨（见图 9.2）。

▷图 9.2　1998 年 11 月 17 日天文爱好者何景阳在兴隆站拍摄的狮子座流星雨

流星雨的来源是彗星碎裂和瓦解后的残骸，可以说流星雨是彗星的儿女。为什么这样说呢？我们知道，当彗星接近太阳时，由于太阳的高温、辐射压和太阳风的作用，彗星的冰物质蒸发升华，并抛撒出来气体和尘埃颗粒。彗星抛撒的尘埃颗粒或残片由于速度和方向都不同，加之互相碰撞，则形成很宽的具有椭圆轨道的流星体群区。当地球穿行流星体群的轨道区时，流星体群和地球高层大气发生剧烈摩擦、爆炸而发光，产生流星雨现象。这种流星雨在每年地球穿越它们的轨道时都会出现。表 9.1 列出了每年可以观测到的主要的流星雨的情况。

表 9.1　每年可观测的主要的流星雨

名称	活动期 月/日—月/日	最大 ZHR	辐射点		彗星母体
			赤径/(°)	赤纬/(°)	
巨蟹 δ	01/01—01/24	4	130	+20	
室女	01/25—04/15	5	195	−4	
狮子 δ	02/15—03/10	2	168	+16	
天琴	04/16—04/25	15	271	+34	Thather 彗星（18611）
宝瓶 η	04/19—05/28	50	336	−2	Halley 彗星
飞马	06/07—08/24	3	340	+15	
宝瓶 δ	06/12—08/19	20	339	−1	
英仙	07/17—08/24	100	46	+58	Swit-Tuttle 彗星（1862Ⅲ）
天鹅 κ	08/03—08/25	3	286	+59	
御夫 α	08/25—09/05	10	159	+84	
御夫 δ	09/05—10/05	6	166	+60	
猎户	10/02—11/07	20	95	+16	Halley 彗星
天龙	10/06—10/10	变化	262	+54	Giacobini-Zinner 彗星
双子 ε	10/14—10/27	3	100	+27	
金牛	10/01—11/25	5	52	+13	Encke 彗星
猎户	10/02—11/25	20	95	+16	
狮子	11/14—11/21	变化	153	+22	Temper-Tuttle 彗星（188661）
麒麟 α	11/15—11/25	5	117	−6	
仙女	11/15—11/20	变化	25	+43	Biela 彗星
双子	12/07—12/17	110	112	+33	Phaethon 彗星
小熊	12/17—12/26	10	217	+76	Tuttle 彗星

第 4 节 | 陨石和陨石雨

太阳系里一些高速运行的较大流星体或小行星，受大行星的摄动，脱离原轨道而闯入地球大气，与大气摩擦，燃烧未尽的残余部分坠落到地球表面上叫作陨石。由于它在地球大气中运行极快，速度高达 200 km/s，和大气的摩擦产生出约一两千摄氏度甚至上万摄氏度的高温，流星体表面熔化和汽化，并发出强光。由于流星体高速飞行过程中，后方处于真空状态，前方气体向后压缩，会产生较大的啸声，于是人们听到震耳的轰隆巨响。有的大陨石在下落过程中发生爆裂，分裂成许多小块，一齐飞流直下，宛如暴雨、冰雹一般，人们称之为陨石雨。

大多数陨石是一些比足球场还小的太空岩石，它们都会在地球大气层中破裂。破碎岩石以数万千米每小时的速度飞行，当压力超过物体的强度时，物体会突发解体，从而产生明亮的光闪耀。通常，只有不到 5% 的原始物体会落到地面上。这些陨石的大小通常介于鹅卵石和拳头之间。陨石中 99.8% 来自破碎的小行星，0.2% 来自火星或月球。

通过研究陨石，我们可以了解太阳系的早期演化条件和过程，这包括不同行星构建块的年龄和组成、小行星表面和内部达到的温度，以及过去物质受到撞击的震撼程度。

一、陨石、陨冰和陨石雨事件

1947 年 2 月 12 日上午 10 时左右，在符拉迪沃斯托克（海参崴）以北的锡霍特·阿林山区，突然出现一个像满月那样大小的火球，同时发出轰隆巨鸣，自北向南以极快的速度飞驰而去，接着发生了爆裂，一块大陨石坠落在地。事后考察发现了大约 200 多个大、小坑穴，大的直径达 20 m，小的在 1 m 以下，分布在 1.6 km^2 的范围内，这些坑穴是大陨石爆裂后散落到地面上造成的。这些坠落的陨石是铁质的，也叫铁陨，总重量大约为 3.5×10^4 kg。

1959 年 4 月 7 日夜晚，捷克斯洛伐克的昂德廖菲天文台正在从事流星的观测，突然一块陨石从天而降。陨石落下的路线被天文台的工作人员拍摄下来，因此，他们准确地求出了这次陨石下落的速度和方向。计算表明，陨石在地球大气层以外的运行轨道和小行星的轨道一样，也是拉扁的椭圆轨道。

1970 年 1 月 3 日，在美国中部俄克拉何马州的北部，人们看到有一个比满月还亮的火球从天而降，向东南方向落下。冲击波的啸声在 100 km^2 的范围内都能听到。监测网的四个观测站拍摄到了大火球的照片，并从中推算出火球冲入地球大气层之前的速度是 14.2 km/s，火球最高点的高度是 86 km。陨石坠落的地点在罗斯特西底东部。1 月 9 日果然在该地找到了陨石。

在我国吉林地区，1976 年 3 月 8 日发生了一场陨石雨。这天下午 3 时许，一颗陨石以大约十几公里每秒的速度冲入地球大气层，与空气剧烈摩擦，顷刻间出现了一个耀眼的大火球，火球拖着一束光带，夹杂着翻滚的浓烟急驰而降。下落过程中多次爆炸、崩裂。其中最大的一个火球飞行到吉林市北郊金珠地区上空约一二十千米的高空时，又一次产生猛烈的爆炸、崩裂并发出巨响，像闷雷般的隆隆回声在天空中回荡达四五分钟之久。大火球爆破后，又冲出三个火球，继续爆裂，碎石散片四处飞溅，陨浇如雨。这次陨石雨的坠落范围有 400~500 km^2。科学家们收集到 100 多块陨石，总重量在 2.6×10^3 kg 以上，其中最大的一块陨石重达 1 770 kg（见图 9.3），是目前世界上最大的石陨石。

▷图 9.3

1997 年 2 月 15 日深夜发生的陨石雨降落在山东省鄄城县董口乡。专家认定这是一个在高空自东向西平行飞行的流星体，直径在半米左右，它以 200 km/s 的速度冲入地球大气层，在大气层中先后发生过两次爆裂，爆裂后的陨石块降落在大约 15 km² 的椭圆形地带，这是罕见的陨石雨。

一次奇特的陨冰事件发生在中国无锡市，1983 年 4 月 11 日中午，突然从天空降落一个半米左右的大冰块，它呼啸而下，擦碰着一根电线杆，随即"砰"的一声巨响，顿时电线杆左右摇晃。只见大大小小的冰块满地都是，其颜色是灰白相间。有人认为是"罕见的大冰雹"。但据天气考查，当天的天气没有形成冰雹的客观条件，也没有飞机撒冰块的事情。当研究了散落的碎冰之后，科学家证明这是流星体闯入地球大气，摩擦、生热气化、爆裂后剩下的冰块。此不速之客就是"陨冰"。

2013 年 2 月 15 日在俄罗斯发生了陨石撞地球事件。当日一颗没有预测到的小行星以 54 倍声速冲向地球大气，最后形成直径 17 米、重达 7 000 吨的陨石在俄罗斯车里雅宾斯克州地区坠落。它在穿越大气层时摩擦燃烧，发生爆炸时产生大量碎片，形成了所谓的陨石雨。在坠落区域，许多建筑的窗户玻璃破裂，该事件已造成 1 200 多人受伤。当陨石穿越大气层距离地面还有 24 km 的时候，陨石突然在空中解体爆炸。那么陨石为何会突然在空中解体爆炸呢？俄罗斯军方通过仔细回放录像后发现，这颗陨石爆炸的真正原因是，在它即将撞上地球地面的一刹那，突然被身后一个不明飞行物体击穿，并且这个物体的速度远远超过陨石的速度，但目前世界上最快的拦截导弹的速度也就是 20 倍音速，所以人们认为该物体根本就不可能是地球人所为！是否有 UFO 相助？还是别的原因？有待研究。

2019 年在中国发生了陨石撞地球事件。10 月 11 日凌晨 0 时 16 分前后，一颗陨石可能坠落在东北吉林省松原市附近，坠落前在空中爆炸，发出巨响和耀眼的强光。辽宁沈阳、吉林长春、吉林松原、黑龙江哈尔滨等多地网友均目击到这颗陨石坠落时产生的火光。

二、陨石的种类与陨石坑

陨石的种类按化学成分和特性分为三种：一种是以硅酸盐为主的石质陨石，一种是以金属铁和镍为主的铁质陨石，第三种则是磁石。最常见的陨石是石陨石。目前世界上最大的石陨石是我国吉林 1 号陨石，重 1 770 kg。最大的铁陨石是非洲纳米比亚的戈巴陨铁，重约 6×10^4 kg。我国新疆的大陨铁重约 3×10^4 kg，是世界第三大陨铁。

在地球上还发现了月球陨石与火星陨石（见图 9.4）。1981 年在南极洲阿兰山发现的一个陨石 ALH81005，重 0.03 kg，经科学家辨认，它与地球上的岩石不同，而与"阿波罗"宇航员从月球带回的岩石的成分类似。科学家认为可能是在月球上发生了碰撞或爆裂事件，使之落到地球上的，因此把此陨石叫月亮陨石。此外，前面我们已经提到，1984 年在南极洲发现的陨石 ALH84001，重 2 kg，它是来自火星的陨石，岩石上有微生物化石存在的证据。此外，1979 年在南极洲的巨大冰喷区发现的 EFTA79001 陨石，虽然不能确定它是火星陨石，但是由化学成分的分析可知，熔在岩石里的氮和氩与火星的大气成分相同，再者它的年龄很小，小于 1.3×10^9 年，此外它的纹理像流动的火山岩浆的遗迹。

陨石着陆冲击地面形成的坑穴叫作**陨石坑**。美国的亚利桑那州温斯洛的大陨石坑，直径达 1 240 m，深达 170 m，是世界上最著名的陨石坑（见图 9.5）。地质学家认为，它是 25 000 年以前一颗直径约 50 m、重约 2×10^5 t 的流星体撞击形成的。近代由于航天、航空、遥感等高精技术的发展，人们已发现全球有 130 个大的陨石坑。陨石坑的辨认也不简

(a) 月球陨石ALH81005　　　　　(b) 火星陨石EFTA79001

▷图 9.4

▷图 9.5　美国亚利桑那州温斯洛的大陨石坑

单，主要靠岩石来判断。陨石坑的周围可能有许多锥形岩石，锥形岩石的顶点常指向坑的中心。1991 年美国科学家用放射性同位素技术，测出了墨西哥湾尤卡坦半岛奇克休卢镇附近的大陨石坑的年龄，此陨石坑的直径约 180 km，测得的年龄为 6 505.18 万年。

三、陨石的鉴别和保护

当火流星出现的时候要注意记录火球出现的时刻、颜色、运动的方向、运动的速度和声音及这些现象的变化。陨石降落的现场要尽可能完善地保护起来，等专业人员来考察和处理。对于散落的小陨石，收集时注意鉴别陨石和小石块，鉴别的方法如下。

（1）陨石有黑色或深褐色的熔壳（厚度小于 1 mm）。

（2）陨石的熔壳上往往有大小不等、深浅不等的凹坑，叫气印。

（3）陨石的密度约为 2.8 g/cm³，一般比地球上的石头的密度（约为 3.8 g/cm³）小些。

为什么要保护陨石呢？这是因为研究陨石对研究地球的形成及生命的起源有很高的价值。我们知道，陨石是太阳系中最古老、最原始的天体物质，它的存在年龄与地球相当，在 46 亿年左右。而地球上现存的最古老的岩石只有 38 亿年，有近 8 亿年的地球演变过程人类从地球本身无法探知，只有借助于这些天外来的"不速之客"来研究。另外，研究陨石对于探索生命的起源也有很大帮助，如南京天文台的陨石专家王思潮在 1983 年陕西强县降落的陨石中发现了有机物质，引起了世界天文界的重视。这就是说形成地球生命的有机物有可能是被陨石带入地球，并在地球适宜的环境下不断得以发展、演化的。在人类的生命起源和演化理论的争论中，这一发现起了至关重要的作用。

例题 1 利用行星运动的开普勒定律计算彗星的轨道周期，彗星的近日点距离为 0.5 AU，远日点距离为 50 000 AU。正如海尔－波普彗星已通过太阳附近，非引力（电力、磁力等）把它的周期从 4 200 年改变到 2 400 年，问彗星的半长径变化为多少？

解答：因为 $a_1 = (50\,000 + 0.5)/2$，$T_1 = 4\,200$ 年，$T_2 = 2\,400$ 年，由开普勒第三定律 $a_1^3/T_1^2 = a_2^3/T_2^2$，可以求出

$$a_2 = \sqrt[3]{\frac{25\,000.25^3}{4\,200^2} \times 2\,400^2}\,\text{AU} = 17\,215\,\text{AU}$$

即彗星的半长径变化为 17 215 AU。

例题 2 宇宙飞船在一颗直径为 2.2 km，平均密度为 2.2 g/cm³ 的小行星上着陆，这颗小行星在缓慢地自转。宇航员决定用 2.2 小时沿着这颗小行星的赤道走一圈，他们的这种想法是否能够实现，如果不能，为什么？如果可能，他们都要考虑什么？

解答：宇航员与小行星构成了一个二体问题，可以方便地利用活力公式解决。活力公式是反映天体的位置、速度和轨道半长径之间关系的公式，可以写为

$$v^2 = u(2/r - 1/a)$$

式中 v 和 r 为一个天体相对于另一个天体的速度与距离；$u = G(m_1 + m_2)$，G 为引力常量，m_1 和 m_2 分别为两个天体的质量；a 为常量，在椭圆轨道中表示半长径。

先求出小行星的质量

$$m_1 = \frac{4}{3}\pi r^3 \times 2.2\,\text{g/cm}^3 = 1.23 \times 10^{13}\,\text{kg}$$

宇航员的体重 m_2 与 m_1 相比可以忽略不计。将以上条件代入活力公式得

$$v = (Gm_1/r)^{1/2} = 0.862\,\text{m/s}$$

v 也是这颗小行星的第一宇宙速度，当宇航员的运动速度大于 v 时，他将脱离小行星的引力束缚而飘向宇宙空间。如果宇航员打算用 2.2 小时绕小行星表面走一周，其速度为

$$v' = 2\pi(2\,200\,\text{m}/2)/(2.2 \times 3\,600\,\text{s}) = 0.873\,\text{m/s}$$

此速度 0.873 m/s 大于 0.862 m/s，故想法不可能实现。

例题 3 彗星 c1200204（Hoenig）的轨道偏心率 $e = 1.000\,812$，2002 年 10 月 2 日彗星在近日点，$a_c = 0.776$ AU。试计算彗星在近日点处的速度（地球轨道速度为 $v_e = 30$ km/s）。

解答：我们已知彗星的轨道偏心率 $e = 1.000\,812$，其轨道非常近似抛物线轨道，亦即彗星近日

点的速度大约是圆轨道速度的 $\sqrt{2}$ 倍（与太阳同样距离的圆轨道速度）。

由于彗星的近日点距离 $a_c = 0.776\,\text{AU}$，日地平均距离 $a_e = 1\,\text{AU}$，利用开普勒第三定律 $a^3/T^2 = $ 常量，可以求出圆轨道速度，即 $v^2a = $ 常量，所以 $v \propto a^{-1/2}$，亦即

$$v_c = v_e\,(a_c/a_e)^{-1/2} = v_e\,(0.776)^{-1/2}$$

式中 $v_e = 30\,\text{km/s}$ 是地球的圆轨道速度。

彗星的抛物线轨道速度为

$$v_p = \sqrt{2}\,v_e\,(a_c/a_e)^{-1/2} = v_e\,(a_c/2a_e)^{-1/2} = v_e\,(0.388)^{-1/2} \approx 48\,\text{km/s}$$

所以彗星在近日点处的速度约为 48 km/s。

习题九

1. 一个周期短于 200 年的彗星定义为短周期彗星，它的近日点距离为 0.5 AU，求这颗彗星的远日点可能的最大距离。

习题九
参考答案

2. 矮行星谷神星的直径为 0.073 个地球的直径，质量为 0.000 15 个地球的质量。问一个体重 100 kg 的宇航员在这个矮行星上有多重？

3. 你站在一颗小行星的表面上，这个小行星的直径为 10 km，而密度为 3 000 kg/m³，你可以投掷一块小石头在环绕小行星的轨道上运行吗？问投掷石块的速度是多少？

4. 小行星伊卡鲁斯在近日点 0.2 AU 处时轨道的偏心率是 0.69。计算它的轨道半长径和远日点距离。

5. 利用行星运动的开普勒定律计算下列各题：

（1）在奥尔特云中的一个彗星，它的近日点距离为 0.5 AU，远日点的距离为 50 000 AU，计算该彗星的轨道周期。

（2）海尔-波普彗星已通过太阳附近，非引力（电力、磁力等）把它的周期从 4 200 年改变到 2 400 年，问彗星的半长径变化受什么因素影响？已知近日点的距离维持在 0.914 AU 不变，计算老的和新的轨道偏心率。

（3）一颗短周期彗星，近日点的距离为 1 AU，轨道周期为 125 年。问它与太阳的最大距离是多少？

6. 天文学家估计海尔-波普彗星在它靠近太阳的 100 天内，平均质量损失率为 350 000 kg/s，请估计一下它损失的总质量，并与彗星的质量（$5 \times 10^{19}\,\text{kg}$）相比较。

7. 假设地球连续地受到直径约 10 m 的小彗星的轰击，每天有 30 000 次。假设彗星为球形，平均密度为 100 kg/m³，请计算每年到达地球的物质的总质量，计算过去 10 亿年来地球接收到的物质的总质量（假设过去的发生率是相同的）。

小行星选题

现今认为长周期和非周期性彗星起源于奥尔特云，奥尔特云的内、外半径分别被估计为 0.2 光年和 0.8 光年。此云中的彗星体移动不规则且有时互撞，结果是地球上的人们每个世纪能在太阳系内离太阳较近的区域看到 10～20 个亮彗星。这些彗星的彗核的直径为 2～3 km。

请估算以下数值的数量级（粗略估算即可）：

（1）奥尔特云中彗星体的总数；

（2）此云中彗星体的平均距离；

（3）此云中彗星体的总质量。

第十章
月食与日食

月食和日食是我们熟悉的天象，它是由于太阳、地球和月球在运动过程中相互掩食而发生的现象。月食、日食是天体物理研究的重要时机，也是研究地球大气、日冕与色球的"天赐良机"。

第1节 ｜ 月　食

在望日（农历十五或十六日），当日、地、月三者恰好或几乎在一条直线上，月球运动到地影内时，照在月面上的阳光部分或全部被遮挡，这时就出现月食现象（见图 10.1）。不是每个望日都发生月食，这是因为地球轨道面与月球轨道面不在一个平面上，白道面和黄道面约有 5°09′ 的夹角。只有月球运行到白道和黄道交点附近 10°～12°（称为月食限）的范围内，才可能发生月食。

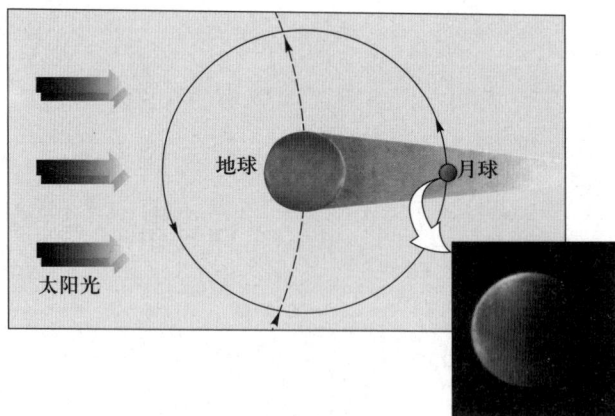

▷图 10.1　月食原理

月食分为月全食和月偏食两种。因为地球直径比月球直径大约 3 倍，地球的本影远比月球轨道的半长径还长，所以月球只能穿越地球的本影区，永远不会进入伪本影区内。月球钻进地球的本影区就发生月全食。当月球从地球本影区的边缘掠过时，只有一部分进入本影区，就形成了月偏食。因此，月食分为月全食和月偏食两种。

一年内可发生多少次月食呢？一年内最多可能发生三次月食，但有些年份一次月食也没发生，一年内发生两次月食的可能性最大。这是因为只有当满月出现在黄白交点附近时，才会发生月食，黄白交点有两个，所以一年中有两个季节可能发生月食，这两个季节叫食季。当月球运行到黄白交点附近 12° 的范围内，又正当满月时，就可能发生月食。若月球在白道和黄道交点附近 10° 范围内，则一定发生月食。如果在食季没有赶上满月，就可能在一年内一次月食都没有。月食发生的时候，面对月球的半个地球上的人都可以看到月食。

由于月球自西向东运动，地球本影在月球处的直径大约为月轮直径的 2.5 倍，所以月全食的过程是从月轮的东边缘开始，由初亏、食既、食甚、生光最后到复圆，整个过程长达 1 个多小时，有时几乎达 2 个小时。月食的各个阶段定义如下。

初亏　当月球刚刚接触地球本影时，月轮的东边缘开始明显减暗。

食既　当月轮的西边缘与地球本影的西边缘内切时，月球刚刚全部进入地球的本影区内。

食甚　月轮中心与地球本影中心重合的时刻。

生光　当月轮的东边缘与地球本影的东边缘内切时，月全食结束。

复圆　当月轮的西边缘与地球本影的东边缘外切时，本影月食结束。月全食时，月面亮度并未完全消失，还在发出铜红色的微光。这是地球大气折射、散射和吸收部分阳光，使部分红光到达月面所致。

月球被食的程度叫"食分"。食分等于月球视直径进入地球本影的部分与月球视直径之比。食甚时，若月球恰和地球本影内切，食分等于 1；若月球更深入本影内部，则食分大于 1；而月偏食的食分都小于 1。

第 2 节 ｜ 日　食

光辉灿烂的太阳有时突然被一个黑影挡住，阳光渐渐减弱，甚至全被遮住，瞬间如同夜幕降临，繁星缀空，这就是日食现象。日食是研究太阳外层大气（色球、日冕）极为宝贵的时机。

一、日食原理

当月球运行到太阳和地球之间时，且日、月、地三者恰好或几乎成一直线，太阳射向地球的光线被月球遮掉一部分或者全部遮掉时，人们就看到了日食。很显然，日食只能发生在朔日，即农历初一。但不是每个朔日都发生日食，如图 10.2 所示，因为在朔的时候，月球虽位于太阳和地球之间，但日、月、地三者不一定恰好或几乎在一条直线上。这是因为月球绕地球的轨道面（白道面）和黄道面不重合，约有 5°09′ 的夹角。只有朔（新月）发生在交点附近 18° 的范围内，才可能发生日食，而在 15° 范围内则一定发生日食。一年内有两个食季，所以每年至少有两次日食。一年中最多可能发生 5 次日食，这是对全球而言的，对于某个观测点所看到的日食次数自然要少些，尤其是日全食带的范围很小，看到的机会就更少些。

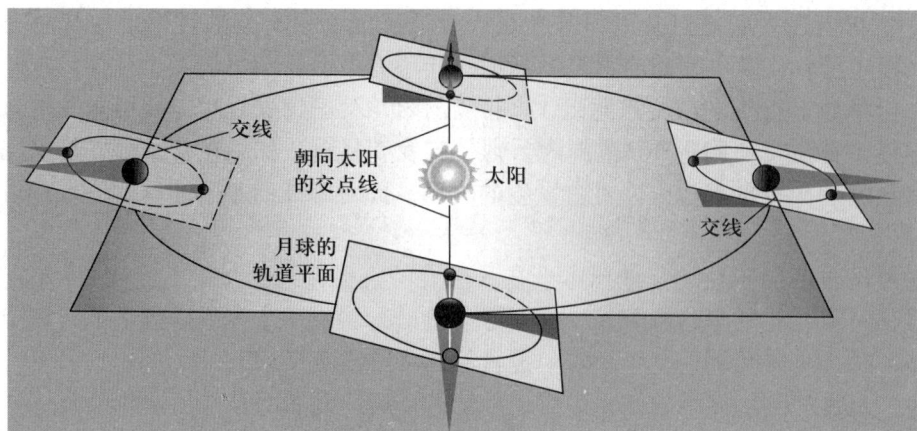

▷图 10.2　日食原理

日食的类型有日全食、日偏食和日环食。如图 10.3 所示，当地球表面处于月球本影地区时，人们看到整个太阳的视圆面都被月球遮挡，称为日全食。日偏食是月球的半影区同地面相交的地区的人们看到太阳的一部分视圆面被遮挡时的现象。日环食指地球表面某地区处于月球的伪本影区时，月球挡住了太阳视圆面的中心部分，周围还有一圈明亮的光环，如图 10.4 所示。

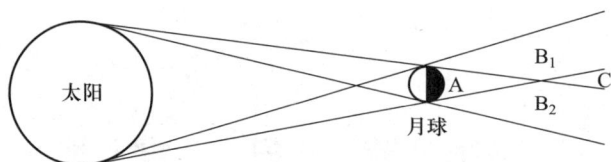

▷图 10.3　月影的结构：A 为本影区；B_1 和 B_2 为半影区；C 为伪本影区

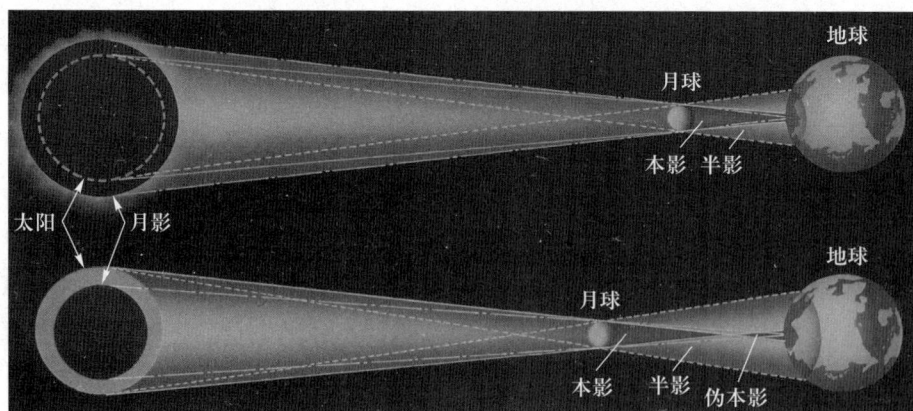

▷图 10.4　日食三种类型的形成示意图

日食每年最多可发生 5 次，最少也要发生 2 次。看来，每年发生日食的次数比月食多，可为什么人们总是看到日食的机会比看到月食的机会少呢？这是由于日食带的范围很小，在地球上只有日食带内的局部地区可见。

二、日食过程

由于月球自西向东绕地球转动，所以日食总是从日轮的西边缘向东边缘发展。日全食可分为五个阶段，分别为初亏、食既、食甚、生光和复圆。

初亏　当月轮的东边缘与日轮的西边缘外切时称为初亏，这是日食的开始。

食既　当月轮的西边缘和日轮的西边缘内切时称为食既，食既是日轮被月轮全部遮挡，即日全食开始。

食甚　当月轮的中心和日轮的中心相重合时称为食甚。

生光　当月轮的东边缘和日轮的东边缘内切时称为生光。

复圆　当月轮的西边缘和日轮的东边缘外切时称为复圆，这时日食全过程结束。

一个完整的过程可以持续两小时以上，但日全食过程只有几分钟（多数为2～3分钟，最长只有7分钟）。

日偏食只有初亏、食甚和复圆三个阶段。日偏食食甚时，太阳视圆面直径中被月球挡住的部分叫作食分，食分以太阳的视直径为单位。日偏食的食分是太阳视圆面直径被挡住部分与没有被挡住部分之比。

由于月影以1 km/s的速度自西向东扫过，而地球自转速度在赤道上也只有0.5 km/s，所以月影在地面上仍然自西向东移动。于是，地面上不同地点看到日食发生的时刻就不同，西部比东部先看到。

例题1　月食是地球运行到太阳和月球之间，挡住了射向月球的太阳光的情况，它发生在望日。为什么不是每月都能看到月食？

解答： 这是因为地球轨道面与月球轨道面不在一个平面上，白道面和黄道面约有5°09′的夹角，只有月球运行到白道和黄道交点附近10°～12°（称为月食限）的范围内，才可能发生月食。

例题2　苏罗威次群岛（东经34°5′，北纬65°1′）于1990年7月22日早晨5点发生日全食时，如果有一个观测者从月球上向地球看，他会看到什么？

解答： 日全食时，观测者在月球上会看到地球的苏罗威次群岛附近有一个黑斑（月球的影子）自西向东在移动。

例题3　假设在赤道的某地观测到日全食，当时太阳在天顶，又假定月影沿着赤道移动，请计算月影相对观测者的速度。

解答： 已知地月距离是384 401 km，所以月影以1.035 km/s的速度自西向东移动。由于地球赤道处的自转速度是0.464 km/s，月影相对地球赤道的速度是1.035 km/s−0.464 km/s＝0.57 km/s，所以月影相对观测者的速度为0.57 km/s。

习题十

1. 一年最多发生几次日食与月食？最少发生几次？为什么在一年里不可能有8次食？

2. 可能在月球上观测到日食、流星、彗星、极光、彩虹、夜光云和人造卫星吗？

3. 在日食的时候，太阳视圆面的哪一边缘（东边或西边）最先被月轮遮挡？

习题十
参考答案

4. 在两极地区（到极圈为止）还是在赤道地区（回归线之间）能看到更多次的食现象（不考虑有云的情况）？

5. 什么时候月球上的观测者能看见地球上所发生的日偏食？在这时候地球上的观测者能看见什么？

6. 日食时，当月球在近地点的时候能发生日环食吗？当月球在远地点的时候呢？

7. 在最亮日环食的时候，太阳光减弱了多少？（在这种情况下，太阳的角直径可取 32.6′，月球的角直径取 29.4′，假设太阳表面亮度是均匀的。）

8. 在月食的时候，可能发生月掩木星吗？可能发生月掩金星吗？

第三篇

太阳和恒星世界

第十一章

太 阳

太阳是太阳系的主宰，太阳作为一颗恒星，是太阳系的中心天体，它的质量占太阳系总质量的 99.865%。在太阳强大引力的作用下，太阳系家族的所有成员都围绕着太阳转。在宇宙中太阳是一个中等大小、中等质量和中等光度的恒星。它是精力充沛、能源旺盛的主序星。太阳已度过了 45 亿～50 亿年的岁月，现在仍是恒星世界中一个风华正茂的青壮年星。

第1节 ｜ 太阳的物理特征

太阳是离地球最近的恒星，光速约为 3×10^5 km/s，光从太阳传播到地球要 8 分钟多。天文学家是如何测定日地距离的呢？现代是利用雷达技术向金星发射雷达脉冲，然后接收金星反射回来的脉冲波，根据发射及返回的脉冲波之间的时间间隔，就可以计算出日地距离。比如当金星处在上合，地球离金星最远时观测一次，当金星处在下合，地球离金星最近时又观测一次，设测得金星与地球最近的距离与金星与地球最远的距离分别为 a 和 b。这样的测量在几年内重复多次，就可以求出地球轨道平均半径值，亦即日地平均距离，则 $d = (a+b)/2$。地球围绕太阳的轨道是个椭圆，太阳位于一个焦点上，太阳与地球最近的距离（近日点）约为 1.47×10^8 km，最远的距离（远日点）约为 1.52×10^8 km。

日地平均距离叫作 1 个天文单位，用 1 AU 表示。它是天文学家手中最小的"量天尺"：

$$1 \text{ AU} = 149\ 597\ 871 \text{ km}$$

一、太阳的大小与质量

太阳的大小可以由观测它的视角直径来确定。利用六分仪或望远镜（附加减光片和测微目镜）可以精确测出太阳的角直径，其值为 $31'59''26''$，我们知道日地距离，就可求出太阳的半径 $R_\odot = 6.96 \times 10^5$ km，它是地球半径的 109 倍。

由此可以算出，太阳的体积为 1.412×10^{27} m³，它是地球体积的 130 万倍。太阳的质量可依据开普勒定律得出：

$$m_\odot + m_\oplus = 4\pi^2 r^3/GP^2$$

式中，$m_\odot$ 为太阳质量；$m_\oplus$ 为地球质量，式中地球（严格地说是地月系统）的质量相对太阳可以忽略；P 为地球绕太阳公转的周期（$P = 1$ 回归年 $= 3.156 \times 10^7$ s）；r 为地球绕太阳公转的轨道半径（$r = 1\,\mathrm{AU} = 1.496 \times 10^{11}\,\mathrm{m}$）；$G$ 为引力常量（$G = 6.674 \times 10^{-11}\,\mathrm{N \cdot m^2/kg^2}$）。

地球的轨道速度即环绕太阳的速度，为

$$v = \sqrt{\frac{Gm_\odot}{r}} = 2\pi\frac{r}{P}$$

即

$$m_\odot = \frac{4\pi^2 r^3}{GP^2}$$

由此可以求出太阳的质量 $m_\odot = 1.989 \times 10^{30}\,\mathrm{kg}$。

太阳的质量约为地球质量的 33 万倍，在恒星群中太阳的质量常被作为一个质量单位，例如，心宿二的质量是太阳质量的 50 倍，写作 $50m_\odot$。从统计来看，大多数恒星的质量是太阳质量的 0.5～5 倍。少数恒星的质量是太阳质量的几十倍到上百倍，最小恒星的质量只有太阳质量的百分之几。质量决定了恒星演化的速度和最后的归宿，我们的太阳在主序星里是中等质量的，它的晚年最终要演化成为一个白矮星，而不是中子星或黑洞。

二、太阳的自转

1610 年，伽利略研究发现，太阳黑子的一些规则运动是太阳自转的结果。太阳存在自转，可以从黑子以及日面上的其他活动，如日珥在日面上的移动，或从太阳东西边缘光谱线的多普勒效应来证实。太阳自转方向与地球自转方向相同。由于太阳是个炽热的等离子体气体球，所以它不像刚体那样自转角速度处处相等。观测表明，太阳的赤道区域自转得最快。以恒星为参考，太阳赤道区域自转一周需 25 个地球日，由赤道向两极自转速度逐渐减小。南、北纬 30° 区域自转一周需 26 个地球日，两极区域自转一周需 36 个地球日。可见，太阳的自转速度随它的纬度而不同，这种现象叫作**太阳较差自转**。

太阳的赤道面与黄道面成 7°10.5′ 的倾角。对于地球上的观测者，所见的太阳的转动周期是会合周期，它是太阳赤道处自转周期与地球公转周期的会合周期，约为 27 个地球日。我们可通过观察太阳黑子的逐日移动来测定太阳的会合周期。观测表明，在某些日面纬度上日冕自转速度比光球自转速度慢，并且随太阳活动周期的相位而变化。1970 年，霍华德和哈维提出太阳表面有一个全球尺度的非轴对称的速度场，而日面较差自转只是上述速度场的纬向速度分量的反映。这一速度场的存在表明在赤道与两极之间有角动量转移。太阳的较差自转会引起太阳对流层大尺度的气体环流运动，使太阳内部物质和外层大气物质之间发生交流。有关太阳自转速度随时间变化的规律还不很清楚。

三、太阳的辐射与光度

太阳的能量不断向外发射，传递能量的方式有辐射传能、对流传能和热传导，其中最主要的方式是辐射传能。

太阳的辐射包括全波段的电磁辐射和微粒流辐射。太阳电磁辐射的总能量的 99.9% 集中在 0.2～10 μm 波段，即太阳的主要能量集中在电磁辐射的可见光波段。

太阳的电磁辐射使人类不仅可以享受太阳的光和热，而且还能获得太阳的重要而丰富的信息。电磁辐射波段的范围很广，我们眼睛所看到的这部分却很窄，400～760 nm 的电磁辐射叫可见光，其他波段的电磁辐射虽然眼睛看不见，但是用特殊的探测器可以探测到。太阳电磁辐射的波段范围从短波到长波按顺序排列如下：γ 射线（10^{-11}～10^{-2} nm），X 射线（10^{-2}～10 nm），紫外辐射（10～400 nm），光学辐射（可见光 400～760 nm），红外辐射（760 nm～100 μm），亚毫米波（0.1～1 mm），射电波（1 mm～10^3 m）及长波（10^3～10^8 m）。

为了表征太阳的辐射，天文学家引入了叫作**太阳常量**的物理量。太阳常量的定义是在地球大气外离太阳 1 AU 的地方，垂直于太阳光束方向，单位面积单位时间接收到的所有太阳辐射能量，常用符号 S 来表示。根据测量，$S = 1.374 \text{ kW/m}^2$。

由于 0.2～10 μm 波段集中了太阳 99.9% 的辐射能量，所以太阳常量可以在地球的高山上来测量。当然在大气外的空间观测，测量数值会更精确。太阳常量的测定对研究太阳和地球的大气结构十分重要，而且还可应用于气象、航天、太阳能利用和环境科学等。

观测表明，太阳常量在近百年来基本不变，是稳定的，其变化量值为 0.1%～0.2%。但是，别小看太阳常量这个小小的变化值，它对地球的气候和生态环境有很大的影响。

太阳的光度是指太阳每秒钟在各个波段发射的总辐射能量。太阳光度和太阳常量的关系是怎样的呢？假设在地面距离太阳 r 处观测，则太阳的光度 L 与太阳常量 S 的关系式为

$$4\pi r^2 S = L_\odot$$

在日地平均距离（1 AU）处观测太阳，则太阳的光度为

$$L_\odot = 4\pi (1 \text{ AU})^2 S = 3.864 \times 10^{26} \text{ W}$$

一般把太阳的光度作为恒星的光度单位，定义太阳的光度 $L_\odot$ 为 1 个光度单位。按照黑体辐射的斯特藩 - 玻耳兹曼定律：

$$L_\odot = 4\pi R_\odot^2 \sigma T_e^4$$

式中 σ 为斯特藩 - 玻耳兹曼常量。由此，如果已知太阳的半径 $R_\odot$ 和太阳的光度 $L_\odot$，就可以求出太阳光球的有效温度 T_e 为 5 780 K。

第 2 节 ｜ 太阳的内部结构

太阳的内部结构（见图 11.1）从内向外可分为三个区：核心区、辐射区和对流区。太阳的对流区的外面是大气层，从内向外又可分为三个圈层：光球层、色球层和日冕层。

一、核心区

太阳在自身的引力作用下，物质向核心聚集，在核心处形成超高温和超高压状态，这导致了内部的氢聚变为氦的热核反应。从中心到 $0.25R_\odot$，约占太阳体积的 1/64，而其质量却占太阳总质量的一半以上。太阳核心区的温度高达 1.5×10^7 K，压强为 2.5×10^{11} 大气压，即地面大气压的 2 500 亿倍！物质的密度约为 150 000 kg/m³。核心区的温度和密度的分布都随着与太阳中心距离的增加而迅速下降。在这个超高温、超高压的核心区，发生着

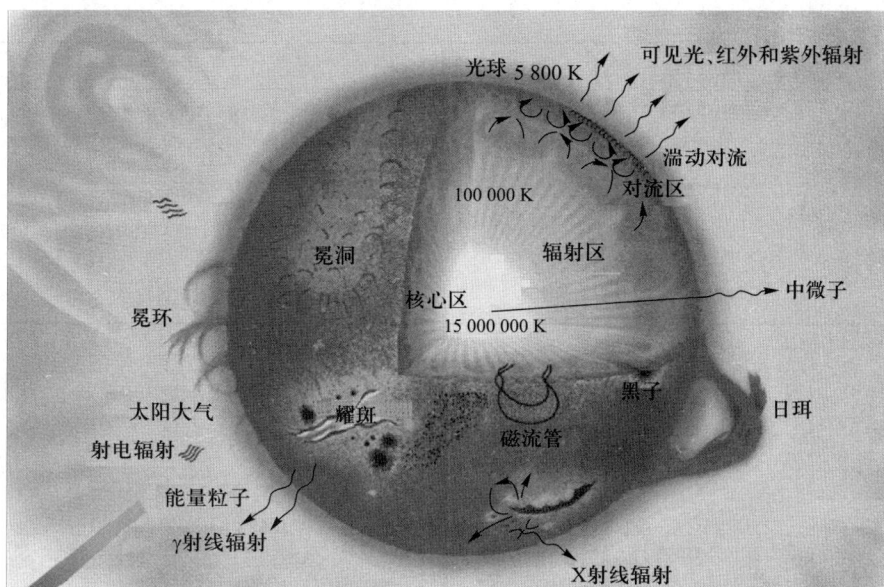

▷图 11.1　太阳的内部结构

激烈的热核反应。核心区所产生的能量主要来自氢核合成氦核的聚变，它是太阳辐射和太阳活动的主要能量来源，太阳发射的能量约 99% 是由这里产生的。

二、辐射区

从 $0.25R_\odot$ 到 $0.86R_\odot$ 是辐射区。在这个区气体的温度约为 7×10^6 K，密度约为 15 000 kg/m^3。就体积而言，辐射区约占太阳体积的一半。太阳核心区产生的能量，通过这个区域以辐射的方式向外传输。核心区产生的光子在向外表面传输的过程中多次被物质吸收，而后再发射才传输到太阳外面的大气层。

三、对流区

对流区在辐射区的外面，大约从 $0.86R_\odot$ 到光球的底部，温度约为 5×10^5 K，密度也降至 150 kg/m^3。巨大的温度差引起对流，内部的热量主要以对流的方式向太阳表面传输。除了通过对流和辐射传输能量外，对流区的大气湍流还会产生扰动，即低频声波。这种声波将机械能量传输到太阳外层大气，产生加热和其他作用。

标准的太阳模型如表 11.1 所示。

表 11.1　标准的太阳模型

区域	内半径 /km	温度 /K	密度 /(kg · m^{-3})	特性
核心区	0	1.5×10^7	1.5×10^5	热核反应产生能量
辐射区	2×10^5	7×10^6	1.5×10^4	电磁辐射转移能量
对流区	6×10^5	5×10^5	150	对流传输能量

区域	内半径 /km	温度 /K	密度 /(kg · m^{-3})	特性
光球	6.96×10^5	5 800	0.000 2	电磁辐射可以逃逸，可见的日面
色球	6.965×10^5	4 500	5×10^{-6}	冷的低层大气
过渡区	6.98×10^5	8 000	2×10^{-10}	温度陡升
日冕	7.06×10^5	10^6	10^{-12}	热的低密度的上层大气
太阳风	10^7	2×10^6	10^{-23}	太阳物质逃逸到空间，贯穿太阳系

*第 3 节 ｜ 太阳的能量来源

地球上 99% 的能量来自太阳，就连动力资源煤和石油也是太阳蕴藏的能量。太阳是一颗炽热的火球，每秒钟辐射出的总能量高达 4×10^{26} J。太阳的浩大能量已贡献了约 50 亿年，而在今后，太阳还可以继续奉献约 50 亿年，如此巨大的能量从何而来？

1905 年，爱因斯坦的狭义相对论给出质量和能量可以互相转化的公式 $E = mc^2$。其中 c 是光速，等于 3×10^5 km/s。按照这个公式，1 g 物质就可以释放出 9×10^{13} J 的能量。这相当于 1 万吨优质煤全部燃烧所得的能量。物质在什么情况下才能转化成能量呢？通过原子核反应，即内部的氢聚变为氦的核反应。

恒星内部的氢是如何变成氦的呢？在 20 世纪 30 年代末，科学家才明确认识到两种核反应可以解释太阳的能量来源。一种是所谓的"碳－氮循环"，它周而复始地进行。经过核反应，碳和氮的总量不变，损失的只有氢。太阳上的氢极为丰富，足够维持这种核反应。还有一种是"质子－质子循环"。这两套核反应循环的总效果是使 4 个氢原子核合成 1 个氦原子核。核反应中碳、氮、重氢等原子核只起媒介作用。在太阳内部，"碳－氮循环"与"质子－质子循环"两种核反应都发挥作用。"碳－氮循环"（图 11.2）核反应包括 6 个步骤，其反应式为

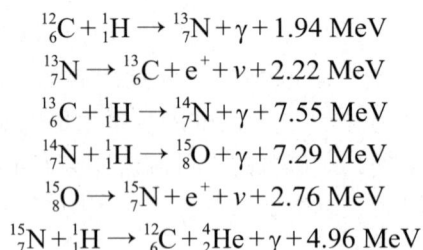

$$^{12}_{6}\text{C} + ^{1}_{1}\text{H} \rightarrow ^{13}_{7}\text{N} + \gamma + 1.94 \text{ MeV}$$

$$^{13}_{7}\text{N} \rightarrow ^{13}_{6}\text{C} + \text{e}^+ + \nu + 2.22 \text{ MeV}$$

$$^{13}_{6}\text{C} + ^{1}_{1}\text{H} \rightarrow ^{14}_{7}\text{N} + \gamma + 7.55 \text{ MeV}$$

$$^{14}_{7}\text{N} + ^{1}_{1}\text{H} \rightarrow ^{15}_{8}\text{O} + \gamma + 7.29 \text{ MeV}$$

$$^{15}_{8}\text{O} \rightarrow ^{15}_{7}\text{N} + \text{e}^+ + \nu + 2.76 \text{ MeV}$$

$$^{15}_{7}\text{N} + ^{1}_{1}\text{H} \rightarrow ^{12}_{6}\text{C} + ^{4}_{2}\text{He} + \gamma + 4.96 \text{ MeV}$$

"质子－质子循环"即 4 个氢原子核（质子）合成 1 个氦原子核（α 粒子），如图 11.3 所示。其反应式为

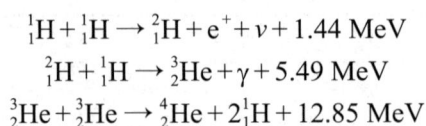

$$^{1}_{1}\text{H} + ^{1}_{1}\text{H} \rightarrow ^{2}_{1}\text{H} + \text{e}^+ + \nu + 1.44 \text{ MeV}$$

$$^{2}_{1}\text{H} + ^{1}_{1}\text{H} \rightarrow ^{3}_{2}\text{He} + \gamma + 5.49 \text{ MeV}$$

$$^{3}_{2}\text{He} + ^{3}_{2}\text{He} \rightarrow ^{4}_{2}\text{He} + 2^{1}_{1}\text{H} + 12.85 \text{ MeV}$$

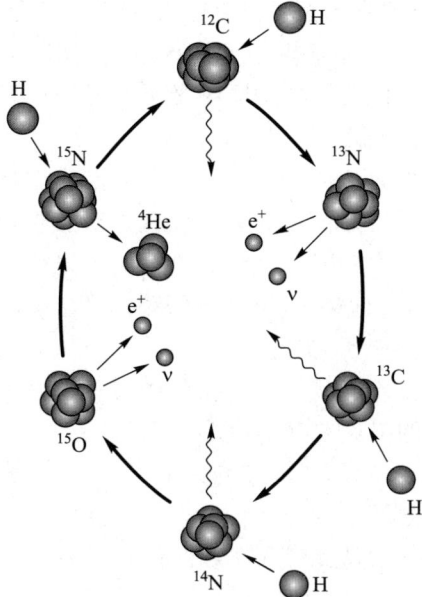

▷图 11.2　碳－氮循环

波文箭头表示原子有向外的辐射，

e^+ 为正电子，ν 为中微子

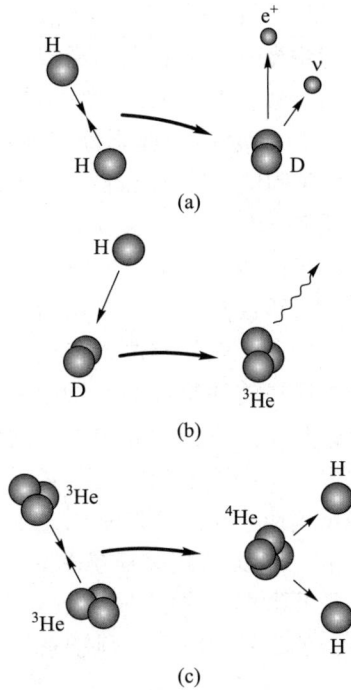

▷图 11.3　质子－质子循环

（a）两个氢核聚变合成一个氘核；

（b）一个氘核和一个氢核聚变合成一个同位素；

（c）两个这种同位素的核聚变合成一个质量数为 4 的氦核

上述化学式中 $_1^2H$ 是重氢（D，也叫氘，是氢的同位素），e^+ 为正电子，ν 为中微子，γ 为光子。这两套核反应循环的总效果是使 4 个氢原子核合成 1 个氦原子核，即

$$4_1^1H \rightarrow {}_2^4He + 2e^+ + 2\nu + 2\gamma + 26.7\ MeV$$

碳、氮、重氢等原子核在反应中只起媒介作用。

在核反应当中质量是有损耗的。一个氢原子核的质量是 1.007 276 u，而一个氦原子核的质量是 4.001 506 u。因此在一次质子－质子反应中有 $\Delta m = 4 \times 1.007\ 276 - 4.001\ 506 = 0.028\ u$ 的质量损耗。为了维持 4×10^{26} J/s 的辐射，太阳在 1 s 内就要消耗 6.2×10^8 t（吨）的氢核"燃料"，使氢核聚变为氦核，实际损耗的质量只是其中的一小部分，即约 4.3×10^6 t。

太阳核心区的温度高达 1.5×10^7 K，压强是地面大气压的 2 500 亿倍。在这个高温、高压的超级实验室里，热核反应大规模地、持续地进行着。上述两套核反应循环究竟哪个为主，虽然有争论，但可以说都在发挥作用。一般认为，太阳的能量主要是"质子－质子循环"的核反应提供的。

太阳的产能率是由它的光度除以质量来计算的，即

$$L_\odot / m_\odot = \frac{4 \times 10^{26}\ W}{2 \times 10^{30}\ kg} = 2 \times 10^{-4}\ W / kg$$

太阳的产能率为 0.000 2 W/kg。太阳的寿命大约为 100 亿年，因为太阳拥有约 2×10^{30} kg 的巨大质量，并且绝大部分是氢。而且，目前太阳处在壮年时代，太阳在这个阶段还要延

续 50 多亿年。因此对于人类来说，太阳的能量可以算得上"取之不尽，用之不竭"了。

太阳的中微子　中微子是组成自然界的最基本的粒子之一，常用符号 ν 表示。中微子不带电，自旋量子数为 1/2，质量非常轻（有的小于电子的百万分之一），接近光速运动。

1930 年，奥地利物理学家泡利提出存在中微子的假设。直到 1956 年，柯温（C. L. Cowan）和莱因斯（F. Reines）利用核反应堆产物的 β 衰变产生反中微子，观测到了中微子诱发的反应。这是第一次从实验上得到中微子存在的证据。

在太阳核心发生氢聚变成氦的热核反应时会产生大量中微子。当太阳内部弱相互作用参与核反应每秒会产生 10^{38} 个中微子，这些中微子畅通无阻地从太阳流向太空。中微子是呈电中性的粒子，它的穿透力特别强。如果要阻止 1 个中微子运动，就需要 1 光年厚的铅板。关于中微子的质量问题，长期有争议。最近几年根据中微子振荡研究，确认中微子的质量虽小，却不为零，因此中微子的运行速度自然要小于光速。由于中微子与其他物质的相互作用极小，中微子的探测器必须足够大，以求能观测到足够数量的中微子。为了隔绝宇宙射线及其他可能的背景干扰，中微子的探测器时常设立在地底下。

2013 年，由美国国家科学基金会主建的位于南极站的"冰立方天文台"，是世界上最大的中微子探测器。多国研究人员利用埋在南极冰层下的中微子探测器，首次捕捉到了源自太阳系外的高能中微子。科学家们认为中微子天文学从此进入了新时代。

第十二章

太阳大气

太阳外边的大气层从内向外分为光球层、色球层和日冕层。紧挨着对流区的大气底层是光耀夺目的光球层，厚约 500 km，地球上接收到的太阳能量基本上是由光球层发出的。在光球层之上厚为 1 500 km 的大气是绚丽多彩的色球层，色球层内的物质比光球层内的物质稀薄和透明得多。色球层顶部的上面是过渡层，温度陡升到几百万开（10^6 K），再外面就是美丽的银白色日冕，它由极端稀薄的气体组成。由于日冕的高温，它延伸到数万千米之远。太阳的外大气层经常喷发一种带电粒子流（主要由电子和各种离子组成），称之为太阳风。太阳风以大约 500 km/s 的速度吹遍整个太阳系，消失在恒星际空间。现代有的天文学家把太阳风吹拂的范围看作太阳大气的最外层，称之为太阳风层。

太阳大气的温度在光球层 500 km 之上的色球层边缘最低约为 4 500 K，然后随高度增长，在过渡区温度迅速增长，在 10 000 km 高度的日冕区底层边界，温度已达到 10^6 K（见图 12.1）。

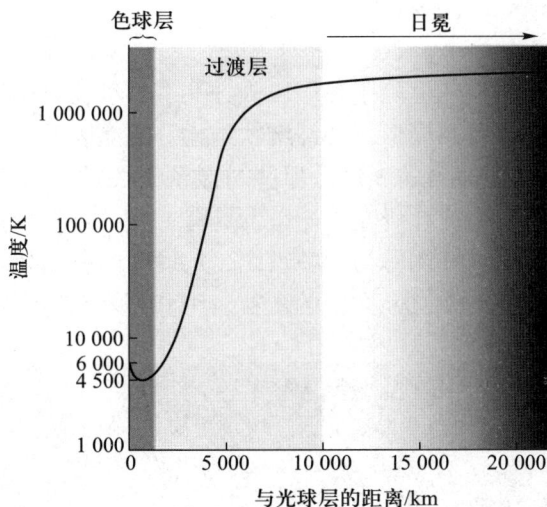

▷图 12.1　太阳大气的温度随高度的变化

第1节 ｜ 光　球

太阳光球层在太阳对流区之上，是太阳大气的最底层，厚约 500 km。光球层物质的平均有效温度为 5 780 K，可是太阳的温度随着高度由内向外逐渐降低，在光球层与色球层交界处，温度降至 4 000～4 600 K。光球层的平均密度约为 2×10^{-4} kg/m³，压强约为 1.4 大气压。光球主要以辐射方式传输能量。我们说的宁静太阳半径 $R_\odot$，是指从太阳中心到光球层的顶部，约为 6.965×10^5 km。日常我们所说"一轮红日出东方"，所见那光芒四射的日轮就是太阳的光球。光球层发射出的可见光最强（不要直接观察太阳，谨防眼睛受到伤害，一定要通过减光片或滤光片对其减光后才能观察）。图 12.2 为太阳的光球像。地球获得的太阳光和热量基本上是由光球层发出的。

临边昏暗　仔细观察，你会发现光球的中心区域亮于边缘，这叫作临边昏暗现象。为什么会有临边昏暗呢？这是由于光球向外辐射沿着半径方向基本上一样强，但我们只是从某一个方向看太阳。对太阳表面不同部分来说，从同样深度大气层发出的光到达我们时，通过的大气层厚度不同。显然，厚度越大，被吸收的辐射越多。另外，日面中心的辐射主要来自较深的层，而边缘的辐射则由浅层发出，前者温度较高，所以日面中心较亮，而边缘较暗。

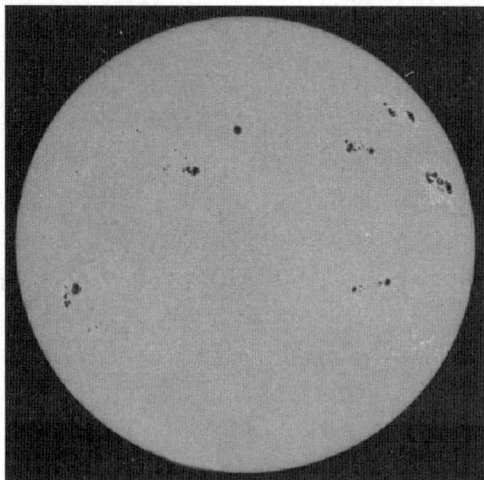

▷图 12.2　太阳的光球像

太阳黑子　在光球上看到的暗斑称为太阳黑子。黑子的温度比周围光球的温度低，大约只有 4 500 K。黑子是强磁场区，磁感强度为 0.35～0.45 T。

光斑与米粒组织　太阳光球上除了黑子以外，还有温度比光球温度高 100 K 左右的发亮区域，称为光斑。光斑具有不同形式的纤维状结构。观测表明，与黑子有密切联系的光斑呈纤维状，寿命约为黑子寿命的 3 倍。那些与黑子无关的光斑大多呈圆形，面积比较小，平均寿命约为半小时。据统计研究，光斑也具有 11 年的活动周期。

光球上有一些像米粒似的气团称为米粒组织，尺度大的称为超米粒组织，超米粒组织的尺度约为 3×10^4 km（见图 12.3）。太阳的米粒组织和超米粒组织如同沸腾的米粥，此起

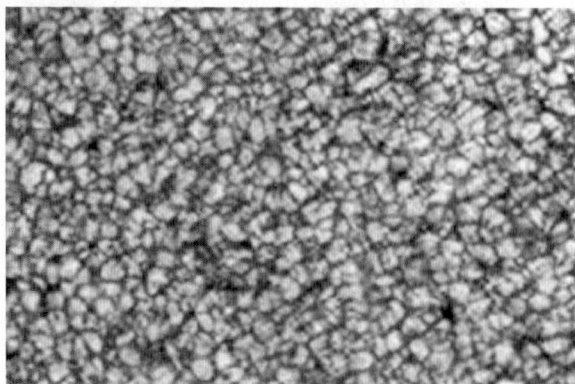

5 000 km

▷图 12.3　太阳光球上的米粒组织与超米粒组织

彼伏，上下翻腾，估计全光球有 400 万个米粒组织。科学家普遍认为，米粒组织是一种太阳大气的对流现象。

第 2 节 ｜ 太阳光球的光谱

专门研究太阳的望远镜叫太阳望远镜，主要有垂直式和水平式两种，垂直式的叫太阳塔，水平式的叫水平式太阳望远镜。太阳望远镜中有两块平面镜叫定日镜，其中一块接收太阳光并跟踪太阳的周日视运动，叫动镜；另一块可以上下移动或南北移动，叫定镜，它的作用是补偿太阳的周年视运动。太阳光由动镜反射到定镜再反射到成像镜。成像镜是一个抛物面镜，其焦距很长，由于太阳光足够强，因而可得到一个大而亮的太阳像。为了得到高分辨、大色散的太阳光谱，光谱仪照相镜的焦距比较长，一般都固定在大的光谱仪室内，称之为太阳光谱仪。利用太阳望远镜和光谱仪就可以观测太阳的光谱。太阳光球的光谱是一条连续的彩色光谱带，其上面还叠加有许多条暗线（见图 12.4）。1814 年德国物理学家夫琅禾费首先观测发现了，太阳光球光谱中有近 600 条暗线（现已发现有 1 万余条暗线）。夫琅禾费还测量出较明显的谱线位置，并且用拉丁字母来代表其中一些较粗的谱线，即分别标以 A、B、C、…、K 等字母。这种标志沿用至今，科学界把太阳光谱中的暗线称为夫琅禾费谱线。

太阳光球的光谱中为什么会出现那么多暗黑的谱线呢？夫琅禾费及同代人没有能解决这个疑问。直至 45 年之后，德国的化学家本生和物理学家基尔霍夫揭开了这个谜团。他们发现，当发射连续谱的光穿过某种温度较低的气体时，较冷的气体便会吸收掉本身所发

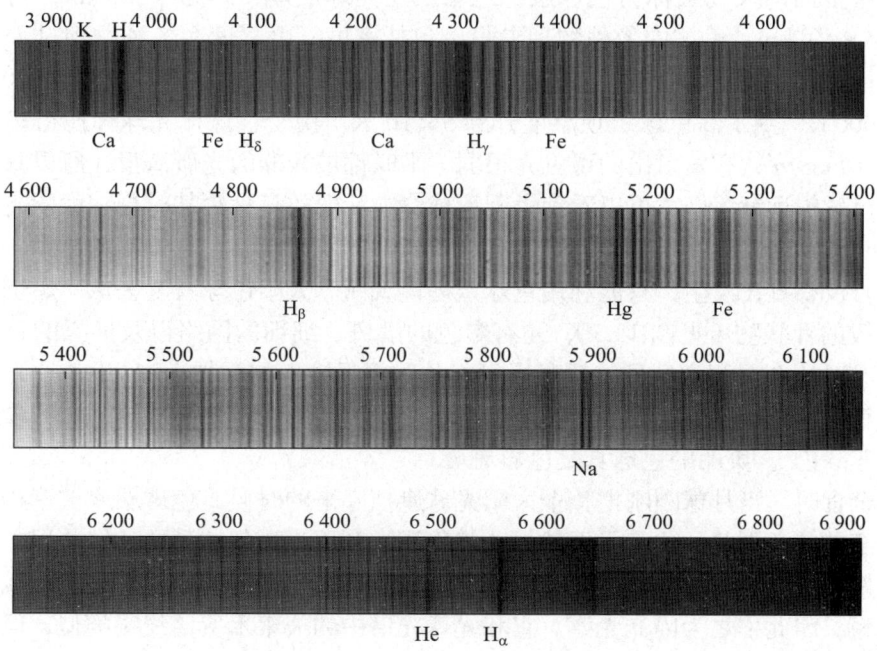

▷图 12.4　太阳光球的光谱

射的那些波长的谱线，在其波长处，由于光亮减弱而形成暗线。各种元素都具有这样的特性，即它们发射和吸收相同波长的光。这样太阳光球光谱中的暗线的本质就不难理解了。太阳内部高温的气体发射的连续谱，在向外发射时穿越比它冷的光球大气层时，这些较冷的大气中的诸元素就吸收了与它们各自频率相同的谱线，使之在太阳的连续谱上叠加了许多吸收线。现今，人们已熟悉太阳光球的光谱中的重要的夫琅禾费吸收线和它们对应的化学元素，并通过它们来认证其他恒星、星系等天体的光谱。

值得特别提出的是，氦元素的首次发现源于太阳，地球上的氦是后发现的。1868 年 8 月 18 日，日全食的时候，法国天文学家让桑和英国人洛克把分光镜对准太阳，发现在钠线（即 D 线）附近出现了一条明亮的黄色谱线（波长为 587.56 nm）。他们断定它属于一种未知的元素，称之为"氦"，这是从希腊文"太阳"来的（即 Helium）。27 年之后，人们在地球上也找到了氦。

太阳大气的各化学成分所占的比例是怎样的呢？现在一般认为，太阳光球中存在着 90 多种元素，这些元素的含量相差悬殊，按质量而言，氢占 71%，氦占 27.1%，其他元素的含量很低。含量较多的元素有：氧（0.97%），碳（0.40%），氮（0.096%），氖（0.058%），硅（0.099%），硫（0.040%），铁（0.14%），镁（0.076%），钙（0.009%）等。由太阳光球的光谱不仅可以研究太阳大气的化学成分，还可以研究太阳的自转速度、太阳的磁场、太阳的活动机制等，所以太阳光谱可以向我们提供许多重要的天体物理信息。

第 3 节 ｜ 色　球

光球层上面的大气层称为色球层。色球层比光球层厚，约为 1 500 km，它的内半径约为 6.965×10^5 km。色球内各种物理参量，包括密度、电离度和各种物理过程，在色球层不同高度处存在着巨大变化。如温度随高度而上升，低色球层的温度为 4 500 K，中色球层为 8 000 K，到了高色球层顶温度升到 5×10^4 K。由于色球比光球稀薄得多，平均密度为 5×10^{-6} kg/m^3，它发射出的可见光很弱，平时都被光球的光所淹没，所以只有在日食时或利用色球望远镜我们才可以看到太阳色球。在壮丽的日食食甚时刻，太阳光球被月轮挡住前后几秒钟内，我们看见日面边缘有一条弧形的发光层，它有鲜明的色泽，因此称为色球。平时没有日食发生，只能利用色球望远镜观测。太阳色球看上去像"燃烧的草原"，有许多挺拔的针状物（见图 12.5），还有彩色的谱斑、细细的网络以及冲天的日浪和壮观的日珥；有时还会观测到激烈的耀斑爆发。色球望远镜上如果加上 H$_\alpha$ 干涉滤光器，就可观察到氢谱斑（红色）；如果加上波长 396.85 nm 的电离钙干涉滤光器，就可看到色球的钙谱斑（蓝绿色）。美丽的色球真是色彩斑斓。

在日全食时，当月球刚刚把整个太阳光球遮挡起来的时候，色球层未被遮挡的部分呈现一段狭窄的圆弧形状，这起了天然的狭缝作用。利用光谱仪（不要狭缝装置）拍照，可拍到日食期间太阳色球的光谱。由于色球温度比较高，光谱中的谱线都是发射线，日全食时间又很短，因此称之为闪光光谱。它和光球光谱中的夫琅禾费谱线很类似，但是光球光谱中的夫琅禾费谱线是暗的吸收线，而闪光光谱中的谱线是亮的发射线，而且氢线比较强。

针状物

|← 3 000 km →|

▷图 12.5　太阳色球上的针状物

第 4 节 ｜ 过渡区和日冕

色球层之上是过渡区，它的厚度约为 8 500 km，平均密度为 2×10^{-10} kg/m³。在过渡区内温度陡升。从过渡区再往外就是日冕。日冕是太阳大气的最外面一层，由内冕和外冕组成。内冕最底层在 $1.003R_\odot$ 处，通过过渡区与色球相接。内冕与外冕的交界在 $1.3R_\odot$ 处，外冕的范围向外延伸到几个太阳半径，甚至可达 $25R_\odot$，此处与行星际空间相接。日冕的物质极其稀薄，平均密度约为 1×10^{-12} kg/m³，主要由质子、各种高度电离的离子和高速的自由电子组成，电子运动的温度高达数百万开。

由于气体非常稀薄，所以这层的光度很低，大约只有太阳光球辐射的百万分之一。在通常的情况下，它发出的光被淹没在光球的光辉之中，不能被看到。在日全食期间，当月轮遮住太阳的光球时，人们可以看到美丽的银色日冕，而平时只能应用日冕仪来观测日冕。日冕的辐射波段很宽，从短于 0.1 nm 的 X 射线、可见光……到百米的射电波，以及几千电子伏到数十亿电子伏（10^9 eV）的粒子辐射谱。因此，研究日冕可采用空间探测器、射电望远镜和高山日冕仪等。

由于日冕的温度很高，约有 400 万 K，它发射的 X 射线比较强。最近"天空实验室"飞船拍到相隔一天的四张太阳日冕的 X 射线图像（见图 12.6），图像明显显现出暗区（冕洞）的变化，从那里有高速的太阳风暴向外流动。

日冕是如何被加热到 400 万 K 的呢？这是"日冕加热"的难题。1995 年 12 月 2 日发

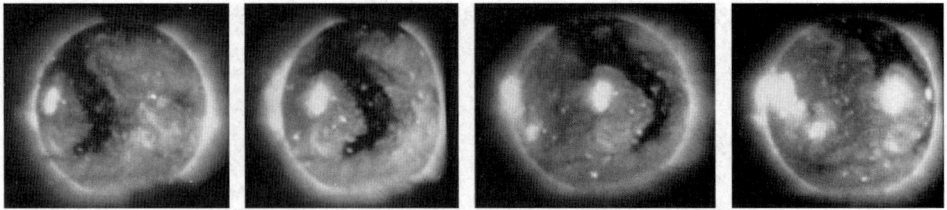

▷图 12.6 "天空实验室"飞船拍摄的四张日冕 X 射线图像

射成功的"太阳和日球层探测器"（SOHO）卫星的观测给出了最佳的回答。这个卫星上装载着高分辨率的磁场测量仪器，观测到日面上有成千上万的零星磁场，它们时隐时现地不断演变着，科学家称之为"磁毯"。平常这条"磁毯"会出现 4 000 个环，它们形成许多磁回路，磁回路之间相互作用，造成电和磁的短路与磁湮没，由此所释放的能量使日冕加热，也可以说磁能加热了日冕。

1973 年，美国"轨道太阳天文台"（OSO-7）的日冕仪首次观测到日冕物质抛射。接着，"天空实验室"飞船等先后发现了大规模、突发性的日冕亮结构变化，它以 10～2 000 km/s 的速度向外扩展，此即所谓的日冕爆发，后来这种现象被称为日冕物质抛射（简称 CME）。

20 世纪 80 年代，美国的"太阳峰年研究"（SMM）卫星，日本的"火鸟"卫星和最近日美合作的"阳光"卫星等，以及火箭的远紫外线和 X 射线成像器的观测都显示，日冕是很不均匀的也是不平静的。冕环和冕洞等结构布满了活动区，其中日冕环是日冕上令人瞩目的细而亮的环。这些冕环有的横跨两个极性相反的黑子；有的扭曲成 S 形连接两个活动区。许多冕环组成一个环系。冕环有时会出现振荡现象，它们的亮度也闪烁变化。冕环内也存在着持续的物质流动，曾观测到物质从环顶下落的情况，其速度为数十千米每秒。最近研究揭示，冕环内存在着细小的磁流管或纤维状结构。在太阳活动剧烈的耀斑爆发时冕环的亮度会突然增加。

日冕上有些区域辐射亮度比周围低，温度也低些，特别是远紫外辐射及 X 射线辐射异常低，甚至没有。这些区域叫作**冕洞**。冕洞有极区冕洞、孤立冕洞和延伸冕洞之分。冕洞总面积相当于日面总面积的 1/5，而其中极区冕洞面积约占冕洞总面积的 3/4。

极羽发源于光球层，而延伸到日冕，形状呈羽毛状。日冕极羽与日冕抛射的物质流的区别是，极羽仅仅出现于太阳的两极区域。极羽在太阳活动极小时期更加明显（见图 12.7）。

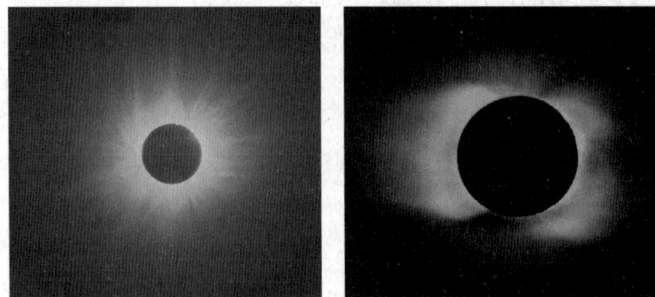

(a) 太阳活动极大时期的日冕　　(b) 太阳活动极小时期的日冕
　(1999年8月11日日全食照片)　　(1977年9月17日日全食照片)

▷图 12.7

第5节 | 太 阳 磁 场

除了光球、色球和日冕中的高温等离子体外，太阳磁场对太阳活动起了决定性作用，太阳活动现象本质上是磁活动现象。太阳大气的各种物理状态、运动和演化都受到太阳磁场的牵制和支配，特别是日冕物质抛射、太阳耀斑、日珥抛射、黑子和谱斑等活动现象，其能量均来自太阳磁场。如太阳黑子的产生、发展以及周期性的变化都是太阳磁场及其变化所引起的。此外，太阳磁场对太阳大气结构、磁湍流结构、日冕加热、色球反常等都起着关键性作用。因此，太阳磁场的研究是天文学的一个重要研究领域，也是日地关系边缘学科最关注的热点。太阳的磁场比较复杂，它有遍及各处的普遍磁场（其磁感强度平均为 $(1\sim2)\times10^{-4}$ T）和较强的活动区磁场（如黑子区的强磁场，一般为 0.3～0.4 T）。日面的磁场分布很不均匀，个别狭小区域比周围的磁场强很多（可达 0.1 T），称为磁节点。有时，几个小的磁节点可以会合形成黑子区的强磁场。

一、太阳活动区磁场

依据谱线的塞曼效应（光源在强磁场中谱线分裂的现象），可以通过测定谱线分裂的裂距求出磁场的强度和极性。观测表明，一个太阳黑子群中往往有两个大黑子，而且它们分别有不同的磁性，一个为南磁极（S），另一个则为北磁极（N）。对于日面的同一半球（例如北半球）来说，前导黑子（对太阳自转的方向而言，处在前面的黑子）都有相同的磁性（例如前导黑子皆为 N 极，后随黑子都是 S 极）。而对于另一个半球（例如南半球）而言，情况正好相反。经过 22 年，南、北半球的黑子磁性分布发生对换，即前导黑子由原来的 N 极都变换为 S 极，而后随黑子的磁性都变为 N 极。日面磁场非常复杂，往往多个磁极纵横交错。太阳耀斑爆发就经常发生在这些磁场结构复杂的区域。观测研究还表明，光球中的磁结构除了黑子区的强磁场外，还有强、弱不同的磁场网络等结构。

二、太阳的普遍磁场

太阳的普遍磁场只有 $(1\sim2)\times10^{-4}$ T，很弱不易观测，可以通过太阳磁象仪和太阳磁场望远镜来观测。海尔等从 1912 年起便从事太阳的普遍磁场的观测研究，他们假设太阳普遍磁场是偶极磁场。巴布珂克在 1957 年至 1958 年观测发现，太阳普遍磁场的极性在一个太阳自转周内（约 26 天）变换两次，从 N 变为 S，然后又从 S 变成 N。如此看来，太阳磁场是南北相反，东西对立的复杂结构，如今这也是个难解之谜。

三、行星际磁场

太阳磁场不局限在日面上，而是延伸到广阔的太阳系行星际空间，和行星际磁场融为一体。它的延展扇形结构磁场团团包围了地球磁层。空间探测表明，行星际磁场起源于太阳，为扇形结构，其扇形边界随太阳自转而不断扫过地球。地球对此有系统的响应，如地球磁场受其影响产生周期性的扰动，大气的涡度面积指数也因扇形边界的通过而受调制，南极地区的大气垂直电场在扇形边界通过后几天达到极小值，而与扇形边界内磁场的方向无关等，这些对研究日地关系、太阳与气象、航天与航空有重要的实际意义。

四、太阳磁场的观测

20 世纪 70 年代中国发展了测量太阳磁场的仪器，在太阳物理学家艾国祥院士带领下研制出了太阳磁场望远镜，它能观测光球的矢量磁场和速度场、色球的纵向磁场和速度场。后又发展成九通道望远镜，由此获得了一系列重大发现。

五、太阳磁场的形成机制

天文学家用"太阳发电机"理论来解释太阳磁场的形成机制。太阳内部对流层中运动的带电流体和磁场的相互作用，像一个发电机那样，形成和发展了磁场。早在 1919 年拉莫尔就提出了"太阳发电机"的概念。

1955 年帕克提出了，星体内较差自转和小尺度的回流可维持自激发电机过程，即认为太阳内部的等离子体可以认为"冻结"在磁场上，它们随着太阳大气一起转动。由于太阳有较差自转，即太阳赤道区域比高纬度区域转得快，这就造成磁感线扭曲缠绕成磁流绳结，使纬向磁场产生和发展。有的磁流绳冒出太阳表面并形成了太阳黑子区磁场（见图 12.8）。

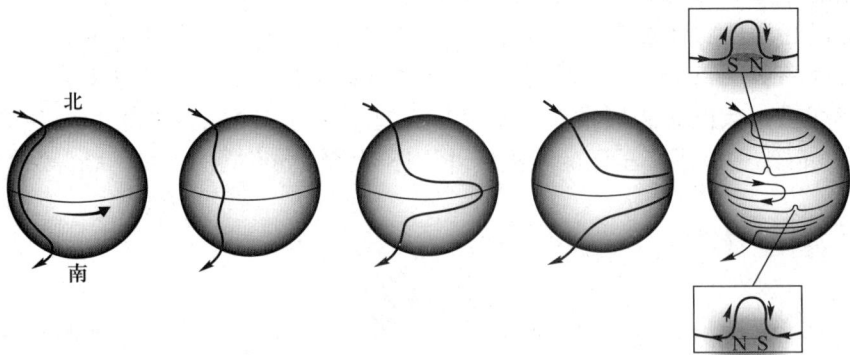

▷图 12.8　太阳活动区磁场的形成机制

📚 **例题 1**　求太阳的表面亮度 B。

　解答：太阳的表面亮度等于单位球面度的太阳常量。假设太阳的辐射是各向同性的，太阳的半径为 R，日地距离为 r。

　当 $r \gg R$ 时，若太阳的截面为 A，则太阳截面对地球的立体角为 $\omega = A/r^2 = \pi R^2/r^2$。太阳在地球处的辐射能流密度叫太阳常量 $S_\odot=1\,374\ \mathrm{W/m^2}$，已知太阳的视角直径 $\alpha=32'$，因此 $R/r=\alpha/2=\dfrac{1}{2}\times\dfrac{32}{60}\times\dfrac{\pi}{180}=0.004\,65\ \mathrm{rad}$，所以太阳截面对地球的立体角为 $\omega=\pi(R/r)^2=\pi\times(0.004\,65)^2=6.79\times10^{-5}\ \mathrm{sr}$。

所以太阳的表面亮度为 $B=S_\odot/\omega=2.02\times10^7\ \mathrm{W/(m^2\cdot sr)}$。

📚 **例题 2**　求太阳表面的引力加速度，它是地球表面引力加速度的多少倍？

解答：已知地球表面的引力加速度 $g_0=9.8\ \mathrm{m/s^2}$，太阳的质量 $m_\odot=1.989\times10^{30}\ \mathrm{kg}$，太阳的半径 $R=6.96\times10^8\ \mathrm{m}$，引力加速度公式为 $g=Gm_\odot/R^2$，所以太阳表面的引力加速度为 $g=274\ \mathrm{m/s^2}=28g_0$，是地球表面引力加速度的 28 倍。

📚 **例题 3**　求太阳的平均密度。

解答：已知太阳的质量 $m_\odot=1.989\times10^{30}\ \mathrm{kg}$，太阳的半径 $R=6.96\times10^8\ \mathrm{m}$，太阳的体积 $V=4\pi R^3/3$。所以太阳的平均密度为 $\rho=m_\odot/V=3m_\odot/(4\pi R^3)=1\,408\ \mathrm{kg/m^{-3}}$。

📚 **例题 4**　太阳是一颗什么样的恒星？它的绝对星等是多少？

解答：太阳是一个黄色（G2V）的中等大小的主序星。

太阳的视星等 $m=-26.8$，与地球的距离 $r=1\ \mathrm{AU}=(1/206\,265)\ \mathrm{pc}$；由公式 $M=m+5-5\lg r$，得 $M=-26.8+5-5\lg(1/206\,265)=4.74$。所以，太阳的绝对星等为 4.74。

📚 **例题 5**　假设太阳的一生中只有 0.8% 的质量转化为能量，问太阳的寿命最长是多少？（假定太阳的光度一直维持一个常量。）

解答：太阳的质量为 $1.989\times10^{30}\ \mathrm{kg}\approx2\times10^{30}\ \mathrm{kg}$。太阳一生中 0.8% 的质量转化的总能量为

$$E=mc^2\approx0.008\times2\times10^{30}\times(3\times10^8)^2\ \mathrm{J}=1.44\times10^{45}\ \mathrm{J}$$

已知太阳每秒释放的总能量叫太阳的光度，$L_\odot=3.9\times10^{26}\ \mathrm{W}$。总能量能维持辐射的时间，即太阳的最长寿命为

$$t=E/L_\odot=1.44\times10^{45}/(3.9\times10^{26})\ \mathrm{s}=3.7\times10^{18}\ \mathrm{s}\approx10^{11}\ \mathrm{a}$$

习题十二

1. 太阳常量即太阳在 1 AU 处的辐射能流密度，其大小为 $1\,374\ \mathrm{W/m^2}$。求太阳表面的能流密度，当时太阳的视角直径为 $32'$。

2. 一些理论提出太阳在 4.5×10^9 年前的有效温度为 $5\,000\ \mathrm{K}$，而且半径是现在的 1.02 倍，求那时的太阳常量。假定地球的轨道没有变化。

习题十二参考答案

3. 地球绕太阳运动的平均速度为 29.8 km/s，求太阳的质量。

4. 用黑体辐射定律估计太阳光球（$5\,800\ \mathrm{K}$）和日冕（$10^6\ \mathrm{K}$）中光辐射最强的波长。

5. 设太阳表面单位面积的辐射功率 $P=1.36\times10^3\ \mathrm{W/m^2}$，求太阳的光度。

6. 太阳的视角直径为 $32'$，求太阳的线直径。

7. 什么是太阳风？它的结构与速度如何？对行星际空间有何影响？

8. 太阳光球的光谱如何观测到？由光谱我们可以测定太阳的哪些物理参量？

9. 太阳内部一个相当于地球质量的氢聚变成氦的热核反应需要多少时间？

太阳选题

太阳的热核反应会引起太阳质量的减少，请计算在 100 年内太阳的这种质量减少能够引起地球公转轨道半径的增加量。假定在此过程中地球一直保持正圆轨道。

第十三章

太阳活动

太阳大气像一个滚烫的"海洋"，经常出现惊涛骇浪，这就是太阳上发生的活动现象。太阳活动的形式多种多样，如光球层经常出现黑子群；色球层出现的激烈的耀斑爆发现象及各种形态的日珥活动；日冕层出现的冕环和日冕物质抛射等。这些太阳活动对地球有着重要的影响，直接关系到人类的生活、生产、宇宙航行、空间开发、通信和社会文明。下面让我们来仔细看看与我们密切相关的太阳活动现象。

第1节 | 太阳黑子活动

太阳黑子是太阳光球上的暗斑，它是光球上温度较低（4 500 K）的区域，通常成群出现［见图 13.1（a）］。研究表明，黑子是太阳内部的强磁场出现于光球表面而形成的。黑子的磁感强度在 0.3～0.4 T 之间。黑子越大磁场越强，黑子区的磁场显然比太阳表面的普遍磁场（约为 2×10^{-4} T）强得多。

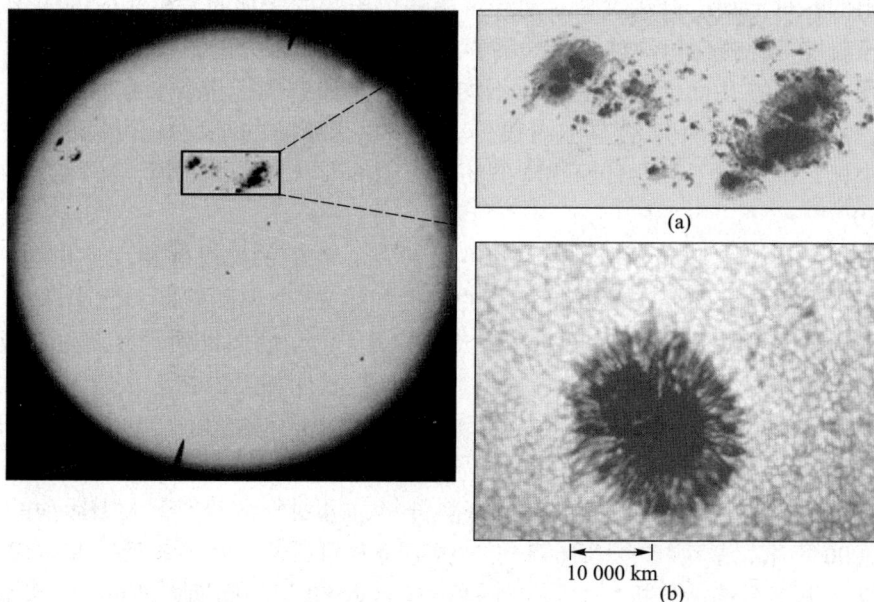

(a)

(b)

10 000 km

▷图 13.1　太阳活动极大期拍摄的黑子群，右图中最大的黑子直径达 20 000 km

太阳黑子大小不一，小的直径约有 1 000 km，大的直径约有 20 000 km [见图 13.1（b）]，特大的直径可达 245 000 km，相当于地球直径的 19 倍！黑子的形状像一个暗的浅碟，中间凹陷。发展完全的黑子分本影和半影两部分。黑子中间的暗核部分叫作本影，本影周围较浅的边框叫作半影。本影是黑子的核心，温度约为 4 240 K；半影是黑子边缘稍亮的部分，温度约为 5 680 K。黑子的亮度大约是光球亮度的 2/3。

太阳黑子相对数　1849 年瑞士苏黎世天文台的沃尔夫提出了黑子相对数的概念，他定义黑子相对数为 R，由下式计算：

$$R = k(10g + f)$$

式中 g 是观测到的黑子群数，f 是观测到的单个黑子总数，k 是台站之间的换算因子。沃尔夫对他自己的观测取 $k=1$。式中的 k 值与观测者的观测技术、观测方法和天气的明晰度有关。k 值可以用本站的观测值同苏黎世天文台同期的观测值比较后得出。初次观测者可先取 $k=1$，以后可以根据两地同期观测的黑子数的比对求出。

早在公元前 28 年，我国的《汉书·五行志》中已有太阳黑子的世界上最早的详细记录。1609 年伽利略首先用望远镜观测到了太阳黑子。长期积累的黑子观测资料表明：太阳黑子活动的强弱存在周期性变化，周期短则 9 年，长则 13.6 年，平均为 11 年。这个周期的最早发现者是施瓦贝，他在 1843 年发现太阳黑子的盛衰有约 10 年的周期。国际上规定，以 1755 年作为太阳黑子周期的开元年。从 1755 年 3 月到 1766 年为第一个太阳活动周期。一个太阳活动周期开始和结束的标准是：每月太阳黑子相对数的平滑值达到极小值。从 1766 年以后，按 11 年周期排列序号。2000 年是第 23 个太阳周期的太阳活动峰年。2000 年 4 月 3 日太阳黑子数高达 301，是平均数的两倍。一般上，整个峰年阶段会持续 1～2 年。在峰年阶段，除了黑子群在日面上的数量增多，太阳黑子相对数 R 增加外，其纬度分布也会从活动周期开始时的 ±30° 变化到 ±15° 附近，然后向着更低纬度迁移。此外，太阳的各种活动也会在太阳活动峰年期随黑子数的增加而发生相应的变化，并经常有太阳耀斑爆发等，这会对地球有较大的影响，必须给予极大的关注。

蝴蝶图　黑子在日面上的纬度分布不均匀，几乎所有黑子都分布在日面南、北纬 45° 的范围内，而且在赤道两旁 8° 范围内很少。如果以黑子群的平均日面纬度为纵坐标，以时间为横坐标，那么黑子群在日面纬度上的分布图的形状像一群蝴蝶，故称为蝴蝶图 [见图 13.2（a）]。

一般来说，一个太阳黑子群中有两个主要黑子，它们的磁极性相反。在同一个半球，各个黑子群的 N、S 极性分布状况是相同的。例如第 22 个太阳周期，北半球黑子群的先导黑子一般为 S 极，后随黑子为 N 极，即成对的黑子沿东西向排列，分别为 S 极与 N 极，南半球相反。太阳南、北两个半球，偶极黑子的极性秩序相反，在下一个黑子周期，这种关系会颠倒。因此，一个完整的太阳磁活动周期是 22 年，称为磁活动周 [包括两个太阳活动周期，见图 13.2（b）]。

根据黑子、极光和碳的同位素 ^{14}C 的资料分析，可划分出若干个太阳活动的极小期和极大期。2000 年来，最突出的是 1645—1710 年间太阳黑子非常少，活动非常微弱，叫作蒙德极小期。据资料统计分析，太阳黑子活动还有近 80 年的周期，即近 11 年周期的太阳活动剧烈程度有 80 年周期的变化。各个周期的峰年，太阳黑子相对数 R 的极大值并不相同，如 1957—1958 年的第 19 个太阳活动峰年期间，峰值的太阳黑子相对数 R 约为 200，

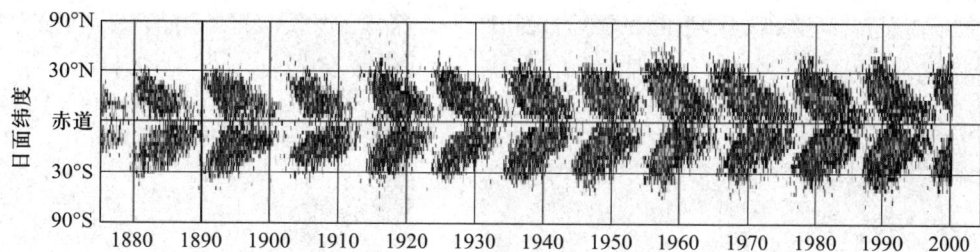

(a) 太阳黑子分布的蝴蝶图

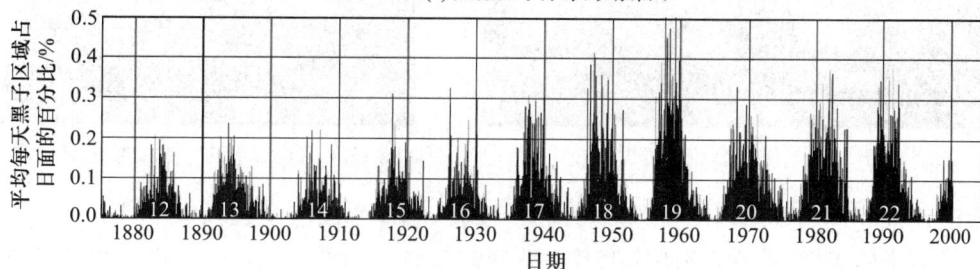

(b) 太阳活动的11年周期图

▷图 13.2

这一年中出现的超过 3 级的大耀斑有 20~30 个，而在第 20 个太阳活动峰年期间，R 只有约 100，相应的超过 3 级的太阳耀斑有 7~8 个。这表明太阳活动在各个不同太阳峰年期间的强度及频次会随太阳黑子数发生变化。

第 2 节 | 色球活动

色球层呈现出许多剧烈而壮观的太阳活动：无数的细而明亮的针状物如同火焰丛林；多姿多态的谱斑、暗条；滚滚的日浪；色球边缘的日珥惟妙惟肖，有的像太阳的大耳环；激烈的耀斑爆发显示出威力无比的壮观景象。

谱斑　太阳色球上出现的大块增亮区称为亮谱斑，较暗的区称为暗谱斑。一般谱斑的温度比周围高 1 000 K 左右，其尺度从几千千米到几十万千米。利用波长为 396.85 nm 或者波长为 393.37 nm 的一次电离钙的 H 线或者 K 线得到的钙谱斑比利用波长为 656.28 nm 的 H_α 得到的氢谱斑要清晰。光斑只能在日面边缘处观测到，而谱斑在整个色球上都可以观测到。磁场是光球上的光斑和色球上的谱斑的联系纽带。谱斑与黑子有密切联系，谱斑多出现在大黑子和黑子群附近，当黑子多时，谱斑也比较多。谱斑的寿命比黑子长。

耀斑　耀斑是发生在太阳色球高层大气和低日冕区的一种急骤不稳定过程，也是太阳大气上最复杂和最激烈的活动现象，在很短的时间（100~1 000 s）内释放出 10^{23}~10^{25} J 以上的能量。

用色球望远镜观测时发现色球突然迅速闪耀的亮斑，这就是耀斑（见图 13.3）。耀斑的寿命不长，约为几分钟到几十分钟。一般地，耀斑的面积越大，寿命越长。绝大多数耀斑都出现在双极黑子群附近区域。2022 年的一次太阳耀斑大爆发如图 13.4 所示。

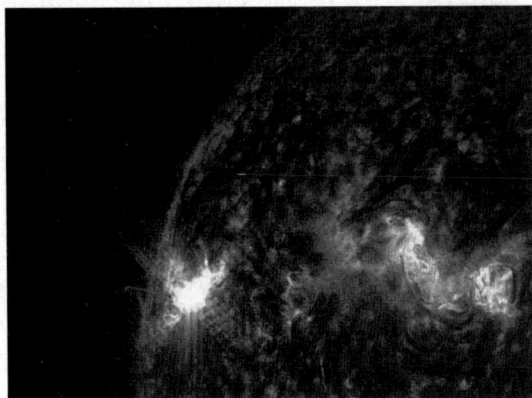

▷图 13.3　色球上的耀斑爆发

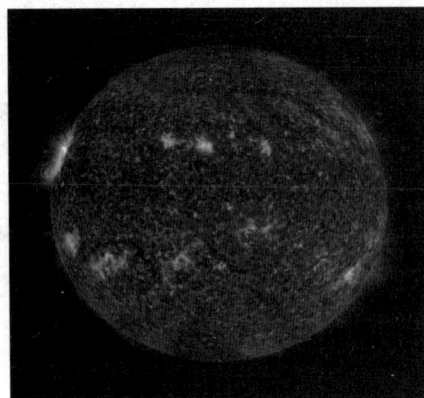

▷图 13.4　2022 年的一次太阳耀斑大爆发

　　耀斑是很复杂的太阳活动过程。耀斑发生时，会产生高能电磁辐射、射电辐射、高能粒子和等离子体爆发等，有的还伴随有一系列的动力学现象，如日浪、日喷和日冕物质抛射等。特大的耀斑几乎在所有波段（包括 γ 射线、X 射线、紫外线、可见光和射电）都发射非常可观的辐射，还发射高能粒子流（叫质子事件），这些对地球会产生重大的影响。例如耀斑爆发时，地球电离层底部的电子密度急剧增大，会发生地球磁暴和无线电短波衰退或传播中断。

　　此外，在 γ 射线、X 射线、紫外、光学、红外和射电波段产生的电磁辐射能量大约仅占太阳耀斑能量的 25%，而其余约 75% 的耀斑能量是通过太阳高能粒子流和等离子体流发出去的。当太阳大耀斑出现之际，太阳会发射出高能粒子流，这包括接近光速的电子和氢核及其他高能粒子，称之为太阳宇宙线。太阳宇宙线高能粒子侵入地球后，引起极区大气电离度增加，还会导致通过极区的无线电波被严重吸收，从而导致短波波段通信中断。由于这种量级的太阳宇宙线只能沿地球磁感线进入极区附近，因此只有地球的高纬度地区才会出现极光，发生地磁暴或地磁扰动等。

　　日珥、暗条与日浪　日珥是太阳表面喷出的炽热气体流，是美丽的太阳色球活动现象。从测量得知，日珥的物质密度比日冕大 1 000 倍到 1 万倍，温度低于日冕，约为 7 000 K，它在色球上的投影是暗条。日珥活动的速度约为 250 km/s，上升高度可达 $(6\sim7)\times10^5$ km，然后再向色球层落下，也有的日珥向上喷射后长期悬浮于日冕之中。

　　日珥的分类繁多，但人们倾向于把它们分成两大类：宁静日珥和活动日珥。宁静日珥有较稳定的结构，寿命可持续几个月，在这期间日珥长度增长到 10^6 km，并缓慢向太阳极区移动。它的温度为 5 000～8 000 K，磁感强度为 $(5\sim30)\times10^{-4}$ T。活动日珥位于活动区附近，气流运动激烈，寿命只有几分钟到几小时，呈现有日浪、日喷、环状等形态（见图 13.5）。

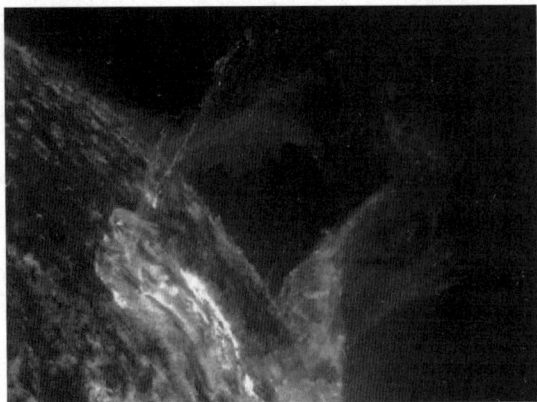

▷图 13.5　活动日珥

在色球上面，可以看到如同“燃烧的火焰林”一样的针状物，它们变幻莫测，平均寿命约为 5 分钟，其高度平均值为 $2 \times 10^3 \sim 10^4$ km。针状物的方向不是总沿着太阳的径向分布，而是受日面磁场的控制。色球上有纵横交错的复杂网络，其网络单元的平均大小为 $(3 \sim 3.5) \times 10^4$ km，其平均寿命为 19～21 小时。色球像一个波涛滚滚的“海洋”，时常发生着惊涛骇浪，称之为日浪，巨大的日浪的高度可达 5 000 km。

第 3 节 ｜ 日 冕 活 动

一、日冕物质抛射

在太阳活动极盛时期，日冕上经常发生大规模的强烈喷射活动，日冕物质沿着磁感线向外流动，这种活动称为日冕物质抛射。日冕物质抛射常发生在太阳冕洞区域附近。这类抛射活动会以数百千米每秒的速度将数十亿吨、温度高达百万开的气体抛射到行星际空间（见图 13.6）。在太阳活动极小时期，喷流射线常在太阳低纬度区域发生。

大多数日冕物质抛射都是沿着径向抛射，似乎总在沿着开放的磁场不断地流动。最大的抛射速度达 2 000 km/s，最大的抛射质量达 100 亿吨，抛射的能量比大耀斑的能量大约 10 倍。日冕物质流抛射的频率很高，如 1973 年（接近太阳活动极小年）平均每天 0.74 个，1980 年（接近太阳活动极大年）平均每天 3 个。日冕物质抛射的高度和密度都随太阳活动而变化，与太阳黑子、耀斑爆发及太阳射电爆发等密切联系。

日冕物质抛射由日冕的非均匀磁场所产生，磁力可能是驱动日冕物质抛射的主要力量来源。最近日冕探测器（TRACE）卫星拍摄的图像显示：几乎一半的冕环有等离子体亮斑，小斑点以惊人的速度移动。因此科学家推断，冕环不是一种静止的等离子体结构，而是从太阳表面并在日冕磁结构之间喷射出的超高速等离子体流，就像从喷泉涌出的水弧。

日冕物质抛射产生的激波和本身携带的物质流和磁场都会给地球的电磁环境带来严重影响，干扰电离层的电离状态，引起地球的磁暴或磁场的扰动等。目前一些科学家依据日冕物质抛射来预报地磁活动。

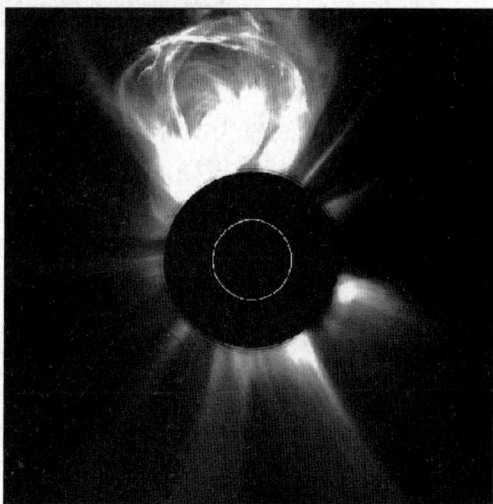

▷图 13.6　日冕的物质流延伸到距离日面很远的行星际空间

二、太阳风与太阳风暴

太阳大气外层高温的日冕连续不断地向外发射出等离子体流，这主要包括自由电子、质子（即氢原子核）、α粒子（氦原子核），形成的物质流叫太阳风。太阳风可以穿越太阳系，飞行到上百亿千米之外的行星际空间。太阳日冕不同区域的太阳风有不同的风速。在日冕磁场开放区（即冕洞），有大量物质沿磁感线向外流，其风速为 600～900 km/s，而日冕一般区域的太阳风速为 300～450 km/s。空间观测表明，冕洞磁场随太阳自转而转动。

在太阳活动峰年期间，太阳耀斑爆发时也伴随有强烈的太阳风激流，称之为太阳风暴。观测研究表明，冕洞是太阳风暴之源。冕洞的风暴风速高达 900 km/s。在强劲的太阳风暴吹拂下，地球磁场受到压缩形成磁层（见图 13.7），并可能会引发地球磁暴。例如，有记录以来最强的地球磁暴是卡灵顿事件，即 1859 年 9 月 1 日，太阳耀斑大爆发，全球的电报系统都陷入了混乱。火花放电点燃了电报纸。就在第二天黎明之前，地球上的天空爆发出红色、绿色和紫色的极光。

▷图 13.7　太阳风与地球磁层示意图

经过长期的观察天文学家得出结论：太阳活动存在着一个相对稳定的周期，那就是 11 年为一个太阳活动周期。太阳的磁周期取决于太阳磁场的翻转，一个太阳磁活动周期是 22 年左右，它是太阳活动周期的 2 倍。太阳表面的活动有着许多种形式，每一种都蔚为壮观。根据天文学家的确认，我们在 2019 年 12 月左右送走了第 24 个太阳活动周期，目前正处于第 25 个太阳活动周期内。天文学家预测，大概在 2025 年 7 月，第 25 个太阳活动周期将会迎来太阳活动的极大值。在这期间太阳活动会逐渐增强，给人类带来的影响也越来越大。

第 4 节 ┃ 太阳活动的空间观测

对太阳的空间观测起始于 20 世纪 40 年代。第二次世界大战结束之后，美国利用从德军缴获的 V2 火箭开展了系列空间探测试验，得到第一张太阳紫外光谱照片，并首次探测到来自太阳的 X 射线辐射。1958 年，利用高空气球第一次探测到了太阳耀斑的硬 X 射线辐射。

但太阳空间观测的主体还是卫星观测。自 20 世纪 50 年代末第一颗人造地球卫星上天以来，60 多年间，世界主要空间大国共发射与太阳观测直接有关的卫星 70 余颗。这些太阳空间观测可以分为 3 个主要发展阶段：第一阶段是 20 世纪六七十年代对太阳活动和爆发的低分辨流量探测，这一阶段的主要特点是，把太阳作为一个点源来观测，重点关注对耀斑的观测；20 世纪八九十年代为第二阶段，这个时期以 SMM、Yohkoh 和 SOHO 卫星（见图 13.8）为代表，在提高能谱分辨率的同时，开始关注成像观测，把空间分辨率提高到几个角秒到 10 角秒的水平，并进一步注重对太阳活动周的研究；第三阶段从 21 世纪初开始，这时的观测分辨率（包括能量分辨率、时间分辨率、空间分辨率）大幅度提高，既注重太阳局部高分辨成像，也注重全日面成像，尤其强调多波段观测，高精度磁场测量也受到广泛的关注。

▷图 13.8　探测太阳的 SOHO 卫星

1962—1975 年间，美国共发射了 8 颗轨道太阳天文台（从 OSO-1 到 OSO-8）卫星，主要是为了连续研究太阳在 11 年活动周期中的性质，特别是测量太阳的紫外线、X 射线和 γ 射线辐射。其中，OSO-7 测量到了太阳耀斑爆发期间的正负电子湮没线（0.511 MeV）和氢俘获中子形成氘的过程中发出的 2.2 MeV 核谱线，这载入了太阳研究的史册。

SOHO 即太阳和日球层探测器，是欧洲空间局（ESA）牵头、美国国家航空航天局（NASA）参加的一颗综合性太阳探测卫星，耗资约 10 亿欧元，于 1995 年 12 月发射，运行于日地系统的拉格朗日 1 点。SOHO 卫星的主要科学目标是研究：① 太阳内部的结构和动力学是什么；② 太阳日冕为什么存在，如何被加热到 100 万摄氏度的极高温度；③ 太阳风在哪里产生，如何被加速等。在 20 多年的运行期间，SOHO 卫星取得了大量突破性的成果，包括：获得了恒星对流区（其湍流外壳）的第一幅照片和太阳黑子在日表以下的结构；对太阳的温度结构、内部旋转以及气体流给出了最详细、最精确的结果；通过提前三天发出太阳风对地球的直接扰动信息，彻底改变了我们预测太空天气的能力，在空间天气预报中发挥了主导作用。

太阳轨道器（Solar Orbiter）也是 ESA 和 NASA 的一个合作项目，旨在解决太阳物理学中的一个核心问题，即太阳如何在整个太阳系中创造和控制不断变化的空间环境。太阳轨道器于 2020 年 2 月发射，运行在水星轨道以内，以便近距离观测太阳。利用金星和地球的引力，太阳轨道器可以逐渐将轨道抬升至与太阳赤道面相交 24°，从而可以首次从高纬度获得太阳南极和北极的图像。在运行最快（距离太阳最近）的时候，太阳轨道器公转的角速度几乎可以赶上太阳自转的角速度，从而可以盯着某一个点长时间观测，以获得其演化的全过程信息。

令人欣喜的是，中国也已进入太阳观测的空间时代。2021 年 10 月，我国成功发射了首颗太阳探测科学技术试验卫星"羲和号"。该卫星实现了国际上首次太阳 H_α 波段光谱成像的空间探测，填补了太阳爆发源区高质量观测数据的空白。

2022 年 10 月，我国成功发射了先进天基太阳天文台（英文简称为 ASO-S）。ASO-S 卫星承载全日面矢量磁像仪、太阳硬 X 射线成像仪和莱曼阿尔法太阳望远镜三台有效载荷，将运行在倾角为 98.275° 的太阳同步轨道。ASO-S 卫星的科学目标简称为"一磁两暴"，一磁是指太阳磁场，两暴是指太阳上两类最剧烈的爆发现象——太阳耀斑和日冕物质抛射，即同时观测太阳磁场、太阳耀斑（非热辐射和紫外辐射）和日冕物质抛射，研究其形成机理、相互作用和彼此关联，揭示太阳磁场演变导致太阳耀斑和日冕物质抛射爆发的内在物理联系，同时为灾害性空间天气预报提供支持。

第十四章

日地关系

昼夜交替，四季循环，这是地球自转的同时又绕太阳公转的结果。太阳辐射是地球上光和热的主要能量来源。在阳光的沐浴下，地球上草木葱绿，鲜花盛开，鸟翔高空，鱼潜海底，大地生机盎然！太阳是地球上重要的能量来源，太阳能不仅直接可用，而且是其他能源如煤炭、石油和水动力的重要源泉。没有太阳就不可能有由古生物转化而来的煤炭、石油等燃料；没有太阳也就没有水的循环、空气的流动和潮汐现象。

太阳辐射的总量基本是稳定的，仅有 0.1%～0.2% 的起伏变化。但是，太阳辐射的这个微小变化，特别是在紫外线和 X 射线波段的涨落会给地球带来重大的影响。当太阳活动剧烈时，太阳的紫外线和 X 射线对地球高层大气的成分和结构有较大的影响，会引起地球上电磁场的复杂变化与气候的变化。

第1节 ｜ 太阳是一个超级实验室

太阳内部具有极高的温度和极大的压力，它的特殊温度、密度、磁场和极大的物理尺度提供了地球上实验室所无法比拟的物理条件。通过对太阳的研究，可以验证新的物理理论，也促进了具有重大实用价值和理论价值的学科发展，如原子物理学、磁流体力学和等离子体物理学等。

20 世纪初，爱因斯坦创立了广义相对论，日食的观测为此理论提供了有利的佐证。按照广义相对论，在引力的作用下，空间是弯曲的，因此光线传播的途径不是直线，而是有一定的曲率。但这实验在地面的实验室无法检验，因为地球质量不够大，整个地球所产生的光线偏转也是微不足道的。太阳的质量比地球的质量大 30 多万倍，它产生的引力场导致的光线偏转要大得多，所以太阳是最合适的物理实验室。1919 年 5 月 29 日的日食发生的时候，天文学家把食甚时刻拍到的太阳附近的恒星照片，与以前晚上拍摄的照片进行比较后，发现这些恒星的位置确实有了变动。根据广义相对论的计算，星光在太阳引力场中偏转的角度应为 1.74″，对两套底片实测的结果分别是 1.61″ 和 1.98″，和理论计算的结果惊人地吻合，这引起了全世界的轰动。此后多次日食都证实了相对论所预言的星光偏转现象。

极光现象 在地球上靠近地磁极区或高纬度地区，晚上常常可以看到天空中有绚丽多彩、变换多端的光带，这就是极光（见图 14.1）。极光现象可以维持几分钟到几小时。它可以说是太阳和地球大气的一种亲切的"对话"。

▷图 14.1　在南极拍到的极光

　　为什么会出现极光现象呢？这是由于太阳活动常伴随有带电高能粒子流（携带着 10^4 eV 左右的能量）的发射。这种高能带电粒子流到达地球大气后，使高层大气中的气体分子或原子激发或电离而形成极光现象。由于地磁场的作用，这些高能粒子流只能沿着地球的磁感线运动而集中到地球的两个磁极，所以在高纬度地区才能看到极光。

　　极光出现的强度和频繁程度与太阳活动的强弱有关。

第 2 节 ｜ 太阳对地球环境的影响

一、对卫星的影响

　　太阳风暴发生时期，喷射出的高能带电粒子流到达地球附近后，使在轨卫星遭受冲击。这些高能带电粒子具有极高的能量，能穿透卫星外壳，给卫星平台和携带的有效载荷带来多种辐射效应，严重时可能造成器件内部短路、击穿，材料性能衰退等。高能带电粒子还可能会对宇航员造成辐射伤害。

　　太阳风暴导致卫星失效的事情也不乏其数。例如，2000 年的太阳风暴使多颗卫星发生故障，一颗卫星失效。日本的宇宙学和天体物理学高新卫星（ASCA）是 1993 年发射的一颗 X 射线天文卫星，因这次事件而失去高度定位能力，导致太阳能电池板错位而不能发电，于 2001 年 3 月坠入地球大气层。又如，2005 年的太阳风暴发出的 X 射线，扰乱了卫星对地通信和全球定位导航系统（GPS）约 10 分钟。

二、对无线电通信导航系统的影响

　　太阳爆发活动对地球都会造成电离层的分层结构混乱，从而干扰原本正常工作的无线电通信。太阳风暴会影响到人类的无线电通信。电离层扰动使短波无线电信号被部分或全部吸收，从而导致信号衰落或中断；使卫星定位导航系统的精度下降，严重时甚至造成导航接收机失效，卫星通信链路中断。如 2000 年 7 月 14 日太阳耀斑爆发引发的太阳风暴导致我国北京、兰州、拉萨和乌鲁木齐等地的电波观测站的短波无线电通信全部中断。2006年 12 月初连续爆发的太阳耀斑对我国的短波无线电信号传播造成严重影响，短波通信、广播等电子信息系统发生大面积中断或受到较长时间的严重干扰。12 月 13 日，太阳又爆发一次大耀斑，在广州、海南、重庆等电波观测站的短波探测信号从 10 时 20 分左右起发生全波段中断，直至 13 时 30 分以后才基本恢复正常。2022 年 4 月 16 日太阳又发生了一次重大的太阳耀斑，在美国东部时间晚上 11:34 达到顶峰，美国 NASA 的太阳动力学天文台不断观察太阳，拍到了当时的太阳图像。

三、对地面技术系统的影响

太阳爆发活动会引起地球磁暴，地球磁场的剧烈变化在地球表面诱生出地磁感应电流，这种附加电流会使电网中的变压器受损或者烧毁，造成停电事故。由于太阳风暴的袭击，灯火通明的城市 90 秒内将变成一片漆黑，这就是所谓的"90 秒灾难"。此外，地磁感应电流还可能对长距离管线系统产生腐蚀，从而造成泄漏，影响石油、电缆等管线系统的正常运行。

当太阳风暴来袭时，不仅电力系统本身将可能遭到重创，所有依赖电力的应用系统都将不堪一击，进而造成更加严重的经济损失。例如，1989 年 3 月发生的强太阳风暴曾使加拿大魁北克地区在寒冷的冬夜停电 9 小时，这引起了国际社会的震惊。

四、对人类健康的影响

由于地球拥有磁场和稠密大气层的双重保护，地球上的环境要远远优于太空环境，各种有害射线和高能辐射都被阻挡在地球的大气层以外。太阳风暴对地球形成的攻击也大多被地球磁层和大气层化解。太阳风暴应该不会对人类健康形成直接严重的影响。也有一些统计研究指出，太阳风暴与一些传染病、心血管疾病的发病率存在一定的相关性。但太阳风暴对人类健康会产生多大影响，影响的机理是什么，都尚无科学定论。

习题十四

1. 利用维恩定律来确定以下情况的峰值波长：

（1）在温度为 10^7 K 的太阳的核心；

（2）在温度为 10^5 K 的太阳的对流区；

（3）在温度为 10^4 K 的太阳光球层的低层。

习题十四
参考答案

2. 如果对流的太阳物质以 1 km/s 的速度运动，那么穿过一个 1 000 km 区域的典型米粒组织需要多长时间？并与大多数太阳米粒组织有约 10 分钟寿命的情况作比较。

3. 利用斯特藩－玻耳兹曼定律计算一个温度为 4 500 K 的太阳黑子和它周围温度为 5 800 K 的光球所发射的单位面积的能量之比。

4. 太阳风离开太阳携带的质量大约是 9×10^5 kg/s。这与太阳以辐射形式损失的质量之比是多少?

5. 太阳每秒发射约 4×10^{26} J 的辐射能量, 完成一个太阳核反应全过程, 产生 4.3×10^{-12} J 的电磁能和释放两个中微子。假定中微子在振荡中有一半转换为其他粒子。在完成一个太阳核反应全过程中, 中微子离开太阳穿行了 1 AU, 问太阳的中微子每秒穿行的路程有几个地球直径?

第十五章

恒星的测量

恒星是本身能发光的星球。在浩瀚的宇宙中除了太阳以外，所有恒星都离我们非常遥远。平时，我们的眼睛直接能看到的恒星大都位于银河系内。恒星世界丰富多彩，有刚刚形成的原恒星，有年幼的主序前星，也有众多的青壮年的主序星，还有步入晚年的红巨星和临终的白矮星、中子星与黑洞。按照光度来分，有光度稳定的正常星，也有光度变化的变星及剧烈爆发的超新星。恒星的结构与演化研究是天体物理学的重要研究课题，也是探索宇宙演化奥秘的重要途径。

第 1 节 ｜ 恒星的距离

恒星间的距离常用"光年"（l.y.）来量度，即光（$c \approx 3 \times 10^5$ km/s）在一年内所传播的距离：

$$1 \text{ l.y.} = 9.460\,530 \times 10^{12} \text{ km}$$

太阳光传到地球需要约 8 分钟，但是，光从最近的恒星半人马座的比邻星传到地球需要 4.3 l.y.。我们熟知的牛郎星（α Aql）离我们有 16.5 l.y.，织女星（α Lyr）离我们有 26.5 l.y.，而它们之间相距 16 l.y.，所以如果他们同时穿越银河到鹊桥相会，即使以光的速度飞驰，也需要 8 年之久。明亮的大角星（α Boo）距离我们更远，约有 36 l.y.；毕宿五（α Tau）距离我们约有 68 l.y.，而天津四（α Cyg）距离我们约有 1 600 l.y.。可见恒星离我们是多么遥远。测定恒星距离的方法主要有三角视差法、分光视差法及星团视差法等，这里主要介绍前两种重要的方法。

一、三角视差法

天文学家经常应用一个比光年更长的尺度叫秒差距（pc）来量度距离。它是由三角视差法定义的，它相当于周年视差 $\pi = 1''$ 的距离。这种方法类似于大地的三角视差测量，故称为三角视差法。

什么是"视差"呢？举个例子：举起你的右手，伸出一个手指，你先闭起左眼用右眼看，然后再闭起右眼用左眼看，两次看到手指相对其背景的位置不同，这个角度位移差就叫作视差。你还会发现：手指距离眼睛越近，视差越大。因此视差的大小就可以用来量度距离的大小。

地球在绕日公转的过程中，在不同时间处于轨道的不同位置，因此在不同时间观测同一天体在天球上的位置就有差异。原则上，对同一颗恒星，根据相隔半年的两次观测所测定的恒星的位置，即可算出恒星相对地球轨道半径对应的视差角。

周年视差 当恒星与地球的连线垂直地球轨道半径时，恒星对日地平均距离 a 所张的角 π（见图 15.1）称为恒星的周年视差。

周年视差 π（以角秒为单位）与太阳到恒星的距离 r 之间的关系为

$$\sin \pi = a/r$$

式中 a 为日地平均距离（$a = 1\ \text{AU}$）。

由于恒星的视差 π 一般都很小，故上式可以近似写为

$$\pi \approx a/r$$

式中视差 π 的单位为 rad，已知 $1\ \text{rad} = 206\ 265''$（角秒）。周年视差 π 用角秒表示，周年视差 $\pi = 1''$ 时恒星与地球的距离 $r = 206\ 265\ \text{AU}$，这个距离就定义为 1 秒差距（1 pc）。换句话说，从某恒星上看日地平均距离（1 AU）所张的角为 $1''$ 时恒星与地球的距离叫 1 pc。用数学公式描述的距离与周年视差的关系为

$$r = 1\ \text{pc}/\pi$$

式中 π 以角秒为单位。

根据此式，由测量得到恒星的周年视差 π（以角秒为单位），就可以计算出恒星的距离 r（以 pc 为单位）。三角视差的基本测量方法是，拍摄两张相距半年的待测恒星及背景星的照片或 CCD 图像，在实际观测中，为了减小误差，往往一年拍摄多次，而且需要经历几年时间，拍摄数十张照片或 CCD 图像，然后进行研究归算。迄今为止，在地面上用三角视差法测出距离的恒星有 8 000 多颗。

以上三种距离单位的关系是

$$1\ \text{AU} = 1.581\ 3 \times 10^{-5}\ \text{l.y.} = 4.848\ 1 \times 10^{-6}\ \text{pc}$$
$$1\ \text{l.y.} = 63\ 240\ \text{AU} = 0.306\ 6\ \text{pc}$$
$$1\ \text{pc} = 206\ 265\ \text{AU} = 3.26\ \text{l.y.}$$

三角视差法是测定恒星距离的最基本、最可靠的方法。恒星越远，视差角越小，要求观测的精度越高。近年来，根据依巴谷卫星的测量结果，美国国家航空航天局天文数据中心发布的数据中就有 11 万颗恒星的周年视差数据（精确到 $0.002''$）。

二、分光视差法

分光视差法是利用恒星光谱中某些谱线的强度比和绝对星等的线性经验关系，即由测定一些谱线对的强度比求出绝对星等，进而求出距离的方法。

常用的光谱线对有：一次电离锶线 SrⅡ 407.8 nm 与中性铁线 FeⅠ 707.2 nm 谱线的强度比，即 SrⅡ 407.8/FeⅠ 707.2；此外还有 SrⅡ 421.6/FeⅠ 425.0，TiⅡ 416.1/FeⅠ 416.7，ScⅡ 424.6/

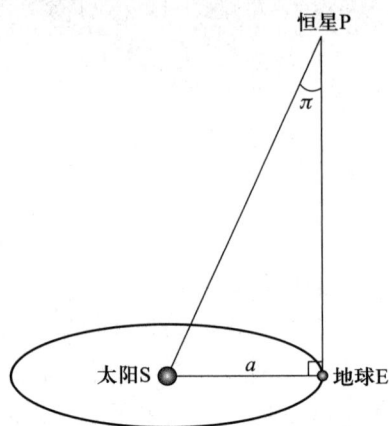

▷图 15.1 恒星的周年视差示意图

Fe I 425.8 和 Li II 429.0/Fe I 427.1 等线对。

为了定标，先选取一批已知三角视差的恒星，并已知它们的绝对星等 M。以 M 为纵坐标，谱线对的强度比为横坐标，绘图求出直线的截距和斜率，或利用最小二乘法求出直线的截距 a 和斜率 b，则有 $M=a+b(I_1/I_2)$；求出系数 a 与 b 后，对一些可以测定谱线强度比的恒星就可以求出绝对星等了，再通过观测它的视星等，最终可求出恒星的距离。能利用分光视差法测定距离的恒星有 6 万颗以上。

此外，测定天体距离的重要方法还有造父视差法，它是利用造父变星的周期和光度（绝对星等）的关系来确定恒星、星团或星系的距离，这在变星的章节中有详细阐述。

第 2 节 | 恒星的绝对星等与光度

恒星的视星等是指用肉眼或通过天体辐射接收器所观测到的恒星亮度，实际上是接收到的星光的照度。由于恒星的距离不同，所以它不能客观地反映恒星真正的发光强度。

为了比较恒星亮度的真实差异，天文学家规定在 10 pc 处来比较恒星的亮度，即将恒星在 10 pc 处的视星等定义为**绝对星等**。

设恒星在 $r_0=10$ pc 处的亮度为 E_0，在距离 r 处的亮度为 E，则根据恒星的亮度与距离的平方成反比，目视星等 m_v 和目视绝对星等 M_v 有如下关系：

$$E/E_0=(r_0/r)^2$$

对此式两边取对数，有

$$-2.5\lg E/E_0=-2.5\lg(10/r)^2$$

由于 $-2.5\lg E=m_v$，$-2.5\lg E_0=M_v$。经整理可以得到如下目视星等 m_v 与目视绝对星等 M_v 的重要关系：

$$M_v=m_v+5-5\lg r$$

或写为

$$m_v-M_v=5\lg r-5$$

式中 r 以 pc 为单位，m_v-M_v 叫作**距离模数**。由此可以看出，由天体的距离可以求出绝对星等；反之，也可以由绝对星等来求出它的距离。

恒星的光度　恒星每秒发出的总辐射能量称为恒星的光度（L），它反映了恒星真正的发光强度。在恒星世界中，超巨星和巨星是光度大的星，矮星、亚矮星是光度小的星，太阳就是一个黄色的矮星。光度大的超巨星如天津四星（αCyg），它的绝对星等大约为 -7.2^m，其光度比太阳大 6 万倍。而光度小的天狼星的伴星是一个白矮星，它的绝对星等为 11.5^m，其光度不及太阳的万分之一。织女星的光度是太阳的 48 倍，参宿七的光度是太阳的 2.3 万倍！看起来，它们都只是闪闪的星星，哪能和光辉的太阳相比。正是由于它们比太阳遥远得多，所以看起来它们只发出微弱的星光。也有许多恒星的光度比太阳小得多。例如，半人马座的比邻星，它的光度只有太阳的 2.5 万分之一，更暗的星的光度只有太阳的几十万分之一。

严格来说，光度对应的星等是绝对热星等系统，即用测热辐射计测量恒星的总辐射得到的星等系统。如果知道了某恒星的绝对热星等 M_{bol}，就可求出它的光度 L，即 $M_{bol}=$

$-2.5\lg L$。若以 $M_{bol\odot}$ 和 M_{bol} 分别表示太阳与某恒星的绝对热星等，$L_{\odot}$ 和 L 分别表示太阳与某恒星的光度，则该恒星的绝对热星等与太阳的绝对热星等之差为

$$M_{bol}-M_{bol\odot}=-2.5\lg(L/L_{\odot})$$

而

$$L=4\pi R^2\sigma T_e^4$$

式中 σ 为斯特藩 – 玻耳兹曼常量，$\sigma=5.670\,374\times10^{-8}\,W/(m^2\cdot K^4)$。

一般令 $L_{\odot}=1$，则有

$$\lg L=-0.4\,(M_{bol}-M_{bol\odot})$$

绝对热星等与绝对目视星等之差称为热改正 BC，即

$$BC=M_{bol}-M_v$$

已知太阳的绝对目视星等 $M_v=+4.83$，太阳的热改正 $BC=-0.08$，则

$$M_{bol\odot}=4.83-0.08=4.75$$

所以

$$\lg L=0.4(4.75-M_{bol})$$

如果通过光谱的方法测定了热改正，那么恒星的热星等可以通过目视星等与热改正来计算求得。

*第 3 节 | 恒星的辐射

一、恒星的电磁辐射

恒星及所有天体的电磁辐射能带来丰富的信息，其电磁辐射波段的范围很广，人们眼睛所看到的这部分很窄的波段叫可见光（400～760 nm），其他波段的电磁辐射虽然我们眼睛看不见，但是用特殊的探测器是可以探测到的。电磁辐射从短波到长波按顺序排列如下（见图 15.2）：

γ 射线（10^{-11}～10^{-2} nm），X 射线（10^{-2}～10 nm），紫外辐射（10～400 nm），光学辐射（可见光 400～760 nm），红外辐射（760 nm～100 μm），亚毫米波（0.1～1 mm），射电波（1 mm～1 000 m）。

天体发出的电磁辐射不是全部都能到达地面，这是因为我们的地球被一层厚 1 000 多千米的大气包围着。它像一个天然的"盔甲"保护着地球和人类的安全，使地球免遭大多数小行星和彗星的撞击，然而它也像一个"屏障"阻碍着电磁辐射的通过。地球大气只有三个"大气窗口"，即光学窗口、红外窗口和射电窗口。这三个窗口让电磁辐射中相应的光学波段、红外波段和射电波段的辐射通过。

天体发出的电磁辐射中，短于 400 nm 的紫外辐射、远紫外辐射、X 射线辐射以及最短波段的 γ 射线辐射，都被大气中的氧、氮气体的分子和原子吸收掉，所以人们在地面观测不到天体的 γ 射线、X 射线、远紫外和紫外等波段的电磁辐射。比光学波段长的红外辐射（从 0.76 μm 到 100 μm），由于受到地球大气中的 H_2O、CO_2、O_2、CH、NO 和 CO 等分子的强烈吸收，仅有一些很窄的波段的辐射可以透过，称之为红外窗口。大气可对 1 mm～1 000 m 的电磁波透过的窗口称为射电窗口。比 1 mm 短些的亚毫米波段易受水蒸

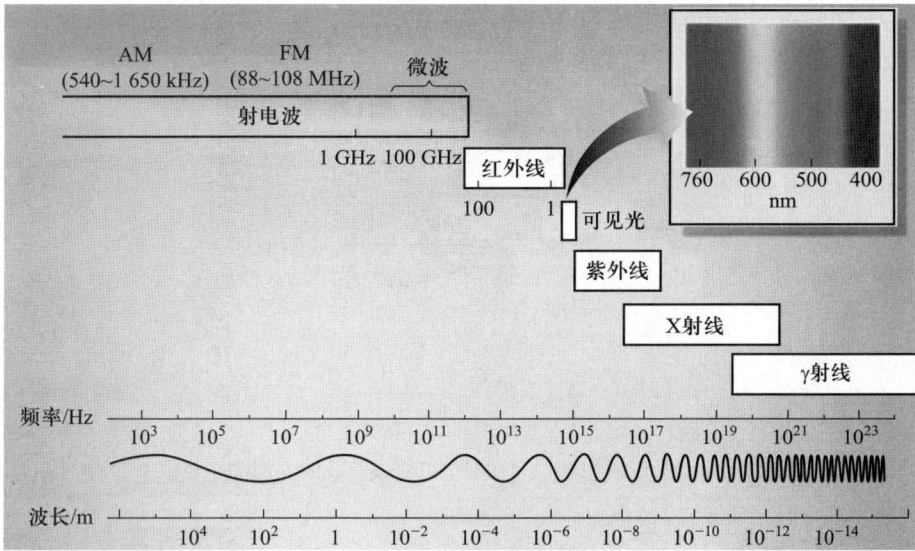

(a) 天体辐射频谱

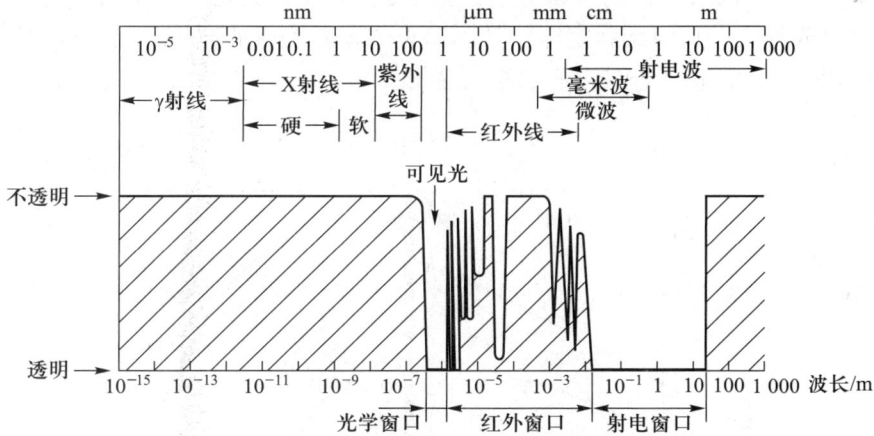

(b) 地球大气的"大气窗口"

▷图 15.2

气、氧气和臭氧吸收的影响。比 1 000 m 更长的波段的电磁辐射受到大气的电离层的吸收也不能通过。当今，人类已冲破了地球"大气窗口"的限制，可以到地球大气外观测全波段的天体信息，探测宇宙更深处的奥秘。

二、黑体辐射定律

天体的辐射可以近似看作黑体辐射，符合黑体辐射定律。科学家把那些能够在任何温度下全部吸收任何波长辐射的物体称为**绝对黑体**，简称黑体。1859 年基尔霍夫根据大量的实验事实，总结出一条说明物体热辐射的定律：在热动平衡下，任何物体的辐射强度和吸收系数的比值与物体的性质及表面特征无关，对于所有物体，这个比值是波长和温度的一个普适函数。普适函数的物理意义就是绝对黑体的辐射强度。

1900 年普朗克定出了普适函数 $M(\lambda, T)$ 的形式，其与实验的结果完全符合。后人称普适函数为普朗克函数，它的具体数学形式为

$$M(\lambda, T) = \frac{2hc^2}{\lambda^5} \frac{1}{e^{\frac{hc}{kT\lambda}} - 1}$$

或

$$M(\nu, T) = \frac{2h\nu^3}{c^2} \frac{1}{e^{\frac{k\nu}{kT}} - 1}$$

简写为

$$M(\lambda, T) = \frac{c_1}{\lambda^5} \frac{1}{e^{\frac{c_2}{\lambda T}} - 1}$$

在国际单位制中，$c_1 = 2hc^2 = 1.191 \times 10^{-16}$ J·m²/s，$c_2 = hc/k = 1.438\,8 \times 10^{-2}$ m·K。

1. 维恩位移定律

由图 15.3 可以看出，曲线的峰值波长随温度的增加而变短（频率增加），即辐射的峰值波长与温度成反比。利用维恩定律，若已知天体辐射的峰值波长，则可以求出天体的温度，或者已知天体的温度求出它辐射的峰值波长。

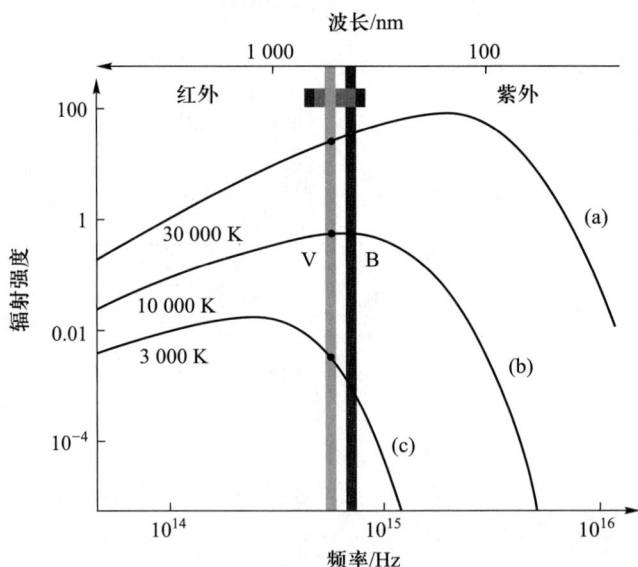

▷图 15.3　相应于 3 000 K、10 000 K、30 000 K 的黑体辐射曲线

在一些情况下，$\lambda T \ll c_2$，当 $e^{-c_2/\lambda T} \ll 1$ 时，则有 $1 - e^{-c_2/\lambda T} \approx 1$，即

$$M_\lambda = \frac{c_1}{\lambda^5} e^{-c_2/\lambda T}$$

这就是黑体辐射的维恩公式。

为了定出黑体辐射能量分布曲线极大值所对应的波长 $\lambda_{\max}$，将普朗克函数对 λ 求导，

并令导数值为零，便可得到。设 $\beta = c_2/\lambda T$，由于 $\dfrac{\beta e^\beta}{e^\beta - 1} - 5 = 0$，解此方程可得 $\beta = 4.965$，因此

$$\lambda_{max} = \frac{0.002\,9\ \text{m} \cdot \text{K}}{T}$$

这就是著名的维恩位移定律。例如温度为 6 000 K 的恒星，它的辐射极大波长和极大频率分别是

$$\lambda_{max} = \frac{0.002\,9}{6\,000}\ \text{m} = 483\ \text{nm}$$

$$\nu_{max} = \frac{c}{\lambda_{max}} = \frac{3 \times 10^8}{0.002\,9} \times 6\,000\ \text{Hz} = 6.2 \times 10^{14}\ \text{Hz}$$

2. 斯特藩－玻耳兹曼定律

黑体在单位时间内单位面积上辐射的能量称为辐射能流（F），辐射能流与温度的关系为

$$F = \sigma T^4$$

式中 σ 为斯特藩－玻耳兹曼常量，$\sigma = 5.670\,374 \times 10^{-8}\ \text{W}/(\text{m}^2 \cdot \text{K}^4)$。

前面我们已经讲过，恒星的光度 $L = 4\pi R^2 \sigma T_e^4$，由此式计算得到的恒星温度称为恒星的有效温度。

第 4 节 ｜ 恒星的光谱

我们的祖先很早就注意到恒星有不同的颜色，如将心宿二取名为"大火"，即指出它是火红色，又如注意到天狼星为白色，参宿四为橙色，参宿五为蓝色等。恒星为什么会有不同的颜色呢？这是由于它们的表面温度不同。我们在生活中有这样的体会，火炉里的煤刚开始燃烧时看上去是红色的，随着炉火温度的逐渐升高，火焰呈现黄色，随后是白色，到最旺时，火焰就呈现蓝色。原来炽热发光的天体的颜色也反映了它的温度。太阳是黄色的，有效表面温度约为 5 800 K，织女星是蓝色的，有效表面温度为 10^4 K 左右。

1666 年，牛顿发现太阳光通过三棱镜可以分解为从紫到红的彩带，这就是光谱（见图 15.4）。后来人们知道，其他恒星也如此。正常恒星的光球光谱是在连续谱上叠加有吸收线（暗线）或发射线（亮线），或吸收线和发射线兼而有之。不同类型恒星光谱的谱线数目、分布、形状和强度等都不相同。1814 年德国物理学家夫琅禾费发现太阳光球光谱中有吸收暗线，后人把这些吸收线叫作夫琅禾费线。1859 年，德国化学家本生和物理学家基尔霍夫终于弄清，恒星光谱谱线的形成是由于每一种化学元素被加热到白炽时都会产生自己特有的光谱；炽热的固体、液体或高压气体都发出连续光谱，金属汞、钠、铁等炽热蒸发气体和稀薄气体能够发出一定的明亮发射线，且各条线对应不同的波长。每种元素

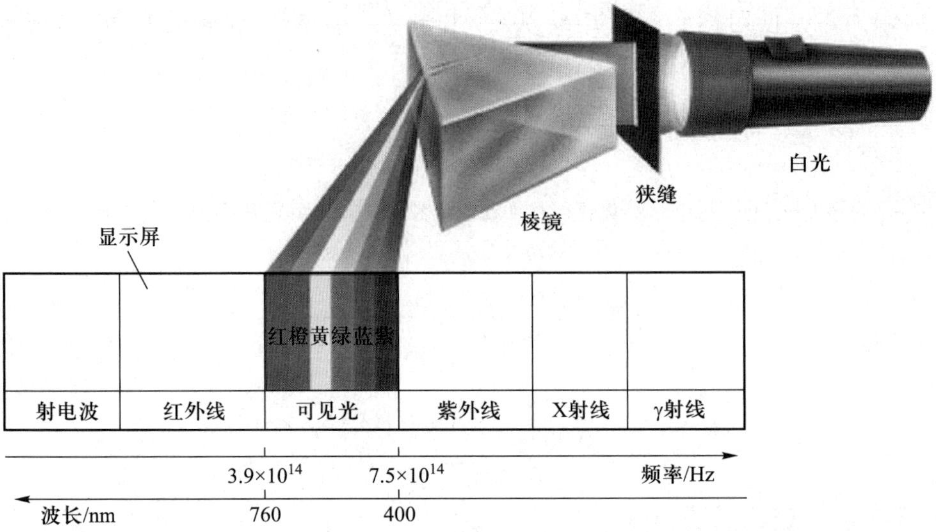

显示屏

白光

狭缝

棱镜

红橙黄绿蓝紫

| 射电波 | 红外线 | 可见光 | 紫外线 | X射线 | γ射线 |

$3.9×10^{14}$　　　$7.5×10^{14}$　　　　　　频率/Hz

波长/nm　　　760　　　400

▷图 15.4　三棱镜的分光原理图

可以吸收它能够发射的光波，即当发射连续光谱的光穿过较冷的气体时，低温气体原子会吸收它高温时所能发射的光子，从而在连续光谱背景上的相应波长处出现暗色的吸收线，即吸收线的波长正好与该元素发出的亮线波长相同。

通过研究这些光谱的特征，可以知晓恒星大气的化学成分及温度、自转、视向运动速度等特性。虽然不同恒星的光谱不完全相同，但通过仔细研究发现，光谱线代表的元素及谱线的形状、强度和连续谱的强度存在一定的规律性，因此可以分类。

一、恒星光谱的分类

1918—1924 年，哈佛大学天文台发布的对全天亮于 8.5^m 的星的恒星光谱的分类沿用至今，其光谱序列如下。

$$\begin{array}{c} S \\ | \\ O-B-A-F-G-K-M \\ | \\ R-N \end{array}$$

从 O 型到 M 型，恒星的温度由高到低，其中每一个光谱型又分为 10 个次光谱型（不一定每类恒星的光谱型都有 10 个次型）。O 型、B 型、A 型的恒星温度较高，称为早型星，而 K 型、M 型的恒星温度较低，称为晚型星。R 型、N 型星与 K 型、M 型星的光谱类似，只是在 R 型、N 型星的光谱中有较强的 C（碳）和 CN（氰基）分子的吸收带，而在 K 型、M 型星的光谱中有强的金属氧化物分子的吸收带。这表明 R 型、N 型星的碳元素含量较 K 型、M 型星丰富，故而又被称为碳星。S 型星的光谱与 M 型相似，但金属氧化物分子的吸收带较强，且其上常有氢的发射线。

哈佛光谱分类的主要原则是，依据恒星光谱中的一些谱线的强度之比。例如对于 O 型、B 型及早 A 型星主要按照光谱的电离和中性氢线、氦线的强弱来分类；对于晚 A 型、

F 型、G 型及早 K 型星是依据电离和中性金属线的强度比来分类；而晚 K 型、M 型星以及 S 型星则主要看金属线和分子带的强弱程度。由于恒星光谱中的电离和中性金属线的强弱主要取决于温度，因此哈佛分类序列是一个温度序列，即一元分类法。从 O 型到 M 型，温度逐渐由高到低，如表 15.1 所示，如图 15.5 所示。

表 15.1　恒星的光谱型、温度与颜色之间的关系

光谱型	有效温度 /K	主要特征	颜色	恒星例
O	$4 \times 10^4 \sim 2.5 \times 10^4$	一次电离氦线（发射或吸收），强紫外连续谱	蓝色	参宿一
B	$2.5 \times 10^4 \sim 1.2 \times 10^4$	中性氦的吸收线	蓝白	角宿一
A	$1.15 \times 10^4 \sim 7\,700$	A0 型的氢强度极强，其他次型依次递减	白色	牛郎星
F	$7\,600 \sim 6\,100$	金属线开始显现	黄白色	老人星
G	$6\,000 \sim 5\,000$	太阳型光谱，中性金属原子和离子	黄色	太阳
K	$4\,900 \sim 3\,700$	金属线为主，弱的蓝色连续谱	红橙色	大角星
M	$3\,600 \sim 2\,600$	氧化钛的分子带明显	红色	心宿二

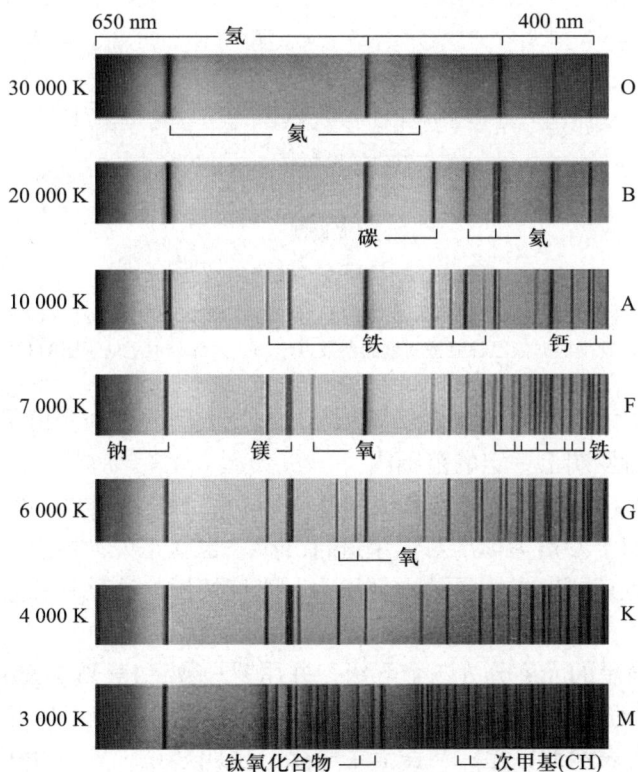

▷图 15.5　恒星光谱的分类

二、恒星的光谱型－光度图——赫罗图

20 世纪初，丹麦天文学家赫茨普龙和美国天文学家罗素分别研究了大量恒星的温度

与它的光度之间的关系。他们以光谱型（或表面温度）为横坐标，以恒星的绝对星等（光度）为纵坐标作图，发现恒星在光谱型－光度图中有一定的分布规律。此图对研究恒星的分类和演化起了重要作用，人们称之为赫罗图（又称 H-R 图），参见图 15.6。

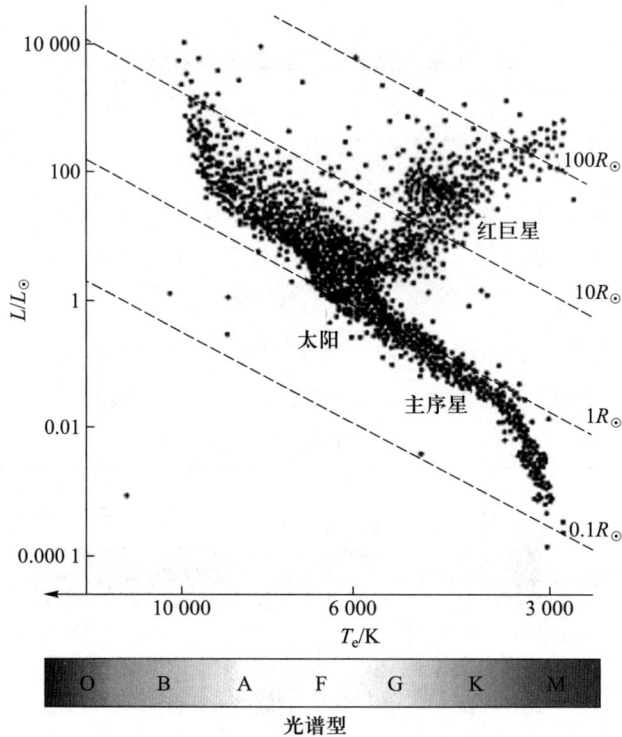

▷图 15.6　赫罗图

纵坐标为恒星的光度，以太阳的光度为单位，横坐标为恒星的表面温度与相应的光谱型，

图中 11 万颗恒星的位置是根据依巴谷卫星测量的参数点出的，大部分恒星处于图的对角线上，称为主序星

　　赫罗图是恒星大家族的一幅"全家福"照片，使人们看到众多恒星分成了几个不同的群体，它们分布于赫罗图上一定的范围内。

　　20 世纪 40 年代，美国天文学家摩根和基南创立了 MK 分类法，它是二元分类法，即以光谱型与光度型两个参量为标准对恒星进行分类。也就是说，恒星光谱的分类不仅要考虑恒星的温度，而且还要考虑恒星的内部压力、光度情况，这反映在它们光谱中的谱线的强、弱（即粗、细）程度不同。

　　MK 分类法把恒星的光度分为 7 个等级，并用罗马数字 I—Ⅶ来表示。

　　I_a 代表最亮的超巨星，I_{ab} 表示亮超巨星，I_b 表示亮度较小的超巨星；Ⅱ表示亮巨星；Ⅲ表示巨星；Ⅳ表示亚巨星；Ⅴ表示主序星，也叫矮星；Ⅵ和Ⅶ分别表示亚矮星和白矮星。例如，太阳为 G2Ⅴ，表示它是一个光谱型为 G2、光度型为Ⅴ的恒星，即一个黄色的矮星。

　　我们观测到的恒星中，有 90% 是主序星。太阳位于主序星的中部，光谱型为 G2，绝对目视星等为 4.83^m。主序星在赫罗图中占有从左上角到右下角的对角线位置，处于这条对角线上的星叫主序星。分布在赫罗图右上方的恒星是最亮的超巨星，往下依次有亮超巨星、亮巨星、巨星和亚巨星，它们都在主序星之上。主星序的下边近处是亚矮星。图的左下角的一群星是白矮星，它们颜色发白，温度高而光度低，说明其体积小，实际上它们的体积与地球差不多。不同光度型的恒星在赫罗图中的分布如图 15.7 所示。

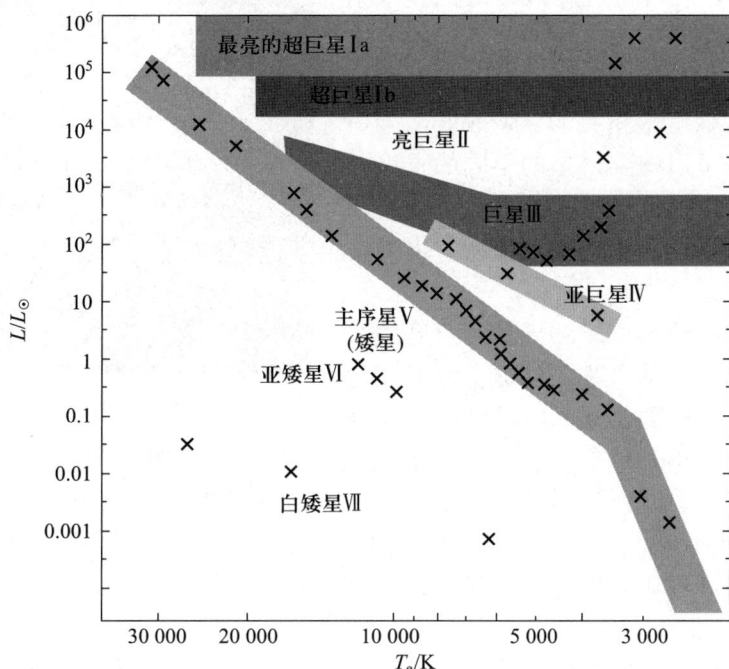

▷图 15.7 赫罗图

不同光度型的恒星在赫罗图中的分布

第 5 节 ┃ 恒星的大小

由于恒星非常遥远，其视角直径非常小，直接观察或通过望远镜看到的恒星只是个亮点，所以直接测量恒星的角直径很困难。恒星角直径可以利用干涉法或利用月掩星的机会测得。

月掩星法 当恒星被月球边缘掩食时会产生星光的衍射图像。用快速光电光度计将图样变化记录下来，并与模拟不同角直径光源被月球掩食的理论衍射图样对照，从而定出被掩食星的角直径。

光斑干涉法 现代，恒星半径的测定主要利用光斑干涉法。此方法是利用大望远镜对恒星进行快速拍照。近地面大气由于热不均匀会产生湍流，这些大气湍流元的尺度在 10 cm 左右，寿命在 0.1～0.001 s 之间。对恒星快速曝光（时间短于 0.01 s）时，大气各个湍流元可以看作是"冻结"的。在这种情况下，拍照得到的星像不是一个点像，而是由无数斑点组成的干涉图样（见图 15.8）。根据恒星的角直径与辐射强度分布的干涉图样的关系，将恒星光斑的干涉图样进行频谱分析就可以求出恒星的角直径，如果再知道它的距离，就可以求出恒星的线直径了。

近代发展的恒星强度干涉仪是通过两架望远镜同时观测一颗较近的恒星来测量其角直径。例如澳大利亚的恒星强度干涉仪是由两架距离 0～188 m 可变，口径各为 6.5 m 的光学望远镜组成的。每个望远镜连接一个相同的光电光度计。两个望远镜同时对准同一颗星，接收到的星光信号的强度是相关的。若改变两架望远镜的距离，则可以得到恒星的不同的干涉图像，由此资料可以计算出恒星的视角大小，同样，若再知道恒星的距离，则可以测定出恒星的线半径。

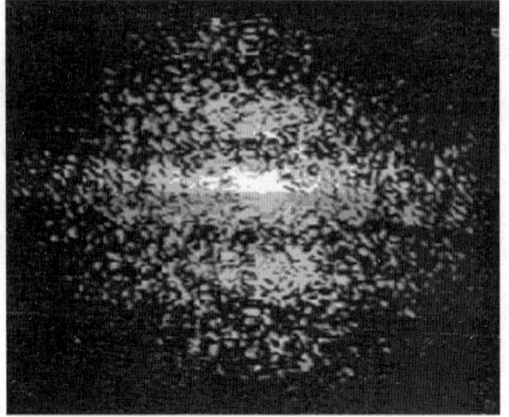

▷图 15.8　恒星光斑的干涉图样

利用恒星的半径与恒星的光度、温度的关系，可以推算出恒星的大小。设恒星的光度为 L，恒星表面的有效温度为 T_e，恒星的半径为 R，则有关系式 $L=4\pi R^2 \sigma T_e^4$。由恒星的光度和有效温度可以求出半径。

在恒星世界中，超巨星最大，其半径可以为几百到几千个太阳半径。例如，参宿四（α Ori）的半径是太阳半径的 370 倍，心宿二（σ Sco）的半径是太阳半径的 230 倍。太阳是一颗矮星，白矮星比太阳更小。例如，天狼星的伴星的半径只有太阳半径的 1/333，中子星的半径仅有 15 km 左右。

由此可见，恒星的大小差别很大，从 15 km 到 $2\,000R_\odot$，半径相差近 1 000 万倍，体积则相差约 2 万亿亿倍！

第 6 节 ｜ 恒星的质量

恒星的质量是恒星研究中一个非常重要的物理量。它关系到恒星的物理特性，并决定着恒星的寿命长短和演化进程，因为恒星的寿命 $T \propto 1/m^2$，质量大的星比质量小的星演化快得多。恒星如此遥远，它的质量是怎么知道的呢？目前，能直接测定质量的恒星只有双星，科学家可以根据两颗星互相绕转的运动规律，直接测定其质量。

测定双星质量的基本原理是开普勒第三定律，双星系统的总质量与轨道半长径的立方成正比，与轨道周期的平方成反比，即

$$m_1 + m_2 = \frac{a^3}{P^2}$$

式中子星质量 m_1 和 m_2 以太阳质量为单位；轨道半长径 a 以天文单位（AU）为单位；周期 P 以回归年为单位。

利用观测得到的周期 P 及轨道半长径 a，由上述公式可以算出两颗子星的质量和。如果用天体测量方法测出它们相对质心的距离 a_1 和 a_2，就可知两颗子星的质量比 $m_1/m_2 =$

a_2/a_1，即可求出每颗子星的质量。

此外，利用光谱测定两颗子星的视向速度曲线，也可求得两颗子星的质量比（详见第十八章）。

质光关系　对于质量大于 $0.2m_\odot$ 的主序星，恒星的质量与光度之间有很好的统计关系，称之为质光关系，即恒星的质量越大，其光度越大（见图 15.9）。除了特殊天体外，观测到的恒星中 90% 的主序星都符合如下的光度与质量的关系：

$$\lg(L/L_\odot)=3.8\lg(m/m_\odot)+0.08$$

式中，L 为恒星的光度，$L_\odot$ 为太阳的光度。通过观测求出恒星的光度后，就可以通过质光关系求出它的质量。

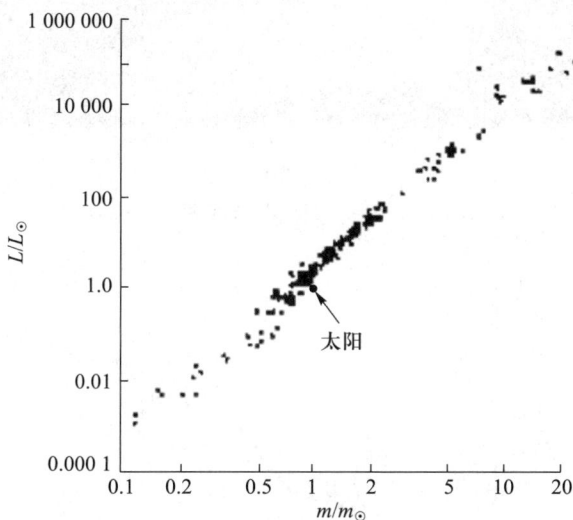

▷图 15.9　主序星的光度与质量的关系

我们熟悉的亮星在赫罗图上的位置如图 15.10 所示。其中，心宿二的质量是太阳的 50 倍，大角星的质量是太阳的 10 倍。正常恒星的质量范围是 $0.01\sim120m_\odot$。已知质量最大的恒星是 HD93250，它的质量大约是太阳的 120 倍。从统计上来看，大多数恒星的质量是太阳质量的 $0.5\sim5$ 倍，少数恒星的质量是太阳质量的几十倍到上百倍，最小的恒星质量只有太阳质量的百分之几。可见，与不同恒星的体积差别相比，恒星的质量差别不是很大。这是因为，恒星中心只有达到一定的温度和压力才能进行核反应，也才能发光，否则就不能成为恒星。但恒星的质量也不可能太大，因为如果质量太大，内部温度过高、压力过大，就会发生爆炸瓦解。

对于主序星来讲，恒星的半径和光度取决于它的质量。恒星的半径和光度随着质量的增大而增大，主序星的半径和质量的关系如图 15.11 所示。主序星随着光谱型从早型（O、B、A）到晚型（K、M），温度由高到低，光度也由高到低，光度与质量的 4 次方成正比，半径与质量成正比。

恒星的密度　各类恒星的体积悬殊，可达数千亿倍以上，然而质量之差却很小，才相差几十至上百倍，因此其密度相差的惊人程度就可想而知了。红超巨星的平均密度仅为水的百万分之一甚至亿分之一，非常小，可是白矮星的密度比水大几万倍。如天狼星的伴星，

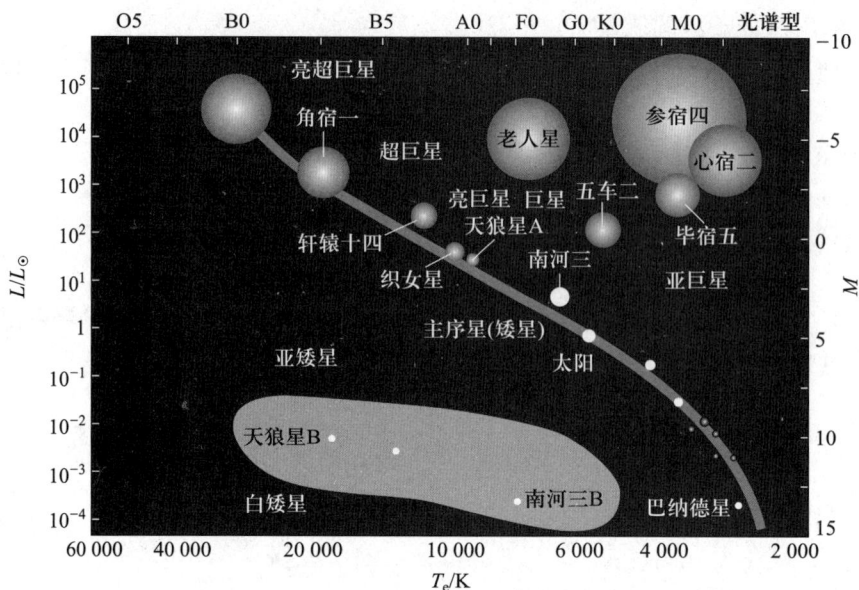

▷图 15.10　一些亮星在赫罗图上的位置

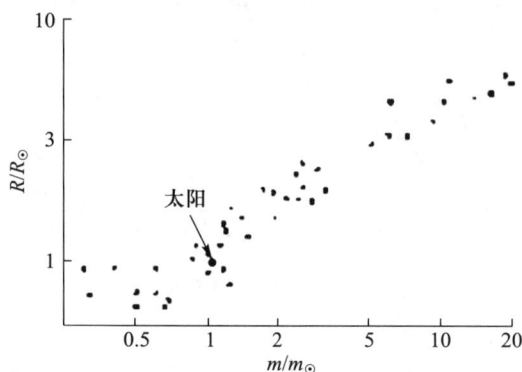

▷图 15.11　主序星的半径与质量的关系

其密度竟是水的 6.5 万倍。更令人吃惊的是中子星的密度，每立方厘米约有 1 亿吨物质！

一般而言，恒星内部的密度并不均匀，从内到外密度逐渐减小。

第 7 节 ｜ 恒星的运动

恒星与宇宙间的一切物质一样都是运动着的，只是由于恒星在一年里运动的路程比起恒星和地球的距离来显得极为微小，以至于在很长的时间里，人们误认为恒星是不动的。

我国早在战国时代，就制造出了类似现代赤道仪的仪器，用来测量恒星的位置，研究恒星的运动。西汉时期，落下闳发明了浑仪，其可测量天体的位置；唐朝张遂（法号：一行）长期测量恒星的位置，研究恒星的运动。在西方，1717 年前后，英国天文学家哈雷做了大量观测，发现了天狼星、南河三和大角星等的位置有明显的变化。

恒星的空间运动是指恒星相对于太阳的运动。地球上的观测者测到的是恒星相对于地球的运动，因此要归算到以太阳中心为坐标原点的运动。

一、视向速度（v_r）

恒星在空间运动，其运动速度可分解为沿着视线方向的分量和垂直视线方向的分量（见图 15.12），其中沿着视线方向的分量称为视向速度。天体的视向速度可以通过测定恒星光谱中谱线的多普勒位移而求得。天体的切向速度由被测量天体的自行求得。

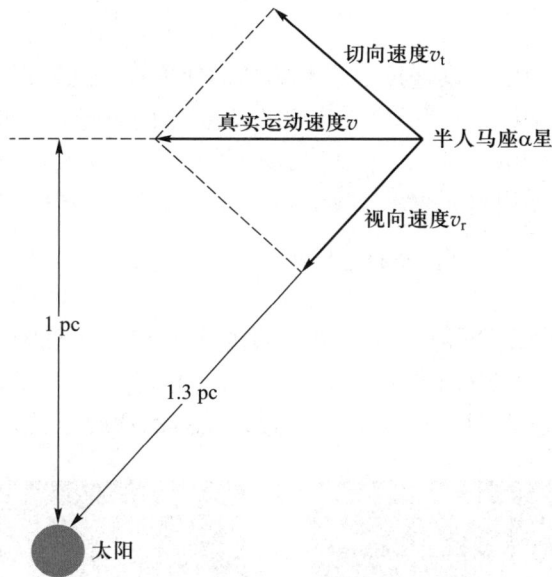

切向速度v_t

真实运动速度v 半人马座α星

视向速度v_r

1 pc

1.3 pc

太阳

▷图 15.12　恒星的运动

多普勒效应　1842 年物理学家多普勒研究指出：当声源或光源移动时，接收到的波长会变化，声源或光源远离时波长增加（即频率变低），接近时波长变短（即频率变高），参见图 15.13。恒星就是一个光源，当恒星离我们远去时，它的谱线波长增大，称之为红移；当恒星向着我们而来时，它的光谱线波长减小，称之为蓝移。恒星离开或接近我们的速度越大，谱线的多普勒位移也就越大。

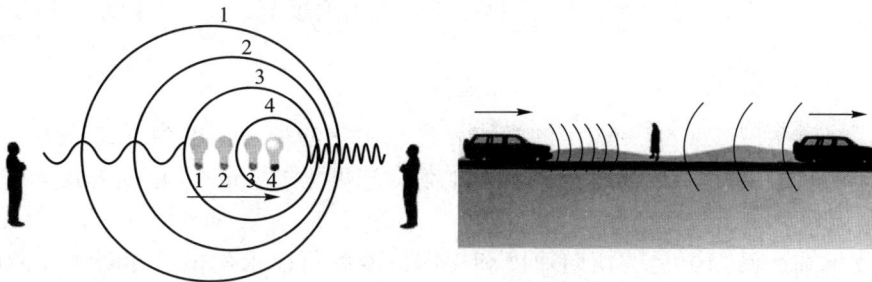

▷图 15.13　多普勒效应原理图

设光源静止时的波长为 λ_0，光源相对于观测者的速度，即视向速度为 v_r，其光谱的谱线发生位移，若位移后的谱线波长为 λ，则 $\Delta\lambda = \lambda - \lambda_0$。设 c 为光速，$z = \pm\Delta\lambda/\lambda_0$ 称为红移量，波长增大时取正号，叫作红移；反之，波长减小时取负号，叫作蓝移。

天体的视向速度 $v_r = \pm c\Delta\lambda/\lambda_0$，正号表示天体离开观测者运动，负号表示天体向着观测者运动，视向速度也叫退行速度。当光源的速度 $v \ll c$ 时，$v_r/c = z$。例如，牛郎星以 26 km/s 的速度接近我们，而毕宿五却以 54 km/s 的速度远离我们。

对于一些活动星系如类星体，光源的速度与 c 可以比拟，即当 v 比 c 小得不多时，就需要考虑相对论效应，此时 $v_r/c = [(z+1)^2 - 1]/[(z+1)^2 + 1]$。

二、恒星的自行（μ）

恒星在垂直视线方向的运动速度分量称为切向速度 v_t。恒星相对于太阳每年移动的角度称为恒星的自行 μ，以（"）/a 为单位。通过测定恒星的自行 μ，如果已知其距离 r，就可以计算出切向速度 v_t，即 $v_t = r\theta$，式中 θ 以 rad 计量。由于 1 rad = 206 265"，所以 $v_t = r\theta = r\mu/206\,265$，式中 r 用周年视差 π 表示，即 $r = 1\,\mathrm{pc}/\pi$。由于 1 pc = 3.26 l.y.，所以切向速度为

$$v_t = 4.74\frac{\mu}{\pi} \quad （\text{单位：km/s}）$$

例如，相隔 22 年的巴纳德星在天空的位置变化了 227"（见图 15.14），因此它的自行为 $\mu = 227"/22 = 10.3"/\mathrm{a}$。巴纳德星距离我们 1.8 pc，它每年（$3.2\times10^7$ s）移动的距离可以算出为 0.000 09 pc（2.8×10^9 km），由此可知巴纳德星的切向速度为 88 km/s。

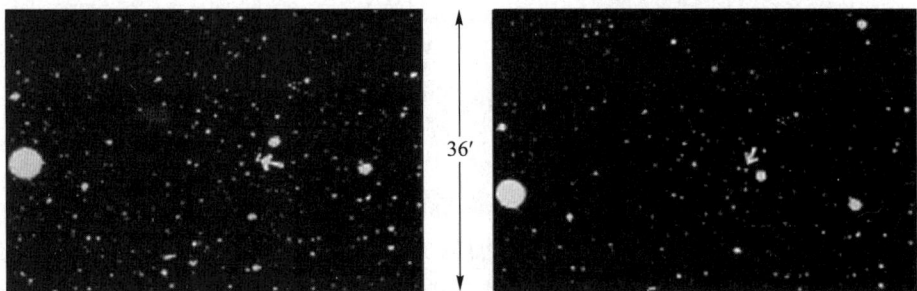

▷图 15.14 相隔 22 年的两张巴纳德星（图中箭头所指）的照片，它的位置有明显变化

通过天体测量可以测定恒星的自行，并可求出切向速度 v_t，另一方面可以观测恒星的光谱，通过测定谱线的多普勒位移，计算恒星的视向速度 v_r，最终可以求出恒星的空间速度 v，即

$$v^2 = v_r^2 + v_t^2$$

例如，通过南门二（α CenA）的光谱测量求出它的视向速度为 -22 km/s，它的自行为 3.676"/a，它的距离为 4.3 l.y.，计算出它的切向速度为 20 km/s。根据公式计算出它的空间速度为 $v = 29.7$ km/s。

由上述可知，已知恒星的切向速度和视向速度就可以求出恒星相对于太阳的运动速度。然而恒星相对于太阳的运动实际上包含两个部分：一部分是由太阳系的运动产生的；

另一部分是恒星本身的运动。后一部分才是恒星的真正运动。银河系内的恒星与太阳一样都有绕银河系中心的转动，又有在空间里自己固有的运动，这种固有的运动称为恒星的本动。恒星的本动并不影响恒星绕银河系中心的运动。由于恒星之间的距离比起它们的直径来说非常大（见表 15.2），所以恒星之间的碰撞几乎是不可能的。

表 15.2　几颗亮恒星的目视星等、光谱型、绝对星等、距离、视向速度、自行和半径的比较

恒星名	目视星等	光谱型	绝对星等	距离 /l.y.	视向速度 /(km·s^{-1})	自行 / [(″)/a]	半径 /$R_\odot$
α CMaA 天狼星	−1.47	A1V	+1.42	8.7	−8	1.324	2
α CMaB（白矮星）	8.5	Wd		8.7			0.003
α CenA 南门二	0.33	G2V	+4.39	4.3	−22	3.676	4.3
α Boo 大角星	−0.1	K2Ⅲ	−0.3	36.2	−5	2.284	36.2
α Lyr 织女星	0.04	A0V	+0.5	26.5	−14	0.345	26.5
α Aql 河鼓二	0.77	A7Ⅳ−Ⅴ	+2.2	16.5	−26	0.658	16.5
α Cyg 天津四	1.26	A2Ⅰa	−7.1	250.8	−5	0.003	250.8
α Leo 轩辕十四	1.36	B7V	−0.7	83.6	+4	0.248	
α Aur 五车二	0.05	G8Ⅲ	−0.6	44.7	+30	0.435	44.7
β OriA 参宿七	0.14	B8Ⅰa	−7.1	900	+21	0.001	
α CMiA 南河三	0.37	F5Ⅳ−Ⅴ	+2.7	11.3	−3	1.250	11.3
α Ori 参宿四	0.41	M2Ⅰab	−5.6	370	+21	0.028	370
α Eri 水委一	0.51	B3V	−2.3	118	+19	0.098	
β CenB 马腹一	0.64	B1Ⅲ	−5.2	490	−12	0.035	
α TauA 毕宿五	0.86	K5Ⅲ	−0.7	68	+54	0.202	
α Vir 角宿一	0.91	B1V	−3.3	220	+1	0.054	
α ScoA 心宿二	0.92	M1Ⅰb	−5.1	520	−3	0.029	520
α PsA 北落师门	1.15	A3V	+2.0	22.6	+7	0.367	
β Gem 北河三	1.16	K0Ⅲ	+1.0	35	+3	0.625	
β Cru 十字架二	1.28	B0.5Ⅲ	−4.6	490	+20	0.049	
α Car 老人星	−0.72	F0Ⅰ−Ⅲ	−3.1	98	+21	0.025	

*第 8 节 ｜ 恒星的自转

　　观测表明，恒星不仅有空间运动，而且本身还有自转。天文学家根据太阳黑子的移动发现了太阳的自转，如何知道遥远的恒星的自转呢？主要依据光谱分析的方法。对于一个自转着的恒星来说，可以想象：它的一半远离观测者，而另一半接近观测者。若如此它的谱线轮廓将会因自转引起的多普勒位移而被展宽。通过对恒星谱线轮廓进行分析、测量可以得到恒星的自转速度。由于恒星的自转轴与视线方向间有一夹角 i，所以，一般可得到

$v\sin i$ 值，即自转速度在视线方向的投影值，如果知道自转轴与视线的夹角 i，就可以求出恒星的自转速度 v。

恒星的自转速度是不同的，有的较小，只有几千米每秒，而高速自转的恒星的自转速度可达 $400\sim500\ km/s$。至于一些特殊类型的恒星，如致密的中子星，在不到一秒内，甚至几毫秒就自转一周，自转速度高得惊人，可达数万千米每秒！

对于主序星，不同光谱型的恒星大致的平均自转速度如表 15.3 所示。

表 15.3　主序星的平均自转速度

光谱型	O_5	B_0	B_5	A_0	A_5	F_0	F_5	G_5	K	M
平均自转速度 /$(km \cdot s^{-1})$	190	200	210	190	160	95	35	12	1	1

第 9 节 ｜ 恒星活动与能源

恒星都是炽热的气体球，我们观测到的是它表面的大气层。众多的恒星中，有一些星具有类似太阳上的活动，称为类太阳星。类太阳星一般都具有超强的磁场并且具有频繁而剧烈的恒星活动，如黑子群比太阳多，占表面积的 $30\%\sim50\%$（太阳黑子的平均面积只占日面的 $0.1\%\sim0.2\%$），并且频繁发生剧烈的色球活动。双星中有一类是色球活动双星，如猎犬座 RS 双星。

一、恒星活动与能源

恒星活动与它的磁场密切相关，本质上是一种磁活动。恒星活动也与恒星大气的物理状况（温度、压力、密度和湍流等）、化学成分及金属丰度有着密切联系。因此，研究恒星活动对于探讨恒星的磁流体本质及超强磁场星的结构和演化有着重要意义。

正常恒星和太阳一样，能量也是由其内部的热核聚变反应提供的。正是恒星内部的热核聚变反应所产生的能量不断向空间辐射，我们才能看到恒星闪烁的光芒。

在热核聚变的过程中，氢原子核先聚变成氦原子核，氦再依次聚变成更重的元素。在一颗典型的恒星中，原子核逐级合并，直到形成数量可观的重元素。热核聚变过程中的核能传递以辐射方式为主，核能穿越恒星的表面向外传播。有时恒星内部由内向外的辐射流很强，而物质的透过率很小，使得能量在恒星内部被阻塞，这时恒星会借助其他方式例如对流，把能量由内部带到外部去。对太阳而言，它除了辐射传能及热传导外还有重要的对流传能，即在沸腾的恒星内部，加热的气团（米粒组织、超米粒组织）上下翻腾，以对流方式向外传递能量。

二、恒星的寿命

恒星的寿命取决于质量，质量越大寿命越短。可以这样估算，恒星的寿命取决于恒星内部的核反应释放能量的速率，及恒星多久才能把内部的可用燃料都消耗掉，即恒星的寿命与恒星的光度成反比。而主序星的光度近似与质量的 4 次方成正比。设恒星的寿命为 T_s，质量为 m_s，则可以得到如下近似表达式：

$$T_s \propto (1/m_s)^3$$

一般 O 型、B 型主序星的质量是太阳质量的 20 倍，这类恒星的寿命约为

$$\frac{1}{20^3} T_\odot = \frac{1}{8000} T_\odot = \frac{1}{8000} \times 10^{10}\ a = 1.25 \times 10^6\ a$$

所以，我们可以确信现在观测到的 O 型、B 型星是相当年轻的星。比太阳质量小的 K 型、M 型主序星光度小，其寿命很长，至少有几万亿年。表 15.4 列出了不同质量的五颗典型恒星的寿命。

表 15.4　五颗亮恒星的光谱型、质量、中心温度、光度和估计的寿命

恒星名	光谱型	质量 $/m_\odot$	中心温度 $/(10^6\ K)$	光度 $/L_\odot$	估计的寿命 $/(10^6\ a)$
参宿七	B8Ia	10	30	4.4×10^4	20
天狼星 A	A1V	2.3	29	23	10^3
南门二 A	G2V	1.1	17	1.4	7×10^3
太阳	G2V	1.0	15	1.0	10^4
比邻星	M5V	0.1	5.0	6×10^{-5}	$>10^6$

📚 **例题 1**　一颗星的视星等 $m = 6^m$，距离 $r = 100\ pc$，求它的绝对星等。

解答：由公式 $M = m + 5 - 5 \lg r$ 可得

$$M = 6 + 5 - 10 = 1$$

这颗星的绝对星等为 1^m。

📚 **例题 2**　目视双星的两颗子星，一颗星等为 1^m，另一颗星等为 2^m，问这个双星系统的星等是多少？

解答：双星系统总的星等绝不能用两颗子星的星等相加，而应把两颗子星的亮度相加后再求其星等。设观测到 1^m 子星的光流量为 F_1，观测到 2^m 子星的光流量为 F_2，双星系统的光流量为 F_0，代入星等和光流量的关系式 $m_1 - m_2 = -2.5 \lg(F_1/F_2)$，可得两颗子星的星等差为

$$(1 - 2) = -2.5 \lg(F_1/F_2)$$

则

$$F_1/F_2 = 10^{1/2.5} = 10^{0.4}$$

双星总的光流量为两颗子星的光流量之和，即

$$F_0 = F_1 + F_2 = F_1(1 + 10^{-0.4})$$

双星系统的星等与第一颗子星的星等差为

$$m - 1 = -2.5 \lg F_0/F_1 = -2.5 \lg [F_1(1 + 0.398)/F_1] = -0.36$$

$$m = 1 - 0.36 = 0.64$$

所以，双星系统的星等为 0.64^m。

例题 3   太阳的周日视差为 $\pi_\odot = 8.8''$，具有相同绝对星等的另一颗恒星的周年视差为 $\pi = 0.022''$，问在晚上能否直接用眼睛看到这颗星？

解答： 太阳的周日视差是地球半径对太阳中心张的角，与恒星的周年视差的概念完全不同，计算时不用考虑。

已知这颗恒星的周年视差 π，则其距离为 $D = 1 \text{ pc}/\pi = 1 \text{ pc}/0.022 = 45.45 \text{ pc}$。太阳的视星等为 -26.8^m，太阳的绝对星等为 $+4.75^m$，又已知该恒星与太阳的绝对星等相同，则该恒星的视星等为 $m = 4.75 + 2.5\lg(45.45/10)^2 = 8.0^m$。由于肉眼只能看到亮于 6.5^m 的星，所以直接用眼睛无法看到此星。

例题 4   两颗星有相同的绝对星等，但一颗星比另一颗星的距离远 1 000 倍，它们的视星等差是多少？哪颗星的星等大？

解答： 绝对星等 M、视星等 m 和距离 r 的关系式为 $M = m + 5 - 5\lg r$，又已知两颗星有相同的绝对星等 M，则有

$$m_1 + 5 - 5\lg r_1 = m_2 + 5 - 5\lg r_2$$

解得

$$m_1 - m_2 = 5\lg(r_1/r_2) = 5\lg(1\,000/1) = 15^m$$

所以，它们的视星等差为 15^m，较远的那颗星的视星等更大。

例题 5   如果把一颗星分成两半（假设恒星的密度和温度维持不变），那么这颗星的星等将发生什么变化？请将形成的双星与原星的星等作比较。

解答： 恒星被分成两半后，每颗子星的体积是原来的 $1/2$，设其半径分别为 r_1 与 r_2。表面积可以这样计算：体积之比为 $V_1/V = (r_1/r)^3 = 0.5$，求出 $(r_1/r) = (0.5)^{1/3} = 0.794$，它们的面积之比为 $(r_1/r)^2 = 0.63$。

恒星的视亮度与它发光的表面积成正比，所以

$$F_1/F = (r_1/r)^2 = 0.63$$

$$m_1 - m = -2.5\lg(F_1/F) = -2.5\lg(0.63) = 0.5^m$$

所以每颗子星都比原星亮度减小，暗 0.5^m。

设两颗子星组成双星后的星等为 $m_{双}$，则双星与原星的星等差为

$$m_{双} - m = -2.5\lg(F_1/F + F_2/F) = -2.5\lg(0.63 + 0.63) = -0.25^m$$

所以，每颗子星都比原星暗了 0.5^m，双星系统的星等比原星亮了 0.25^m。

例题 6   观测大气消光，在一个夜晚观测某标准测光星，在不同地平高度观测到的星等如下所示：

地平高度	大气质量	星等
50°	1.3	0.90^m
35°	1.74	0.98^m
25°	2.37	1.07^m
20°	2.92	1.17^m

利用绘图法绘出消光线，求出该标准星的大气外星等与主消光系数。

解答： 利用绘图法，先绘出以星等为纵坐标，以大气质量为横坐标的消光线。该直线的截距就是大气外星等 m_0（对应大气质量为零处），斜率就是消光系数 k。

求出的大气外星等 $m_0 = 0.68$，消光系数 $k = 0.17$。

习题十五
参考答案

1. 织女星的视向速度为 $-14\,km/s$，自行是 $0.348''/a$，视差为 $0.124''$。求织女星相对于太阳的总空间速度。

2. 天琴座 RR 星的绝对星等是 $0.6^m \pm 0.3^m$。问由绝对星等的误差引起的距离的偏差有多大？

3. 一颗长周期变星的热星等变化 1 个星等，它的最高温度为 $4\,500\,K$，如果它的变化仅仅是由温度的变化引起的，那么它的最低温度是多少？如果热星等变化 1 个星等仅仅是由半径的变化引起的，而温度保持不变，那么它的半径变化是多少？

4. 在仙女座星系中，一颗恒星的绝对星等 $M = 5^m$（距离为 $690\,kpc$），这颗星作为超新星爆发后亮度增加了 10^9 倍，问它的视星等是多少？

5. 一个双星系统的两颗子星沿着圆轨道运动，相互之间的距离是 $1\,AU$，两颗子星的质量都是 $1m_\odot$。一个在轨道平面上的观测者看到双星光谱中的谱线发生周期性的分裂，问氢的 H_γ 线（$\lambda = 434\,nm$）最大分开多少？

6. 巴纳德星距离我们 $1.83\,pc$，质量是 $0.135m_\odot$。它有 $25\,a$ 的振荡周期，振幅是 $0.026''$，假设这个振荡是由它的行星引起的，求这颗行星的质量和轨道半径。

7. 除了太阳，离我们最近的恒星是半人马座的比邻星。它的目视星等为 10.7^m，它的周年视差为 $0.76''$，求距离模数和它的绝对星等。

8. 有三个天体，已测出它们的周年视差分别为 $0.001''$、$0.02''$、$0.4''$，问这三个天体的距离各是多少？

9. 角宿星的周年视差是 $0.013''$，问它的距离有多远？如果一个观测者站在海王星的一个卫星之上观测角宿星，问角宿星的视差是多少？

10. 一颗恒星距离太阳 $20\,pc$，它的自行为 $0.5''/a$，问它的切向速度是多少？如果恒星的光谱线红移 0.01%，问它相对太阳的视向速度是多少？它的空间运动速度是多少？

11. 一颗恒星的半径是太阳半径的 3 倍，表面温度为 $10^4\,K$，问它的光度是太阳光度的多少倍？

12. 一颗恒星的温度是太阳温度的 2 倍，光度是太阳光度的 64 倍，问它的半径是太阳半径的多少倍？

13. A 和 B 两颗恒星的光度分别是太阳光度的 0.5 倍和 4.5 倍，它们有同样的视亮度，问哪一个更远？远多少？

14. 观测一个食分光双星系统，子星运动轨道周期是 10 天。设其轨道是圆形的，两颗子星之间的距离为 $0.5\,AU$，一颗子星的质量是另一颗子星的 1.5 倍，求两颗子星的质量。

第十六章

恒星的形成和演化

恒星也像人一样有出生、成熟、衰老和死亡的过程。但是恒星的一生要经历几千万年，甚至 100 亿年以上的漫长时间。相对恒星的演化岁月，人的一生只是微不足道的一瞬间，那么人们是怎样认识恒星的一生的呢？

人们可以同时观测到不同年龄的恒星：有孕育之中的原始星胎、刚刚形成的原恒星、年少的主序前星、精力充沛的壮年主序星，还有老年红巨星和濒临死亡的白矮星、中子星以及黑洞。对这些不同年龄的恒星，根据已有的理论和观测的事实来认识它们，就可以了解恒星一生的演化梗概。

恒星的演化历程主要取决于两个重要的因素：初始质量和它的化学成分。恒星的初始质量和化学成分决定了它的演化历程、演化速度和最终的归宿。恒星的化学成分是通过分析恒星光球光谱而得到的。一般都是假定光球的化学成分与内部的化学成分是一样的，这对绝大多数的恒星是适用的，但对一些特殊星不行，例如 S 光谱型星。它的光谱中包含放射性元素锝和锫的同位素，它们几乎是在 S 型星内部合成的，并由某种过程被送到了表面，因此内部的含量与大气的含量不同。但这只是少数恒星。

第 1 节 | 化学元素的起源

恒星的演化和化学元素的起源这两个问题关系十分密切。118 种化学元素组成了世界上所有的物质。而这 118 种元素最终由三种类型的粒子所组成：质子、中子和电子。

氢原子由一个质子（氢原子核）和一个电子组成，相对原子质量为 1，原子序数也为 1。氦原子核包含两个质子和两个中子，围绕着氦原子核的是两个带负电的电子，原子的相对原子质量为 4，原子序数为 2。碳原子核由 6 个质子和 6 个中子组成，电子壳层中有 6 个电子围绕着原子核不停地运动，原子的相对原子质量为 12，原子序数为 6。电子壳层决定了元素的化学性质，对于原子序数不同的元素，它们的电子壳层不同，因而化学性质也不同。原子序数相同而中子数不同的原子，它们的相对原子质量不同，但化学性质相同，称为这一元素的同位素。如重氢的原子核由一个质子和一个中子组成，氢的这个同位素称为氘。在达到一定温度、压力的条件下，通过热核反应 4 个氢原子将其中 2 个电子和 2 个质子组合成 2 个中子，然后再将它们和剩余的 2 个质子组合成原子核，就可以把氢聚变成氦，并释放出能量。

根据正常恒星和周围星际物质的光谱研究，我们知道恒星最初包含大约 70% 的氢和

28% 的氦，重元素所占比例很小，而且在不同类型恒星中重元素所占比例也很不相同。如类太阳星的重元素占 2%～3%，这类重元素相对丰富的星是年轻的恒星，称为星族I星。在球状星团里的恒星，其重元素只占 0.1%～0.01%，是贫金属星、老年星，称为星族II星。

现存的元素是宇宙、星系和恒星各层次演化的总体结果，其中大部分是在恒星内部经核反应合成的。所有元素不是通过单一过程一次形成的，而是经过相应的几个过程逐步形成的。在宇宙大爆炸时，只形成了氢和氦。最早由气体云形成的第一代恒星，其化学元素主要是氢和氦。锂、铍等轻元素在银河系的演化早期就形成了，因为它们要求的核反应温度不高，大约在 250 万开的温度下即可由核反应产生。在太阳和类太阳星中锂是非常稀少的，因为锂在温度达到 300 万开时，便可以发生吸收 1 个氢原子并聚变为 2 个氦原子的热核反应。

一颗恒星进入主序星阶段后，恒星内部会发生氢聚变为氦的热核反应。对于大于 8 倍太阳质量的恒星，其内部所有氢都聚变为氦后，恒星内部温度处于 1 亿开的高温情况下，会发生 3 个氦核聚变成 1 个碳核的反应。在聚变时释放出的能量还可以转化为热能。当温度继续升高一些时，就会发生碳核聚变，并且又以完全不同的方式衰变成一些其他元素，如镁、钠、氖和氧。氧核又可以聚变生成硫和磷。如此递推下去可以不断形成更重的原子核。我们知道，由原子核的特性决定，参与核反应的元素越重，产能就越少，铁原子核形成后核反应就停止了。当大质量恒星的核反应过程进行到中心区成为气态铁球体时，铁原子核会捕获气体中来回飞驰的电子，铁球体就收缩。因为当电子被捕获消失在原子核中时，重力（自身的引力）大于向外的气体压力，恒星中心区铁气态球就崩溃坍缩。天文学家推测，铁球中的物质积聚到 1.5 倍太阳质量时，这种演变将继续下去，直到在极高密度条件下，各种粒子充分挤压，质子和电子都合并成中子，于是只剩下中子物质，同时释放出惊人的能量，可以把恒星的外壳以巨大的速度抛向空间。这时恒星发生爆炸，恒星的壳层物质四处飞散，核心留下一颗中子星。合成后的重元素，随着恒星爆炸回到宇宙空间，又参与到新生恒星的孕育形成之中，于是就有了我们现在观测到的化学元素的丰富度分布。

对于质量小于 8 倍太阳质量的恒星，其在聚变过程中绝不会到达铁核心的阶段，最终可能会形成白矮星，例如太阳的归宿就是白矮星。

第 2 节 | 原 恒 星

人们对于恒星的形成和演化的认识，是从一些重要天象得到启示的。例如，一些较年轻的（年龄不到 100 万年）、大质量的恒星在银河系内都集中在银道面的旋臂中，那里充满了密集的星际气体和尘埃。这说明年轻的恒星与星际气体和尘埃有密切的联系。在浩瀚无垠的宇宙之中到处弥漫着星际气体和尘埃。这种星际气体的平均密度约为 1 个氢原子每立方厘米，温度在 100 K 左右；而星际尘埃的温度只有 10 K。它们在空间的分布很不均匀，密集之处形成星际气体云。观测到的星际云，有的质量和半径很大，密度很低，这是由氢原子组成的气体云；也有质量较大，半径较小，密度较高的分子云成团地聚集在一起。我们观测到的恒星也是成群、成团或成协地在一起。所以，目前大多数天文学家认为，恒星是由弥漫的星际云中的分子云收缩形成的，在收缩的过程中伴随有碰撞、瓦解而致碎裂的过程。

质量很大的星云在自身引力的作用下会很快地经历收缩、密集、升温的过程。当星云的质量达到 1 万倍太阳质量时，由于密度分布不均匀而变得不稳定，密度足够大的星云区收缩快，导致大型分子星云分裂、瓦解成许多中等分子云。随着中等分子云的收缩和密度增加，它又可能破碎成许多更小的分子云。

这些小分子云中密度较大者能吸引周围更多的气体和尘埃，并随着引力收缩，内部温度骤升，在星云不断收缩的过程中引力能转化为热能。当温度达到 2 000 K 时，一部分氢分子变为氢原子，导致了中心核不稳定，再次发生塌缩。第二次塌缩形成的新核，称为原恒星。从星际云到形成原恒星的过程大约需要 200 万年。

近年通过红外方法观测到，在猎户座星云的星际气体和尘埃物质之中有大量密集的蓝色高光度的年轻星，在那里发现了一个直径约为太阳直径 1 500 倍的发出强红外辐射的"婴儿星"——原恒星。观测还发现，在人马座星云及巨蛇座鹰状星云（见图 16.1）中有许多新生的恒星在闪烁发光，它们就是原恒星。

▷图 16.1　在巨蛇座鹰状星云（M16）中发现了一些新生的恒星

第 3 节 ｜ 主 序 前 星

原恒星诞生后，在自身引力的作用下继续收缩，半径逐渐减小到太阳半径尺度时，中心温度迅速增加，星体开始闪烁发光。但是在原恒星阶段，内部还没有发生热核反应，它们向外辐射的能量是外部物质下落释放的引力能转变而成的。此外，内部没有达到流体静力学平衡，它的表面还要承受外部物质不断下落造成的压力。恒星内部的物理条件发生了极大的改变，物质的密度由原始星云的 10^{-18} g/cm^3 增加到大约 1 g/cm^3，也就是说增加了100 亿亿倍。

经过一定的演化时间后，原恒星内部的压强逐渐增大，最终能阻止继续塌缩。这时总质量不再增加，当星体内部逐渐达到了流体静力学平衡，内部气体处于完全对流状态时，原恒星成长为少年星，此时叫作主序前星。

主序前星在赫罗图中的位置是在一条与主序几乎垂直的曲线即"林中四郎"线附近（见图 16.2）。

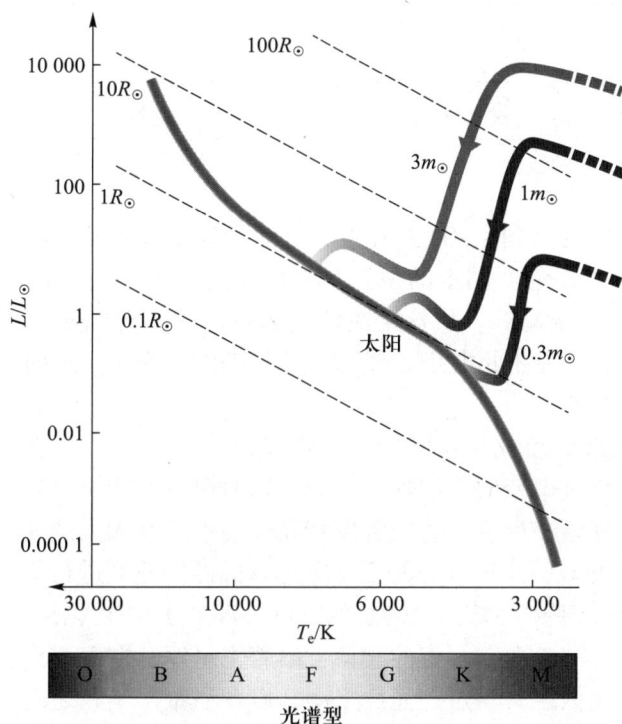

▷图 16.2　赫罗图中的曲线表示了不同质量的主序前星演化到主序星的过程

处于主序前演化阶段的恒星，其内部温度较低，为 3 000～5 000 K。在此温度下，尚未发生热核反应。恒星的主要能源是引力能的释放，引力能一部分用以维持向外的辐射，另一部分用于增加内部的热能，使内部温度不断升高。

主序前星的质量越大，演化就越快，到达主序星的时间也越短。表 16.1 给出了一些具体情况。由表 16.1 可见，一个 $10m_\odot$ 的 B3 型恒星，演化到主序星需要 30 万年，而具有 $1m_\odot$ 的 G2 型恒星需要 3 000 万年才能演化到主序星，质量为 $0.2m_\odot$ 左右的小质量恒星则要花费 10 亿年才能成为主序星。

表 16.1　主序前星的演化时间尺度

质量 /$m_\odot$	光谱型	到达零龄主序的时间 /(10^4 a)
30	O6	3

质量 /$m_\odot$	光谱型	到达零龄主序的时间 /(10^4 a)
10	B3	30
4	B8	100
2	A4	800
1	G2	3 000
0.5	K8	10^4
0.2	M5	10^5

第4节 | 主 序 星

当恒星的内部温度升高到 1 500 万开时，氢聚变为氦的热核反应开始全面发生。恒星刚刚发生热核反应时，在赫罗图上的位置是刚好到达主星序的最左端边缘（零龄主序），这时称为零龄主序星（ZAMS）。热核反应产生的巨大的辐射能使恒星内部的压强增大到足以和引力相抗衡时，恒星不再收缩，成为青壮年期的主序星。这时恒星进入了一生中最辉煌、活力最充沛的时期。

主序星的化学元素的组成是相同的，主要包括氢、氦以及其他元素。从零龄主序开始，恒星内部开始发生氢聚变成氦的热核反应。这时恒星的能源主要是氢聚变为氦时释放出的核能。恒星一旦开始核反应，它的温度和光度便不再有太大的变化。由于恒星的化学元素组成中氢的含量最多，并且氢的聚变反应是以极慢的速度进行的，因此恒星的一生中几乎 90% 以上的时间处于中心核内氢燃烧的阶段，即处于主序星演化阶段。

主序星在赫罗图上的分布有一定的规律：沿着主星序从左上方到右下方，恒星的质量由大变小，温度由高变低。其质量与光度之间，以及质量与半径之间符合前述的质光关系和质量－半径关系。质量比太阳小的恒星进驻到了赫罗图主星序的下部，它们的光度较小，温度也较低；而那些质量比太阳大的恒星进驻到主星序的上部，它们的光度大、温度高；质量与太阳相近的恒星则进驻到主星序的中部，它们的光度和温度也都居中。

前面已经说过，主序星的光度与质量有一定的关系，即 $L \propto m^4$。除此之外光度还与恒星的大小、温度有关。半径大的主序星温度高，光度也高；半径较小的主序星温度低，光度也低。这对主序星的天体物理观测研究很有意义，比如通过观测它们的视星等，再利用绝对星等和光谱型（或色指数）的赫罗图，与观测得到的视星等与光谱型对应图比较，就可以很方便地求出恒星的距离。

所有主序星都如同太阳那样，是一个炽热的气体球，元素的主要成分是氢和氦。晚型的主序星的金属元素比早型星的更丰富。主序星主要的能量来源是氢聚变成氦的热核反应。我们知道，太阳内部的"碳－氮循环"与"质子－质子循环"两种核反应都发挥作用。而比太阳质量更大，内部温度更高的恒星基本上由"碳－氮循环"反应产生能量，比太阳温度低的恒星主要通过"质子－质子循环"反应产生能量。

我们观测到的恒星大约90%是主序星,因为恒星的一生中在主序星阶段停留的时间最长。而不同质量的恒星在主序星阶段停留的时间长短不同。质量越大的恒星引力越强,与这种引力相平衡的内部压强和温度也越高。也就是说,大质量恒星相对小质量恒星,热核反应进行得较快些,核燃料消耗得也较快,因此它们的青壮年期比较短。小质量恒星内部的热核反应进行得非常缓慢,核燃料消耗得慢,因此它们的青壮年期就长(见表16.2)。例如,质量为$50m_{\odot}$的恒星,在主序星阶段大约停留100万年;$15m_{\odot}$的恒星在主序星阶段大约停留1 500万年;而质量仅为$0.50m_{\odot}$的恒星在此阶段要停留长达2 000亿年。太阳是个中等质量的主序星,在此阶段大约停留100亿年。

表 16.2 恒星的表面温度、光度和在主序星阶段的寿命

质量 /$m_{\odot}$	表面温度 /K	光度 /$L_{\odot}$	在主序星阶段的寿命 /(10^6 a)
50	3.5×10^4	8×10^4	1
15	3×10^4	10^4	15
3	1.1×10^4	60	500
1.5	7 000	5	3 000
1.0	6 000	1	1×10^4
0.75	5 000	0.5	1.5×10^4
0.50	4 000	0.03	2×10^5

第5节 | 红 巨 星

主序星中氢聚变成氦的热核反应开始是在核心区内进行的,随着氢的不断消耗,当核心区的氢全部聚变成氦的时候,核反应向外推移。恒星内部发生了剧烈变化,核心区的氢几乎燃烧耗尽,变成了一个氦核。核心区内停止了氢的热核反应,因此抗衡引力的辐射压力也减小了,外层物质在引力作用下向核心挤压,从而使压力加大。这时核心收缩,引力能转化为热能使核心区温度升高,当核壳层温度达到10^7 K时,壳层的氢被点燃,开始氢聚变成氦的热核反应,推动外面的包层受热膨胀,使恒星体积很快增大上千倍以上,而表面温度开始下降。这时,恒星离开了主序,演化到红巨星阶段。

此后,壳层的氢继续燃烧,核心区继续收缩,核心区的温度继续升高。当温度达到1亿开时,核心区的氦被点燃,开始了氦聚变成碳的核反应。核心区的氦燃烧和壳层的氢燃烧使包层继续膨胀,体积不断增大,表面温度降到3 000~4 000 K。离开主序约5亿年后,由于恒星的体积增加,其光度也就增加,大约增加1 000倍,表面有效温度约为3 000 K,半径可达太阳半径的数百倍。

例如,心宿二(天蝎座α)的半径约为太阳半径的500倍。一般红巨星的光度是太阳的几十倍、几百倍,甚至几万倍。红巨星的半径是巨大的,平均为主序星半径的70倍,

然而它的氦核却很小，仅占整个恒星的 1/1 000。氦核密度约为 10^8 kg/m³，而红巨星最外层的密度约为 10^{-3} kg/m³。

不同质量的恒星由主序星到红巨星经历的演化过程不同。一颗恒星演化成红巨星，标志着它已进入暮年时期。红巨星得到充分演化时，在它的内部，不仅氢原子核几乎全聚变成了氦原子核，而且氦原子核又进一步聚变成比它更复杂的碳原子核，然后会依次聚变成为氧、硅等元素的原子核，直到合成最稳定的元素铁为止。在铁核形成前，恒星的能量虽然不如氢聚变成氦时的能量那么多，但却足以维持恒星发光、发热的生命。然而从铁核中就不可能再获得能量了，至此恒星的一生就走到尽头了。图 16.3 为红超巨星的内部构造，核心是铁，从里向外各层依次是硅和硫，氧、氖、钠，碳、氧、氖，氦和氮，最外层大气是氢和氦。

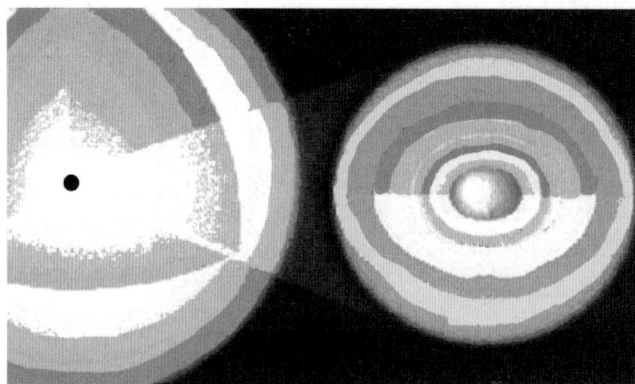

▷图 16.3　红超巨星的内部构造

然而，并非所有恒星内部的核反应都会生成铁。如果恒星质量较小，它的核心温度就不足以使较重元素的原子核发生聚变。

一些红巨星，其氦核温度升高到氦的燃烧点时，不像主序星那样稳定，而是会发生氦猛烈燃烧的"氦闪"现象，因而成为不稳定的星体。当红巨星的内部变得太热，它往外的辐射压力大于自身的引力时，星体就会再次膨胀成为红超巨星。热物质膨胀会消耗能量，从而使星体变冷，而其向外的压力就逐渐减小。当膨胀停下来时，温度已变得太低，以致又会出现收缩的趋势。于是，恒星周而复始地膨胀、收缩，即发生脉动。脉动变星就是处于这个演化阶段的恒星。恒星在这个不稳定阶段持续时间很短。这一阶段的演化过程在赫罗图上，又从右方向左方转移，经过一段恒星不稳定区。观测到的脉动变星几乎都处于这个不稳定区。脉动变星不停地收缩、膨胀，经过一段时间后又恢复正常，很像恒星的"更年期"。

天文学家计算了一个 $7m_\odot$ 恒星的演化过程。这颗星从主序阶段开始，这时恒星内部的化学组成是均匀的，并且主要由含氢丰富的物质组成。在主序星阶段核心区的氢燃烧，氢聚变成氦，2 600 万年后，开始了由核心区向壳层燃烧的转变，壳层的氢点燃 2 650 万年后，核心区成为氦核球，只有壳层发生氢聚变为氦的核反应来供能，恒星的半径增大了，此时恒星有一个很厚的对流层。再经过 10 万年，氦开始点燃。3 400 万年后，恒星依靠外部壳层的氢燃烧和内部壳层的氦燃烧来供能，恒星收缩，并失去了外部对流层。再经过 200 万年，恒星变成红超巨星，并多次经过脉动演化阶段，那时它的氢燃烧壳层已经消失，这时恒星仅依靠氦的聚变来供能，它的化学组成已变得相当复杂。外部仍然由原始的含氢丰富的物质组成，而它的下面是一个很厚的氦层，氦层内部有一个极小的碳核球。

恒星演化到红巨星前经历一个过渡阶段，这个阶段在赫罗图中红巨星分支的渐近线附近，处于这个晚期演化阶段的星称为 AGB 天体。当恒星核内的氦耗尽时（燃烧变成碳和氧），核必收缩，这就增加了核周围覆盖层的压力和温度，于是核外临近气壳层被点燃，而在这个壳层外面的氢壳层也在燃烧。此时的恒星处于双壳层燃烧阶段，恒星内部的碳氧核的质量在不断增加，在赫罗图上，它的演化路线又一次上升到巨星分支，所以这类恒星称为红巨星渐近线分支恒星。

第 6 节 | 恒星的归宿

恒星演化到晚期都要损失一部分质量，然后走向生命的终点。不同质量的恒星损失质量的形式不同，因而恒星的归宿也不同。

像太阳这样小质量的恒星，当恒星核中的氢耗尽以后，热能仍然持续不断地从恒星中心泄漏出来。恒星核必然在引力的作用下收缩。收缩时，恒星核本身受到加热，同时也加热了核上面的恒星壳层。在这个新的较高温度条件下，核内的氢完全枯竭，恒星核附近壳层内的氢开始燃烧。然而，此时核本身仍然不能发生核反应，但它却持续不断地向覆盖在它上面较冷的壳层释放热。在这种情况下，恒星核必然继续收缩，虽不发生灾难性的大爆炸，也会在后期脉动过程中使外层与核心分开，恒星的外层渐渐扩张，通过质量抛射形成行星状星云。而恒星内部辐射压力减小，不足以抵抗自身的引力，压力使物质挤向中心，密度急剧增加，成为一种依靠简并电子气的压力与引力抗衡的星体——白矮星。白矮星在一段很长的时间内继续发射微弱的光，直到失去它的全部热量成为一颗冰冷、静寂的黑矮星。这就是小质量恒星的归宿。

大质量的恒星演化到晚年，当核心区温度等于或大于 10^8 K 时会发生 3 个氦核聚变成 1 个碳核的热核反应，恒星的核心会变成一个高密度的电子简并态（即电子占满了各个能态）的碳球。整个星体向中心坍缩，核心简并的碳球因受到猛烈压缩而温度剧升，碳核聚变为更重的原子核，星体发生大爆炸，这就是我们观测到的超新星爆发。超新星爆发时星体发生灾难性的大塌缩，外壳物质被抛向四面八方，并携带出巨大的能量，其核心成为致密星。如果致密星的质量大于 $1.4m_\odot$，小于 $3.2m_\odot$，将成为中子星。当核心的密度高达 3×10^{16} kg/m³ 时，电子几乎全被压进质子中去，使质子转化为中子，核心物质呈现为中子简并态。若超新星爆发后核心的质量超过 $3.2m_\odot$，则中子简并态压力也抵不住星体自身的引力，恒星继续收缩下去，最终成为黑洞。

质量小于 $3m_\odot$ 的恒星和大于 $8m_\odot$ 的恒星有两个演化过程，有不同的归宿，如图 16.4 所示。

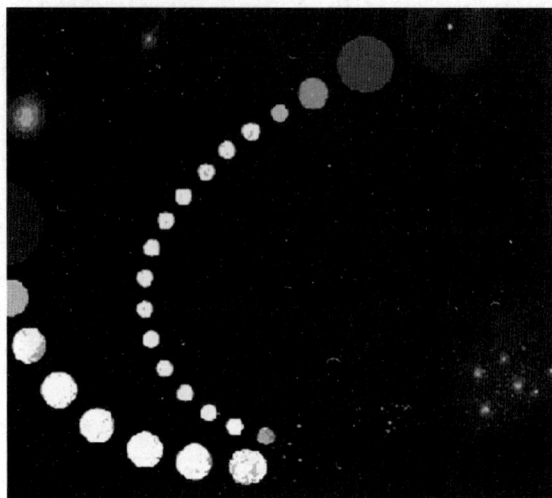

▷图 16.4　质量小于 $3m_\odot$ 恒星的演化过程（右分支）和
质量大于 $8m_\odot$ 恒星的演化过程（左分支）

习题十六

1. 利用光度 – 半径 – 温度的关系：$L = 4\pi R^2 \sigma T_e^4$，解释一个原恒星的光度由第 4 阶段（$T_e = 3\,000\,\text{K}$，$R = 2 \times 10^8\,\text{km}$）到第 6 阶段（$T_e = 4\,500\,\text{K}$，$R = 10^6\,\text{km}$）是如何变化的？

习题十六
参考答案

2. 一颗矮星半径是 $0.1R_\odot$，其表面温度是 $600\,\text{K}$，它的光度是多少（以太阳光度 $L_\odot$ 为单位）？

3. 一颗超新星爆发，它发出冲击波的速度大约是 $5\,000\,\text{km/s}$，这样一个扰动穿越一个直径 $20\,\text{pc}$ 的分子云需要多少时间？（假设冲击波运行中没有衰减。）

4. 一个典型的疏散星团直径为 $10\,\text{pc}$，它的成员星的平均速度是 $1\,\text{km/s}$。估计多长时间（10 亿年的倍数）后星团中心的典型星的轨道融入银河系的潮汐场中。

5. 利用光度 – 半径 – 温度的关系计算一个温度为 $3\,000\,\text{K}$（太阳温度的一半），光度为 $10^4 L_\odot$ 的红巨星，可以吞没多少个太阳系的行星。重复这样的计算，对于一个温度为 $1.2 \times 10^4\,\text{K}$，光度为 $0.000\,4L_\odot$ 的白矮星又如何呢？

6. 一颗主序星距离我们 $20\,\text{pc}$，通过一个望远镜刚刚能看见。后来这颗星演化到红巨星分支，它的温度下降到原来温度的 1/3，半径增加到原来的 100 倍。这时用同样的望远镜如果还能看到的话，这颗星的最远距离是多少？

7. 一颗红巨星，其氦核质量为 $0.25m_\odot$，核的半径为 $1.5 \times 10^4\,\text{km}$，其最外的大气包层质量是 $0.5m_\odot$，半径是 $0.5\,\text{AU}$，求出核的平均密度与大气包层的平均密度，并把它们与太阳的核密度做比较。

8. 太阳的寿命大约是 100 亿年，估计以下天体的寿命：

（1）$0.2m_\odot$、$0.01L_\odot$ 的红矮星；

（2）$10m_\odot$、$1\,000L_\odot$ 的蓝巨星。

一颗主序星的半径为 $R = 4R_\odot$，质量为 $m = 6m_\odot$，磁场的平均磁感强度为 1×10^{-4} T。请计算当这颗主序星演化为半径为 20 km 的中子星时，其磁场的平均磁感强度。

第十七章

白矮星、中子星和黑洞

白矮星、中子星和黑洞都是致密星，而且都是恒星演化晚期的最终产物，即核燃料完全耗尽时恒星的归宿星。

一个恒星到晚年是演化成白矮星还是演化成中子星或黑洞，主要取决于它的质量。致密星与正常星的共同区别是，它们不再燃烧核燃料，从而不能靠核反应产生的热压力来支持自身的引力塌缩，致使致密星的尺度非常小，密度很高，引力场很强，处于超高密度、超高压力和超强磁场的极端物理状态。研究致密星的特性和内部的物理状态，对解析恒星的晚期演化有重要的意义。

第1节 | 白 矮 星

冬夜明亮的天狼星的伴星就是一颗典型的白矮星，它是 20 世纪 30 年代德国天文学家贝塞尔通过天体测量发现的。他发现天狼星在天球上的运动路径是波浪式的曲线，从而推测天狼星是双星系统，一定有一颗看不见的伴星。后来在 1862 年，望远镜制造专家科拉克用 25 cm 口径望远镜果然观测到了天狼星的伴星（天狼星 B），这是人们发现的第一颗白矮星。

现已观测到数千颗白矮星，这类星不再燃烧核燃料，它们辐射残存的热能慢慢冷却。而且，这类星的光谱型大多是 A 型，它们发出白颜色的光，而且半径特别小，平均密度高达 10^9 kg/m^3，所以称为白矮星。

一、白矮星的物理特性

一般白矮星的质量与太阳的质量近似，在 $0.3 \sim 1.2 m_\odot$ 之间，都小于 $1.4 m_\odot$。但是白矮星的半径很小，通常为太阳半径的 1/100 左右，平均约为 5×10^3 km，与地球的大小相近。因而白矮星的密度很高，为 $10^{10} \sim 10^{12}$ kg/m^3，也就是说，在这奇异的白矮星中，1 立方厘米的物质约有 200 吨重！

白矮星的表面温度高，约为 $5 \times 10^3 \sim 5 \times 10^4$ K，多数光谱型为 A 型。由于白矮星的体积很小，所以它们的光度很低，是太阳光度的 1/1 000～1/10，绝对星等在 $+8^m$ 到 $+14^m$ 之间。

根据观测资料统计，不同的白矮星化学成分有很大的差异，按照其差别，科学家把白矮星分为 DA、DB、DC、DF 和 DP 5 个次型: DA 型白矮星含氢丰富; DB 型白矮星含氦丰富; DC 型白矮星含碳丰富; DF 型白矮星含钙丰富; 而 DP 型白矮星磁场特别强, 一般可达 10 T, 特别强的高达 $10^3 \sim 10^4$ T, 称为磁白矮星。天蝎座 ZZ 变星是颗 DA 型白矮星, 而天狼星 B 属于 DB 型白矮星。

恒星演化到红巨星阶段, 其内部的热核聚变把氢、氦燃料都烧完了, 这时核心温度无法继续升高了, 聚变出来的碳、氧核只好堆积在核心区, 越积越多, 越积越密。当密度达到每立方厘米 10 吨的时候, 核心就形成了一颗白矮星。后期白矮星逐渐冷却黯淡下去, 外壳那些膨胀到了极限的稀薄星尘慢慢散开, 形成一个巨大无比、色彩斑斓的行星状星云, 核心剩下的白矮星最终冷却成了一颗黑矮星。目前科学家比较关注的一颗白矮星, 位于名为 NGC 2440 的行星状星云 (见图 17.1) 中心处这个星云距离地球大约有 4 000 光年。这颗白矮星的表面温度大约是 20 万摄氏度。由于白矮星的温度会随着年龄的增长而降低, 所以从目前的温度来看, 这颗白矮星一定还比较年轻。围绕在它周围的炙热的紫色光环, 是恒星在生命的最后阶段转变成一颗白矮星的过程中抛弃的剩余燃料。

▷图 17.1　NGC 2240 星系中心的白矮星

二、引力红移

白矮星还有一个奇异的特性, 就是有引力红移现象。什么是引力红移呢? 它是爱因斯坦广义相对论的一个推论。按照广义相对论, 在远离引力场的地方观测引力场中的辐射源发射出来的光时, 光谱中的谱线向红端移动, 即同一条原子谱线比没有强引力场时, 波长变长。谱线红移的大小与辐射源和观测者两处的引力势差成正比。由于白矮星半径很小, 密度很大, 引力场很强, 所以光子离开表面克服引力要损失相当的能量。一个光子的能量为 $h\nu$ (h 为普朗克常量), 与它的频率成正比, 能量减少频率就降低, 所以波长就变长。此红移不是光源移动引起的多普勒效应, 而是引力场引起的红移, 所以叫作引力红移。例如, 通过光谱观测, 测出天狼星 B 的引力红移速度是 89 km/s, 波江座 40B 的引力红移速度是 23.9 km/s。

三、白矮星内部的物理状态

在白矮星内部的高密、高温、高压条件下, 与强大引力相抗衡的是简并电子气的压力。为什么是这样呢? 因为白矮星内部原子的电子壳层结构都被高压破坏了, 只有赤裸裸的原子核 (包括质子和中子) 和自由电子。这些电子都脱离原来的 "概率轨道", 成为自由电子, 于是形成了密度很大的自由电子气。我们知道, 原子的一定能量状态, 只允许一个电子占有，低能态占满了，就只能到高能态去。当电子密度很高时，所有的能量状态都将被电子占满，这样的电子就处于简并态，所以称为简并电子气。其中的电子速度比光速小得多，称之为非相对论性简并气体，其电子压力与电子密度的 5/3 次方成正比；那些电子速度与光速接近的，称之为相对论性简并气体，其电子压力和电子密度的 4/3 次方成正比。而理想气体的压力与气体粒子数密度的 1 次方成正比。因此，简并电子气的压力比理想气体的压力大得多，相比之下白矮星的辐射压力和原子核压力都不重要了。因此，压缩到高密度的电子气体，一般互相之间有很高的随机速度。这个随机运动速度能够产生比热压力高得多的简并压力，与白矮星的自引力相抗衡的就是这种电子简并压力。

四、白矮星的质量

1931 年，印度籍美国科学家钱德拉塞卡推导出了完全简并电子气的物态方程，建立了白矮星模型。他推导出了白矮星的质量上限为太阳质量的 1.4 倍，即 $m_{ch} = 1.4 m_{\odot}$，也就是说大于此质量限的白矮星不复存在，将会进一步塌缩形成中子星或黑洞。后人称这一质量限为白矮星的钱德拉塞卡质量限。由于对科学的卓越贡献，钱德拉塞卡获得了 1983 年诺贝尔物理学奖。目前已被观测到的所有白矮星的质量都小于这个质量限。观测结果为证明钱德拉塞卡理论的正确性提供了重要证据。

五、白矮星发光的原因

白矮星是小质量恒星的归宿，它的内部停止了核反应，所有的核燃料都已经耗尽了。为什么白矮星仍然发光呢？这是因为白矮星是恒星燃烧后的遗迹，它的内部温度不是零，这类似于正在冷却的余烬，其光辐射是非常微弱的。白矮星没有由气体组成的普通恒星所具有的典型特征，白矮星在发射光辐射时没有那种大得可以观测得到的收缩和变热。这是因为支撑着白矮星自引力的是电子简并压力，而不是热压力。白矮星可以说是固化的，在许多方面，类似于地球上的金属。因此，以白矮星为归宿的恒星能静静地安息在宇宙之中。

第 2 节 ｜ 中 子 星

一、脉冲星的发现

1967 年 10 月，英国剑桥大学的研究生，24 岁的姑娘乔斯琳·贝尔在用一架工作波段为 3.7 m 的射电望远镜观测行星际闪烁现象（指天体发射的无线电波穿过星际空间时受太阳风影响，射电信号的强度会发生起伏变化的现象）时，发现了一种很强的无线电脉冲信号。由于在深夜太阳风的影响非常小，不像是行星际闪烁，而这种信号反复出现，周期为 1.337 s，如图 17.2 所示。她请教她的导师安东尼·休伊什教授，然后他们开始仔细地研究这种像人的脉搏一样准确而稳定的脉冲信号的来源。他们发现这种脉冲信号每隔 23 小时 56 分钟过一次子午圈，显然此信号是来自某个天体，因为它重复出现的时间间隔是地球自转一周的时间。

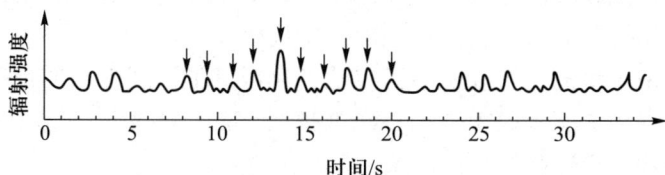

▷图 17.2

此后，世界各国许多射电天文台都投入了寻找脉冲星的观测工作。1993 年美国天文学家泰勒给出的脉冲星星表（TML93）中列出了已发现的 558 颗脉冲星的参量。泰勒在他的专著《脉冲星》的扉页上写道："献给乔斯琳·贝尔，没有她的聪明和百折不挠，我们就分享不到研究脉冲星的幸运。"

至今，在银河系内我们已发现了 3 000 多颗脉冲星。脉冲星在银河系内是特殊"居民"，它们绝大部分位于银道面附近。有的天文学家从理论上估计，银河系内可能有几十万颗脉冲星，只是它们由于太暗弱而不易被探测到。目前观测到最暗的一颗脉冲星是陶里斯在 1994 年用澳大利亚帕凯斯射电望远镜发现的，其被命名为 PSRJ0108−1431。该星位于鲸鱼座，距离我们 280 l.y.，每分钟旋转 74 次。

现代对脉冲星的命名，统一采用 PSR 加上它的赤经和赤纬来命名，例如 PSR1919+21 表示脉冲星的赤经为 19^h19^m，赤纬是 +21°。

二、中子星就是脉冲星

早在 1932 年，英国物理学家们发现原子核里除了质子之外还有中子，之后苏联物理学家朗道就预言：宇宙中可能存在着由自由中子组成的中子星。两年后，德国天文学家巴德和瑞士天文学家兹维基明确提出，一旦超新星爆发，就会在核心形成中子星。1939 年，理论物理学家奥本海默和沃尔科夫详细地研究了中子星的模型，他指出：如果这种天体存在的话，质量一般不会超过太阳质量的 2 倍，它们的半径只有 20 km 左右，其密度将大得惊人，比白矮星还要高出七八个数量级。

理论家关于中子星存在的预言给予了人们重要的启迪，引导人们去探索和创新，果然迎来 20 世纪 60 年代脉冲星的发现。大量观测研究证实，所观测发现的脉冲星就是以前理论家预言的中子星。由于它的亮度非常弱，所以很久以来不能被光学望远镜发现，一直到 20 世纪 60 年代用射电望远镜观测才发现了它。后来天文学家在蟹状星云中央发现了一颗脉冲星，证实了中子星确实是在超新星发生灾难性爆发时产生的，它就是观测到的脉冲星。

中子星是恒星核能耗尽、引力塌缩的结果。当超新星爆发时，它把大量外层物质抛射出去，同时由于引力作用而剧烈塌缩，把核心处的物质压得更紧。在此情况下，如果简并电子气的压力也不足以抵抗塌缩的压力时，电子（e）就被压进原子核，与质子（p）结合

成中子（n）。其反应式为

$$p + e \longrightarrow n + 中微子$$

中子的数量不断增加，当密度达到 10^{17} kg/m^3 时，会导致原子瓦解，进入中子简并态，变成中子流体。当密度超过 10^{17} kg/m^3 时，简并中子气所形成的压力远远超过简并电子气，形成与引力相抗衡的状态，稳定的中子星就形成了。

理论家预言了中子星的自转动能会稳定地转化成其他形式能量的情况。这在蟹状星云中的那颗脉冲星上得到证实，它是人们首次观测到自转周期变长的脉冲星，说明了中子星的自转动能部分地转化为蟹状星云的能量。

三、中子星的质量

有些中子星是双星系统中的子星，因而有可能测定它们的质量。观测表明，中子星的质量为 $1.4 \sim 3.2 m_\odot$，与中子星的形成理论一致。

对于一颗质量为 $1.4 m_\odot$ 的中子星，其半径约为 15 km。因此，一颗中子星与一个城市相仿。

理论研究表明，中子星的质量也有一个上限，此上限约为 $3.2 m_\odot$，称之为奥本海默－佛柯父极限。奥本海默和佛柯父推算出中子星的质量如果大于 $3.2 m_\odot$，即超过这个极限中子星就不能稳定存在，内部的简并压力也无法抗衡塌缩引力，星体便进一步塌缩下去，直至形成黑洞。

四、中子星内部的物理状态

1. 非常强的引力场

中子星的引力场非常强。我们知道，一颗中子星的大小比一座山大不了多少，然而一颗中子星的质量却与太阳差不多，所以，中子星表面的引力极强，以至于任何物质都很难逃出它的束缚。中子星的强大引力（压力）把大部分自由电子压进原子核里，强迫它们与质子结合形成中子。

中子星有这样高的核密度以及非常强的引力场，意味着在正确描述中子星的结构时，应该考虑核之间的相互作用力和万有引力理论的爱因斯坦修正。目前物理学家对中子星的结构了解甚少，需要进一步的实际观测以提供重要线索。

2. 超高的密度

中子星比白矮星的密度更高。我们知道，太阳的体积可以装下 130 万个地球，然而地球的体积可以装下 2.58×10^8 颗中子星，可见中子星之渺小。但是，中子星的质量却和太阳差不多，因而中子星的密度极高。

按照理论模型计算，中子星的最外面可能有很薄的致密大气；大气之下是厚约 1 km 的固体外壳，具有晶体点阵结构。外壳的密度为 $10^9 \sim 10^{14}$ kg/m^3，由中子核和核外的电子气组成。而它的内壳密度高达 $10^{14} \sim 10^{17}$ kg/m^3，这意味着 1 立方厘米的物质就有几亿吨甚至几十亿吨重！也就是说中子星上一个核桃那么大的物质，要几万艘万吨以上的巨轮才能拖得动。在中子星内壳以下是重核（像铁），密度大于 $10^{17}\,\mathrm{kg/m^3}$，是简并中子流体和少量的质子、电子。中子处于超流状态，原子则是超导的。中子星的核心处是约 1 km 范围的固体核。

3. 超高的温度与超强的磁场

中子星的表面温度约 10^7 K，而内部的中心温度则高达 6×10^9 K，是一个比太阳热得多的极端超高温的世界。中心的压力为 10^{33} Pa，比太阳中心的压力大 3×10^{16} 倍，因而也是一个极端超高压的世界。

中子星的表面磁场很强，为 1 亿~20 亿 T，比太阳的普遍磁场强 20 万亿倍，比地球的磁场强 1 亿亿倍。

中子星的电磁辐射能量是太阳的 100 万倍。可见，中子星是具有超高密度、超高温、超高压、超强磁场、超强辐射等极端物理条件的天然实验室。

4. 中子星的辐射能源

中子星内部不再有热核反应，核能已经耗尽，但是通过引力塌缩形成的中子星的内部温度极高（几十亿开）。由辐射的维恩位移定律 $\lambda_{\max} T = 0.002\,9\,\mathrm{m \cdot K}$ 可以知道，中子星辐射能量极大的波长为 $\lambda_{\max} = 0.003$ nm，属于硬 X 射线范围。但是由于大量的中微子将畅通无阻地逃离中子星，带走的巨大的能量使中子星表面很快冷却，所以新生的中子星由于过快冷却表面温度降为 10^7 K。观测发现，中子星大都是通过射电观测与 X 射线探测发现的。它们的射电辐射是周期性地发出短暂的能量脉冲，周期短且稳定，一般为 0.03~1 s。目前已知，最慢的射电脉冲星 PSRJ2144−3933 的自转周期为 8.51 s；最快的脉冲星是毫秒脉冲星 PSR1937+214，其自转周期为 1.6×10^{-3} s。脉冲的宽度多在 0.001 s 到 0.05 s 之间。

观测表明，脉冲星的辐射脉冲周期有增长的现象，个别脉冲星的周期会突然变化。此外，它们的脉冲辐射是偏振的，大多数是线偏振的，也有的是偏振度很高的椭圆偏振。再者，脉冲星的射电频谱包含多种多样的频率，脉冲能量密度随频率的增加而很快下降，也就是说低频率的辐射能量比高频率的强些。

中子星的辐射有 3 种可能的能量来源：热能、引力能与转动能。

（1）热能　热能将以黑体辐射的形式辐射出去，同时也将通过各种冷却过程而耗散。中子星的表面积很小，很难观测到它在光学波段的辐射，但是由于它的温度较高，所以可以观测到它在 X 射线波段的辐射。

（2）引力能　当一个双星系统中的伴星的物质被中子星吸积，流向中子星时，由于物质有过剩的角动量，这些物质并不直接落到中子星上而是形成围绕中子星的吸积盘，中子星的吸积和吸积盘的形成都是引力能所致。对于核能已经耗尽的中子星，热能显然不可能是它的主要能量来源，而引力能也不是它的主要能量来源，因为大多数脉冲星不是双星系统，脉冲双星只占总数的 5%。

（3）转动能　中子星都是快速自转的天体，它们蕴藏了极大的转动能，因而中子星的快速自转特性决定了中子星的主要能源是转动能。

五、脉冲星的辐射机制

是什么原因使脉冲星发射脉冲信号呢？"快速自转中子星模型"回答了这个问题。这一模型认为脉冲星具有极强的磁场，而且是快速自转的致密中子星，转动的速度大约为每秒一周甚至几百周，足够产生所观测到的脉冲。为什么脉冲星旋转得如此之快呢？这是由于物体都遵循角动量守恒定律，角动量取决于三个因素：物体的质量、伸展度和旋转的速度。对于一个孤立的物体来说，其角动量是恒定的。如果一个旋转的物体保持质量不变，当它伸展开时转得较慢，当它收缩紧时旋转就加快。中子星收缩得很紧，物质密度极高，因此旋转非常迅速。

中子星的外部充满了各种带电粒子，称之为等离子体，带电粒子的速度很高，接近光速，它们在磁场中绕磁感线沿螺旋轨道运动时会发出一种同步加速辐射。中子星的自转轴与它的磁轴不重合，则随着中子星的自转，磁极和同步加速辐射也会周期性地扫过宇宙空间。最近研究表明，脉冲星除了有磁极区的空心辐射锥以外，还有中心辐射束。中子星的辐射束从磁轴方向发射出来，由于中子星在快速自转，所以从远处来看，辐射一亮一暗，如同巡航的灯塔（见图 17.3）。

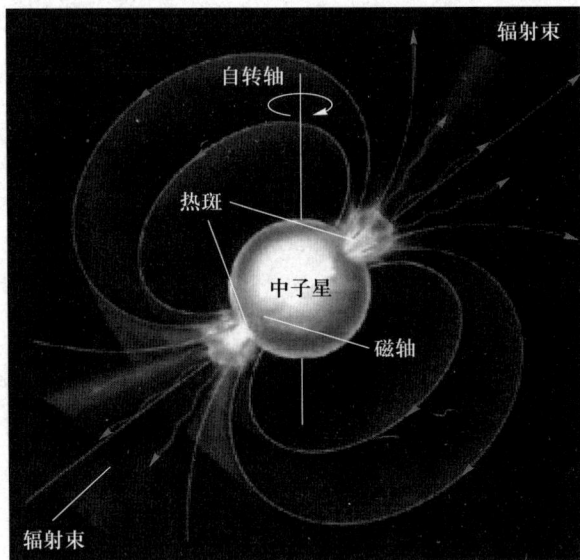

▷图 17.3　脉冲星辐射机制的灯塔模型

六、毫秒脉冲星

正常的脉冲星的脉冲周期是 0.05～8.5 s。1982 年天文学家发现了更短周期的毫秒脉冲星。中子星都是老年星，根据理论估计，它的年龄大约有 10 亿年，如此老的星为什么还旋转得如此之快呢？其中之一的解释是，它可能是双星系统，系统中的伴星太暗弱而不能被观测到，被吸积的物质不断冲向中子星的吸积盘，并给予它一冲击力，此动能会转移到中子星的表面，使得中子星的自转加速。

截至 2002 年，已发现了 75 个周期为 1.5～25 ms 的毫秒脉冲星。天文学家对毫秒脉冲星的发现经历了好几年的艰辛。美国的贝克教授等用阿雷西博射电望远镜，并改进接收系统的灵敏度，经过努力在 1982 年终于发现了脉冲星 PSR1937＋214。这是一颗不寻常的脉冲星，它的周期只有 1.558 ms，也就是说，在 1 s 的时间内它自转 642 圈！它的周期只有蟹状星云中脉冲星周期的 1/20，但年龄要高出 5 个数量级，达到 4 亿年。它的磁感强度较低，约为 1 万 T，周期变化率为 1.049×10^{-19} s/s。

值得关注的是，1992 年发现的毫秒脉冲星 PSR1257＋12 有行星系统，其证据为：由于看不见的天体的引力作用，观测到来自脉冲星的信号有畸变的现象。这不仅是首次发现脉冲星有行星，也是在太阳系以外发现的第一个行星系统。理论工作者认为，这些行星是中子星从毁灭了的伴星残骸中捕获的物质形成的。观测表明，PSR1257＋12 有三颗行星，两个较大的行星，其中一个距离脉冲星约 5 400 km，公转周期为 66.6 天，质量为地球质量的 3.8 倍；另一个距离脉冲星约 7 000 km，公转周期为 98.2 天，质量为地球质量的 2.8 倍。

七、脉冲双星

1976 年以后，天文学家发现了一些双星系统内有中子星，并在银河系中心区域和一些富星团中发现了众多的 X 射线暴，它们发生剧烈的能量爆发，其光度比太阳的高几千倍，但是只持续几秒钟。科学家认为这些双星系统内，一颗子星是主序星或巨星，另一颗是中子星，在中子星的吸积作用下，伴星的物质流向中子星，在中子星周围形成吸积盘，气流冲击吸积盘形成热斑，并发射 X 射线。典型的例子是脉冲星 S433，它有 X 射线双喷流，这可以用双星的模型来解释。S433 脉冲双星系统中伴星正常星的物质受主星中子星吸积流向中子星，物质受中子星强大的引力作用而冲击吸积盘，加热它形成热斑，同时产生 X 射线，并向垂直吸积盘的两个相反方向发射喷流。

天文学家还观测到了一些射电脉冲双星，第一个被发现的脉冲双星系统是 PSR1913＋16。由双星的轨道运动规律测定出，两颗子星的质量和是 $2.8m_\odot$，每颗子星的质量很可能都是 $1.4m_\odot$。

大多数射电脉冲双星是由一颗中子星和一颗白矮星组成的。伴星的质量比太阳的质量小许多，在 $0.08～0.87m_\odot$ 之间。轨道周期长的如 PSR0820＋02，周期为 1 232 天；轨道周期短的如 PSRJ2051-0827，系统内的两颗子星都是中子星，轨道周期只有 0.099 天。

脉冲双星的首次发现使人们惊喜不已，因为由双星的轨道运动可以推算两颗中子星的质量这个重要的天体物理量。而且，还观测到脉冲双星系统 PSR1913＋16 中两颗子星的轨道周期正在减小，这恰恰是爱因斯坦的广义相对论所预言的：如果有两颗中子星彼此靠得很近，并因强大的引力作用而互相绕转，那么被吸积的天体一定会发出颇为可观的引力波。脉冲双星由于发出引力波，能量损失会使其绕转轨道的半径缩小，绕转周期就会缩短。人们只要观测到这类双星轨道周期随时间的变化率，就可以对爱因斯坦预言的引力波做出检验。

1973 年，美国天体物理学家泰勒和赫尔斯利用阿雷西博天文台直径 305 m 的巨大射电望远镜，以惊人的毅力和工作热情完成了 140 sr 天区的脉冲星的巡天观测和资料处理工作。他们发现了 40 颗新脉冲星，其中包括第一个脉冲双星系统 PSR1913＋16。这个脉冲双星系统成为天文学家验证引力辐射的空间实验室。赫尔斯和泰勒 20 年来坚持不懈地投入引力波验证的研究中，进行了上千次观测。他们以极高精度推算出脉冲双星 PSR1913＋16 中两颗子星的轨道运动状况。结果发现，在排除了其他因素之后，该双星系统的周期变化率为（-3.2 ± 0.6）$\times 10^{-12}$ s/s，此值正好与广义相对论的预期值相符，误差仅为 0.4%。这是引力波存在的第一个定量证据。为此，1993 年泰勒和赫尔斯共同获得诺贝尔物理学奖。

目前已观测到 3 000 多颗射电脉冲星。截至 2023 年，我国天眼已发现 800 多颗射电脉冲星。1991 年发现的射电脉冲双星 PSR1534＋12 在验证引力波方面比 PSR1913＋16 还要有利。它也是双中子星系统，轨道周期为 10.1 小时，轨道偏心率为 0.27，它的优势是脉冲宽度窄，因此测量它的脉冲到达时间的精度可以更高。

第 3 节 ┃ 黑　洞

在恒星演化的晚期，当恒星的质量大于太阳质量的 30 倍以上时，会发生超新星大爆炸，其中心残留的致密物质塌缩，会形成黑洞或中子星（见图 17.4）。最终是形成黑洞还是形成中子星，主要依据超新星大爆炸后残留的质量。若残留质量大于 $1.44m_\odot$ 就会成为一颗中子星，若残留质量大于 $2.16m_\odot$ 最终就会塌缩成黑洞。

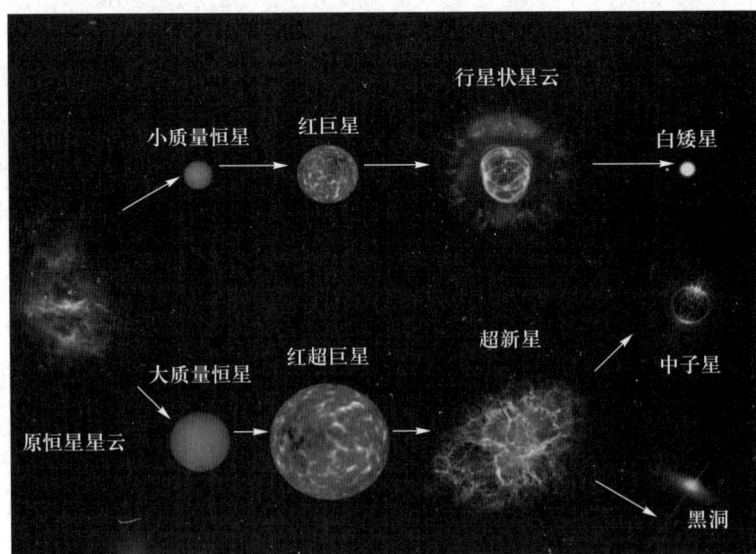

▷图 17.4　恒星的三种归宿：白矮星、中子星、黑洞

一、黑洞的质量

黑洞只有在双星系统中才能被探测到，一个孤立的黑洞是很难被探测的。在双星系统

中实际上探测到的合适的黑洞候选者差不多与发现的脉冲星的数目一样多。最小的黑洞的质量都是大于 $2m_\odot$ 的。有些大质量天体，比如 $100 \sim 200m_\odot$ 的恒星塌缩成黑洞，有些星系中心的巨大星云物质直接就塌缩成了黑洞，这两种黑洞的质量生来就比较大。

黑洞生来就是恒星等天体的天敌，靠"吃掉"各种天体壮大自己。据科学观测，S5 0014+81 类星体中间黑洞就在狼吞虎咽着周边的天体，每年都要吞噬 $4\,000m_\odot$ 的天体物质，所以越长越大。目前还没有发现黑洞质量的上限，现已知最大质量的黑洞是距离我们 104 光年的 TON 618 类星体中间的黑洞，其质量可达太阳质量的 660 亿倍，施瓦西半径为 1 920 亿 km；其次是 S5 0014+81 类星体中间的黑洞，其质量可达太阳质量的 400 亿倍，施瓦西半径为 1 183.5 亿 km；凤凰座星系团中心的黑洞，其质量约为太阳质量的 200 亿倍。

二、黑洞的视界

天文学家把物质被黑洞吸入不能再返回之处，称为黑洞的**视界**，此区域的半径叫**施瓦西半径**，这是为了纪念施瓦西的功绩。1916 年，德国天体物理家施瓦西对于完全球对称的情形求解了爱因斯坦广义相对论的引力场方程。按照这个解，一个非旋转的黑洞的临界半径 R_g 与天体的质量 m 和光速 c 以及引力常量 G 的关系为

$$R_g = 2Gm/c^2 = 2.96 \, (m/m_\odot) \text{ km}$$

式中 R_g 的单位为 km。任何物体的施瓦西半径都可以计算出来，质量越小，这种半径也越小。具有地球质量的天体要变成黑洞，其施瓦西半径小于 1 cm。太阳的 R_g 大约为 3 km，也就是说，如果把太阳物质压缩到半径为 3 km 或更小的一个球体内，它的光线就休想往外逃逸；而只要离开中心 3 km 以外，就没有危险了。任何天体，一切物质，一旦进入了视界，便逃脱不了被黑洞吞噬的命运，一直会下落到黑洞内，在不到几分之一秒的瞬间，就会被那里无穷大的引力碾得粉身碎骨。

当天体的半径缩小到 R_g 以后，在视界内引力场非常强，光线弯曲得也非常厉害，以至于完全跑不出视界。因此，一方面视界内的任何信息都传不出来，视界外的观测者不可能看到视界内的情况；另一方面，视界以外的物质和辐射却可以进入视界。如果一个天体收缩到这个视界的半径之内，那么它所有的物质将在有限的时间内落入黑洞，犹如掉入一个漆黑的无底洞。

三、时空的弯曲

黑洞的半径有多大呢？我们没有一种可操作的方法来测量它的半径，如果发射一束光穿过黑洞，而在那边用一面镜子反射回来，测量光往返的时间来计算黑洞的直径，这是不可能实现的。因为当光束穿越黑洞时，光子会掉进黑洞，并且永远不会从里边出来。我们所能测量的是黑洞的视界。视界是这样一个面，光子从该表面向外飞行时，能勉强地逃逸到无限远处，这个视界的圆周就可以测量了。用这样的方法获得的视界圆周是 $4\pi Gm/c^2$，其中 m 是应用牛顿运动定律由一个远离黑洞，绕黑洞旋转的小天体推算出的黑洞质量。所测量的视界圆周等于 $2\pi R_g$，于是我们可以得到施瓦西半径 R_g。

为什么万物都不能从黑洞逃逸出去呢？按照爱因斯坦的广义相对论，时空由于大质量

天体的存在而发生畸变，物质的质量弯曲了时间和空间，而时空的弯曲又反过来影响穿越空间的物体的运动。质量使时空弯曲可用一个日常例子来说明。如果我们在橡皮台球的桌面上放一块大石头，石头的重量就会使桌面下沉；石头越重桌面弯曲得就越厉害。任何物都不能从黑洞逃逸出去的道理，正如一个滚过弹簧桌面的网球将掉进由大圆石头造成的凹坑一样，一切经过黑洞近旁空间的物体也将被其巨大的引力陷阱所捕获（见图 17.5）。

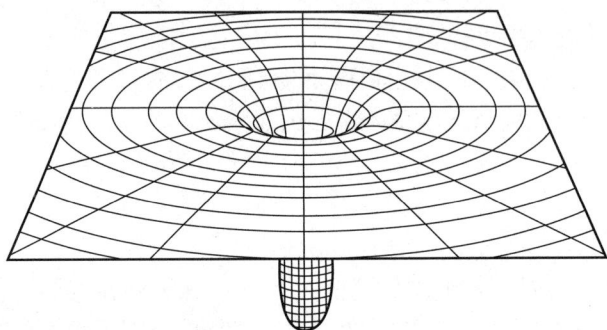

▷图 17.5　时空弯曲的示意图

由此可见，宇宙中的大质量天体会使宇宙结构发生畸变，质量大的天体比质量小的天体使空间弯曲得更厉害。若宇宙中某处存在有超高密度的黑洞，则该处的宇宙结构将被撕裂，时空结构的破裂之处叫作时空的奇点。

某天体掉落在黑洞中绝不意味着它在宇宙中从此消失了，黑洞的引力使它仍旧可以被外界所察觉。因为光线接近时会被黑洞捕获，在黑洞周围较远处传播的光线就会发生方向的改变。黑洞能够利用它的引力和别的天体组成新的力学系统，甚至能够控制住一批行星，还能够和另外一颗星结成一个双星。2003 年根据钱德拉塞卡 X 射线天文台的观测发现，在星系 NGC6240 的核心处有一个黑洞双星，两个黑洞的距离为 3 000 l.y.，它们之间彼此环绕。

四、黑洞的霍金辐射

英国宇宙学家霍金认为，黑洞会缓慢地释放能量。1974 年他证明了黑洞的温度不为零，比宇宙深空的温度高一些。一切比其周围温度高的物体都要释放出热，黑洞也不例外。一个典型的黑洞将在 10^{18} 年内释放出它的全部能量，释放的能量叫作霍金辐射。

霍金研究了在视界面附近粒子产生和湮没的量子力学过程。他设想了发生在黑洞视界面附近类似的过程，通常是这种粒子的湮没紧跟着另一种粒子的产生，于是，在无限远的地方不会出现可检测的变化。然而，有时新产生的粒子和反粒子受黑洞潮汐力的影响而有不同的加速。两个中的一个掉进了黑洞（带负能），它的同伴却获得了足够的能量而物质化，逃到了无限远处。

霍金推算出，一个非旋转的黑洞与热能分布相关的温度 T 与它的质量成反比，即

$$kT = \frac{hc^3}{16\pi^2 Gm}$$

由此，他推测出黑洞的温度直接与"表面重力"成正比。

当黑洞的质量与大质量恒星的质量相仿时，这个黑洞的温度低得可以忽略，近似于绝对零度。经典理论认为黑洞只吸收光子，而永远不会发射光子。然而，量子力学的计算给出，一定质量的黑洞都有一定的温度。

五、黑洞的探测

黑洞不能直接观测，但是可以通过观测黑洞对它周围物质的作用所产生的现象，间接找到黑洞的观测证据。近年来，天文学家找到了越来越多的黑洞存在的证据。例如，通过观测炽热气体流进黑洞视界时发出的信息——X 射线辐射来确定黑洞的存在，还可以通过观测黑洞附近的超光速喷流源来确定。

著名的 M87 星系（又称室女座 A 星系）中心是个巨大的黑洞，它是科学家利用位于夏威夷莫纳克亚的 8.1 m 双子座望远镜发现的，它距离太阳系约 5 500 万光年。它的体积巨大，是太阳的 680 万倍，但黑洞的图像迟迟没有获取到，直到 2019 年 4 月 11 日由"事件视界望远镜"（EHT）获得。这是人类首次得到的黑洞图像。EHT 是由全球各地的 8 个射电望远镜组成的一个等效于地球般大小的虚拟望远镜。EHT 囊括了位于西班牙、美国和南极等地的射电望远镜。M87 超大质量的黑洞周围有明亮的旋转物质，由于黑洞的强引力，圆盘的外围是扭曲的。这张照片是黑洞的第一张真实图像，它为爱因斯坦的广义相对论提供了新的验证（见图 17.6）。

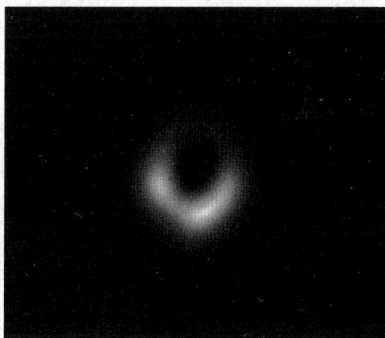

▷图 17.6　M87 中心的黑洞及周围
环境的图像

时隔不久，2022 年 5 月 12 日"事件视界望远镜"（EHT）国际合作组织的科学家又有一个重大突破，他们公布了银河系中心超大质量的 Sgr A*（人马座 A*）黑洞的珍贵照片。这张照片是从 2017 年的观测数据中提取不同照片平均而成的（见图 21.12）。这个黑洞的质量超过 400 万个太阳质量，它比 M87 星系中心的黑洞更轻更小，其周围的光线环绕一周可能只需要几分钟，而 M87 星系中心的黑洞周围的光线环绕一周则需要几天到数周。这就意味着在 EHT 观测 Sgr A* 之时，该超大质量黑洞周围绕转气体的亮度和图像也在时刻快速地变化。

天文学家观测分析出，其射电强度、红外线及 X 射线均有闪烁现象。科学家认为这是黑洞内旋转形成的热点，此外黑洞吞噬大量物质时会产生强烈的物质喷射流，此喷射流的方向变化使地球上的观测者会发现明暗不同的变化。

1997 年，中国天文学家张双南教授测量出黑洞有自旋的特性。他依据观测到的银河系内两个超光速喷流源 GROJ1655-40 和 GRS1915+105 的 X 射线特性，揭示了在此 X 射线双星系统中的黑洞是快速自旋的，自转的方向与吸积盘的旋转方向有时相同，有时相反。

依据相对论量子理论可推算出，黑洞视界附近的量子效应会导致黑洞蒸发，甚至会出现爆炸。由于黑洞有自转，且靠近视界处会有很强的引力场，黑洞会对外界施加强引力和强电磁力作用。当附近的物质受黑洞引力作用下落时，引力势能会转化为动能和热能，使接近视界处的物质温度升高而产生电离。

近年来，发现有 20 多个 X 射线双星系统中致密子星的质量是在 $3.2m_\odot$ 以上，它们很可能是黑洞双星（BHBs）。在这 20 多个黑洞双星候选者（BHCs）中至少 5 个有明显的黑洞证据，它们是 GRS2023+338，GROJ0422+32，GROJ1719-24，1E1740.7-2942 和 GRS1758-258。根据轨道运动定律推算，这 5 个 X 射线双星系统内的两个致密天体的质量大于 $3.2m_\odot$，超过了中子星的质量限，而且它们的 X 射线谱缺少软 X 射线（光子能量为 0.5～1.0 keV 的 X 射线）的辐射，这说明它们不可能是中子星更不可能是白矮星，而是黑洞的候选者。

天鹅座 X-1（Cyg X-1）是黑洞的最佳候选者，它是个 X 射线双星（见图 17.7），双星系统中主星是一颗 B0 超巨星，其质量为 $30m_\odot$，直径为 1.8×10^7 km。它的伴星看不见，很可能是一个黑洞，因为观测到它的 X 射线有一定特征的变化，由此判断出主星有轨道运动，于是推测出系统的伴星是一个具有 $14m_\odot$ 的天体，这远远超过了中子星的质量限。所以天文学家公认它是黑洞的最佳候选者，也就是说，天鹅座 X-1 双星系统中的一颗子星非常可能是黑洞。

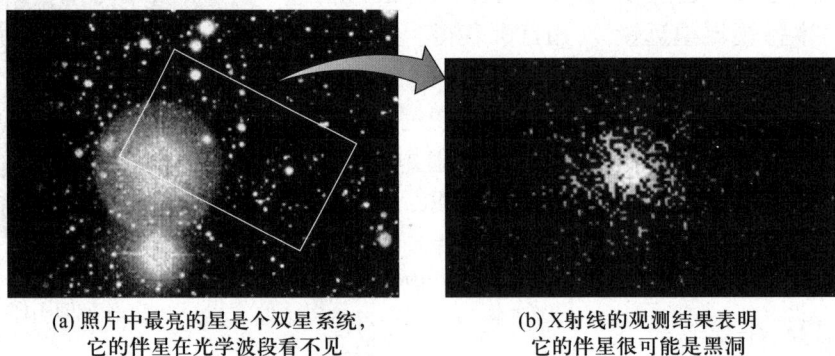

(a) 照片中最亮的星是个双星系统，
它的伴星在光学波段看不见

(b) X射线的观测结果表明
它的伴星很可能是黑洞

▷图 17.7　X 射线双星天鹅座 X-1

据最近的观测研究，天鹅座 X-3 也被认为是黑洞的候选者，还有 X 射线新星和超光速的喷流源（如 GROJ1655-40、GRS1915+105）也是黑洞双星的候选者。天文学家推测，除了像 CygX-1 这样的恒星级黑洞外，大质量的黑洞存在于非常活跃的星系中心，比如在塞弗特星系中心或在遥远的类星体核心。

哈勃空间望远镜在室女座活动星系 NGC6251 中拍摄到一个草帽样翘曲的尘埃圆盘，圆盘一边反射紫外线。欧洲南方天文台的菲里利普斯·克兰和他的同事们还诧异地看到从核心伸展出来的一个针状物与一个直径 1 000 l.y. 的尘埃盘平行。他们认为此星系的中心很可能有一个黑洞。

2002 年 11 月，钱德拉塞卡 X 射线卫星发现，在离我们大约 3 000 l.y. 远的 NGC6240 星系中有两个巨大的黑洞正在相互靠拢，预计几亿年后，他们会合并为一个巨大的黑洞。

总之，人们虽然看不见黑洞，但可以依据黑洞对其他天体的引力作用、电磁作用等影响来探测它。迄今为止，天文学家关于黑洞的理论研究文献比从太空探索到的确凿证据要多得多。目前太空探索的科学家们正向着进一步探测的方向进发，相信不久会传来更多的证据。

第4节 ┃ 双致密星并合与引力波

爱因斯坦在 1916 年基于广义相对论中预言了引力波的存在。爱因斯坦的分析表明，大质量物体的加速运动（如相互环绕的中子星或黑洞）会破坏时空，从而使时空起伏的"波"向远离源的所有方向传播。这种在时空中引起的"涟漪"以光速传播，其中携带着有关其起源的信息以及引力本身性质的信息。最强的引力波是由诸如超新星爆炸、碰撞中子星和碰撞黑洞等灾难性事件产生的。

虽然爱因斯坦在 1916 年就预言了引力波的存在，但直到 1974 年，也就是他去世近 20 年后，人类才首次观测到了引力波存在的证据。那一年，天文学家赫尔斯和泰勒利用波多黎各的阿雷西博射电望远镜发现了一个脉冲双星系统，这正是广义相对论预测的应该辐射引力波的系统。经过对脉冲星运行轨道长达八年的观察，他们确定，轨道衰减（缩小）的速率与广义相对论的预测高度一致，也即发现了引力波存在的间接证据。赫尔斯和泰勒因为这一发现，被授予 1993 年度诺贝尔物理学奖。

为了直接探测引力波，1999 年美国加州理工学院和麻省理工学院牵头建成了激光干涉引力波天文台（LIGO），以测量引力波引起的空间尺度的极其微小的变化，后面不断进行升级。LIGO 成为迄今为止人类建造的最精确的仪器，它可以测量原子核尺度万分之一的微小距离的改变。

持之以恒的努力终于带来了重大的突破。2015 年 9 月 14 日，LIGO 直接测量到了由 13 亿光年之外的两个黑洞并合产生的引力波所造成的时空波动。LIGO 的这一发现将作为人类最伟大的科学成就之一载入史册。这两个分别为 29 倍和 36 倍太阳质量的黑洞并合，产生的引力波到达地球时，LIGO 4 km 长的干涉臂上产生的时空抖动量是原子核尺度的 1/1 000。2017 年，LIGO 实验项目的三位领导人获得了诺贝尔物理学奖。

迄今，LIGO 和国际上其他两个引力波天文台一起，已经探测到了约 90 例引力波事件。在这些引力波事件中，黑洞并合前的质量位于 10～100 倍太阳质量之间，和通过 X 射线等辐射发现的黑洞质量分布（3～20 倍太阳质量）有着明显差别。这种差别是观测的选择效应，还是反映了恒星级黑洞形成和演化以及恒星形成和演化的特殊过程，还有待进一步的研究。

引力波探测的另一个历史性事件出现在 2017 年 8 月 17 日，美国的 LIGO 和欧洲的 Virgo（一个实验项目）探测到引力波 GW170817。1.7 秒之后，美国的费米伽马射线空间望远镜探测到了一个伽马射线暴，从而人类第一次以引力波和电磁波两种方式探测到了同一个天文事件。这引发了全球地面和空间的各种望远镜对 GW170817 观测的热潮：11 个小时之后，相继发现其光学、紫外线和红外线对应体；9 天后，其 X 射线辐射出现；16 天后，其射电辐射出现。这些观测结果表明，GW170817 是两颗中子星并合产生的，随后是一次短伽马射线爆发和一个由喷流中新合成核物质的放射性衰变产生的持续时间较长的辐射。GW170817 为研究爆炸核合成、喷流以及中子星内部的物态提供了特别的途径和丰富的信息。

除了地面的 LIGO、Virgo、KAGRA（日本的引力波探测项目）等以外，目前欧洲空间局正在进行空间引力波探测实验"LISA"的研制，中国的"太极""天琴"等空间引力波探测设备也在预研之中。与地面引力波探测装置相比，由于不受地球上各种噪声的影响，而且基线更长，空间引力波探测实验主要覆盖更低的频率范围，探测的目标包括双致密星系统并合之前发出的引力波以及双超大质量黑洞系统发出的引力波等。

例题 1 假设太阳塌缩为一个半径为 20 km 的中子星。问：（1）这个中子星的平均密度是多少？（2）它的自转周期是多少？

解答：（1）中子星的平均密度为

$$\rho = \frac{m_\odot}{4\pi r^3/3} \approx 6 \times 10^{16} \text{ kg/m}^3$$

（2）它的自转周期可利用物体的角动量守恒定律求出。

精确的计算需要知道太阳和中子星的质量分布，粗略的估计可以假定太阳和中子星的质量都是均匀的。我们知道转动惯量为 $J = 2mR^2/5$，角动量为 $L = J\omega$，已知太阳的赤道自转周期为 $P_\odot = 25$ d，太阳的光球半径为 $R_\odot = 6.96 \times 10^8$ m。

由角动量守恒定律得

$$\frac{2}{5}m_\odot R_\odot^2 \times 2\pi/P_\odot = \frac{2}{5}m_\odot R^2 \times 2\pi/P$$

所以

$$P = P_\odot (R/R_\odot)^2 = 25 \times (20 \times 10^3)^2/(6.96 \times 10^8)^2 \text{ d} = 2.064 \times 10^{-8} \text{ d} \approx 1.8 \times 10^{-3} \text{ s}$$

由于 $1/P = 555.5 \text{ s}^{-1}$，所以那时太阳将会每秒转约 555 周。

例题 2 若太阳表面物质的逃逸速度达到光速，则太阳的半径会是多少？

解答：若逃逸速度达到光速，即

$$\sqrt{\frac{2Gm_\odot}{R}} = c$$

式中 $G = 6.674 \times 10^{-11} \text{ N} \cdot \text{m}^2/\text{kg}^2$，则

$$R_\odot = 2Gm_\odot/c^2 = 2 \times 6.674 \times 10^{-11} \times 1.989 \times 10^{30}/(2.998 \times 10^8)^2 \text{ m} = 2\,954 \text{ m}$$

所以若太阳表面物质的逃逸速度达到光速，则太阳的半径必须减小到 2 954 m。

习题十七

1. 一个固体的角动量正比于它的角速度乘以半径的平方。利用角动量守恒定律，如果恒星核的初始旋转速率是每天 1 圈，当它的半径从 10^4 km 减小到 10 km 时，请估算这个致密恒星核的旋转速率。

2. 计算一个 $1.4m_\odot$、半径为 10 km 的中子星的引力核的逃逸速度。

3. 利用光度 – 半径 – 温度的关系计算一个半径为 10 km，温度分别为 10^3 K、10^7 K、10^9 K 的中子星的光度，关于中子星的可视性你做出什么结论？其中最亮的中子星可以绘在 H–R 图上吗？

4. 某一 γ 射线探测器面积为 0.5 m^2，记录到光子的总能量为 10^{-8} J，如果 γ 射线暴发生在 100 Mpc 以外，求它释放的总能量（假设发射是各向同性的）。如果这个 γ 射线暴发生在我们的银河

习题十七
参考答案

系的银晕外，即 $10^5\,pc$ 外，那么探测到的 γ 射线暴图像会有什么变化？

5. 一个半径为 10 km 的中子星每秒转 600 圈，计算它的赤道上一点的速度，并与光速比较（设赤道是圆的）。

6. 一些星系的中心有超大质量的黑洞。质量为 $10^6 m_\odot$ 和 $10^9 m_\odot$ 的黑洞的施瓦西半径分别是多少？将第一个黑洞的施瓦西半径与太阳的大小做比较，将第二个黑洞的施瓦西半径与太阳系的大小做比较。

7. 一个具有黑体温度分布、等于太阳光球温度 6 000 K 的黑洞，其质量和施瓦西半径分别是多少？

白矮星、中子星和黑洞选题

请估算一个质量为 $10^8 m_\odot$ 的超大质量黑洞施瓦西半径内的平均质量密度。

第十八章

双 星

　　银河系中的恒星中几乎有一半以上是双星，这些双星是由万有引力这个"纽带"连接在一起的。它们互相绕转，呈现出特有的演化图景。通过双星的研究不仅可以直接测定恒星质量，还可以获取双星轨道要素和恒星大小等重要信息。

　　在双星系统中两颗子星互相绕转，彼此之间有着物理联系的恒星系统称为物理双星。若两颗星看起来在天球上的角距离很近，但它们之间没有相互的引力作用，则称之为几何双星。它们不是真正的双星，不在双星的研究范围之内。在双星系统中，两颗成员星都称为双星的子星，较亮的那颗叫主星，较暗的那颗叫伴星或次星。

　　双星世界丰富多彩，按照观测分类有目视双星、食变双星和分光双星三大类。许多双星兼有两种类型，如有的双星既是食变双星又是分光双星；有的双星既是目视双星又是分光双星等。天文学家按照它们的特殊性质又把它们分成许多类型：例如，两颗子星距离较近，并有物质交流的双星叫作密近双星；双星系统若经常发生激烈的恒星活动现象（恒星黑子活动、耀斑爆发等），叫作色球活动双星；系统具有强 X 射线辐射的双星叫作 X 射线双星。

第 1 节 ｜ 目 视 双 星

　　直接用眼睛或通过望远镜观测就能分辨出两颗子星的双星叫作**目视双星**。目视双星的两颗子星呈分离的像，不停地相互绕转。目视双星的两颗子星相距较远，互相绕转的轨道周期也较长，一般在一年以上，也有十几年甚至几百年的（见图 18.1）。

　　著名的天狼星 A 和它的伴星天狼星 B 是一个目视双星，轨道周期为 49.9 年。明亮的目视双星室女座 γ 是由亮度几乎相等的两颗子星组成的，它们的绕转周期更长，为 171 年。表 18.1 列出了一些亮的目视双星的参量。

　　由目视、照相或用干涉法可以测定目视双星的运动轨道要素：轨道倾角、轨道半长轴、偏心率、轨道周期和过近星点的时刻等。

　　直接目视观测时，望远镜的目镜必须是测微目镜，也叫目镜动丝测微器。动丝测微器通常由一个冉斯登型的目镜和可读出读数的、能调节的十字丝所组成。通过大量观测，测量两颗子星在不同时间，不同相位时在天球上的角距离（ρ）及主星和伴星的连线与南北连线的夹角（方位角 θ）。如果观测资料有接近一个轨道周期的数据，就可以把测量的数据（ρ 和 θ）绘成目视双星的视椭圆轨道，代入轨道方程式，可计算出它的轨道要素。目前，已确定轨道要素的目视双星有数万颗。

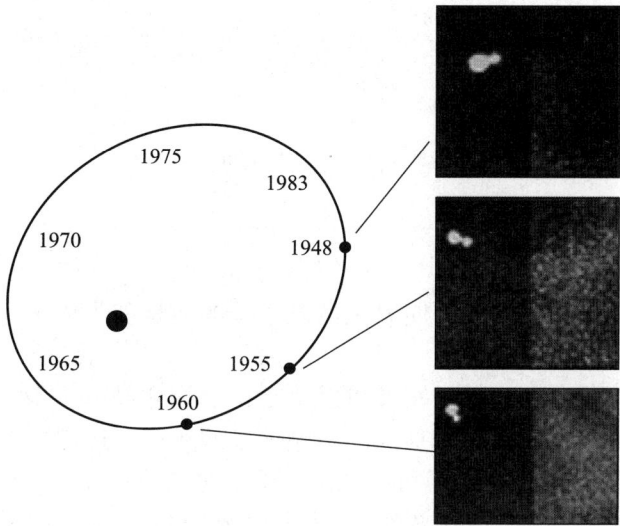

(a) 克鲁格60的
视运动轨道图

(b) 此目视双星在三个
不同时期的照片

▷图 18.1　目视双星

表 18.1　一些亮的目视双星

星名	赤经 α　赤纬 δ 历元 2000.0	ρ/(″)	P/a	π/(″)	子星 1		子星 2	
					星等	光谱型	星等	光谱型
仙后座 η（η Cas）	00ʰ49ᵐ　+57° 49′	11.99	480	0.17	3.44	G0V	7.18	K5
波江座 o²（o² Eri）	04ʰ15ᵐ　−07° 40′	6.89	247	0.201	9.62	F2Ⅲ	11.10	KeⅣ
天狼星（α CMa）	06ʰ45ᵐ　−16° 43′	7.62	49.9	0.379	−1.47	A1V	8.64	DA
南河三（α CMi）	07ʰ39ᵐ　+05° 14′	4.55	40.6	0.287	0.34	F5Ⅳ	10.64	DF
牧夫座 ε（ε Boo）	14ʰ45ᵐ　+27° 05′	4.88	150.0	0.118	2.70	K0Ⅱ−Ⅲ	5.12	A2V
武仙座 ζ（ζ Her）	16ʰ41ᵐ　+31° 36′	1.38	34.4	0.104	2.82	G0Ⅳ	5.54	dK0
蛇夫座 70（70 Oph）	18ʰ05ᵐ　+02° 30′	4.55	87.8	0.199	4.02	K0V	8.49	K4
飞马座 85（85 Peg）	00ʰ02ᵐ　+27° 05′	0.83	26.3	0.080	5.75	G3Ⅴ	8.85	—

注：①ρ 为双星的角距离；②坐标所示的赤经 α、赤纬 δ 为主星的位置；③星等为目视星等；④P 为双星的轨道周期；⑤π 为周年视差

目视双星的质量测定　由观测可以得到两颗子星的相对轨道半长径 a（以角秒为单位），设双星与我们的距离用周年视差 π 表示，轨道周期 P 用回归年量度，质量以太阳质

量为单位，双星的角距用 a'' 表示，则有

$$m_1 + m_2 = \frac{a''^3}{\pi^3 P^2}$$

将上式改写，可以得到周年视差的另一种表达式，即

$$\pi = \frac{a''}{\sqrt[3]{P^2(m_1 + m_2)}}$$

通过观测目视双星，由角距 a''、周期 P 及两颗子星的质量和可以求它的距离，这种方法叫作力学视差。

我们注意到，对于目视双星，如果知道角距 a''、周年视差 π 及轨道周期 P，就可以求出双星两颗子星的质量和。欲分别求出两颗子星的质量，还需要一个条件。只要我们再求出两颗子星的质量比 m_1/m_2，就可以求出两颗子星的质量了。有两种途径可以做到：① 由天体测量方法测出一颗子星的绝对轨道半长径 a_1 或 a_2，则由 $a_1/a_2 = m_2/m_1$ 可求出质量比；② 拍摄两颗子星的光谱，由视向速度的半振幅之比（即 $K_1/K_2 = m_2/m_1$），也可求出两颗子星的质量比（参见第 3 节）。

第 2 节 | 食 变 双 星

由于两颗子星的轨道运动而互相遮掩发生掩食效应引起系统光变的双星叫作**食变双星**。

食变双星的两颗子星相距很近，当观测者的视线与双星运动的轨道面接近平行时，会看到两颗子星互相掩食，如同日食、月食一样。因此，可通过光电测光或 CCD 测光观测到它们的亮度变化，通过分析亮度随时间变化的光变曲线，可测定双星的光变周期、轨道倾角、轨道半长径等轨道参量。

食变双星的光变曲线如图 18.2 所示，光变曲线的最深（低）处叫光变极小，光变曲线的次深处叫光变次极小。两个主极小（或两个次极小）之间的时间间隔叫一个光变周期 P。精确地测定极小时刻就可以方便地测定光变周期和周期的变化。

按照光变曲线食变双星可分为三类：大陵五型食变双星（EA）、渐台二型食变双星（EB）和大熊座 W 型食变双星（EW）。

1. 大陵五型（Algol 型，EA）

大陵五型食变双星的光变曲线的特征是，有明显的主极小（较深的）和次极小（较浅的），而食外光变曲线（即在主极小和次极小之间的曲线段）较为平滑。光变周期范围为 0.2 天至几年，光变幅相当不同，大的可达几个星等。

2. 渐台二型（β Lyr 型，EB）

渐台二型食变双星的光变曲线在主极小和次极小之间就不那么平直了，而是弯曲得

多，主极小比次极小明显地深。光变周期一般长于一天，光变幅小于 2 个星等。

3. 大熊座 W 型（W UMa 型，EW）

大熊座 W 型食变双星的光变曲线类似一个英文字母 W，光变曲线的主极小（主星被掩食）和次极小（次星被掩食）的深度几乎相等，光变周期短于一天，光变幅小于 0.8 个星等。典型星是大熊座 W 双星。这类双星，因为两颗子星之间有频繁的物质交流，所以也叫作密近双星。

下面我们介绍一下几颗典型的食变双星。

大陵五（Algol） 大陵五是大陵五型食变双星的典型星。1782 年 18 岁的英国聋哑青年——天文爱好者约翰·古德利克，通过大量的观测发现了它的光变，并正确地推测出了它的光变周期。他指出大陵五的光变周期是 2.87 天，并进一步推断它的光变可能是另一个天体绕着它转，遮住了它的一部分引起的。后人的观测证实了他的推断，并观测到此星还有更短时标的光变。大陵五的光谱中有发射线，由此可推断出其中一颗子星周围可能有气环。研究表明，大陵五双星食的原因是，一颗光谱型为 B8 的主序星把一颗光谱型为 K0 的亚巨星的光线的一部分遮挡住了；B8 主序星的质量约为 $3.7m_\odot$，而亚巨星的质量是 $0.8m_\odot$。按照演化理论，大质量的星比小质量的星演化快，假设两颗子星同时生成，而大陵五的小质量的星却演化快（先充满了洛希瓣），这个矛盾叫"大陵五佯谬"。近代研究认为，目前小质量的星原来是较大质量的子星，经过快速的质量转移，部分物质转移给了它的伴星，并演化成为了质量较小的星，这时质量转移率慢了下来。这就解释了这个矛盾。

天琴座 β（β Lyr） 它是渐台二型食变双星的典型星。它的两颗子星的视星等分别为 3.38^m 和 4.29^m，轨道周期为 12.9 天，它的主星是一个光谱型为 B8 的早型星。现代观测表明，此双星系统中有强大的气流正从主星中抛出并被伴星捕获，有的物质被抛到双星系统之外，这是近年来天文学家研究的热点。天琴座 β 食变双星的光变原理图如图 18.2 所示。

大熊座 W（W UMa） 它是大熊座 W 型食变双星的典型星，也是密近双星，两颗子星的视星等分别为 8.5^m 与 9.2^m，都是光谱型为 F8 的主序星；轨道周期较短，仅有 0.333 6 天，即 8 个多小时就转一周。观测表明，这个双星的两颗子星之间有频繁的物质交流，它的活动现象、周期变化及物质交流受到广泛关注。

这类食变双星的光变曲线的极大处是圆形的，主极小与次极小的深度几乎相等。这种特征反映了两颗星的形状因潮汐作用而变为偏离球形，因而只要在公转中还未进入交食，在观测者看来就有相同的视亮度。主极小和次极小几乎相等说明两颗子星的有效温度近似相等。光谱观测表明，这类双星的谱线轮廓由于自转而致宽。理论模型认为两颗子星有共同的外壳，子星间不断有物质交流，像一个亲密无间的"联体双胞胎"。

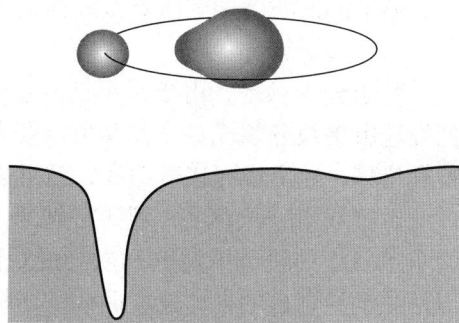

▷图 18.2 天琴座 β 食变双星的光变原理图
下面为光变曲线

第 3 节 ┃ 分 光 双 星

有一类双星，直接用眼睛或通过望远镜看时是一颗星，但观测光谱时发现其谱线具有周期性的多普勒位移，从而判断出两颗子星有互相绕转的轨道运动，人们称之为**分光双星**（见图 18.3）。

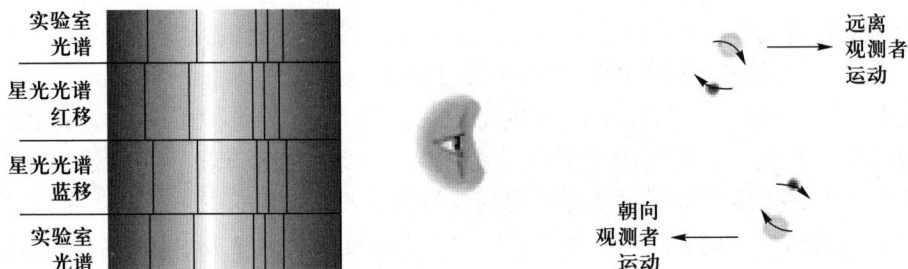

▷图 18.3　分光双星
谱线具有周期性的多普勒位移

如果双星系统内伴星比主星暗得多，我们只能观测到一颗星的光谱，即只有单线呈现出周期性的多普勒位移，这类双星称为单谱分光双星；如果两颗子星亮度差不多，我们能观测到两颗子星的光谱，即观测到谱线有时成双，而有时合二为一，呈周期性变化，这类双星称为双谱分光双星。由谱线的多普勒位移测定子星的视向速度，就可确定双星的轨道运动。20 世纪 90 年代，天文学家已发现和测定了 1 469 个分光双星的轨道要素，给出了分光双星表。

在分光双星中，有一类双星系统内的成员星一个冷、一个热，这类双星系统称为共生星。例如，仙女座 Z 双星、天鹅座 CI 双星都是冷热共存的共生星。一般而言，共生星系统是由一颗红巨星（或红超巨星）和一颗主序星（或白矮星甚至中子星）组成的。这种冷、热不同的孪生同胞究竟是如何诞生的？它们又如何共处一生，这些都是目前天文学家研究的重要课题。

对于分光双星，由于子星绕双星系统质量中心的轨道运动（绝对轨道运动），谱线周期性地由单线分裂成双线，又由双线合并成单线。观测得到子星的光谱后，分析谱线的多普勒位移，绘出视向速度曲线，就可以解出双星的轨道要素及与质量有关的函数。

对于双谱分光双星，观测得到两条视向速度曲线，由分光双星的视向速度曲线可以直接求出双星的轨道周期 P 和质心的视向速度（视向速度曲线的平分线），并且可以直接求出两颗子星各自的视向速度曲线的半振幅 K_1 和 K_2，即

$$K_1 = (A_1 + B_1)/2$$
$$K_2 = (A_2 + B_2)/2$$

式中，A_1、B_1 为主星的视向速度曲线半振幅，A_2、B_2 为伴星的视向速度曲线半振幅。

由图 18.4 不难证明：$K_1/K_2 = m_2/m_1$。若这个分光双星又是目视双星，求出两颗子星的

质量和，则可以求出两颗子星各自的质量。

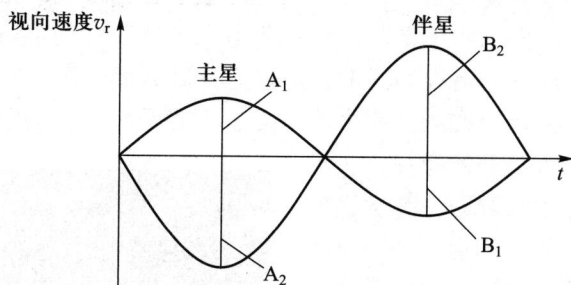

▷图 18.4　分光双星的视向速度曲线

* 分光双星的质量函数

对于分光双星，因为由光谱观测到的是它的视向速度，即轨道运动速度在视线方向的投影，所以只能求出它们的质量函数。下面我们推出它的表达式。

通过观测得到的是分光双星的绝对轨道，由开普勒第三定律得

$$(m_1 + m_2)P^2 = a^3 = (a_1 + a_2)^3$$

式中 a_1 和 a_2 分别是两颗子星轨道的半长径。上式可以改写为

$$(m_1 + m_2)P^2 = \left(a_1 + \frac{m_1}{m_2}a_1\right)^3 = \frac{(m_1 + m_2)^3}{m_2^3}a_1^3$$

或

$$\frac{m_2^3}{(m_1 + m_2)^2}P^2 = a_1^3$$

a_1 不能单独定出，只能定出 $a_1\sin i$（因为观测得到的是轨道速度在视线方向的投影），i 是绝对轨道平面和天球切面的交角。因此把上式都乘以 $\sin^3 i$，将 P^2 移到右端，得到

$$\frac{m_2^3\sin^3 i}{(m_1 + m_2)^2} = \frac{a_1^3\sin^3 i}{P^2} = f(m)$$

$f(m)$ 称为分光双星的质量函数。如果两颗子星的光谱都能观测到，还可以写出

$$\frac{m_1^3\sin^3 i}{(m_1 + m_2)^2} = \frac{a_2^3\sin^3 i}{P^2} = f(m)$$

*第 4 节　｜　双星的洛希模型

19 世纪中期，法国数学家爱得华·洛希找到一种简单的方法并建立了双星模型，该模型沿用至今，称为洛希模型。洛希模型把子星看作是聚集了子星质量的两个质点，它们之间的引力作用也用质点的情况来考虑，由此来计算系统内一质点在双星之间的运动。

洛希模型是用于描述双星系统中物质的受力和气流运动状况的模型。双星系统中两颗

子星互相绕着它们的公共质心做椭圆运动，系统内物质和气流运动的受力情况比单星复杂得多，它除了受到两颗子星的引力外，还受到两颗子星互相绕转产生的离心力，以及由于转动惯性产生的科里奥利力。对于单星，它的等势面是球形；但是对于双星，两颗子星的等势面（或叫等位面）离球心近处为球形，离球心远处为椭圆形。在这一族等势面中，有一颗等势面是两颗子星相接而成的，那个等势面是包络两颗子星的闭合曲面，这个曲面叫内临界等势面。内临界等势面的存在，决定了子星表面的最大的形状和界限。等势面的内交点，即 L_1，叫拉格朗日内点，两颗子星之间的物质交流必然要通过它。包络两颗子星的另一等势面叫外临界等势面，其上的一个交点叫拉格朗日外点，即 L_2。气流通过拉格朗日外点可以逃逸出双星系统，所以它是物质流出双星的"溢口"。由于这个洛希模型很好地解释了双星内部气流的运动规律和演化状况，所以至今仍是研究双星结构和演化的理论基础。

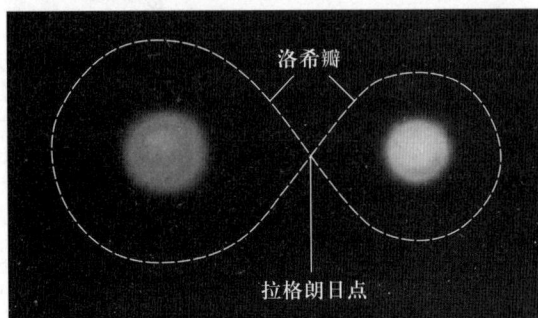

(a) 不接双星

双星系统按照它们结合的势能情况可分为不接双星、半接双星和相接双星三类（见图 18.5）。

（1）不接双星　双星系统中两颗子星的光球位于各自的洛希瓣之下，都没有充满洛希瓣，两颗子星离得较远，通过引力相互作用。例如大陵五双星。

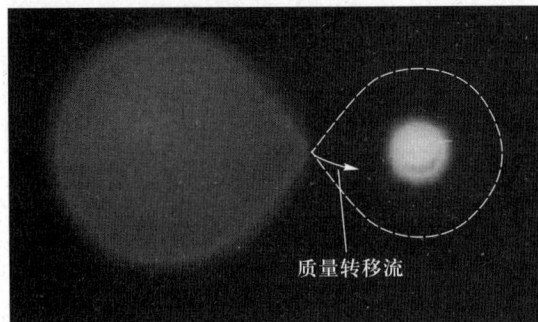

(b) 半接双星

（2）半接双星　双星系统中的一颗子星的光球与其洛希等势面重合，充满了洛希瓣，而另一颗子星位于其洛希瓣之下。充满洛希瓣的子星叫相接子星，另一颗子星叫不接子星，例如天琴座 β 双星。

（3）相接双星　双星系统中的两颗子星的光球都充满了各自的洛希瓣。在这种情况下，内临界面把两颗子星都包裹在一起，它们有着一个共同的对流包层。例如大熊座 W 双星。

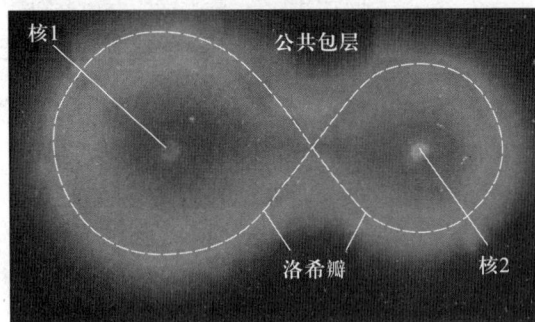

(c) 相接双星

▷图 18.5　三类食变双星

*第 5 节 ｜ 色球活动双星

色球活动星有类太阳的活动现象，而且其表面活动现象比太阳来得更剧烈、更频繁。现代多波段的观测研究已揭示，色球活动双星表面常有特大的黑子群出现，并常发生白光耀斑爆发和谱斑活动等现象。在这类双星的紫外谱中，发现有许多色球过渡区发射的高次电离金属发射线，如在可见光谱区的一次电离钙（CaⅡ）的 H、K 线有核心发射，氢的 H_α 谱线有发射或者发射填充吸收线；在射电波段常发生射电耀发事件，并且伴有 X 射线的发射。

1976 年美国天文学家海尔提出，光谱中一次电离钙（CaⅡ）的 H、K 线的核心发射强弱是反映色球活动双星活动性的重要判据。这类星的光谱型从 A 型到 M 型都有，光度型有矮星、亚矮星和巨星。1993 年再版的"色球活动双星表"汇总了 206 个色球活动双星系统的重要参量。RS CVn 双星和 BY Dra 双星是典型的色球活动双星。活动性强的色球活动星的光谱，不仅一次电离钙的 H、K 线核心发射较强，而且 H_α 线也是发射线或呈现为有一部分发射填充了吸收线。依据这类双星的光谱中的谱线轮廓变化可以研究恒星活动的规律和机制。例如 HR1099 是颗著名的色球活动双星，由其谱线轮廓的变化及活动引起的视向速度变化可研究其表面黑子活动的图像。

*第 6 节 | X 射线双星

近几十年来，随着空间科技的发展，人们发现了一批 X 射线双星。例如，1970 年"乌呼鲁"（自由号）卫星提供了两颗 X 射线源（武仙座 X-1 和半人马座 X-3）具有双星性质的证据。后来获知天蝎座 X-1 也是一个 X 射线双星。1977 年发射的"高能天文台"1 号和"高能天文台"2 号卫星以及 1988 年 6 月德国、美国和英国共同发射的伦琴 X 射线卫星（ROSAT）上天后，在银河系中发现了 3 000 多颗 X 射线源，在河外星系仙女座大星云中也发现了 80 多个 X 射线源，其中有一批是 X 射线双星。1999 年 7 月 23 日由美国 NASA 发射的钱德拉 X 射线天文台以及同年 12 月欧洲空间局发射的 X 射线反射镜航天器正在飞行，它们会提供给我们更多的 X 射线双星的资料。

X 射线双星系统中的伴星是中子星。下面我们列举几个 X 射线双星。

武仙座 X-1　它的脉冲周期为 1.24 s。武仙座 X-1 双星系统包括一颗中子星和一颗光学子星。光学子星的物质受中子星的吸积，物质流向中子星，并激发产生 X 射线，所以称之为 X 射线双星。

"乌呼鲁"卫星接收到的武仙座 X-1 的 X 射线是一系列间隔为 1.24 s 的脉冲，并发现它们的脉冲间隔不是一成不变的，而是以 1.007 1 天的周期循环。这使人们推测出，该 X 射线源是在绕着某一颗子星运转。人们还观测到每隔 1.007 1 天有一个大约 5 小时的空缺，这反映那时 X 射线源被另一颗子星遮掩，发生了食，后来又观测发现其中有 23 天 X 射线完全消失；再往后，又继续重复这一过程。这又是怎么回事呢？原来这颗 X 射线星活动性很强，其 X 射线有时增强有时消失。天文学家还发现武仙座 HZ 变星靠这颗 X 射线源很近，原来它就是与这颗 X 射线源组成双星的那颗子星，它的光变是 X 射线源对它照射加热的结果。当它被掩食时，若被加热的子星半球背着我们，就会观测到武仙座 HZ 星变暗；反之，若它被加热的半球面向我们，就会观测到武仙座 HZ 星增亮。

天鹅座 X-1　它发射的 X 射线强度没有交食现象的变化，但通过对它的光学对应体的研究揭示了它的双星性质。双星系统中的一颗子星是 B0 超巨星，另一颗子星是看不见的 X 射线源。它的光学子星谱线有周期性的多普勒位移，周期为 5.6 天。据推算这个 X 射线源的质量约为 $10 \sim 15 m_{\odot}$，它大大超过了白矮星与中子星的最大质量限。此外天鹅座 X-1 发射的 X 射线的变化时标为几十毫秒，这表明这个 X 射线源自转很快，发射区的面积很小，约小于太阳半径的 1%，而发射 X 射线需要几百万开的高温。因此，天文学家认为，该 X 射线双星中发射 X 射线的子星应该是一颗致密星——黑洞。光学子星的物质被黑洞强大的引力所吸积，以极高的速度流向黑洞，就会激发出 X 射线。

*第 7 节 | 密近双星的演化

　　密近双星的演化比单星的演化复杂。我们在前面提到，双星按照它们的位形可分为三种类型：不接双星；半接双星；相接双星。

　　对于不接双星，即分离双星，两颗子星都没有充满洛希瓣。在演化过程中双星中大质量的子星（主星）比小质量的子星（伴星）演化得快，主星先膨胀为红巨星，随着膨胀其物质逐渐充满了洛希临界等势面，此时气流物质受到伴星的吸积，通过拉格朗日点 L_1 流向伴星，结果使伴星的质量逐渐增加，主星的质量逐渐减小。当伴星的物质也充满了它的洛希临界等势面时，气流物质就反向流动，即由伴星流向主星。

　　对于半接双星，由于双星系统中较大质量子星已经先膨胀，光球与它的洛希等势面重合，另一颗子星还没有充满洛希瓣。充满洛希瓣的子星气流一定会通过 L_1 点流向它的伴星。由于在 L_1 点，充满洛希瓣的恒星一边有气流而另一边是真空，所以在 L_1 点处流体静力学不平衡，没有任何力阻止充满洛希瓣的恒星气体流冲向另一边的真空区域，这就实现了物质的转移。由于流动的气流携带有过剩的角动量，所以气流不会直接落到不接的伴星上，而是围绕着伴星旋转形成气环。充满洛希瓣的子星流失气体，下层的气体由膨胀而补充，如此，气流从充满洛希瓣的主星源源不断地通过 L_1 点流向伴星。

　　相接双星的演化与能量转移是这样的。当两颗子星都充满了洛希瓣，由于演化膨胀，质量转移一直进行，直到 L_1 点两边的压力平衡时，就失去了进行质量转移的动力，气体包容在两个洛希瓣之内的区域，即在包围两颗星的共同外壳之内，最终两颗子星相接，共同拥有一个公共的大气包层（如 W UMa 食变双星）。这时，系统内有些物质从拉格朗日点 L_2 逃逸出双星系统。当双星的大部分物质都流失到太空时，双星的伴侣结合也就终结了，最终作为单星继续它的漫漫一生。

　　在双星系统的演化过程中，潮汐作用会引起轨道变化。周期约为 10 天或更短的双星系统的轨道是圆形或近似圆形的，绝大部分系统是同步自转，即自转周期等于公转周期。如果两颗子星距离很近，则会引起潮汐作用，这种潮汐力激发星体的较差运动。双星系统由于存在摩擦和压缩效应，会有热量耗散。因潮汐引起的能量持续耗散会导致两颗星的轨道动能和自转动能受到消耗。此外，系统不断地向外辐射，也必然导致总角动量守恒到最低能态。在这种状态下，轨道是圆形的，而且具有同步自转。

　　不同类型的双星系统演化历程不同，两颗子星的质量决定了它的演化速度，两颗子星的互相作用与物质交流的复杂过程使得它们的演化进程复杂而且充满了传奇。目前双星的演化还有许多问题是未解之谜。

📚 例题 1 天狼星是目视双星。主星天狼星 A 是一颗 A0 型主序星，伴星是一颗白矮星，轨道周期 $P=49.94$ a，轨道半长径的角距离为 $a=7.57''$，$\pi=0.37''$，求两颗子星的质量和。

解答： 由开普勒第三定律可以求出

$$m_1+m_2=\frac{(7.57)^3}{(0.37)^3\times(49.94)^2}=3.43m_\odot$$

所以，天狼星这个目视双星的质量和为 $3.43m_\odot$。

📚 例题 2 一个双星离我们的距离是 10 pc，两颗子星的最大角距离是 $7''$，最小角距离是 $1''$，轨道周期是 100 年，假定这个双星的轨道平面和视线是垂直的。已知一颗子星轨道的半长径对应的角距离 $a_1=3''$，求双星的两颗子星的质量。

解答： 双星的轨道半长径为

$$a=\frac{1}{2}\times(7+1)\times10=4/206\,265\times10\times206\,265=40\text{ AU}$$

由开普勒第三定律得

$$m_1+m_2=a^3/p^2=(40)^3/(100)^2=6.4m_\odot$$

由于一颗子星的半长径对应的角距离 $a_1=3''$，另一颗子星的 $a_2=1''$，所以可以求出两个子星的质量比，即

$$m_1/m_2=a_2/a_1$$

所以

$$m_1=1.6m_\odot，\quad m_2=4.8m_\odot$$

📚 例题 3 现观测到一颗食分光双星中的两颗子星。它们的轨道是圆的，它们的轨道周期是 10 天，两颗子星的距离为 0.5 AU，一颗星的质量是另一颗星的 1.5 倍，两颗子星的质量分别是多少？

解答： 由 $m_1+m_2=a^3/p^2$ 得

$$m_1+m_2=\frac{(0.5)^3}{\left(\dfrac{10}{365.242\,2}\right)^2}=166.75m_\odot$$

$$1.5m_2+m_2=166.75m_\odot，\quad m_2=66.7m_\odot$$

所以，子星 1 的质量为 $100.05m_\odot$；子星 2 的质量为 $66.7m_\odot$。

📚 例题 4 食变双星的两颗子星半径相同，它们的有效温度分别为 $T_A=5\times10^3$ K，$T_B=1.2\times10^4$ K，求出光变曲线的主极小深度与次极小深度。

解答： 光变曲线的光极大与光变曲线主极小的星等差叫主极小深度；光极大与光变曲线次极小的星等差叫次极小深度。

设主极小的深度为 $m_A-m_双$，次极小的深度为 $m_B-m_双$，则

$$m_A-m_总=-2.5\lg(L_A/L_总)$$

由于 $L=4\pi R^2\sigma T_e^4$，所以 $L_A/L_总=\left(\dfrac{T_A}{T_A+T_B}\right)^4$。于是

$$m_A-m_总=2.5\lg(1+T_B/T_A)^4$$
$$=2.5\lg[1+(12\,000/5\,000)^4]=5.3^m$$

同理，$m_B-m_总=1.5^m$。所以，光变曲线的主极小深度为 5.3^m，次极小深度为 1.5^m。

1. 北河二是由一颗 2.0^m 和一颗 2.8^m 的子星组成的目视双星，问该双星的亮度为几等星？

习题十八 参考答案

2. 设双星五车二轨道半长径等于 0.85 AU，而转动周期为 0.285 年，求双星的质量和。

3. 双星半人马座 α 星的轨道半长径相对地球的张角为 17.65″。问此距离比地球与太阳的距离大多少倍？此星的周年视差为 0.75″，轨道周期为 79 年，请求出双星半人马座 α 星的质量。

4. 双星长蛇座 ε，轨道周期为 15.3 年，周年视差为 0.020″，轨道半长径的角距离为 0.23″，试确定轨道半长径的大小和两颗子星的质量和。

5. 假定两颗子星的视角距离至少为 0.2″ 方能被一个望远镜分辨开。设该双星与我们的距离为 500 pc，问两颗子星的距离是多少天文单位才能被该望远镜分开？若每颗子星的质量都等于太阳的质量，则它们的轨道周期是多少？

6. 目视双星北河二的周年视差等于 0.076″，其自行是 0.20″/a，此系统的视向速度为 3 km/s，问该双星系统的空间运动速度是多少？两颗子星的视星等分别为 2.0^m 与 2.8^m，轨道半长径为 6.6″，转动周期为 306 年。试问轨道半长径等于多少千米？每颗子星的光度是太阳的多少倍？两颗子星的质量和与它们的半径之比（两颗子星的温度一样）分别是多少？

7. 假设双星中子星的密度等于太阳的密度，两颗子星彼此相接。若每颗子星的质量等于太阳质量的 1/10，问它们的转动周期是多少？它们的相对速度是多少？

8. 在开阳星的光谱中，两颗子星的氢线为 H_γ（$\lambda = 434$ nm），周期分裂的最大距离为 0.05 nm，问两颗子星的相对速度在视线方向的投影为多少（单位用 km/s）？

9. 一个目视双星，它的两颗子星都是 G 型主序星，视星等都是 7.3^m，其圆形轨道面与视线方向的夹角为 45°。所测得的伴星相对于主星的最大视向速度等于 20 km/s，而所测得的伴星的最大运动速度为每年 0.05″，双星的轨道周期为 6 年；轨道为圆形。试确定该双星系统的周年视差，两颗子星的质量和光度，以及相对轨道半长径。

双星选题

一个密近食变双星系统的两颗子星是同样大小的巨星。在互相的引力作用下，两颗子星都发生了形变，偏离了正球形，变成了 a=2b 的旋转椭球体（见下图），其中 a 和 b 分别是旋转椭球体的半长轴和半短轴的长度（两颗子星的长轴总保持共面）。双星系统轨道面的倾角为 90°。请计算两颗子星相互掩食能够引起的以星等表示的亮度变化幅度。忽略由于潮汐变形引起的温度变化以及恒星表面的临边昏暗。

（提示：旋转椭球体是椭圆绕短轴或长轴旋转而形成的球体，类似橄榄球或者甜瓜。）

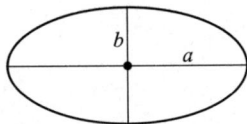

第十九章
变 星

在恒星世界中，有一类光度起伏变化的恒星，叫作变星。变星大多数都处于恒星演化
的不稳定阶段，其光变之中蕴藏着有关恒星结
构和演化的丰富信息，其中的造父变星更可作
为标准烛光，在量度星团、河外星系的距离方
面发挥着重要作用。

早期我们观测到的变星，大多数都是银
河系内的变星；而哈勃空间望远镜揭示了越
来越多的河外星系中变星的奥秘。目前已
有 5 万多颗变星榜上有名，随着望远镜的发
展人们会发现更多的奇特变星。例如，哈勃
空间望远镜发现船帆座 η 变星正在爆发（见
图 19.1），从 1997 年 10 月到 1999 年 2 月的
16 个月内，其亮度增加了近一倍。

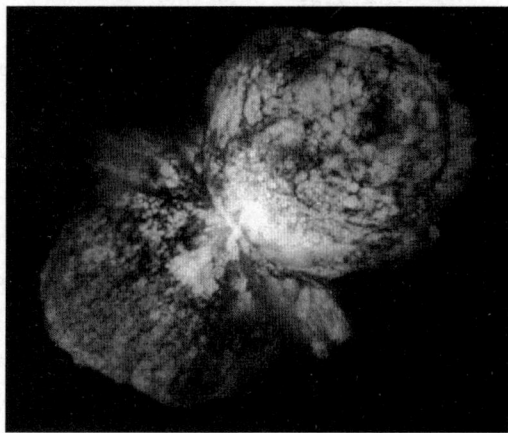

▷图 19.1　船帆座 η 变星正在爆发

第1节 ｜ 变星的分类

变星的光变形式多姿多彩，按照变星的亮度变化和光谱变化的原因我们可以把它们分
为物理变星和几何变星。物理变星包括脉动变星、爆发变星、灾变变星、激变变星和不规
则变星等。

1. 脉动变星

脉动变星是由于自身不断地膨胀和收缩，即不停地脉动而引起光度变化的。脉动变
星包括长周期造父变星和短周期造父变星。长周期造父变星包括经典造父变星和室女座
W 型变星。经典造父变星属于星族 I 型星，是相当年轻的星，以"造父一"（δ Cep）为代
表；而室女座 W 型变星属于星族 II 型星，都是老年星，以室女座 W（W Vir）变星为代
表。长周期的脉动变星还有雏菊型变星。短周期造父变星包括天琴座 RR 型变星、仙王座
β 型变星和盾牌座 δ 型变星等。

2. 爆发变星

这类变星的色球或冕中经常发生激烈的活动（如耀斑爆发），并由此引起星风和光变，其光度变化的幅度较大，有时突然增亮可达几个星等。这类变星有金牛座 T 型变星、后发座 γ 型变星，北冕座 R 型变星和鲸鱼座 UV 型变星等。

3. 灾变变星

灾变变星是由于热核爆炸发生灾难性的爆发活动而引起光度变化的。超新星爆发就属这一类。

4. 激变变星

这类变星经常发生激烈的恒星活动，但爆发的规模比较小，没有达到发生灾难性变化的程度。这类星实际上是包含白矮星子星的密近双星。新星、类新星、矮新星等属于这类变星。

5. 不规则变星

不规则变星的光度变化不规则，光变幅一般为 $1^m \sim 3^m$。由于它们总和星云物质在一起，所以也叫星云变星。这类变星是一些年轻的不稳定星，如金牛座 T 型变星和猎户座星云型变星。

几何变星包括食变星和自转变星。食变星就是食变双星，在前面"双星"一章中已叙述。自转变星是指那些由于表面亮度不均匀，或者由于椭球形状，自转起来使我们观察到它的亮度变化的星，如室女座 α 星、后发座 FK 和金牛座 CM 等都属此类。

第 2 节 ｜ 脉 动 变 星

一、造父变星

英国天才、天文爱好者约翰·古德利克于 1784 年发现了仙王座 δ 变星的亮度变化。这颗星的中文名为"造父一"，它光变一周约为 5.4 天，光变幅从 4.4^m 到 3.7^m，是典型的脉动变星。后来，人们又发现许多这种类型的变星，统称之为造父变星。截至目前，已观测到约 2 万颗造父变星。

1. 长周期造父变星的特征

长周期造父变星的光变周期在 1～135 天之间，光变幅度是百分之几到两个星等，表面温度大约为 5 300 K。周期造父变星都是已经演化到晚期的红超巨星。

造父变星的光度变化周期就是它膨胀和收缩的振动周期。在脉动过程中，变星的亮度变化、视向速度变化及星半径的变化都相呼应。而且，随着亮度的变化，有效温度、颜色也发生变化。随着星体的一胀一缩，光谱中的谱线周期性地来回摆动，通过它可以测定星表面振动的视向速度变化。

造父变星的视向速度变化曲线的形状与光变曲线的形状很相似，但视向速度变化曲线的极大值对应着光变曲线的极小值，即两者呈镜像。这意味着，当星体膨胀到最大时，视向速度最大，星最暗；当星体收缩到最小时，视向速度最小，星最亮。经典造父变星的光变曲线如图 19.2（a）所示。

2. 天琴座 RR 型变星

在脉动变星中有一类短周期的脉动变星——天琴座 RR 型变星，称之为短周期造父变星，典型星是天琴座 RR 变星。它们是一些迅速脉动着的巨星，其光变周期为 0.2～1.2 天，光变幅为 0.2^m～2^m。天琴座 RR 型变星的光变曲线如图 19.2（b）所示。这些变星大多位于银河系的球状星团内。

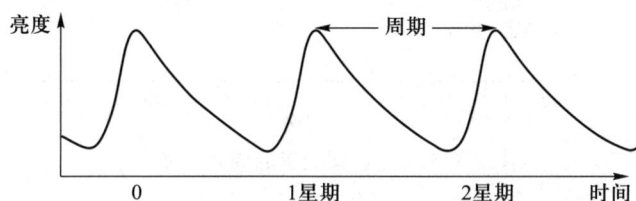

(a) 经典造父变星的光变曲线

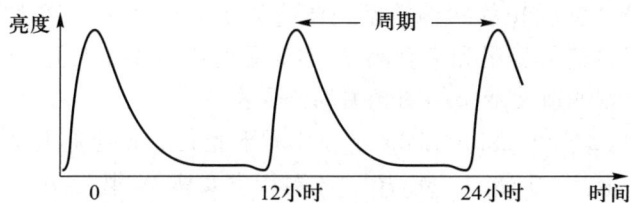

(b) 天琴座RR型变星的光变曲线

▷图 19.2

当星体膨胀时，变星内部的压力和密度都减小，温度也随着降低，所以当膨胀到最大时，光度极小；相反，当星体收缩时，内部的压力和密度都增加，温度也随着增高，此时相应的光度增大。根据大量观测统计和研究知道，所有天琴座 RR 型变星的绝对星等大约是一个定值，$M_v = 0.5^m \pm 0.2^m$。因此，欲测某星团的距离，可以先测定其内的天琴座 RR 型变星的视星等 m_v，根据此类变星的绝对星等就可以求出该星团与我们的距离 r。因此，天琴座 RR 型变星也是天文学家的一把"量天尺"。

二、造父变星的周光关系

大量的观测表明，造父变星的光度与光变周期有一定的关系，即存在所谓周光关系。人们测出光变周期就可以知道它们的光度（绝对星等），因而利用造父变星的周光关系，就可以确定造父变星所在的星团或星系的距离。所以，此类变星有宇宙"量天尺"的美誉，也有人称其为"标准烛光"。

周光关系　观测和统计分析表明，造父变星的光变周期（P）和它的光度（L），即绝对星等（M）有线性关系，称之为周光关系（见图 19.3）。其线性式的常数项叫作周光关系的零点。

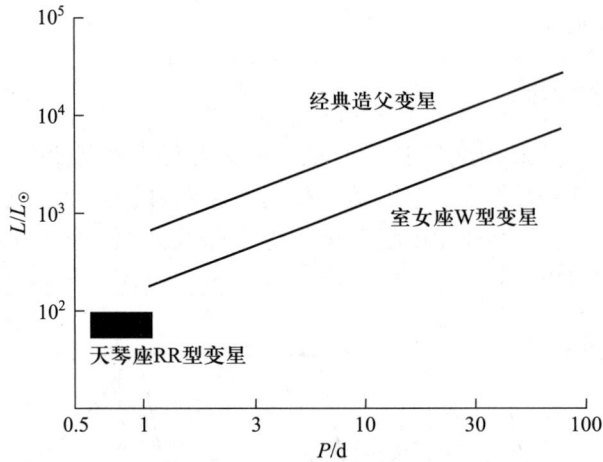

▷图 19.3　造父变星的周光关系

　　早期，由于周光关系的零点测得不准确，求出的天体距离有很大的误差。直到 1952 年，巴德发现长周期造父变星的两种类型经典造父变星和室女座 W 型变星的周光关系零点不同。他指出，经典造父变星和室女座 W 型变星的零点差 1.45^m。于是，他根据大量的观测统计给出两种类型的造父变星的周光关系公式：

$$M_p = -1.80 - 1.74 \lg P \quad （对于经典造父变星）$$
$$M_p = -0.35 - 1.75 \lg P \quad （对于室女座 W 型变星）$$

式中 M_p 为绝对照相星等的平均值，P 为光变周期（以天为单位）。我们前面已经讲过，绝对星等（M）和观测的视星等（m）的关系为 $M = m + 5 - 5 \lg r$。由此，通过测定的光变周期，即可根据周光关系公式求出绝对星等；然后再由测定的视星等，即可计算出它的距离 r（单位为 pc）。注意所观测的是经典造父变星还是室女座 W 型变星，以代入相应的周光关系公式。

　　利用造父变星的周光关系测定天体距离的方法叫造父视差法。它是测量星团和河外星系距离的重要方法。由上述公式我们看出，周光关系的零点误差会引起所测得的结果有很大的变化，这里就不是"差之毫厘，失之千里"了，而是"差之毫厘，失之光年"了。因此周光关系的零点的准确测定是非常重要的，但是至今这个值尚待精确地测定。

　　目前，哈勃空间望远镜可以观测到河外星系里的造父变星，因此，人们可以通过观测造父变星来测量宇宙中更远的河外星系的距离，可见造父变星的"量天尺"美誉并非言过其实。

三、盾牌座 δ 型变星

　　在变星中有一类比天琴座 RR 型变星光变速度更快、周期更短的脉动变星，它是以

盾牌座 δ 为典型的变星，叫盾牌座 δ 型变星。它们的光变周期只有 0.01～0.2 天，光变幅为 0.003^m～0.9^m。这类变星的脉动包括径向振动和复杂的非径向振动，偶尔还出现脉动的"休克"现象（观测不到光变），看起来真是光怪陆离。它们的光变曲线的形状与由光谱观测得到的视向速度曲线的形状相比，也是几乎相反，即成镜像。

四、雏藁型变星

脉动变星中有一种周期很长的变星，称为雏藁型变星，其典型星是鲸鱼座 O 星（中文名为"雏藁增二"）。鲸鱼座 O 型变星的光变周期为 320～370 天，光极大时为 1.7^m，光极小时为 10^m，呈现出一年亮、一年暗的情况，好像神话中的魔鬼"眨眼"，所以古代西方人称此星为"魔眼"变星。

五、脉动变星的脉动机制

在恒星的一生中，这个不稳定的脉动演化阶段，很像人的"更年期"。过了这一阶段后脉动就会停止，又恢复正常。这个脉动阶段对不同质量的恒星长短不一，质量大的恒星演化得快，所经历的时间就短些，需要几百年；质量小的恒星演化得慢，所经历的时间就非常长，需要几千年，甚至几万年。

绝大多数变星都位于赫罗图中的主星序与红巨星分支之间的一条不稳定带内。

大质量（如 $7m_⊙$）的恒星，在演化过程中多次通过这个不稳定带，经历脉动阶段。大质量恒星第一次由左向右穿过造父变星带，需要几千年。第二次是由右向左穿过它，大约需要 35 万年。因为在这之前，恒星内部的氦早已开始燃烧，而在氦燃烧控制下演化较慢。

为什么恒星步入赫罗图中这个不稳定带内时，它就会脉动起来呢？也就是说，恒星在这期间，如何将其他形式的能量转化为振动能，以维持其脉动呢？早在 1926 年英国天文学家爱丁顿就提出了相关的理论，指出在正常恒星内部，自身的引力和气体向外的压力正好处于平衡状态，整个星体是稳定的，既不会收缩也不会膨胀。但是到了恒星演化晚期，内部的氢、氦热核聚变减弱了，到了恒星内部热核反应产生的向外的气体压力不能与自身的引力相抗衡的时候，星体就开始收缩，体积变小，部分的引力势能转化为热能使星体温度升高，而且，星体的收缩导致了内部物质密度的增大，向外的气体压力就增大了。当压力增加到一定程度，超过引力时，恒星又开始膨胀。膨胀使内部物质密度降低，压力减小，到一定程度，压力小于自身的引力时，再度收缩。如此反复循环。脉动之所以能维持，其重要原因是在恒星的某一大气层里，当物质被压缩时它会将部分的势能转化为热能，气体变热使星体膨胀，当恒星膨胀到最大时，物质又过于透明，它能透过更多的辐射，内部就变冷并使星体收缩。因此，恒星的这层大气物质对于向外的辐射起着阀门的作用，这个阀门开关的节奏和脉动节奏相同。

20 世纪 50 年代，经过进一步的研究，人们知道爱丁顿理论对于解释恒星内部的情况是正确的，但是恒星外层大气的情况正好与此相反。1952 年苏联数学家谢尔盖·热瓦金发展了爱丁顿理论，后人称之为爱丁顿－热瓦金理论，它可以较好地解释造父变星的脉动。该理论提出了脉动变星的外层大气内的氢原子和氦原子受热而电离，形成了大量氢与氢的离子。电离增加了物质的自由度，使其热容变大，从而降低了气体的绝热膨胀系数，因此，电离效应抑制了密度变化所引起的气体温度变化。当星体收缩时，温度 T 不再上升（所以叫温度冻结效应），造成辐射温度高于气体温度（$T_R > T_g$），气体吸热，开始膨胀。当星体膨胀时，气体温度高于辐射温度（$T_g > T_R$），气体放热，释放的能量转化为电离能储存在恒星的外层大气之中，离子复合时释放出热能导致星体收缩，正是这种能量储存与释放的循环维持着恒星的振动。

目前，关于变星的理论还有不少争议，正是这些不同论点的争议推动了理论的发展，使其更加逼近观测的事实和真理。

第 3 节 | 激 变 变 星

激变变星是一类经常发生激烈的活动，但还没有发生灾难性爆发活动的变星。新星、再发新星、矮新星和类新星等都属于这类变星。由于这类变星的本质是双星，所以又叫激变双星。

激变变星的光变具有下列特征：在长时间的相对宁静之间出现突然爆发，使得天体的视亮度增加 10 倍（矮新星）到 100 万倍（典型新星）。爆发的时间间隔，短的有几个星期（矮新星），长的超过 100 年（再发新星）。

激变变星经常发生激烈活动的原因是这类变星是双星系统。图 19.4 为激变变星的模型。它们的轨道周期一般为 1～10 小时，双星系统包含一颗白矮星（主星）和一颗晚型主序星或亚矮星（伴星），伴星的物质受到白矮星的吸积，不断流向白矮星，并在白矮星周围形成一个旋转的吸积盘。由于气流不断冲击吸积盘，会形成热斑，于是频繁出现激烈的爆发活动。

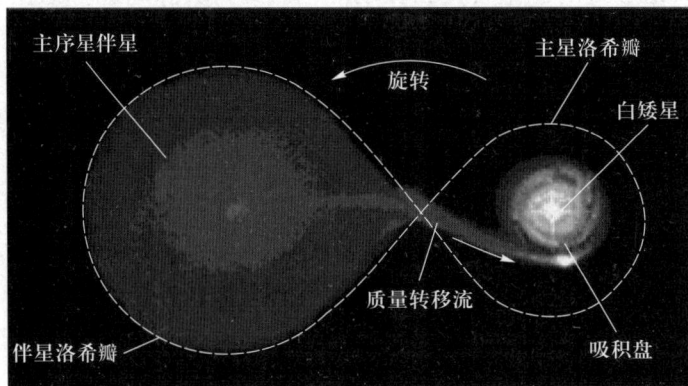

▷图 19.4　激变变星的模型
双星系统包含一颗红巨星和一颗白矮星

一、新星

人们发现星空之中有的星，其亮度会突然发生引人注目的增亮，于是把这种星称为新星。新星的光度可在几天内陡增上万倍，变亮 $7^m \sim 9^m$，爆发时释放的总能量有 $10^{38} \sim 10^{39}$ J。然后在几个月到几年内亮度又缓缓下降到原来的亮度，但没有发生灾难性的变化，亮度变化的程度约为超新星的 1/1 000。

我们知道在银河系中经常可以观测到新星。甚至在河外星系中也可以观测到新星，如在仙女座星系内每年就可以看到 20～30 个新星。新星爆发突然发亮以后，经过一段时间又恢复到原来的状态。如 1975 年 8 月 29 日天鹅座出现了一颗新的亮星，它就是天鹅座新星 N Cyg1975（见图 19.5），如今它已经是一个不显眼的暗星了。又如，1934 年 12 月在武仙座出现的新星，当时它比这个星座中所有其他恒星都要亮。而 1935 年它的亮度大大降低，后来又稍微变亮一点，然后就一直暗弱得无法用肉眼直接观测，只能用望远镜才能找到它。值得指出的是，1954 年美国天文学家沃克在里克天文台发现，这颗新星原来是一个双星系统，其轨道周期为 4 小时 39 分。双星系统中的一颗子星是白矮星，另一颗子星是主序星。据研究，这颗主序星充满了它的临界等势面，物质从它的表面流向白矮星。被白矮星吸积的物质在白矮星周围形成吸积盘。人们还发现，这颗武仙座新星系统中的白矮星的亮度有周期性的变化。这是那颗主序星子星在绕转中遮掩吸积盘造成的。

▷图 19.5　天鹅座新星爆发前后的两幅图像

新星在光极大附近时，它的光谱呈现为 A—F 型的吸收光谱，光谱中氢的宽发射线及氦线和其他元素的发射线都有吸收分量，这说明该星外边的气层正在膨胀。当新星的亮度衰减时光谱中显示出星云谱线；光极小时的光谱是连续谱上叠加了许多发射线。

天文学家研究了大量的新星，提出了双星模型，认为它们都是双星系统，系统内的主序星或冷巨星向另一颗白矮星子星抛射物质。新星爆发就是由于系统内的主序星或冷巨星的物质在白矮星的吸积下，高速冲击白矮星，由此发生温度剧增，引发外壳爆发。在爆发初期，由于爆发的物质离星体很近，像是星体膨胀，由于亮度剧烈增加，人们观测便发现了新星。以后，随着气壳物质的飞散，密度降低，气壳消散后形成环状星云。原被气壳遮住的星体又逐渐显露出来，于是新星又基本恢复了本来的"面目"。

二、再发新星

发生过两次以上爆发的新星叫再发新星。再发新星的两次爆发一般相隔十年以上，爆发时释放的能量为 $10^{38} \sim 10^{39}$ J。观测研究表明，再发新星实质上也是双星系统，主星是白矮星，伴星是红巨星。

三、矮新星

这类星每隔几星期或几个月爆发一次，亮度增加 $2^m \sim 5^m$，释放出 $10^{38} \sim 10^{39}$ J 的能量，比新星释放的能量小些。矮新星又分为双子座 U 型（U Gem）、鹿豹座 Z 型（Z Cam）和大熊座 SU 型（SU UMa）三个类型。双子座 U 型变星只有"正常"的爆发，虽然各次爆发强度不同，但一般不会超过 4 倍。鹿豹座 Z 型变星有时在爆发后，其亮度不返回爆发前的状态，而是在一个中间亮度停留几天或更长的时间。大熊座 SU 型变星除正常的爆发外，还有"超爆发"，释放的能量是正常爆发的 8 倍以上。虽然超爆发不如正常爆发频繁，但却更有规律。

四、类新星

这类变星有着与新星类似的光学特征，常出现有几个星等的亮度起伏，但是没有新星那样的爆发活动。例如大熊座 UX 型变星和玉夫座 YY 型变星都是类新星。它们的系统中包含一颗白矮星（主星）和一颗晚型星（伴星），晚型星的体积充满了洛希瓣，物质受白矮星吸积并流向白矮星，在其周围形成一个旋转的吸积盘，气流不断冲击吸积盘，导致频繁出现一些激烈的活动。

> **例题 1** 一颗经典造父变星的光变周期为 20 天，它的平均视星等为 $m = 20^m$，问它距离我们多少光年？
>
> **解答：** 按照本章的周光关系图 19.3，可求出它的绝对星等 $M = -5^m$，由绝对星等和距离的关系式 $M = m + 5 - 5\lg r$ 得
>
> $$r = 10 \times 10^{(m-M)/5} = 10 \times 10^{(20+5)/5} = 10^6 \text{ pc} = 3.26 \times 10^6 \text{ l.y.}$$
>
> **例题 2** 一颗造父变星的亮度变化（光变幅）为 2^m，如果在光极大时它的有效温度是 6 000 K，在光极小时它的有效温度是 5 000 K，问它的半径由于脉动产生的变化是多少？
>
> **解答：** 光度在 $L_{max} = 4\pi R_{max}^2 \sigma T_{max}^4$ 和 $L_{min} = 4\pi R_{min}^2 \sigma T_{min}^4$ 之间变化，所以
>
> $$\Delta m = -2.51\lg(L_{min}/L_{max}) = -5\lg(R_{min}/R_{max}) - 10\lg(T_{min}/T_{max})$$
>
> $$\lg(R_{min}/R_{max}) = -0.2\Delta m - 2\lg(T_{min}/T_{max}) = -0.4 - 2\lg(5\,000/6\,000) = -0.24$$
>
> 所以 $R_{min}/R_{max} = 0.57$，即它的最小半径是最大半径的 0.57 倍。

习题十九

1. 观测到一颗经典造父变星，它的平均视星等为 8.2^m，光变周期为 100 天，问它的距离是多少秒差距？

2. 鲸鱼座 O 变星亮度极大时达到 2.5^m，极小时为 9.2^m，问它的亮度极大时为极小时的多少倍？

3. 若造父变星的光变幅为 1.5^m，而单位面积亮度保持一定，问它的半径会改变多少倍？

习题十九
参考答案

4. 仙王座 δ 变星光变周期为 5 天,平均视星等为 4.4^m,问它位于离我们多少秒差距的地方?

5. 某变星的热星等的变幅等于 2.0^m,如果它的亮度变化是由脉动引起的,在亮度极大时,恒星的温度 $T_1 = 9\,000\,\text{K}$,在亮度极小时,恒星的温度 $T_2 = 7\,000\,\text{K}$,问它的半径会变化多少?

6. 1918 年天鹰座新星亮度极大时具有绝对星等 $M = -88^m$,问它比太阳亮多少倍?若它的视星等 $m = -1.1^m$,求它的距离。问在怎样的距离处,它看起来像满月一样亮(满月的视星等为 -12.6^m)?

第二十章

超新星

　　超新星是典型的灾变变星，是大质量恒星在死亡之前都要经历的一次颇为壮观的爆炸过程。超新星爆发的规模远远超过新星，是宇宙中的"明星"。超新星爆发释放出巨大的能量，爆发时释放的总能量为 $10^{44} \sim 10^{48}$ J，其亮度突然增大 100 亿倍以上，光变幅度超过 17^m，其光度比一般星系的总光度还大；它在几个月内释放出的能量，相当于太阳在 10 亿年期间所发出能量的总和！

　　恒星通过爆炸会将其大部分甚至几乎所有物质以高达 1/10 光速的速度向外抛散，并向周围的星际物质辐射激波。这种激波会导致形成一个膨胀的气体和尘埃构成的壳状结构，这被称为超新星遗迹。研究表明，质量比太阳质量大 8~25 倍的恒星会因引力塌缩而最终发生超新星爆发，遗留下一颗中子星；如果是质量更大的恒星，它们就会形成黑洞而终结其一生。这种形成黑洞的爆发是宇宙中规模最大的超新星爆发，称为"超超新星"（hypernova）。

第1节 ｜ 超新星的搜寻与发现

　　20 世纪末期，天文学家越来越多地转向用计算机控制的天文望远镜和 CCD 来寻找超新星。超新星的搜寻分为两方面，一些侧重于相对较近发生的事件，另一些则侧重于更早期的爆炸。寻找超新星还可以凭借观测光谱发射线的红移。由于宇宙的膨胀，较外边的天体物质比里边的会以更大速度飞散，具有更高的红移量。因此，搜寻可根据望远镜观测和研究光谱线的红移量来确定。

　　在探寻和发现超新星方面，我们的祖先走在了国际前列。早在公元 185 年，中国古代天文学家就发现了半人马座的一颗超新星爆发。根据《后汉书》记载，在 185 年发现了一颗"客星"，"呈现五彩颜色，七个月后逐渐消失于天空中"。这颗超新星就是 SN185 超新星，它的视星等为 -8^m，距离地球 9 800 光年。

　　公元 1054 年，中国古代天文学家观察到一颗超新星爆发，在宋朝记录了这次超新星爆发事件，并命名为"天官客星"，后来它被国际上称为中国超新星。直到 1731 年，英国天文学家约翰·贝维斯在金牛座方向发现了一个暗淡的蟹状星云，才确认它是这颗超新星的遗迹。

　　近年来天文学家和天文爱好者坚持不懈、奋发努力做出了新的贡献。2010 年，在中国新疆南山县星明天文台，业余天文学家孙国佑与高兴发现 NGC5430 星系中一颗新爆发的超新星，后来帕洛玛山天文台确认为Ic型超新星，编号PTFacbu，这是中国天文爱好者的荣耀。时隔不久，2011年2月19日与4月26日金彰伟与高兴又发现了超新星2011aj和2011by。后者亮度极大时达到12.5ᵐ。特别值得一提的是，2015年9月12日10岁少年廖家铭利用新疆南山县星明天文台的望远镜，发现了一颗超新星，后经光谱证实其确系超新星。他可能是全球天文爱好者的少年英才之一。2016年1月，一支由中国科学家带领的国际团队发现了有史以来最强大的超新星爆发。1月14日，该团队在美国俄亥俄州立大学发布声明，最新发现的这颗超新星的亮度是太阳的5 700亿倍，比银河系中所有恒星加起来还要亮20倍。2011年诺贝尔物理学奖被授予美国教授萨尔·波尔马特、美国澳大利亚双国籍教授布莱恩·施密特和美国教授亚当·里斯3人，他们通过研究超新星发现了宇宙正在加速膨胀、变冷。

2011年11月，美国国家航空航天局（NASA）利用望远镜进行了新的红外线观测，证实了中国东汉时期记载的"天有异象，客星侵主"，是人类首次有记载的SN185超新星爆发。

2016年3月，由美国天文学家彼得·加尔纳维切领导的科研小组，用了3年时间分析开普勒望远镜所观测的大量恒星的光谱，结果找到两颗超新星。其中一颗名为KSN 2011a，其大小相当于近300个太阳，距地球约7亿光年；另一颗名为KSN 2011d，其大小相当于约500个太阳，距地球约12亿光年。

第2节 ┃ 超新星的分类

已观测到的超新星，光变曲线形状不同，化学成分也有所不同。通常超新星按照光度的变化（光变曲线的形状）和光极大时的光谱特征分为两大类：Ⅰ型超新星和Ⅱ型超新星。Ⅰ型超新星的光变曲线如图20.1所示，超新星爆发光度达到极大以后，在几十天内迅速下降，而后缓慢地下降。Ⅱ型超新星的光度达到极大后，在数天内迅速下降，后来出现光度几乎不变的平台，数月后又缓慢下降。目前Ⅱ型超新星根据其光变曲线的形状又分为更细的次型：Ⅱ型超新星的光变曲线有平台的称为SNⅡ-P型超新星；Ⅱ型超新星在光极大后几乎线性衰减的称为SNⅡ-L型超新星。

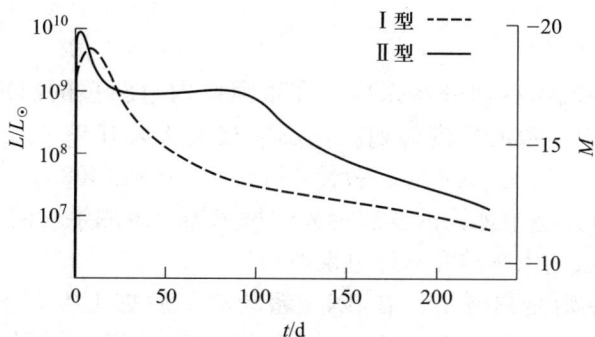

▷图20.1 两类超新星的光变曲线

两类超新星的光谱的重要区别是：凡是在光极大时光谱中有氢线的称为Ⅱ型超新星，而没有氢线的则称为Ⅰ型超新星，如图 20.2 所示。Ⅰ型超新星根据光极大时的光谱进一步分类，分类的原则是光谱中是否有一次电离硅（SiⅡ）的吸收线。有 SiⅡ 的强吸收线的称为Ⅰa 型超新星；没有这条强吸收线的超新星又根据其光谱中有无强的氦线（HeⅠ）而分为两个次型。光谱中有 HeⅠ 线的是Ⅰb 型超新星；光谱中没有 HeⅠ 线，或者只有很弱的 HeⅠ 线的是Ⅰc 型超新星。

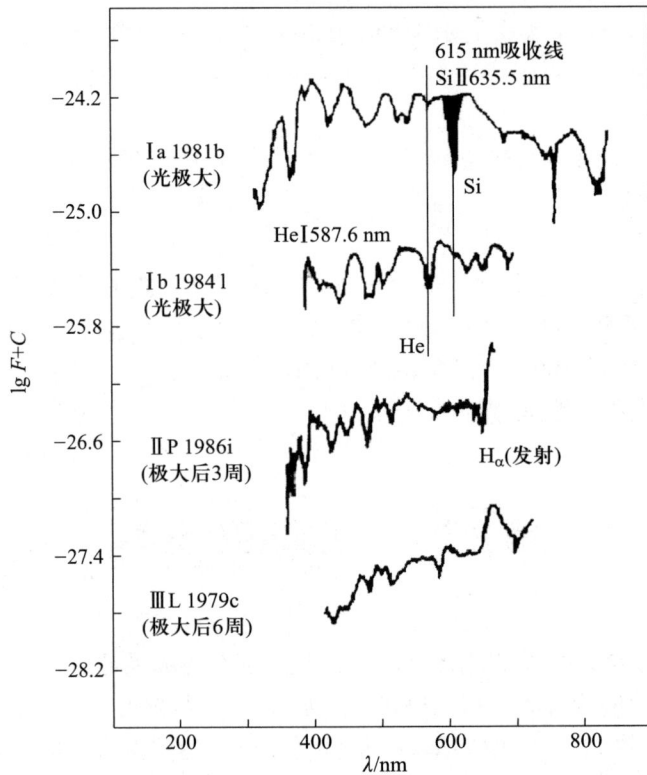

▷图 20.2　两类超新星的分光光度

第 3 节 ｜ 著名的超新星

超新星爆发大多发生在河外星系中，在银河系内超新星的出现率小些。在过去近 1 000 年的历史记载中，银河系内的超新星爆发被确认只有 8 次，即公元 185 年、公元 393 年、公元 1006 年、公元 1054 年、公元 1181 年、公元 1408 年、公元 1572 年和公元 1604 年。近代，随着大型望远镜的发展和先进探测器、观测手段的更新，观测到的超新星的数量也在剧增，且绝大多数在河外星系中。

超新星的命名原则是这样的：在 SN（超新星）后加上发现的年份，再加上用大写的英文字母表示的发现的次序，若发现的数目超过 26 颗，则用小写的英文字母。如

SN1987A 是 1987 年发现的第一颗超新星，而 SN2001a 则是 2001 年发现的第 27 颗超新星。下面介绍几颗著名的超新星。

1. SN1054——中国超新星

目前我们在金牛座观测到的蟹状星云是 900 多年前我们的祖先发现的一颗超新星爆发的遗迹（见图 20.3）。公元 1054 年 7 月 4 日的早晨，在金牛座 ζ 星（中文名为"天关星"）附近突然出现了一颗非常明亮的星。我们的祖先以"客星"的名字最完整地记载了这颗超新星爆发的情况，包括爆发时间、位置和亮度变化等。据宋代史书记载，这颗星在白天都能看到，像金星那样明亮，一连亮了 23 天后才开始暗下来，但肉眼仍能看到；直至经过了 643 天，才变暗到看不见。这就是国际上称为"中国超新星"的 SN1054 的爆发情况。此后，这个"客星"消失了，几个世纪都没露面。

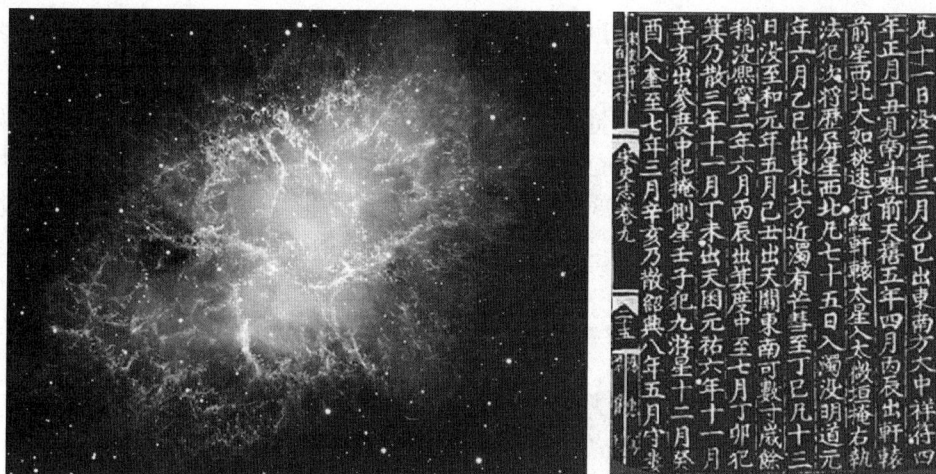

▷图 20.3　超新星遗迹——蟹状星云的图像以及中国古代的相关记载

1731 年，英国的天文爱好者贝维斯用望远镜发现，在曾观测到的那颗超新星的位置有一个云雾伏的亮斑；1771 年法国天文学家梅西耶把它称为星云 M1，记载在梅西耶星云星团表中的榜首。后人发现该星云有纤维状结构，很像一个舞爪横行的螃蟹，就起名为蟹状星云。

观测发现，整个蟹状星云的纤维结构正在膨胀，膨胀速度约为 1 200 km/s。按照这个膨胀的线速度和由天体测量测出的自行速度 0.23″/a，推知星云与我们的距离约为 5 540 l.y.。这个距离与由 1054 年超新星视星等估算的距离相当符合，因此，天文学界公认蟹状星云就是公元 1054 年超新星爆发后留下的遗迹。

1963 年，蟹状星云又成为第一个被认证的 X 射线源。6 年后，在超新星 SN1054 的位置上发现了一颗脉冲星（中子星），参见图 20.4。蟹

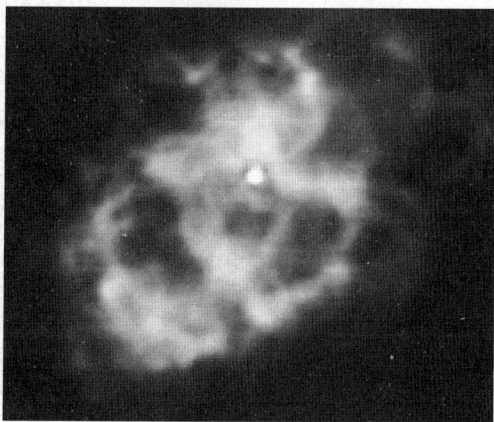

▷图 20.4　蟹状星云和它的脉冲星

状星云脉冲星的发现解开了这个长期未解决的谜，说明了蟹状星云是 900 多年前的一颗超新星爆发的遗迹。它被确认不久，天文学家从观测中立即发现，蟹状星云脉冲星的射电脉冲到达观测者的时间间隔，稍稍地但稳定地变长。假如发射这些射电脉冲的"钟"被认证是一颗旋转的中子星的话，那么旋转运动变慢是必然的。观测到的蟹状星云脉冲星自转速率变慢所转移的能量正好能提供蟹状星云所必需的能量 3×10^{31} J/s。于是，蟹状星云脉冲星的发现解决了两大难题：① 蟹状星云的能量源是脉冲星；② SN1054 爆炸后，星核是留下了蟹状星云的脉冲星，即一颗中子星。这颗脉冲星是人们首次观测到自转周期变长的脉冲星，在研究脉冲星的特性中具有重要作用。这个重要的发现引起了全世界天文学家的极大兴趣和关注，它使 SN1054 再度扬名，并为超新星爆发后产生中子星的论断提供了有力的科学证据。

2. SN1987A

在大麦哲伦云中发现的超新星 SN1987A 是 1987 年首次发现的。1990 年哈勃空间望远镜拍摄的 SN1987A 的照片显示它有一个明亮的光环（见图 20.5），不久欧洲南方天文台观测到它有两个光环。它是 20 世纪观测到的最亮、离地球最近的超新星。它爆发前为 12^m，爆发时最亮为 3.6^m，释放的能量高达 4×10^{43} J。当它爆发时天文学家们曾检测到 27 个中微子。当天文学家观测 SN 1987A 的中微子爆发时，世界各地有三台中微子探测器各自探测到 5~11 个中微子。有趣的是，这些探测器是在 SN 1987A 爆发的光线来到地球之前 3 小时探测到的。对于这个现象，当时的天文学家把它解释为，"超新星爆发时中微子比可见光更早被发射出来，而不是中微子比光速快"，其速度与光速接近。然而，对于拥

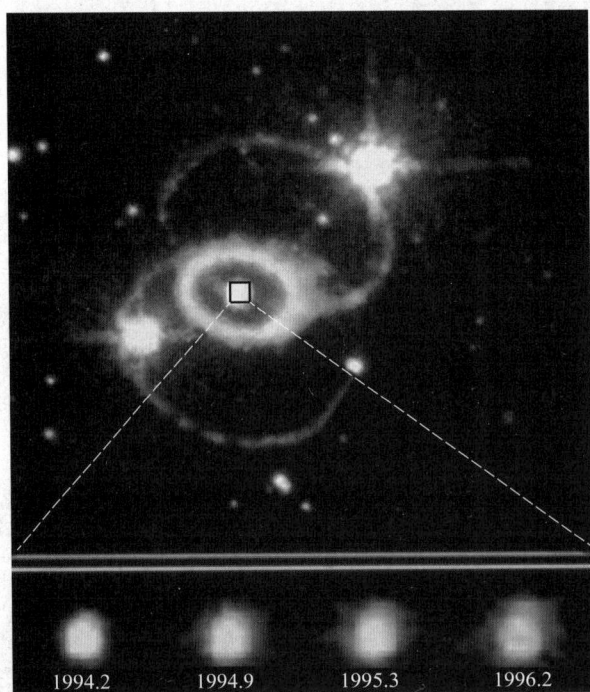

1994.2   1994.9   1995.3   1996.2

▷图 20.5 哈勃空间望远镜拍摄到超新星 SN1987A 周围的环状结构，
下图是核心区不同时间的亮度情况

有更高能量的中微子是否仍然符合标准模型扩展，仍然有争议。这项研究开创了太阳系外中微子天文学。通过结合钱德拉卫星探测到的 X 射线数据和光学数据，天文学家可以观察到超新星爆发时产生的热气体膨胀的外壳形成的过程，还可以观察到爆发产生的冲击波加热恒星周围气体的现象。

3. SN1993J

1993 年 3 月 28 日在旋涡星系 M81 中爆发了一颗超新星，命名为 SN1993J。它是西班牙的业余天文学家葛西亚用一架口径 25 cm 的望远镜发现的。这颗超新星的光谱中有明显的氢线，因此属于Ⅱ型超新星。它的光变曲线很特殊，开始亮度上升，几天后又暗下来，两周后接着上升到二次极大（10.8^m），然后它的亮度以每天变暗约 0.02^m 的速率下降。它发射有 X 射线辐射和射电辐射。它的光谱特征在Ⅰ型、Ⅱ型之间变化，例如爆发初期观测的光谱中有氢线，到 4 月中旬氢的 H_α 线出现双峰，后来氢线消失了，取而代之的是氦线和氧线，此时它由Ⅱ型转为Ⅰb 型。

4. SN1998bw 和 SN1998eg

1998 年 4 月 25 日，BeppoSAX 卫星探测到来自望远镜座的一个 γ 射线暴，此后在此处的一个小旋涡星系的旋臂上发现一颗亮的超新星 SN1998bw。几天之后观测到了它的强射电辐射，而一般超新星在几周之后才会发生强射电辐射。天文学家认为这颗超新星是一个特大质量的恒星塌缩成黑洞的过程，而不是形成通常的中子星的过程。它爆发时产生非常强大的激波，并形成了 γ 射线暴。

1998 年 10 月 19 日，英国业余天文学家博尔斯用一架口径 26 cm 的施米特－卡塞格林小望远镜和 CCD 成像系统拍摄到遥远星系 NGC12133，在其中发现了一颗 16^m 的超新星，编号为 1998eg，这为小望远镜可有重大发现的观点又添了例证。

2002 年，哈勃空间望远镜又拍摄到超新星 SN2002dd 爆发前、后的图像，如图 20.6 所示。

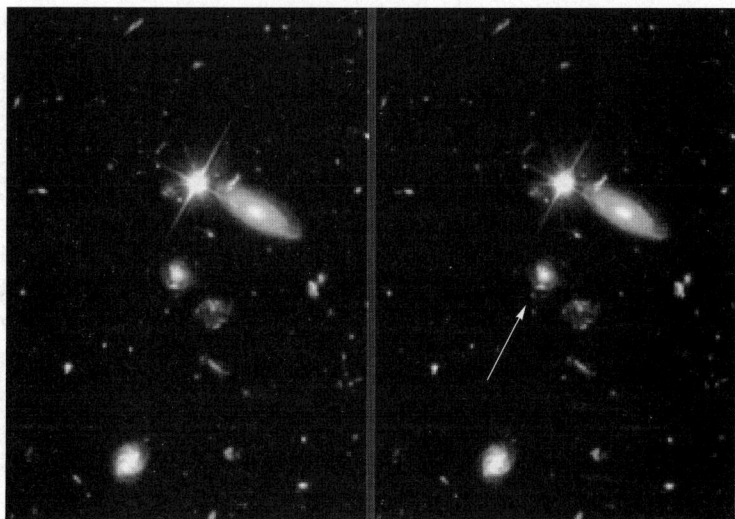

▷图 20.6　哈勃空间望远镜拍摄到的超新星 SN2002dd 爆发前后（箭头所指）的图像

*第 4 节 | 超新星的爆发机制

超新星的爆发是大质量恒星死亡前的"回光返照"，其爆发是恒星晚期发生灾难性塌缩，造成强大的引力能释放的结果。

我们知道，在恒星的主序星阶段，其内部一直处于热核反应产生的气体热压力与恒星的自身引力相平衡的状态。这时候恒星是稳定的。当恒星演化到晚期氢大部分变为氦之后，氢燃烧产生的热压力抵抗不了自身的引力，于是恒星开始塌缩并使恒星内部的温度升高。当温度升高点燃了氦，氦燃烧成为碳的核反应开始时，热压力又战胜了引力，使恒星向外扩张，直到达到新的平衡。就这样，恒星经历了从收缩到膨胀，从膨胀到收缩的过程，同时它本身的物质也从氢燃烧到氦，从氦燃烧到碳，再燃烧到氧、硅、镁等，直到燃烧到铁。铁是一种不能燃烧的物质。这样，当越来越多的物质燃烧成为铁之后，恒星就再也没有能力抵抗它自身的引力了，于是物质开始向恒星的中心快速塌缩，使密度增加，核体变硬。当核变硬超过某一极限值时，就会发生核反弹。物质从塌缩到反弹，核中心向外反弹的物质与向中心塌缩的物质迎面相碰，最终引起了激烈的爆炸，中心变硬的内核最终会演变成中子星或黑洞。这就是Ⅱ型超新星爆发的基本过程，发生这种爆发的恒星的前身星质量一般都大于 $8m_\odot$。

关于Ⅰ型超新星的爆发机制，多数天文学家认为，Ⅰ型超新星的前身星是含氦丰富的密近双星。系统中由于白矮星的强烈吸积，其伴的物质流向白矮星，有的物质落到它的表面，碰撞加热，并增添了白矮星的碳－氧核心的质量。最后碳在中心被点火，并在一个向外传播的波中燃烧，这就像一根导火线在燃烧，从而引起了星球的爆燃，造成了超新星的爆发。有的天文学家认为，Ⅰa 型超新星的前身星只是吸积的白矮星，因为观测和理论都指出Ⅰa 型的前身星的质量比Ⅱ型的要小，比Ⅰb、Ⅰc 型的前身星的质量也要小。

两类超新星的爆发机制如图 20.7 所示。

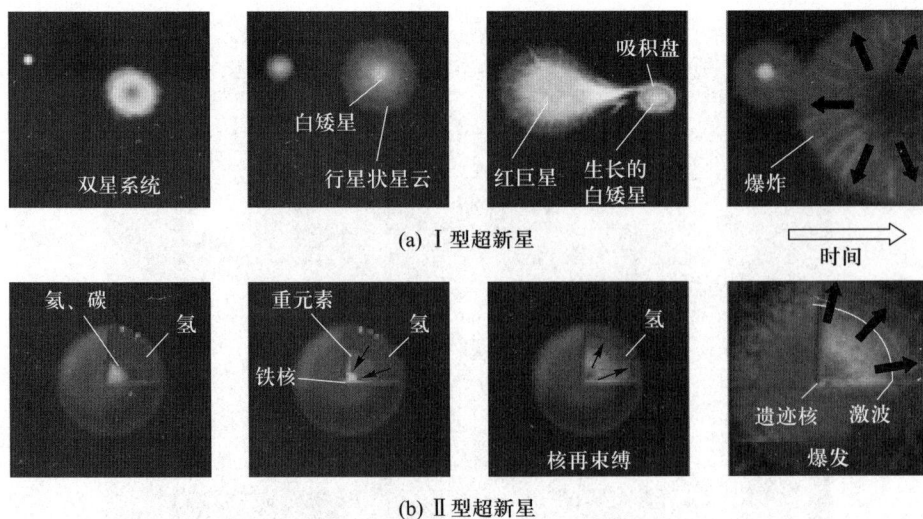

(a) Ⅰ型超新星

(b) Ⅱ型超新星

▷图 20.7　两类超新星的爆发机制图解

超新星的剧烈爆发，经历了"昙花一现"之后的死亡并非意味着物质的消亡，而是带来了宇宙中"婴儿星"的孕育和诞生。因为超新星的爆发会对周围的星际物质产生巨大的冲击作用，会促使较轻的元素合成较重的元素，并把它们抛撒在宇宙空间，这对周围星际物质起到了加热和掺入重元素的作用。同时，超新星爆发时产生的冲击波，引力辐射，中微子、X射线和γ射线辐射等，都起着搅动星系物质的作用。这些都有利于孕育新的恒星，甚至会影响星系的形成与演化，这就是宇宙间的物质和天体生生不息的道理。

习题二十

1. 一个密近双星系统，包括一颗 $0.5m_\odot$ 的白矮星和一颗 $2m_\odot$、半径为 $10R_\odot$ 的亚巨星。由于白矮星的吸积，伴星表面的物质逸出流到白矮星，请估计它们之间的距离。

2. 某一望远镜刚刚能观测到在 10 000 pc 距离处光度等于太阳光度的一颗星。问在多远处能观察到一颗光度最亮为太阳光度的 10^5 倍的新星？

3. 在多远处一颗绝对星等为 -20^m 的超新星看起来像太阳一样亮？

4. 假设一颗超新星在 20 pc 距离处，它的绝对星等为 -20^m，将它的视星等与如下的视星等进行比较：（1）满月（-12.6^m）；（2）最亮时的金星（-4.4^m）。

5. 一颗超新星爆发的能量通常可以与太阳一生发出的总能量相比，请利用太阳当前发出的能量，计算它一生（太阳的寿命为 10^{10} 年）发出的总能量。

6. 目前蟹状星云的半径大约为 1 pc。如果在公元 1054 年观测到超新星爆发，假设它的膨胀率是常量，那么它的膨胀速度有多大？这假定是否合适？

7. 简述Ⅰ型超新星与Ⅱ型超新星的特征区别。为什么说超新星可以作为天体的"标准烛光"用来测定星系的距离？

习题二十
参考答案

第四篇

银河系与河外星系

第二十一章

银河系

第1节 | 银河系的外貌

北半球的人们在盛夏、初秋的晴朗夜晚仰望星空，会看到一条淡淡的光带从东北向西南横贯天穹，宛如奔腾的河流一泻千里，这就是我们太阳系所在的家园——银河系。古代，中国人称它为"天河"。在中国民间很早就流传着牛郎织女在天河鹊桥相会的神话故事。欧洲人称它为"牛奶路"（Milky Way）。美丽的银河令人心驰神往，激发了人们许多美丽的遐想。

一、银河系的形状和结构

1610 年，意大利天文学家伽利略首先用望远镜观测银河，发现银河是由许多密集的恒星组成的。1784 年发现天王星的英国天文学家赫歇尔开始了对全天恒星的计数，在 1 083 次观测中，他共计数了 683 个天区中的 11 万多颗恒星，终于发现银河内的恒星同属一个形似透镜的恒星系统。

银河系的多波段观测（见图 21.1）研究表明，银河系的外貌像一个中间突起的透镜，这个恒星系统的直径约为 30 kpc（约 10 万光年），厚度为 1～2 kpc。它的主体是银盘，众多的高光度亮星、银河星团和银河星云组成了四条旋涡结构，叠加在银盘上。从银河系的核心展出四条旋臂：人马臂、英仙臂、猎户臂和天鹅臂。在银河系内大约有 3 000 亿颗恒星，其中人们能用眼睛直接观察到的只有大约 6 000 颗较亮的星；银河系内还有众多的亮星云、暗星云、星团和无数的弥漫星际气体、尘埃物质及隐蔽的暗物质与暗能量。

很长一段时间以来，人们一直认为银河系是个旋涡星系。1995 年一个美国、英国及澳大利亚的年轻人组成的科学小组大胆地用微引力透镜的分析方法，揭示出**银河系不是车轮状的旋涡星系，而是一个有棒状结构核心的棒旋星系**。这种论点越来越多地被空间观测所证实，如宇宙背景探测卫星的探测结果表明，银河系核心区有着"花生"状的短棒结构。

银河系分为核球、银盘、旋臂、银晕几个部分。许多恒星、星团、星云和星际物质密集分布在银河系中心平面（银道面）附近，称之为银盘，现在称此盘为薄盘。如果把银道面两侧密集的老年恒星都算在一起，那么离银道面上、下 2 kpc 的范围称为厚盘。银河系的银盘中心隆起的球形部分叫核球，它是恒星和星际物质的密集区，核球的半长轴约为 4～5 kpc，半短轴约为 4 kpc。在核球最里层距银心约 3 kpc 范围内的恒星致密区叫银核，

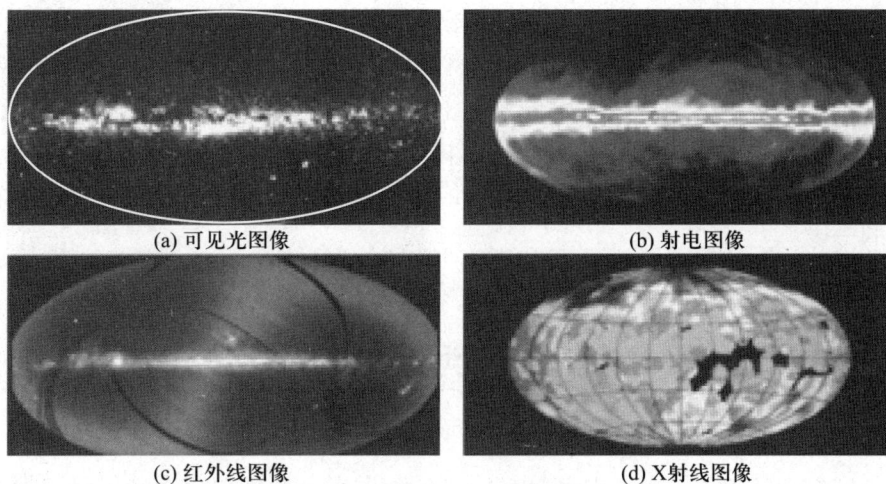

(a) 可见光图像　　　　　　　　　　(b) 射电图像

(c) 红外线图像　　　　　　　　　　(d) X射线图像

▷图 21.1　银河系的四个波段的图像

那里有最密集的恒星群及电离气体、分子云和尘埃。银核的中心叫银心。银河系的厚盘外围是近似为球形的银晕，银晕的直径达 100 kpc，在这远离银河核心的银晕区，恒星和星际物质稀薄，银晕中最亮的成员是球状星团。银晕外面更稀薄的庞大区域叫银冕，它离银心更为遥远，宛如银河系的一顶美丽的"凤冠"。

二、太阳系在银河系中的位置

太阳带领它的家族——太阳系位居于银道面以北约 8 pc 的地方，与银河系中心相距 8.5 kpc，处在银河系猎户臂的外边缘（见图 21.2）。

由于太阳系在银河系内是偏离银心的，当地球公转到太阳和银心之间时，我们的视线

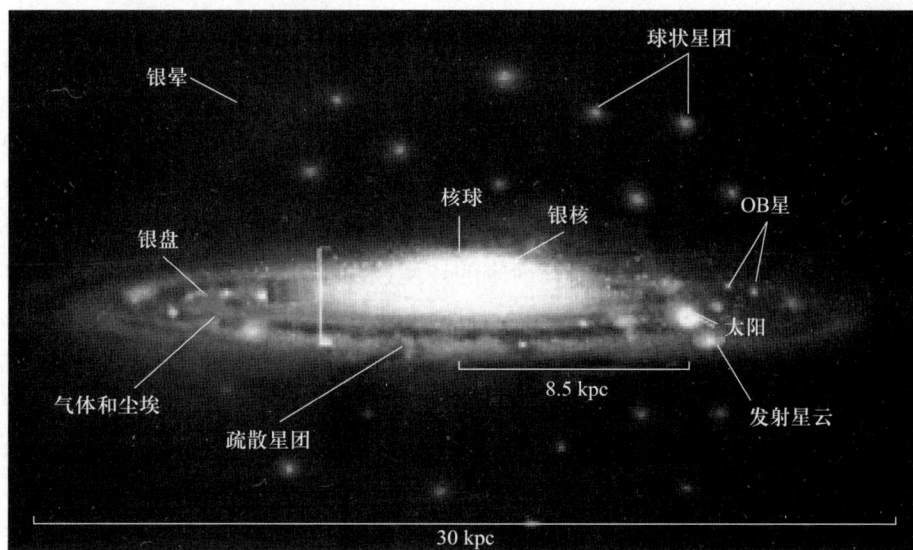

▷图 21.2　银河系的外貌

所穿越的银河系的恒星、星团、星云及星际物质比相反方向上更多。这时,地球的北半球是夏天。在晚上,人们沿着银道面朝银河系中心方向望去时,所看到的恒星非常密集,所以夜空中呈现出的是银河最亮的一段,天鹅座、天鹰座和人马座高悬天顶,到了秋天,银河的这段亮区就西斜而下了;冬夜和春夜,由于地球公转,地球运行到远离银心的一方,晚上看到的是与银心相反方向的星空,所见恒星就较稀少些,在天顶附近只能见到银河系较窄较暗的一段。

第 2 节 ┃ 银河系中的恒星族

银河系内约 3 000 亿颗恒星中有单星、双星和聚星,按年龄分有老年星、青壮年星和刚刚形成的恒星。恒星的重金属元素含量反映了年龄的区别。观测研究表明,重元素丰度高低不同的恒星在银河系中的分布不同。重元素丰度高的恒星大都分布在银盘里,称为盘星,它们都是些年轻而富有金属的星,并与电离氢气体云有密切联系,叫**星族Ⅰ星**。在银晕里的恒星大多是老年贫金属星,它们在宇宙的早期演化阶段就诞生了,叫**星族Ⅱ星**。

在银河系核球内的成员星是由星族Ⅰ和星族Ⅱ的恒星混合组成的。

在银河系中也演绎着恒星生老兴衰的历史。在银河系的旋臂上,有许多从浓密的分子云中刚刚诞生的原恒星;这里也不断发生超新星的壮烈爆发,它们在"昙花一现"之后,把自己携带着重元素的外壳抛撒到太空,然后这些重元素又被一些星云吸收并孕育新一代的恒星。银晕是个古老而寂静的世界,它保持着银河系的原始风貌。虽然银晕中星际气体已消散无遗,但在那儿可以找到与星系同龄的老态龙钟的恒星,最老的恒星可能有 140 亿年的高龄。大质量的恒星经历超新星爆发后,留下了中子星或者黑洞,它们已演化到了生命的尽头;在银晕中也有许多小质量恒星($<3m_\odot$),它们慢慢地度过了自己漫长的一生,逐渐演变成了白矮星。

近期的空间探测表明,在星族Ⅱ老年星的聚集区也发现了一些新诞生的原恒星。可见,恒星和宇宙间的万物一样,都在生生不息、生灭转化、永无止境地循环着。

在银河系中,大多数恒星以几十至上百千米每秒的速度运动着,但也有少数高速星。2018 年中国研究员在郭守敬望远镜(LAMOST)和欧洲空间局盖亚空间望远镜取得的数据中发现了银河系中的 591 颗高速星,其中 43 颗高速星有可能摆脱银河系的引力束缚,飞出银河系。这可使人类了解银心黑洞周围的环境以及银河系的结构等。

第 3 节 ┃ 星　团

银河系中除了单星、双星外,还有许多三五成群地在一起、互相有物理联系的恒星组成的多重星系,称之为**聚星**,按照恒星成员星的数目可分为三合聚星、四合聚星等。著名的北斗星中的开阳星看起来是两颗星,实际上它是由七颗星组成的七合聚星。

星数超过 10 个且由万有引力联系在一起的星群，称为**星团**。大的星团中有的可包含几十到几十万甚至几百万颗星。冬季夜空中明亮的昴星团"七姐妹"是由 300 多颗星组成的。

　　在银河系中有众多的星团，根据恒星密集度的大小，星团可分为疏散星团（又称银河星团）和球状星团。

一、疏散星团

　　疏散星团的形状不规则，结构松散，但有共同的运动特性。疏散星团高度集中于银道面，大都分布在银纬 $-15° \sim +15°$ 处，所以又称为**银河星团**，其中大多数成员星属于星族 I，是些年轻的恒星。

　　星团亮度用"累积视星等"表示，即把星团图像聚集到一点相应的视星等。较亮的疏散星团有天蝎座的 M6（NGC6405），金牛座的 M45 昴星团、NGC1647、NGC1746，双子座的 M35（NGC2168）与天鹅座的 NGC7092 和大犬座的 M41（NGC2287）等。图 21.3 是船尾座 M46（NGC2437）疏散星团的图像，它距离我们 5 400 l.y.，大约包含 100 颗星，累积视星等为 6.1^m。

▷图 21.3　M46 疏散星团的图像

　　疏散星团的直径从 1.5 pc 到 15 pc，大多数在 2 pc 到 6 pc 之间。有些疏散星团外围部分称为团冕，其内包含了大量的暗星。

　　天文学家一般利用高精度观测仪器测定恒星的自行，以研究疏散星团的质量和速度分层效应，并通过星团的各向同性特性来研究星团内恒星的运动。疏散星团的寿命与成员星的个数有关，成员稀少的星团寿命明显低于成员众多的星团。此外还发现，与银心的距离越远，星团的平均寿命越长。在众多的疏散星团中，极年轻的星团所占比例相当大。

　　在疏散星团中有一类叫移动星团，它们离我们较近，成员星在空间互相平行运动，由于透视效应，这些成员星看起来似乎来自一个辐射点。这种能够看出有辐射点的疏散星团叫作**移动星团**。著名的昴星团、毕星团、鬼星团、大熊星团、英仙星团、后发星团、天蝎 – 半人马星团和猎户星团都是移动星团。除了移动星团外疏散星团都有共同的自行。

二、球状星团

　　众多的星非常密集地聚集在一起，呈球状或椭球状的星团叫作**球状星团**。球状星团所含的成员星数一般比疏散星团多，多至几百万颗。

　　确定星团成员星的主要标志是：相邻的恒星靠得很近，它们的空间运动方向大致相同；它们还作为一个整体在空间运动，其成员星都具有大致相同的自行。球状星团有非常高的光度（绝对星等为 $-4^m \sim -10^m$）。大部分球状星团的直径为 $20 \sim 150$ pc。

　　天蝎座 M4（NGC6121）是较亮的球状星团，它距离地球约 6 800 l.y.，累积视星等为 5.93^m，视直径为 22.8′。猎犬座 M3（NGC5272）距离地球约 3.2×10^4 l.y.，累积视星等为

6.2^m，视直径为 18.6′。半人马座的 NGC5139 是很亮的球状星团，累积视星等为 3.65^m，距离地球约 1.7×10^4 l.y.，视直径为 36.3′。在银河系内已知有 150 多个球状星团（可能包含更多）。图 21.4 为 NGC6934 球状星团的图像。

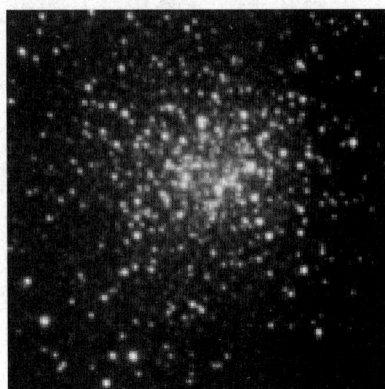

银河系中球状星团的银面聚集程度小，它们围绕着银河系中心呈球形分布。球状星团内的大多成员星是星族Ⅱ星，即老年星，最老的恒星的年龄约为 140 亿年。由于球状星团的累积光度很大，所以我们可以观测到较远的球状星团。

由于在银河系中的球状星团呈球形分布，所以利用球状星团可以很好地测定银河系的中心位置与银盘的直径。

▷图 21.4　NGC6934 球状星团的图像

第 4 节 ｜ 银河系的质量

一、银河系的质量

由前述我们知道，银河系内的物质分布是不均匀的，银河系核心处的物质是致密的，旋臂处的恒星和星际物质也非常密集，而在旋臂之间恒星和星际物质是很稀薄的，银晕的可见物质也很稀薄，但是可能包含大量的暗物质。因此银河系的质量分布自然是不均匀的，也不能被精确测定，只可大略地估算。比如，我们了解太阳绕银心旋转的轨道速度以后，可以先估计太阳绕银心运动旋转半径以内银河系的质量。假定太阳绕银河系中心做圆轨道运动，并假设太阳轨道以内银河系的质量都集中在银心，由于银河系的质量比太阳大得多，根据万有引力定律，我们可以得到太阳轨道以内银河系的质量为

$$m_G = rv^2/G$$

式中 r 为太阳与银心的距离，G 为引力常量。已知 $r = 8.5$ kpc，太阳处银河系自转速度为 $v = 220$ km/s，我们求得

$$m_G = 1.3 \times 10^{11} m_\odot$$

这就是说，在太阳轨道以内银河系的质量约为 1 300 亿个太阳质量。整个银河系的总质量自然是远大于此。按照开普勒第三定律 $m \approx a^3/P^2$ 推算，由银河系的自转周期 P 为 2.25 亿年，银河系的半径 a 为 25 kpc 计算，银河系的总质量的数量级至少是 $10^{12} m_\odot$，即银河系这个庞大的系统约有 1 万亿个太阳质量。图 21.5 为哈勃空间望远镜拍摄的银河系内的 NGC6397 球状星团的图像，在 0.4 pc 范围的高分辨率图像中发现了许多红矮星，它们（小方块所指）可能是暗物质。

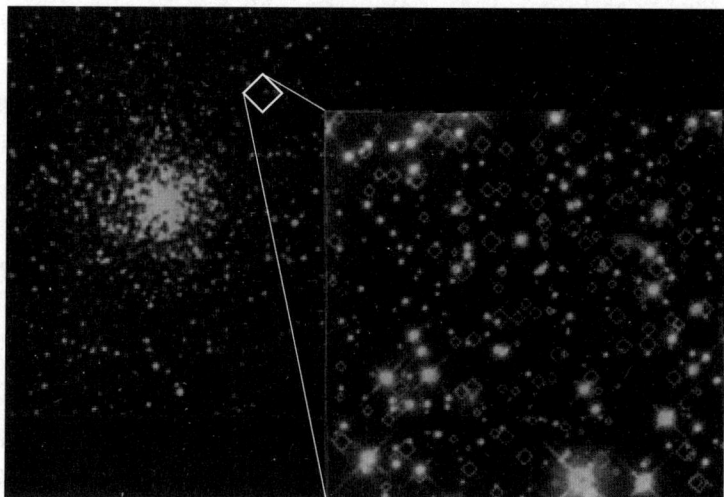

▷图 21.5　NGC6397 球状星团的图像

二、银河系的质光比

　　天文学家常用星系的质光比来研究星系的质量及演化。利用恒星计数可估计太阳系附近银盘的平均亮度。星系的质光比是这样定义的，即单位面积的质量 μ（质量面密度）除以单位面积的光度 l。质光比以太阳的质光比为单位，即 $m_\odot/L_\odot=1$，所以银河系中太阳附近的质光比为

$$\mu/l=5m_\odot/L_\odot=5$$

　　这意味着银河系单位质量平均产生的光效率比太阳低。这个结论与银河内有大量 K 型或 M 型矮暗星的观测事实一致，因为这些恒星质量虽小，但光度更小。银河系的辐射主要来自少数的大质量 O 型亮星、B 型亮星和一些晚型巨星。

第 5 节 ｜ 银河系的较差自转

　　银河系作为一个整体进行自旋，这个事实是 1887 年俄国天文学家奥托·斯特鲁维发现的。他首次测定了银河系的自转速度。1927 年，荷兰天文学家奥尔特根据对大量恒星视向速度的研究，证明了银盘上所有的恒星（包括太阳在内）都沿着一个近乎圆形的轨道绕银河系中心旋转，而且运动的速度是不同的：距银心比太阳近的恒星绕银心的运转速度比太阳快，距银心比太阳远的恒星的运转速度比太阳慢。

　　根据对银河系内太阳附近恒星运动规律的研究，银河系的自转不像刚体那样处处均匀，随着离银河系中心距离的不同，恒星的旋转速度也不同，这是一种较差自转。

　　较差自转这样明显的特征直到 1927 年研究了太阳附近的恒星运动才被发现。这是由于测量银盘旋转时，太阳也是一颗银盘里的星，它与其他盘星一样绕着银心旋转。太阳的

运动几乎与太阳周围恒星和气体云的平均运动相一致。因此，这个区域的物质相对于太阳系几乎是静止的。

银河系较差自转效应的初期研究，受空间尺度的限制。因为银河系很大，所以光学天文允许观测的范围只限于银盘内太阳系近邻的区域。为了研究银河系的大尺度结构，得到整个银河系的质量分布和较差自转的情况，天文学家需要知道太阳系附近以外位置恒星的旋转速度。为了观测离太阳很远的目标，天文学家必须利用射电望远镜。因为光学观测受星际消光影响较大，而在射电波段星际消光的影响可以忽略。近代，天文学家利用射电望远镜观测（原子氢 21 cm 谱线），铺平了银河天文学的研究道路。把射电望远镜指向各个不同的银经 L，我们可以得到一系列离银心径向距离 r 处各个不同切点的旋转速度。很明显，这个方法也只适合于内银盘的方向。

为了得到太阳轨道以外银河系的旋转曲线，天文学家通过观测造父变星，利用周光关系确定其距离。但是，当银盘里的恒星距离大于数千秒差距时，星际消光影响变大，天体亮度太小，光谱观测很难，我们还是不能测出太阳轨道以外很远处银河系的旋转速度。

近年来，利用射电望远镜观测位于银盘边缘区的一次电离氢 HⅡ 复合体是较好的方法，因为尘埃遮掩的影响对它相对比较小。研究这些 HⅡ 复合体中激发星的光学特性，并用测光的方法可得到它的距离。然而，由于 HⅡ 复合体往往与巨分子云相伴，所以这种方法也不完善。最近，人们通过射电望远镜观测 CO 分子线的视向速度，来测定不同距离处银河系的旋转速度。利用这种方法，银河系的旋转曲线几乎可以延展到 2 倍银心到太阳的距离。加上太阳圆轨道范围里 HⅠ 的观测，天文学家得到了范围较大的银河系的旋转曲线，如图 21.6 所示。

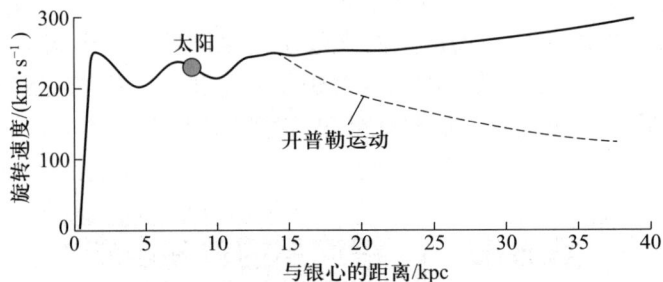

▷图 21.6　银河系的较差自转曲线

虚线是指按照开普勒运动定律计算出的旋转曲线，显然它与实际测定的旋转曲线偏离很远

由图 21.6 我们很清楚，银河系确实存在较差自转，沿着银河系的径向自转速度变化很大。在银河系中心区域，即与银心距离 r 很小时，自转速度宛如一个刚体的转动，各处的旋转角速度都一样，线速度 v 随着距离 r 的增大陡升，直到 250 km/s，之后随着 r 的增加旋转速度又减慢，到了离银心 3 kpc 左右的地方，银河系的自转速度减到最慢，再往外的银盘区内，恒星的公转速度又随着与银心距离 r 的增大而缓慢增加。可见银河系的旋转曲线是条偏离开普勒运动定律的复杂曲线。

银河系内恒星的运动，可以分成两部分：① 绕银心旋转的平均运动：任何恒星与附近其他所有恒星都有这种绕银心的运动。② 随机运动：银河系内成员星除了围绕银河系中心旋转以外还有随机运动（也叫恒星的本动），它叠加在平均运动之上，不同恒星有不同的随机运动。

恒星绕银河系中心的速度，一般要比随机运动的速度大得多。在太阳附近的恒星，到银心的距离约为 8.5 kpc，太阳绕银心旋转的速度约为 220 km/s，即约为 9×10^5 km/h。而太阳带领着它的"家族"——太阳系除了绕银心运动外，还朝着武仙座方向奔驰，速度约为 21 km/s。

在银河系中央核球里，大部分是圆轨道速度小的恒星。于是，这些恒星形成一个几乎呈球形分布的中央核球。银河系晕包含着高速随机运动的恒星，这些恒星受银河系的束缚程度比中央核球里的恒星小。大多数恒星的随机运动速度为 20～30 km/s，而少数的"高速星"的随机速度竟高达 300 km/s。

上述数据说明两个很重要的事实。第一，银河系的确是一个浩瀚的恒星系统和一个庞大的天体系统。因为即使太阳以 9×10^5 km/h 的速度飞行，它绕银心一周仍然需要 2.3 亿年的时间。第二，说明相对性原理。尽管太阳系绕银河系中心的运动速度非常大，但是居住在地球上的人们并没有什么感觉。

假如银河系中一颗恒星的典型质量是半个太阳质量，粗略的质量估计给出太阳旋转轨道内的银河系部分大致包含 3 000 亿颗恒星。在银河系中各类天体：恒星、星云、星团以及所有星际物质（包括暗物质）等都处在永恒不息的运动之中。但是银河系很庞大，以至于恒星之间的平均空间距离竟有几百光年。有如此大的距离，恒星永远不可能相互碰撞。除了双星和聚合星系统以外，事实上恒星相互之间很难有引力交会，恒星主要是受到整个银河系的引力，而没有单个恒星的单独的引力拖曳。

银河系和其他星系一样是一个处于束缚态的恒星系统，单个恒星的轨道运动使得它们不因为受到整个系统引力的作用而掉进致密的银心。

银河系作为一个整体除了自旋运动以外，还在宇宙空间向着一定方向做飞盘式运动。我们住在银河系中，虽然不能直接测定银河系本身在宇宙空间的运动，但是可以通过观测其他一些恒星系统相对于银河系的运动来研究银河系本身的运动。现在，人们已经测出，银河系除了自转以外，还朝着室女座和狮子座之间的方向以 550 km/s 的速度飞奔，也就是说银河系一边旋转一边向前飞行，像一个莫大的"飞盘"沿着一条复杂而奇妙的路线在太空中飞驰。

最近伊巴谷卫星的观测发现，一批离我们 1 600 l.y. 的蓝星朝着银河系的边缘方向运动，致使银河系的银盘形状发生不对称的翘曲变形，这种翘曲从太阳轨道内侧就开始了，这说明我们的银河系在演化的进程中不断改变着自己的形态。

银河系伴随着运动发生着动力学和化学元素的演化，并随着时间的演进改变着自己的外貌。

第 6 节 | 银河系的旋臂

银河系有着明显的旋涡结构，从核球伸展出来四条旋臂，这些旋臂主要是由 OB 亮星与电离氢（HII）区聚集一起，而勾画出来的。

1951 年，摩根（Morgen）等首先勾画出银河系最靠近太阳的三条光学旋臂。当射电天文学发展以后，人们才知道银河系旋涡结构的全貌。多波段综合观测表明：银河系的旋臂中大量的 O 型和 B 型恒星（简称 OB 星）以及与它们成协的 HⅡ区、分子云、超新星遗迹和 γ 射线源等，它们是银河系旋臂的示踪物。银河系的旋涡结构可能延伸到太阳轨道以外很远的地方，但是在遥远的地方，旋涡结构的上述示踪物的辐射明显地变弱了，很难观测到。

银河系内的物质分布是不均匀的。银河系中心有棒状的核球，由此延伸出四条旋臂，在旋臂处恒星和星际物质非常密集，而在旋臂之间恒星和星际物质却很稀薄；旋臂处恒星和星际物质的密度大约是旋臂之间的 10 倍。假如我们能正面看银河系，有可能看到像 M74（见图 21.7）那样的一幅图像。

▷图 21.7　M74 的图像

M74 的光学照片展示出由两条旋臂组成的很漂亮的旋涡图样，旋涡结构看起来非常清晰，因为旋臂是由光彩夺目的年轻 OB 亮星和电离氢（HⅡ）区描绘出来的。看起来它们像闪闪发亮的珍珠被串在旋臂上。这些所谓的"珍珠"实际上是巨大的电离氢（HⅡ）区，沉浸在里面的 OB 亮星使得这些电离氢区发射出可能比猎户座星云亮几千倍的荧光。这种 OB 恒星在主序星阶段的寿命只有几百万年。于是，与年龄可能有 100 亿年的银河系比较，这些大质量恒星的寿命是很短暂的。新的恒星不断地从弥漫在星际空间的气体和尘埃云中产生，且不断地替代那些年老的恒星。

有人可能误认为，银河系的旋臂是由固定的 OB 恒星、电离氢（HⅡ）区及气体和尘埃组成的物质臂。1942 年瑞典科学家林德布拉德否定了这种说法，提出了密度波理论。他提出，银河系的旋臂不是由一些固定的恒星、气体和尘埃物质组成的，而是运动的密度波的呈现。因为如果旋臂真的是由固定的恒星、气体和尘埃物质组成的话，在银河系较差自转的带动下，旋臂会因为里面比外面转得快而越转越紧，也就是说随着时间的推移旋臂会变得越来越密，如图 21.8 所示。然而，直到目前并没有找到旋臂旋紧成一圈或多圈的任何观测证据。

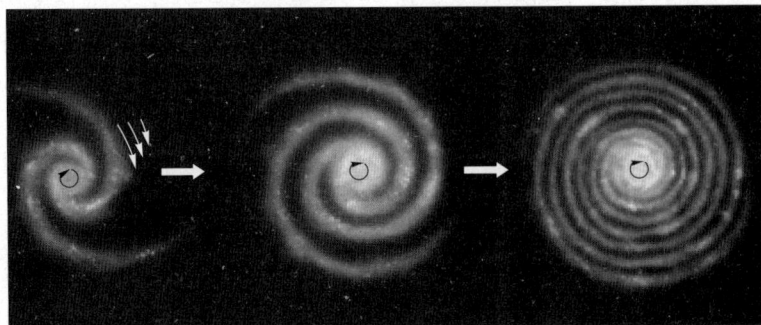

▷图 21.8　按照银河系较差自转解释旋臂形成，物质旋臂应该转得越来越紧

1963 年天文学家林家翘和徐遐生等人发展了密度波理论。他们认为旋涡结构是一种波现象，此波是大尺度物质分布维持与自引力平衡的一种密度波。恒星在绕银心旋转时，绕转速度和空间密度都是波动变化的。当恒星和星际物质进入引力势较低的区域时速度变慢，恒星显得密集，波密度极大的波峰处就呈现为旋臂的图像。为了理解密度波理论的基本概念，可以把恒星与汽车的运行类比，即把较差自转星系中的恒星，想象成行驶在高速公路上各个不同速度车道上的汽车。如图 21.9 所示，假定因修路关闭了某一个车道中的某一路段，这个区域的交通堵塞会使汽车密度增加，但是汽车最集中的区域不是由相同的汽车组成的。更确切地说，每辆汽车都通过了汽车拥挤的地方，但是空中直升机拍摄的照片显示，汽车最集中的地方总是在正在修路的路段。很清楚，单个汽车的速度和修路工程进行的速度是完全不同的。用科学术语来说，交通阻塞代表汽车的密度波，密度极大值的速度（密度波的速度）完全不同于单个汽车的速度（物质的速度）。由于旋涡星系物质不完全是轴对称分布的，它的引力场使恒星和气体云运动转向，这类似于汽车到修路路段时转向比较通畅的车道。

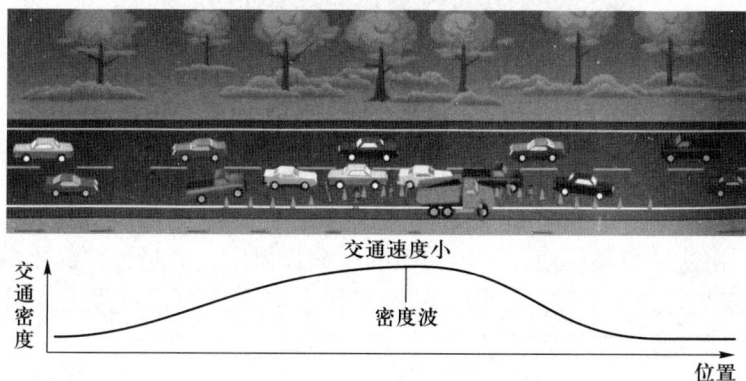

▷图 21.9　密度波理论的浅解

密度波理论设想星系中恒星和气体在绕星系中心旋转时，转动速度与空间密度都是以波动变化的。运动快时，空间密度变小；运动慢时，空间密度变大。这种波动变化既绕中心环行传播，又沿径向方向传播，密度极大的波峰构成了旋涡状的旋臂（见图 21.10）。恒星进入旋臂时，因恒星密集，其引力场强，速度就放慢。另一方面，也正因为速度放慢，恒星挤在一起，密度增大，引力增强，因而使这种状态得以维持，使旋臂的形状保持不变，但旋臂上的物质却是川流不息的。

为什么快速较差自转的星系会产生密度波呢？这是星系总是要使它内部获得较多的束缚能而引起的。像银河系这样快速旋转的盘星系，内部发生任何收缩都必须遵循系统总角动量守恒定律。假设由于内部原因一个旋转星系收缩，角动量守恒的趋向将加快它的旋转速率，它在旋转中又把部分物质抛回到外空间。为了得到持续的变化，星系内部的某些角动量必然要向外转移。这种转移实际上是由拖曳的旋涡密度波来完成的。

在既窄又长的整个旋涡径迹上，是什么机制触发恒星同时形成的呢？理论和观测都能证明：大部分 OB 恒星在旋臂里诞生特别频繁，其程度远大于星系总体恒星形成率。这是由于星际气体和尘埃的随机速度比典型的盘星小得多，于是对于小振幅的密度波，气体和

▷图 21.10　银河系旋臂的密度波解释
大箭头表示旋臂的运动方向，小箭头表示恒星的运动方向，它们要穿越旋臂

尘埃的响应要比盘星大得多，可能发展成激波。经历一段时间以后，激波后面大量物质聚集，这会促使在激波前沿下恒星的形成。

毫无疑问，在这种激波后面，星际物质的压缩提供了大质量恒星诞生的有利条件。在盘上新恒星的形成又驱动了波。比如，超新星爆发时在周围形成发射星云，并传播出激波，激波穿越星际气体时就可能触发了新恒星的形成。

实际上，旋臂旋转速度（密度波速度）落后于星系旋转速度。因为 OB 恒星的寿命比起它从一个旋臂诞生到迁移到另一个旋臂所花费的时间是很短暂的，于是连续不断形成的 OB 恒星与成协的 HII 区，应该是旋涡图样的最好示踪物。虽然 OB 恒星包含一小部分星系质量，但它们的易见性使得它们成为旋涡密度波波峰的标志。这如同白沫浪是冲击水波的波峰标志那样。这些物质粒子（如白沫浪）的运动速度与波不同，而且形成和出现的时间比物质粒子从一个波峰到另一个波峰所需时间短。OB 恒星和与它们成协的 HII 区坐落在波峰上，不是因为它们的运动与波有同样的速度，实际上当我们后来再看这个波的时候，我们看到的不是原来的 OB 恒星与 HII 区。

第 7 节 ｜ 银河系的中心

在银河系的核球里，很多恒星和气体云、分子云、尘埃云密集地挤在一个小的体积内，核球的密度大约是太阳附近区域密度的 100 万倍。核球的中心叫银心。银河系中心在人马座方向（赤道坐标：历元 1 950.0，$\alpha = 17^{h}42^{m}29^{s}$，$\delta = -28° 59' 18''$）。由于太阳是一个盘星，受星际尘埃遮掩的影响，我们几乎看不清银心另一边的甚至银心附近的天体。虽然利用光学手段不能观测到银河系中心深处，但是现代利用射电波、红外线、X射线和γ射线波段的观测，人们可以清晰地看到银河系中心深处。

一、银河系中心的黑洞

近年来，根据射电和空间探测，在距离银河系中心1～2 l.y.的范围内，发现了两个射电辐射很强的射电源。一个叫人马座A东；另一个叫人马座A西。来自人马座A西的中心区有一个尺度小于30亿千米的致密区，发射的辐射不是热辐射，而是高速电子（接近光速）在磁场中产生的同步辐射。这个结构复杂的非热辐射源是个小的致密区，叫作人马座A^*（见图21.11）。它的质量约为400万倍太阳质量，它发出的射电辐射没有脉冲，非常稳定，其光度比亮的脉冲星大1万倍左右，所以它不可能是脉冲星。此外观测到的X射线强度比一般X射线源弱很多，然而它的射电流量比一般X射线源要强10万倍，甚至比X射线暴还强10倍。此外，红外天文卫星（IRAS）发现了一个红外源IRS16，它与人马座A^*的位置完全重合。这个红外源非常致密，光谱测量表明，围绕它的轨道上的气体云被加热到300 K；根据气体云的运动，推测这个红外源的总质量为500万～800万倍太阳质量，然而在这个区域，由多波段观测推测出的恒星总质量只有400万倍太阳质量；那么必定有100万～400万倍太阳质量的物质是看不见的物质。因此，众多天文学家认为，人马座A^*（Sgr A^*）是个巨型黑洞。

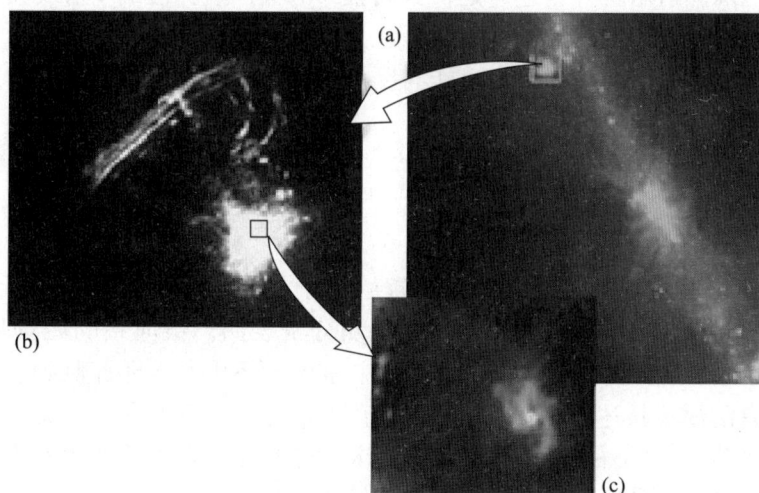

▷图21.11　银河系中心人马座A^*

（a）为人马座A^*红外波段的图像；（b）、（c）为局部的射电波段图像

2022年5月12日事件视界望远镜（EHT）国际合作组织科学家公布了银河系中心超大质量的人马座A^*黑洞的珍贵照片（见图21.12）。这张照片是从2017年观测数据中提取不同照片平均而成的。这个黑洞的质量超过400万倍太阳质量，它比M87星系中心的黑洞质量更小。

1997 年 6 月中国科学家张双南等根据日本 ASCA 卫星及美国 RXTE 卫星的观测资料，论证了银河系中心的两个 X 射线源（GRO1655-40 和 GRS1915+105）都是 X 射线双星，这两个双星系统中都有一个自旋的黑洞，质量超过 400 万倍太阳质量。

有天文学家估计，在银河系已存在的 100 亿年里，只有那些出现在距离银河中心 15 l.y. 以内的黑洞才有足够的时间移到银心附近。假设有 1/5 的恒星具有大于 $8m_\odot$ 的质量，在超新星爆发后留下黑洞，那么银河系中心可能充斥着许多由爆发恒星形成的黑洞，约有 2.5×10^4 个黑洞隐藏在我们银河系的核心。

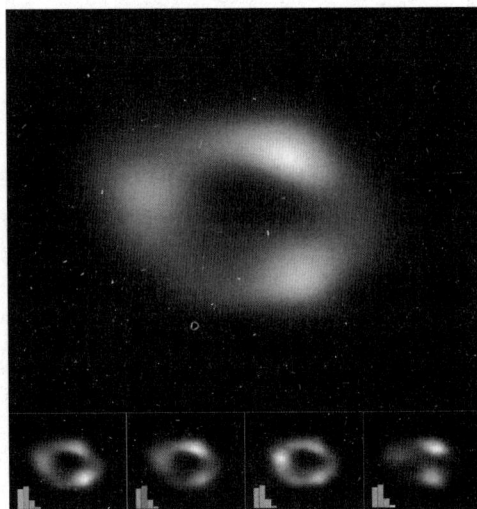

▷图 21.12　银河系中心人马座 A* 黑洞的首张照片

二、银河系的 γ 射线晕

在 20 世纪 80 年代初，γ 射线天文卫星 COS-B 完成了对整个银河系的 γ 射线探测。COS-B 卫星发现，在银河系的高银纬处存在着弥漫的 γ 射线辐射。1997 年 11 月，科学家又进一步找到银河系存在巨大 γ 射线晕的证据。观测到的 γ 射线图像表明，除了已知的点源和在银心区的辐射增强外，还有延伸到高银纬的大尺度弥漫的 γ 射线辐射笼罩在整个银河系周围，称为 γ 射线晕。天文学家分析认为，这些暗 γ 射线可能来自中子星，也可能是宇宙线中较低能量光子的散射，也可能与反物质有关，因为反物质与正物质相遇发生湮没，可同时产生 γ 射线。

三、银河系中心区的磁场与喷流

最近爱因斯坦卫星观测发现，在距离银心小于几光年范围内有一个低能 X 射线源，在其附近还有一个高能 X 射线源。磁场的观测分析表明，银河系的磁场从银心延伸到 6 400 l.y.，磁场的磁感强度为 10^{-8} T（特拉斯）。在银河系中心区还探测到了抛射高速气流的喷流现象，有的喷流长达 13 l.y.，其方向垂直于银道面。澳大利亚天文学家在银心附近也发现了一个长约 150 l.y. 的很窄的纤维状天体，它不同于其他纤维状天体，至少有一个明显的扭结。这是否也是喷流？为什么存在扭结？目前不得其解。

四、银河系内的反物质喷泉

1997 年，美国科学家根据美国卫星康普顿 γ 射线天文台（CGRO）的观测，经过分析处理，得到银心附近区域 511 keV 的 γ 射线的精细图像，发现一个位于银河系中心的巨大的反物质喷泉。我们知道正电子是电子的反物质形式，它和电子相碰会互相湮没，发出两个能量为 511 keV 的 γ 射线光子。若认为这一反物质喷泉在银河系的核心，那么该反物质

喷泉须每秒产生 10^{42} 个正电子（约 10 亿吨），才可能达到我们观测到的 511 keV 的辐射亮度。有的科学家认为，高速的反物质喷泉位于银河系核心附近的恒星形成区，经过非常长的旅程后，速度下降并和周围的电子湮没，最后形成人们观测到的 511 keV 的 γ 射线辐射亮度。

第 8 节 | 银河系的形成和演化

在银河系中球状星团内都是些老年星，它们至少有 100 亿岁的高龄，换句话说，它们是银河系中最早形成的天体。银河系的年龄至少比它们大。天文学家根据大量的观测事实提出了许多银河系形成的理论假说，这里我们介绍一种有关气体云的主要观点。

宇宙中有许多的浩大的密度分布不均匀的星云，其中有一个质量至少包含现在银河系的总质量，它的形状是不规则的，在自身的引力作用下不断地收缩凝聚，内部逐渐形成许多密度较大的球状团块。每一个球状团块至少有 10 万倍太阳质量。这些团块在自身引力作用下又进一步收缩，而且它们比银河系整体收缩得更快，最终破碎成许多小块的密度凝聚区，它们后来演化成新生的恒星。众多的恒星和星际气体物质形成了球状星团。这些球状星团在空间成球状分布，并在空间沿着圆轨道运动。其余的气体云继续塌缩，压扁成盘状。核心区的气体物质塌缩得最快，所以核心区密度最大。由于物质的角动量是守恒的，伴随着气体云的塌缩，引力能的释放加速了旋转，这就形成了银河系的自转。在核心区内都是些老年星，在银晕的球状星团里也聚集着高龄的老年星，然而在银盘里居住的大都是些中、青年星。银河系从形成起，在运动中演化，不断地成长和发展。

上面的描述只是银河系形成的简化模式，忽略了伴星系及内部磁场的作用，也没有解释银河系的细致结构及旋臂的形成。银河系并不是孤立的，它的诞生与生命历程都要考虑与邻近星系的相互作用。最近哈勃望远镜就探测到，距离银河系中心 5 万光年的人马座矮星系正朝着银河系方向落下，它将在几亿年内被银河系吞食掉。由此可见，绝不能忽视星系之间的作用。银河系与河外星系的碰撞与合并在形成与演化的历程中起着重要的作用。最近宇宙学家提出一种"碰撞星暴"的恒星形成假说，即认为两个星系之间碰撞时，气体云朝着较大星系的中心聚集凝结，与此同时，低密度的气体云块以非常高的速度凝聚，并发生爆发，形成恒星。这种理论还有待新的观测研究来证实。

习题二十一

1. 计算一个星云的角直径，此星云的半径为 100 AU，与地球的距离为 100 pc，并与具有大约 6° 角直径的仙女座星系做比较。

2. 天琴座 RR 星的绝对星等为 0^m，它可以被一个能观测到 20^m 星的望远镜看到，问能观测的天琴座 RR 星的最远距离是多少？

3. 一个典型的造父变星比天琴座 RR 星的亮度大 100 倍，作为距离、星等的量天尺工具，造父变星比天琴座 RR 星可测的距离远多少倍？

习题二十一
参考答案

4. 哈勃空间望远镜可以观测到 10^7 pc 远处的类太阳的恒星。造父变星的光度是 3×10^4 倍太阳光度，问用哈勃空间望远镜能观测到多远的造父变星？

5. 一个球状星团具有 200 km/s 的切向速度，距离地球 3 kpc，求它的自行（单位为"/a）。

6. 如果在距离银河系中心 20 kpc 半径处的旋转速度是 240 km/s，求在 20 kpc 范围内的总质量。

7. 一个密度波形成两个旋臂，此密度波正在穿行银河系的圆盘，在距离银河系中心 8 kpc 的太阳轨道处绕银心的密度波波速是 120 km/s。银河系的旋转速度是 220 km/s，问此密度波自从 46 亿年以前形成以来，太阳已穿行一个旋臂多少次？

8. 观测到距离银河系中心角距为 0.1" 处的物质具有轨道速度 1 100 km/s。如果太阳距离银河系中心 8 kpc，物质运动的轨道是圆的，而且可以看到边缘，那么请计算做圆轨道运动的轨道以内物质的总质量。

9. 天琴座中的行星状星云具有角直径 83"，与我们的距离为 660 pc，问它的线直径是多少天文单位？

10. 武仙座星团距离我们 1.05×10^4 pc，它的角直径等于 12'，累积亮度为 5.9^m，请算出此星团的线直径和它的绝对星等。

11. 如果一个恒星需要花 5 亿年完成一次完整的轨道运动，那么根据银河系的旋转曲线，其到银心的距离大约为多少 kpc？

🔭 银河系选题

1. 太阳在银河系中运动，请估算太阳绕银心运动的轨道速度。计算的相对精确度是多少？（以百分数表示。）

2. 估算一个球状星团的质量。假设其半径为 $r = 20$ pc，恒星的方均根速度为 $v_{rms} = 3$ km/s。

第二十二章

河外星系

我们的银河系在宇宙的汪洋大海之中只是"沧海一粟"，在银河系以外是一个更为广阔、更为壮观的河外星系世界，它们是由恒星、气体和尘埃组成的庞大天体系统。著名的大麦哲伦云、小麦哲伦云及仙女座大星云都是河外星系。众多的河外星系千姿百态、神采各异，有幼儿星系、中年星系和处于暮年的老年星系。星系之间有的互相作用，也有的正在分裂瓦解或互相吞食，展现在人们面前的是一个神奇壮观、魅力无穷的星系世界。

2022 年 7 月 12 日，詹姆斯·韦布空间望远镜发布了运行以来的首张全彩深空照片！这是一张距离地球 46 亿光年，位于飞鱼座南部的 SMACS 0723 星系团的照片（见图 22.1）。

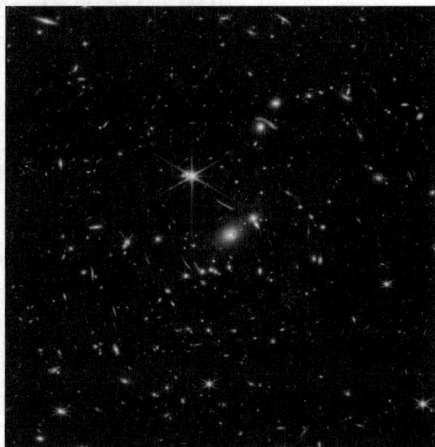

▷图 22.1　詹姆斯·韦布空间望远镜拍摄了迄今为止最清晰的最深宇宙的红外图像

第 1 节 ｜ 星系的形态分类

人们对河外星系的认识经历过漫长的过程。早期，人们通过望远镜看到深邃的星空中有一些朦朦胧胧、形态各异的云雾状光斑，认为这些都是气体星云。直到 1926 年，美国天文学家哈勃观测仙女座大星云时，才发现所谓星云是由大量很暗的恒星组成的。他利用其中的造父变星求出仙女座大星云离我们有 80 万光年之遥（据现代观测这个距离应当是 220 万光年），由此推算出它不属于银河系，而是在银河系之外的另一个星系。此后，人们发现许多原来的星云其实就是河外星系。

哈勃关于仙女座星系距离的开创性发现，打开了河外星系研究的前沿。现在估计，在可观测宇宙里大约有 10^{10} 个星系。这当中有不少质量与银河系不相上下，但绝大部分都很小，也有一些质量巨大的星系。

一、哈勃的星系形态分类

在浩瀚的宇宙中，河外星系的形态各异、婀娜多姿。为了研究方便，哈勃按照星系的形态将星系大致分为椭圆星系（E）、旋涡星系（S）、棒旋星系（SB）和不规则星系（Irr）；此外，有少数星系像旋涡星系那样扁平，但却看不见旋涡结构，称之为透镜星系（S0），带有旋棒的透镜星系叫SB0，它们是一种过渡类型，如图22.2所示。旋涡星系和棒旋星系可能占所有星系的70%，不规则星系只占百分之几，其余是椭圆星系等。因此，大部分可观测宇宙的质量包含在旋涡星系、棒旋星系和椭圆星系里面。

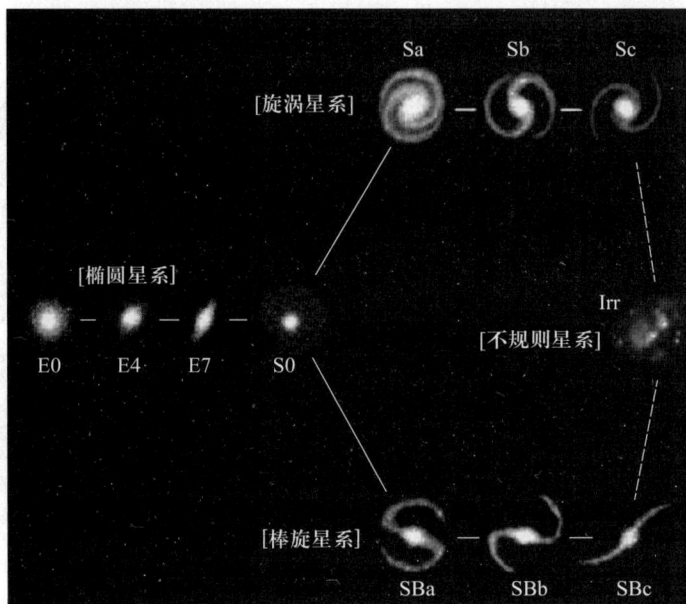

▷图22.2　哈勃的星系形态分类

1. 旋涡星系（S）

旋涡星系的特征是，有由中心核球螺旋式地伸展出去，像车轮状包围着星系的旋臂，呈旋涡状。旋涡星系一般按中心核球的突起程度和旋臂缠绕的松紧程度分成三个次型：Sa、Sb和Sc（见图22.3）。其中Sa星系中心的球核最大，旋臂收得最紧，例如M81星系。Sc星系的球核最小，旋臂散得最开，例如NGC2997星系。Sb星系的旋臂散开的程度介于Sa和Sc星系之间，例如M51星系。

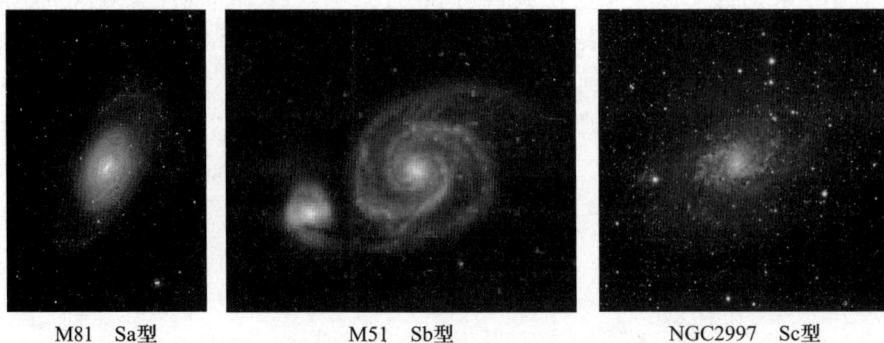

M81　Sa型　　　　M51　Sb型　　　　NGC2997　Sc型

▷图22.3　三种类型的旋涡星系

M104 草帽星系（见图 22.4）属于旋涡星系 Sa 型，由于它的旋臂的边缘向着我们，所以看不到旋臂，星系中间的暗带是由星际气体和尘埃组成的。仙女座星系是距离我们最近的旋涡星系之一，属于 Sb 型，它斜对着我们，看起来是长长的椭圆形（见图 22.5）。它的中心部分最亮，因为那里的恒星最密集。在它的旋臂上有热巨星、星际气体、尘埃状物质、疏散星团等。NGC3642 星系、三角座的 M33 星系及 NGC2841 星系等都属于 Sb 型。S0 型星系介于椭圆星系与旋涡星系之间，其旋涡结构不明显，例如 NGC1332 星系就属于 S0 型。

▷图 22.4　M104 草帽星系（Sa 型）

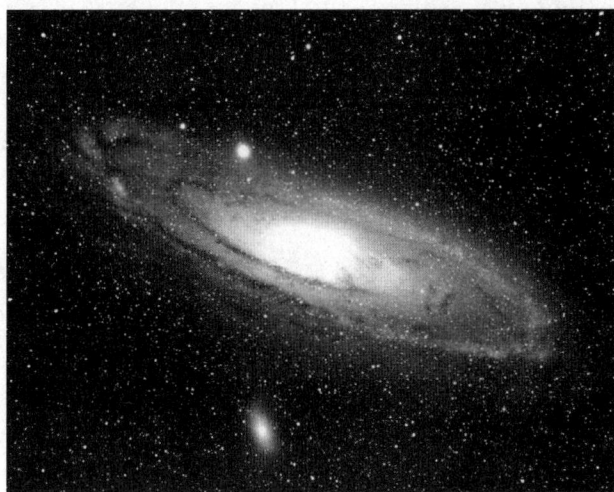

▷图 22.5　仙女座星系——M31 星系（Sb 型）和它的伴星系 NGC205（E6 型，在图的左下方）

2. 棒旋星系（SB）

棒旋星系的核心具有一个亮的棒状结构，棒的两端向不同方向延展出旋臂。根据核球的大小和旋臂缠绕的松紧程度，棒旋星系分为 SBa、SBb 和 SBc 三个次型。如图 22.6 所示，SBa 型棒旋星系的旋臂缠得最紧，例如 NGC3992；SBc 型棒旋星系旋臂伸展得最开，例如 NGC1365 星系；SBb 型棒旋星系的情况介于前两者之间，例如 NGC1443。

最近，棒旋星系的发现又有新进展。天文学家利用大望远镜附加 CCD 探测器和红外阵列器件，发现了一些原来利用照相方法不可见的旋棒；而且很多棒旋星系不仅有一个大尺度的主棒，还有较小的次棒镶嵌在核内，平均来说，这些次棒的尺度是主棒的 1/7。例如飞马座 NGC7479 旋涡星系的核心区有三个层次的棒镶嵌在核球内。在不同星系里，这些次棒相对于主棒的轴向角不同。星系的气体很可能是通过次棒转移到核心的，而在核心那里，黑洞正等待着"吞食"恒星物质和星际气体。

大多数棒旋星系呈二维椭圆图像，其半短轴和半长轴之比 $b/a \approx 1/5$，在一个次型内，此比例可能有些变化。不同星系旋棒的长度和盘面的相对大小也相差很大。一般，棒旋星

NGC3992　SBa型　　　　　　NGC1443　SBb型　　　　　　NGC1365　SBc型

▷图 22.6　三种类型的棒旋星系

系中心的棒结构并不是平滑的，即有明显的"盒"状物或"花生"状结构。例如，IC4767 的 R 波段图像就呈现出类似花生的结构。

3. 椭圆星系（E）

椭圆星系是很普遍的一类星系，外形呈卵形，看起来是椭圆形或正圆形。有的椭圆星系很扁，也有的椭圆星系很圆。椭圆星系按扁平程度 n 细分为 8 个次型：E0、E1、E2、…、E7。

扁度 n 的定义：设半短轴为 b，半长轴为 a，则扁平度为 $n = 10(a-b)/a$。

需要指出的是，我们看到的只是星系的视扁度，真扁度由于短轴的取向不清楚而无法确定。

非常圆的球形星系定义为 E0 型；椭率越大的，椭圆拉得越长，E7 为最扁的椭圆星系。例如，M49 星系为 E1 型 [见图 22.7（a）]；M84 星系为 E3 型 [见图 22.7（b）]；仙后座星系近旁的 NGC147 星系属于 E4 型；仙女座星系的伴星系 NGC205 属于 E6 型。椭圆星系的总光度比较小，特别明亮而巨大的占少数。

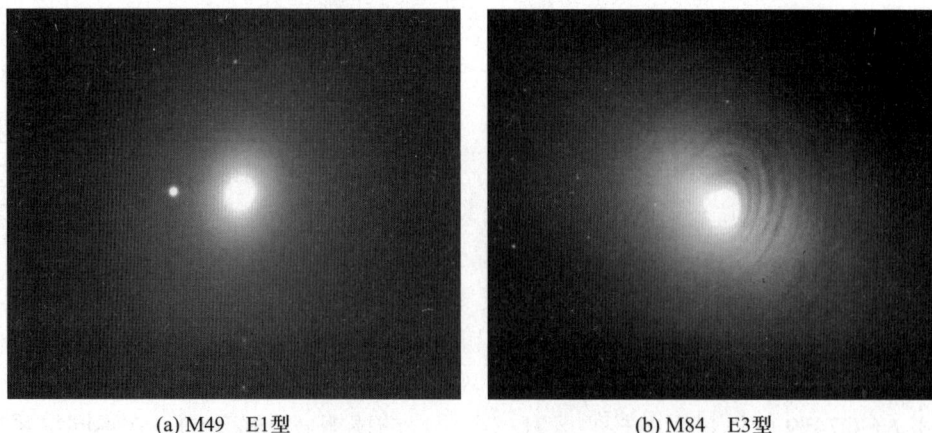

(a) M49　E1型　　　　　　　　　　　(b) M84　E3型

▷图 22.7　两种类型的椭圆星系

M87 星系原来由地面望远镜观测时，它是一个标准的椭圆星系，属于 E0 型，然而从 1998 年哈勃空间望远镜拍摄的 M87 核心的图像中却可分辨出三条旋臂。最近，"轨道天文台"卫星还发现在 M87 星系核心处有喷流，并揭示出有星系盘存在，而且此盘的中央可能是黑洞，于是它应当属于活动星系。

4. S0 型和 SB0 型星系

在哈勃星系分类的 E7 型和 Sa 型之间有一种类型星系，它具有薄的盘，中间部位的隆起比较平坦，不包含气体晕也没有旋臂，称为透镜星系。透镜星系有明亮的核球和盘，核球内没有棒的是 S0 型星系，例如 NGC1201；若核心区呈棒状则是 SB0 型，例如 NGC2859 星系（见图 22.8）。

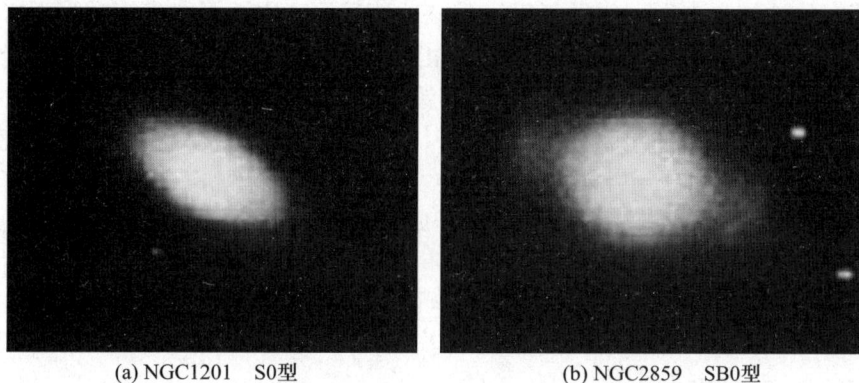

(a) NGC1201　S0型　　　　　　　(b) NGC2859　SB0型

▷图 22.8　两种类型的透镜星系

5. 不规则星系（Irr）

这类星系形状很不规则，它们的形态向各个方向伸展，很可能是由于近邻星系的引力拖曳使它失去了原形，成了不规则的样子。如图 22.9 所示，M82、NGC4485、NGC4490 及 NGC4449 等都是比较典型的不规则星系。此外，南半天球肉眼可见的大麦哲伦云、小麦哲伦云都属于不规则星系。最近科学家发现，小麦哲伦云实际上是两个星系，它们似乎是被银河系的引力撕裂成不规则的外形，并发现大麦哲伦云内有暗弱的旋涡结构。

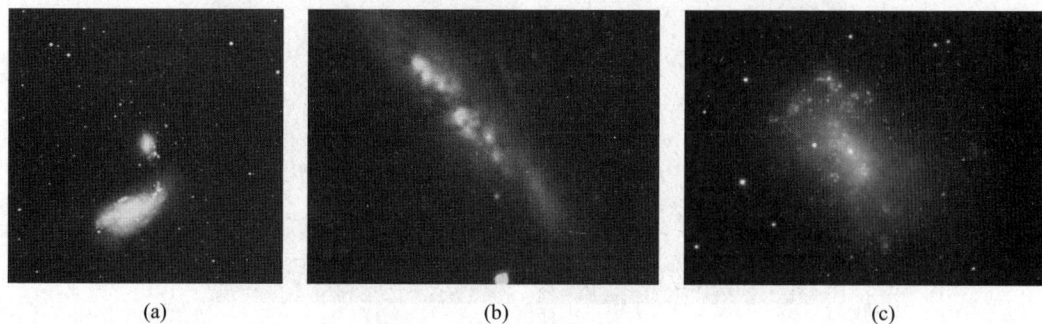

(a)　　　　　　　　　(b)　　　　　　　　　(c)

▷图 22.9　三个不规则星系

（a）NGC4485 星系和 NGC4490 星系靠得很近，彼此之间很可能有引力作用；

（b）M82 星系呈现出爆发的外貌图像；（c）NGC4449 星系的大小和光度都和银河系相当

6. cD 星系与矮星系

除了以上各种类型的星系外，还有一类星系尺度特别大，直径可达几百万秒差距（Mpc），形状类似椭圆，有些弥漫并有延伸的包层，这类星系叫作 cD 星系（c 表示"超巨"，D 表示"弥漫"）。

近年发现了一批尺度比较小的矮星系。矮星系多数是椭圆的，符号为 dE。它与正常星系的差别是缺少亮核区。另一类矮星系是矮不规则星系，符号为 dIrr。1994 年英国天文学家伊巴塔等发现了一个新的较小星系。因为它位于人马座，故称为人马座矮星系，与银河系的距离大约只有 5 万光年。由于靠我们太近，它正在向银河系下落并将在几亿年内被银河系吞掉。从地球上来看，它处于银河系核球的后面，因而无法直接在光学影像中看到它，天文学家是根据那里恒星的速度不同于银河系中的恒星来判断的。它的直径约为银河系的 1/5～1/4，即大约 2.8 万光年，质量只有银河系的 1/1 000。1994 年 8 月在仙后座方向天文学家也发现了一个新的星系，将其命名为"德温格鲁 1 号"星系。根据其旋转速率推测，其质量为银河系的 1/3，后来在离它 0.33° 的地方，又发现了一个新星系"德温格鲁 2 号"，它的直径为"德温格鲁 1 号"的一半，质量是它的 1/10，它们都是矮星系。1997 年英籍华人侯建德等人在银河系附近也发现两个矮星系（又称微型星系），它们与银河系的距离分别约为 300 万光年与 1 300 万光年。

二、哈勃形态分类的改进

近年来，德沃库勒斯（de Vaucouleurs）等认为哈勃的星系分类过于简单，他发现了棒、环和旋涡结构连续渐变的序列。他采用非常类似的符号 SA 和 SB 来表示哈勃分类的 S 和 SB。他扩展了哈勃分类框架中的标志 a、b 和 c，加进子类型 d 和 m（对于麦哲伦不规则星系）来表示从有明显旋臂到非常无序结构之间的过渡星系类。他还附加了标志 r 和（或）s，表示环和（或）旋涡特征突出的星系。图 22.10 所示的车轮星系就属于特殊分类。

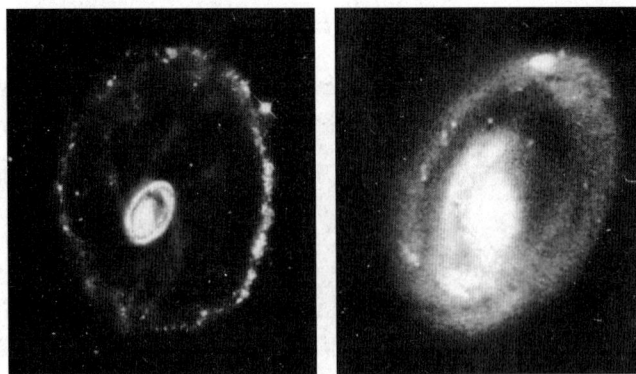

▷图 22.10　哈勃空间望远镜拍摄的车轮星系
右图为它的核心部分

摩根（W. W. Morgan）等对哈勃形态分类增加了包含星系的恒星化学组成的内容。摩根指出，旋涡星系中央核球光的复合光谱型，可能晚于盘星和旋臂上恒星的光谱型，因而他提出，用聚集度 af、f、fg 和 k 来标志星系的中央核球的光度比整个星系盘的光度强弱的不同程度。

三、星系的尺度

我们知道，星系大小的测量首先是通过 CCD 的成像观测或射电观测得到星系的角直径。如果能通过造父变星的周光关系或其他方法测定出星系的距离，就可以计算出它的线直径。

矮星系多数是椭圆的，矮椭圆星系与矮不规则星系是最小尺度的星系，有些直径仅为 3 kpc。一般典型的星系直径约为 15 kpc。巨椭圆星系的直径达 60 kpc。超巨大的 cD 星系直径可达 2 Mpc，这个直径比银河系到仙女座大星云的距离还大。银河系的银盘直径约为 30 kpc，看来在宇宙中它是个中等尺度的星系。

四、星系的累积颜色与光谱

星系光谱的观测可以使我们获得星系的退行速度、星系核的类型以及星系内不同星族的化学成分等许多重要信息。一般椭圆星系比旋涡星系更红，旋涡星系比不规则星系稍红。星系的最外边与核球区的颜色是不同的，这对于旋涡星系更为突出。

星系的光谱型和颜色很大程度上依赖于恒星群体的特征年龄，部分取决于恒星的重元素含量的多少。一般来说，椭圆星系和旋涡星系的中央核球区大部分是老年的晚型恒星，年龄大约为 10^{10} 年。旋涡星系的盘是晚型恒星与年轻恒星的混合体，其中最年轻的恒星集中在旋臂上。一些不规则星系罕见地蓝，这可能是因为大质量年轻恒星发出的辐射中蓝光比较强。

星系的光谱分类非常类似于恒星的光谱分类，一般椭圆星系的光谱型为 K 型，旋涡星系中 Sa 型的光谱型为 K 型，Sb 型的光谱型为 F—K 型，Sc 型的光谱型为 A—F 型。

第 2 节 ｜ 星系的红移

20 世纪 20 年代，美国天文学家哈勃首先应用河外星系内的造父变星的周光关系测定了仙女座大星云的距离，开创了研究河外星系距离的新途径。这种方法原来仅限于测定近距的河外星系，但是自从哈勃空间望远镜上天后，由于可以观测到距离遥远的星系内的造父变星，因而用造父视差法可以测定造父变星所在的遥远星系的距离。

哈勃观测研究了大量的河外星系，他发现绝大多数的星系都远离我们而去（称为"退行"）；而且河外星系的距离与其视向速度成正比，即距离越远的星系的退行速度越大。由此观测结果总结得出的规律称为**哈勃定律**。图 22.11 为哈勃定律示意图。

哈勃定律的数学描述是这样的。设星系的退行速度（即视向速度）为 v_r，星系与我们的距离为 r，则有

$$v_r = H_0 r$$

式中的 H_0 称为**哈勃常量**，它是测定星系距离的关键量，因为利用哈勃定律求星系的距离，关键在于哈勃常量的取值。

长期以来，天文学家对 H_0 的取值一直有争论，大多数人认为 H_0 在 $50\sim100$ km/(s·Mpc) 之间，目前一般取 $H_0 = 67.8$ km/(s·Mpc)。按照哈勃定律，如果一个星系与我们的距离是另一个星系的 5 倍，那么这个星系就以 5 倍于那个星系的速率远离我们。有些星系团的退行速度非常大，如长蛇座星系团正以 6×10^4 km/s 的速度远离我们，根据哈勃定律，可以推算出它与银河系的距离约为 12 亿光年。由于测定的结果是，绝大多数星系都远离我们而去，所以称之为星系红移。

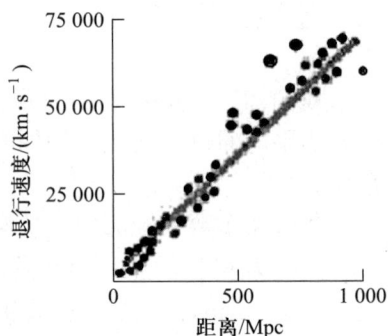

▷图 22.11　哈勃定律示意图
图中点是地球附近 1 000 Mpc
距离内的一些星系

按照哈勃定律，星系的距离越远，其视向速度（也称红移速度）也越大。为了研究谱线红移的大小，引入了红移量 z。

红移量 z 为谱线的波长变化量 $\Delta\lambda$（$\Delta\lambda = \lambda - \lambda_0$）与实验室的原波长 λ_0 之比，即

$$z = \Delta\lambda/\lambda_0$$

当天体的速度远远小于光速时，天体的退行速度 v_r 与光速 c 之比为

$$v_r/c = z$$

对于遥远的星系，红移量接近 1 或大于 1 时，即天体的退行速度接近光速的时候，应当考虑相对论效应。按照相对论推出的公式来求星系的退行速度，即

$$v_r/c = [(z+1)^2 - 1] / [(z+1)^2 + 1]$$

观测研究表明，哈勃定律对于 10 亿光年以内的河外星系是适用的。对于更遥远的星系，遇到了时间延迟的问题，因为来自几十亿光年之外天体的光要经过几十亿年才能到达我们这里。此外对于相互作用很强的星系群可能也不适用。

星系距离的测定还有其他途径。比如观测河外星系测定其角直径 α（用 rad 表示），由于它们的线直径 d 可以依据大量统计结果而获得平均值，由 $D = d/\alpha$ 我们可计算出它们的距离 D。例如，利用射电望远镜观测亮星系的电离氢区（HⅡ），可以测得星系的角直径，而它的线直径可以由大量观测获得的资料取其平均值。由此就可以估算出这些电离氢区所在星系的距离。

天文学家在测定河外星系的距离方面一再打破星系红移的纪录。哈勃空间望远镜此前创下的已知最遥远天体的纪录，已经被詹姆斯·韦布望远镜打破了！例如 GLASS-z13 的红移量大约是 12.3，这意味着光从那里出发时，宇宙的大小只有今天的 1/13.3 那么大。当时它离我们大约 25 亿光年，随着宇宙的不断膨胀，今天它离我们已经有 330 亿光年了。它发出的光花了 134 亿年才传到地球——换句话说，我们看到的这个天体，存在于宇宙诞生仅 3.5 亿年之时。而此前由哈勃空间望远镜发现的最遥远天体 GN-z11，存在于宇宙诞生约 4 亿年时。詹姆斯·韦布望远镜把这一纪录向前推进了约 1 亿年！不久，这个新纪录就又被它自己给打破了。CEERS-93316 的红移量达到 16.7。就是说，我们看到的这点微光存在于宇宙诞生仅 2.3 亿年之时。

第 3 节 ｜ 星系的光度

一、星系的光度分类

范登贝尔的星系光度分类法是在哈勃光度级标记的后面，加上罗马数字Ⅰ—Ⅴ来划分的，非常类似于恒星的光度分类。光度级Ⅰ—Ⅴ依次分别表示非常亮的旋涡星系、亮星系、比较亮的星系、暗星系和最暗旋涡星系。现在知道，星系总的光辐射大略与总的可见质量成正比，所以光度级为Ⅰ的星系也是质量最大的星系，光度级为Ⅴ的星系也是质量最小的星系。

范登贝尔的光度级分类是很有用的，因为它与旋涡结构的规则性有很好的关系。最亮也是质量最大的旋涡星系总有最规则最漂亮的旋涡结构。例如，ScⅠ星系是一个非常亮的寻常旋涡星系，包含一个小的中央核球，有非常明显而规则的缠卷旋臂。这种类型的星系，往往也有非常多的星际气体，当然也有非常大电离氢区。

二、星系的光度分布

星系总光度是指整个星系每秒发出的总的光辐射能量。可是，星系是有视面天体，光度的分布是不均匀的，而且它的光度分布很难用数学公式准确描述，只有大略的表达式。

对于椭圆星系，设 I 为星系单位面积的光度或称为光强，I_0 是星系中心的光强，则有 $I = I_0/(r/a+1)^2$，式中 r 为星系中某点到星系中心的距离，a 是常量，叫选择尺度因子，取决于星系的类型。观测表明，该表达式一直到 $r/a=14$ 仍然是相当准确的。

对于旋涡星系，中心部分的光度分布和椭圆星系类似，星系的外盘部分可以表示为 $I = I_0 r^{-ar}$，式中 a 为常量。至于旋臂部分，由于结构各异，无法用统一的公式描述。

星系总光度也是一个有用的参量，用于量度星系的累积星等。总光度是将局部光度按面积积分而得到：$L_T = \int I dS$。

三、星系的自转

星系的自转主要通过谱线的多普勒位移测定，但是星系必须是侧向观测或是接近侧向观测才能测定。观测时将摄谱仪的狭缝位置放在星系的边缘上，即星系的长轴方向上，由于自转效应，星系边缘的一半朝向观测者运动，另一半远离观测者运动。因此，所拍下的光谱的谱线向一边位移，根据位移的多少，便可以测量出沿星系长轴各点的旋转速度。

测量星系自转用发射线比用吸收线容易，但有些星系发射线不明显，只能用吸收线来测量。比如，椭圆星系 E0 和旋涡星系 Sa 都没有明显的发射线，故可选用吸收线。

测量星系自转的另一手段是利用中性氢的 21 cm 谱线。由于中性氢在星系中分布广泛，用该方法可以测量出距星系中心更远处的自转。

自转的测量结果表明，大多数星系的自转曲线（见图22.12）同银河系的自转曲线类似。在星系的核心部分，自转受中心引力支配，呈牛顿引力和离心力平衡的关系。在远离核心的部分，似乎应该是满足质点绕中心运动的开普勒运动规律。但事实上，所有星系的自转曲线都呈现平坦状态，不再随距离有明显增加，其原因是在星系的外部存在着暗物质，还有尘埃和气体的阻尼作用。

大多数星系的角直径都很小，故不能详细地研究星系内部的运动学，但是测量星系可见部分谱线轮廓总的速度弥散是比较容易的。在椭圆星系里，自转速度 v 是由恒星的随机速度引起的，而在旋涡星系里，v 是由气体的旋转速度引起的。

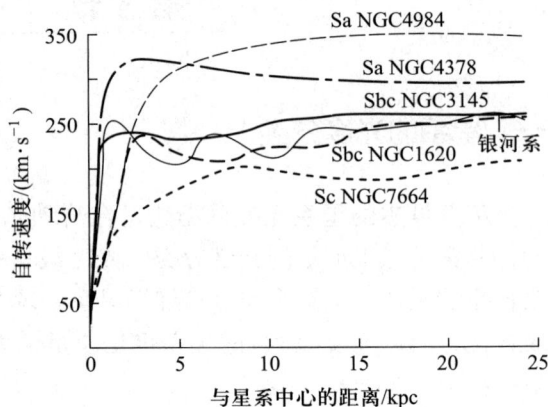

▷图 22.12　旋涡星系的自转曲线

四、光度与自转速度的关系

大量的观测研究表明，椭圆星系由谱线展宽求出的星系自转速度 v 与光度 L 有密切的关系，即

$$L \propto v^4$$

假如一个椭圆星系的速度弥散是另一个的 2 倍，则前者的光度可能是后者的 16 倍。对于椭圆星系和旋涡星系，方程的比例系数是不同的，这可以从已知距离的校准星系的观测中得到。

这个由经验建立起来的规律对于旋涡星系的重要性在于，由测量 21 cm 谱线的展宽求自转速度 v 相对比较容易。已知了 v，就可以估计它的光度 L，即可知道绝对星等，再由观测获得它的视星等，最终可以求得该星系的距离。

$$\boxed{\text{*第 4 节 ｜ 星系的质量}}$$

星系的质量是重要的天体物理量，通过研究它可以使我们知道，可见物质是否是星系质量的主要部分，是否有大量暗物质。此外，星系的质量涉及宇宙的总密度，这个问题涉及现在膨胀的宇宙是否最终会再收缩。

大量的研究表明，宇宙中星系质量的跨度极大，从 $10^5 m_\odot$ 的矮星系到 $10^{13} m_\odot$ 的巨椭圆星系都有。确定星系质量的方法主要有：星系的旋转曲线法、恒星的速度弥散法（对椭圆星系）、双星系的质量测定法。

一、旋转曲线法

旋转曲线法测量天体质量是要考虑受它的引力影响的物质的轨道运动。星系毫无例外服从这个规则，只是推断出来的质量，指的是星系的可观测部分（内部的）的质量，而不是它的总质量。

对于旋涡星系和棒旋星系，星系的质量与恒星（或者气体）绕星系中心的旋转速度或旋转动能有关。

假设 v 表示距离星系中心 r 处星系的旋转速度，则 r 以内星系的质量 m 可以粗略地估计为

$$m(r)=rv^2/G$$

式中 G 是引力常量，v 以 km/s 为单位，r 以 kpc 为单位。

此式在应用于星系时应注意：首先，需要对式中系数做改正，它的精确值依赖于系统内的详细运动学结构和质量分布，利用质量分布的理论模型可以部分地解决这个问题。其次，直接可测量的量是离星系中心的角距离 θ，而不是线距离 r。为了从 θ 获得 r，我们需要知道星系的距离。再次，星系的旋转速度 v 不易得到。许多天文学家广泛地应用光谱技术，即拍摄星系的光谱，测量恒星群的吸收线或 HⅡ 区的发射线的多普勒位移，可以得到旋涡星系的旋转速度。近年来，利用射电望远镜观测 HⅠ 的 21 cm 谱线的速度轮廓和星系内热星周围星际气体的禁戒发射线（如［NⅡ］、［SⅡ］线），可以测定与星系中心距离约 30 kpc 处的旋转速度。此外，在距离星系中心较远的 r 处有平坦的旋转曲线，它意味着包含在半径 r 内的质量 $m(r)$ 应该随着 r 的增加而线性地增大。这个随距离 r 线性发散的质量定律显然不可能延伸到任意远的距离，这个质量定律 $m(r)\propto r$ 能适用到多远？目前的研究还不清楚。这种方法局限于被包括的质量属于球形分布的星系。

二、速度弥散方法

对于椭圆星系，它的观测谱不是任何一个单星的光谱，而是整个星系中相当大部分的恒星的总光谱。几十亿颗星不同的随机运动速度在视线方向的叠加，由于多普勒效应明显地加宽了所观测到的谱线。适当地选择一颗星拍得它的固有光谱，把它与加宽的吸收谱比较，可以估计通过星系沿着整个视线方向几十亿颗恒星的速度弥散。我们把它叫作平均速度弥散 $v_{弥}$，以区别于局部点的三维速度值 v（一般有 $v=\sqrt{3}\,v_{弥}$）。

对于某一椭圆星系，我们设一气团的总动能是旋转动能和或然运动的动能之和：

$$E_k=\frac{1}{2}\sum m_i v_i^2 + E_{旋} = \frac{1}{2}m\langle v^2\rangle + E_{旋}$$

式中 $\langle v^2\rangle$ 是 v_i^2 相对于星系中心的平均值。恒星的运动速度相对于星系中心可以看作按高斯统计规律分布，即速度弥散值 $\sigma^2=\langle v^2\rangle$。恒星的速度只有视向速度才能依据谱线多普勒位移测定。设速度弥散在各方向上相同，按照高斯统计规律则有 $\langle v_i^2\rangle=3\sigma_r^2$，式中 σ_r^2 是视线方向的速度分量的弥散值。

对于球形分布的横向分量，它们一般绕星系中心以很大的椭率运动。$E_{旋}$ 为星系整体

运动的旋转动能，定义旋转动能为

$$E_{旋} = \frac{1}{2}\beta m \langle v^2 \rangle$$

式中 m 为星系的总质量；β 为取决于星系类型的常数，由经验取值例如，M32 是椭圆星系 E2 型，β 为 0.47。

设星系的总引力势能为

$$E_p = \frac{1}{2}\sum_{i \neq j} \frac{m_i m_j G}{|r_i - r_j|} = -\alpha \frac{m^2 G}{R}$$

式中 m_i 为单个恒星的质量，m 为星系的总质量；$2R$ 是星系的特征直径，α 是一个与星系类型有关的常数；G 为引力常量。则对于一个处于平衡状态的宏观上稳定的星系，它的引力势能与总动能应当符合位力定理，即有 $2E_k + E_p = 0$，由此我们可以求出星系的总质量为

$$m = \frac{3\sigma_i^2 R(1+\beta)}{\alpha G}$$

采用上述技术测出的椭圆星系 M87（E0 型）在光学部分具有大约 $10^{12}m_\odot$，在椭圆星系光学部分之外究竟包含多少质量，目前还没研究清楚。

三、双星系的质量测定法

围绕它们公共的质心绕转的星系对称为双星系。一般，成对的星系的间距小于 0.2 Mpc，双星系的相对速度为 200 km/s，平均间距为 0.15 Mpc，轨道周期约为 5×10^9 年。双星系的质量测定方法原则上与双星的质量测定方法相同，利用开普勒定律可以求出两个星系的质量和。

四、星系的质光比

星系的质量 m 与光度 L 之比，称为质光比。它对于了解星系的组成成分、分类特征和物理本质是一个重要的参量。例如，一些巨椭圆星系的质光比远大于银河系，说明它有可能蕴藏着大量的暗物质。一些星暴星系的质光比很低，并且恒星的形成率很高，说明其内部正在形成大质量的恒星，而且恒星的形成过程具有爆发的特征。表 22.1 列出了各类型星系的质光比，其单位为太阳的质光比

表 22.1　一般星系的质光比

星系类型	质光比 /$(m_\odot \cdot L_\odot^{-1})$	星系类型	质光比 /$(m_\odot \cdot L_\odot^{-1})$
E	20~40	SBb、Sb	约 10
S0	10~15	SBc、Sc	<10
SBa、Sa	10~13	Irr	约 3

对于一个星系，测量其星系中心到外部的质光比的变化，对于了解星系本身的结构是很有意义的。对于旋涡星系，一般认为存在着一个延伸的晕，若 m/L 的值随着与中心的距离的增大而增大，则表明晕中有低光度的恒星以及有暗物质。

第5节 | 星系的形成和演化

一、互扰星系与星系的合并

现代观测研究表明，一些星系间具有强相互作用，它比地月间的潮汐引力远为强烈。虽然这类星系只占很小的比例，但非常引人关注。1997 年哈勃空间望远镜拍摄到了距离地球 6 300 万光年的河外星系图像，图像显示出在南天乌鸦座中有一对碰撞星系 NGC4038 和 NGC4039，如图 22.13 所示。这两个星系都是旋涡星系，彼此十分靠近，正在发生碰撞，碰撞涉及的范围有几万光年。

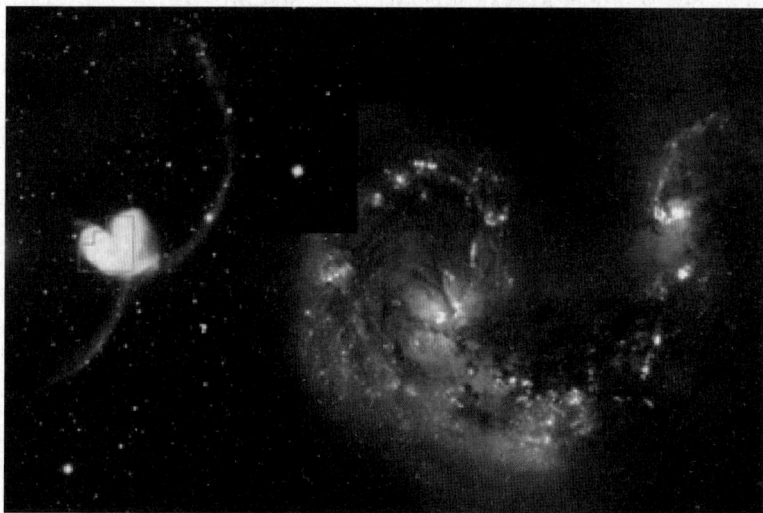

▷图 22.13　触须星系对 NGC4038 和 NGC4039 正在发生碰撞

这对星系的核心呈橙黄色，其间有很宽的暗黑尘埃带相连接，蓝色的旋涡状光带中有大量由新诞生恒星组成的年轻星团，有 1 000 多个亮星团，星团内聚集的都是些年轻的、质量很大的恒星。这表明，星系的碰撞很可能触发了大量恒星的迅速形成。在用地面大望远镜拍摄的照片中也可以看到这两个星系有两支像昆虫的触须一样的明亮气流从星系中流出，所以称这两个星系为"触须星系"。1999 年钱德拉 X 射线卫星对触须星系进行了观测，观测的图像表明两个相撞的星系吹出许多"泡泡"，这些泡泡发出强烈的 X 射线，泡泡与泡泡相遇、融合，形成了直径达 5 000 光年的超级泡泡。此外，还发现有数十个更加强烈的 X 射线亮点。

当两个星系靠得很近并相遇时，显然会激发起星系内部的激烈运动（见图 22.14），产生这些运动的能量一定来自轨道运动。当两个星系相遇之际，星系内的恒星运动轨道会受另一星系总体的引力作用而偏转，星际气体也会发生非弹性碰撞，虽然星系内的总能量守恒，但是恒星可能把它的轨道能转化成另一种能量，比如随机运动能。从统计学可以证明，在总角动量和总能量守恒的前提下，两个受束缚的星系反复相遇，必然导致它们越来越接近，最终合并成为一个更大的星系。

▷图 22.14　哈勃空间望远镜拍摄的 NGC2207 和 IC2163 两个互扰星系的图像

　　斯蒂芬五重星系位于飞马座，由法国天文学家爱德华·斯蒂芬于 1877 年发现（见图 22.15）。星系中最左边的星系（NGC7320）距离地球约 4 000 万光年，而其他四个星系（NGC7317、NGC7318A、NGC7318B 和 NGC7319）距离地球约 2.9 亿光年。2022 年詹姆斯·韦布空间望远镜对史蒂芬五重星系的观测，揭示了星系之间相互作用的方式，以及它们的相互作用可能如何塑造星系的演化。

▷图 22.15　斯蒂芬五重星系

　　两个质量相当的旋涡星系发生的碰撞至少会延续上亿年，以后大约需要 5 亿年的时间才有可能演化成一个椭圆星系。在此期间，质量巨大、直径达几百光年的气体和尘埃发生碰撞，因而产生的激波使这些云团受到压缩，数百万颗新生恒星就在这些受到压缩的云团中迅速形成。泡泡是恒星演化到超新星爆发后留下的遗迹，由于温度高达几千万开，X 射线很强。

星系间不仅有碰撞的情况，还有相互渗透、互相吞并的情景。当两个星系互相渗透时，能形成奇特的"环状星系"。我们的银河系在形成初期就经历了吞并其他较小伴星系的过程，此后几十亿年才诞生了我们的太阳系，我们今天呼吸的氧及现有的各种化学元素，可能就是在那样的事件中形成的。最近的观测表明，仙女座星系（M31）正在向银河系移动，估计很可能在 50 亿年后与银河系相撞，并最终与银河系融为一体。虽然它们相撞时，由于各自的恒星很小，又相距很远，恒星不可能撞在一起，但是一个星系的尘埃云可以穿过另一星系的尘埃云，从而使星际气体通过撞击而会发生塌缩，而且银河系在激烈的塌缩中会形成百万颗新的恒星，这将会改变地球未来所处的宇宙环境。近年的空间探测揭示出，银河系和它的近邻星系大麦哲伦云与小麦哲伦云之间有气流的相互作用。从这些近邻恒星系统涌出的气流，叫麦哲伦气流。此气流的迹线长达银河系直径的 2 倍。在这条麦哲伦气流的对面还有另一条细细的气流，它的迹线表明从麦哲伦云到银河系平面之间有气流在连续运动，似乎要把银河系"割裂"。科学家认为，气流是星系间的密近交会产生的强潮汐力从麦哲伦云里拉出来的一条物质带。

二、星系的形成和演化

宇宙大爆炸之后，随着宇宙的膨胀，辐射温度不断降低，因而辐射能密度不断减小。但宇宙中的粒子（包括重子和轻子）却是守恒的。在宇宙膨胀的过程中，辐射能密度的减小速度要比物质密度的减小速度快。大约到了 5×10^5 年，宇宙中的物质密度开始和辐射能密度相等，到了 7×10^5 年，变成以物质为主的复合期。宇宙进入复合期后，引力的作用使离子聚集起来。聚集成团的物质内部压力增加（压力包括气体压力和辐射压力，在复合之后辐射压力减小，只需考虑气体压力），直至物质的自引力与内部向外的压力相抗衡。这时宇宙中一旦有小的微扰，就会引起局部密度的增加。密度增加又会引起局部引力的增强，进一步吸引更多的粒子，从而使引力进一步增强，如此下去，可形成大的团块，这种现象叫引力不稳定性。星系形成的主要原因就是原始星云的引力不稳定性。形成后的巨大星云团块不再随宇宙膨胀，而是在团块的自引力下塌缩，塌缩的结果便是形成小的星系。在星系形成之后，由于星系间的互相作用，它们的形态是可以改变的。小星系在碰撞过程中被大星系吞食，便形成了更大的星系。如果星系在旋转时的角动量大，就形成旋涡星系；如果角动量小，就形成椭圆星系。但是，也有一些天文学家认为，星系的形态不是由角动量的大小决定的，而是由形成星系的原始星云决定的，密度大的形成椭圆星系，密度小的形成旋涡星系。这两种观点都否认在两种星系之间存在演化关系。20 世纪 40 年代一些天文学家认为，两种星系之间存在着演化关系，他们认为椭圆星系是由丧失掉旋臂的旋涡星系演化而来的。而哈勃在对星系分类时，将椭圆星系称为早型星系，将旋涡星系和不规则星系称为晚型星系，似乎在表示星系的年龄情况。这两种演化顺序恰好相反。目前研究发现，随着哈勃序列的由早到迟，星系的颜色也逐渐由红到蓝，即椭圆星系要红些，旋涡星系和不规则星系要蓝些。这说明在通常情况下，椭圆星系的年龄的确比旋涡星系和不规则星系要老些。

研究深空的高红移星系可以进一步揭示遥远星系的形态。现有的观测表明，红移量超过 1 的星系可能由于星系并合而具有强烈的扰动形态。目前，已经发现了红移量高达 6.68 的星系，该星系从它们年轻的时代以来已经有了明显的演化。我们可以想象，红移量约为 1 000 的星系发出的宇宙背景辐射反映的是宇宙演化早期的"复合"时代，目前对于那段时期的星系还探索不到。

星系往往存在于星系团中，而这些星系团是由较小的星系群并合而长大的。当气团落入星系团中时，它将被加热到非常高的温度并发出 X 射线。星系中的星际介质制约着恒星形成率和恒星形成的周围物质，从而也制约着星系本身的演化。星际介质可以说是恒星中产生的重元素的储藏所，如果恒星形成变得太猛烈，星际气体可以从星系中被抛入周围的星际介质中。

第一代星系是从巨大的中性氢云中形成的。星系形成以后，主要成分仍然是原子氢，虽然星系内有大质量的年老的恒星将新元素抛入星际介质（如超新星爆发），使星系内重元素含量逐渐增加，但是氢原子所占比例仍很大。在星系内部，有些气体原子在结合为恒星的途中转变为分子形式。新形成的恒星可以使某些气体电离产生发射线，从而可以被探测到。从探测这种热气体的 X 射线可以探知热等离子体的温度、压力和元素丰度。当代天文学家由此可以追溯星系中的气体随宇宙的演化，研究形成行星和孕育生命所需的元素是怎样在宇宙中合成的。

习题二十二

习题二十二 参考答案

1. 一颗在室女星团里的经典造父变星，通过测光测出它的周期为 10 天，它的视星等是 26.3^m，求室女星团的距离。

2. 计算温度为 5×10^7 K 的氢分子气体的分子平均速度，并与在典型的星系团中星系的平均轨道速度 1 000 km/s 相比较。

（提示：气体分子的平均速度 $\propto \sqrt{\dfrac{\text{气体的温度}}{\text{分子的质量}}}$，氢分子的相对分子质量为 2。）

3. 两个星系在距离 500 kpc 处彼此绕转，它们的轨道周期估计是 300 亿年。利用开普勒定律求两个星系的总质量。

4. 两个大小相似的星系碰撞穿过彼此，其合成的相对速度为 1 500 km/s。如果每个星系横跨 100 kpc，问持续多少时间这个碰撞事件才结束？

5. 按照哈勃定律，$H_0 = 67.8$ km/(s·Mpc)，距离 200 Mpc 的一个星系的退行速度是多少？退行速度为 4 000 km/s 的星系的距离是多少？当 $H_0 = 50$ km/(s·Mpc) 与 $H_0 = 80$ km/(s·Mpc) 时又如何？

6. 按照哈勃定律，$H_0 = 67.8$ km/(s·Mpc)，室女星团的退行速度为 1 210 km/s，求由银河系到室女星系团中心的距离。

7. 一个赛弗特星系的谱线有 0.5% 的红移，其展宽的发射线表明，在距其中心角距离为 0.1″ 的地方旋转速度为 250 km/s。假设此旋转为圆形轨道，利用开普勒定律估计这 0.1″ 半径范围内的质量。

第二十三章

活动星系

一些河外星系经常发生激烈的物理过程，如激波、喷流和恒星爆炸等，同时伴随着在各个电磁波段的巨大的能量释放，这类星系叫活动星系。由于所有激烈活动过程都主要集中在核心，或者是由核心引发出来的，所以活动星系也称活动星系核（简称 AGN）。活动星系核研究是现代天文学研究中的重要课题之一。

活动星系核的类型有类星体、赛弗特星系、蝎虎座 BL 天体、N 星系、强射电星系和星暴星系等，多达数十种。

第1节 | 类 星 体

类星体是 20 世纪 60 年代射电天文学的四大发现之一，它是活动性很强的一种活动星系。由于它在望远镜里看起来很类似恒星，天文学家把它叫作类星体。其实它们不是恒星，而是遥远的河外星系。

类星体的尺度不比太阳系大，是高光度的天体。光度最低的类星体的光度与正常星系相当，而光度高的要比正常星系亮 10 万倍！类星体的辐射能量极大，辐射的范围包括从射电到 γ 射线的所有波段。类星体发射的能量同热核反应的核能相比，如同核能与煤油灯的能量相比。一个类星体发出的能量相当于 1 000 个银河系发出的总能量，这就是说类星体的产能率远超过银河系，是银河系的 1 亿倍！

一、类星体的发现

类星体的发现应追溯到 20 世纪 50 年代。第二次世界大战后，英国先进的雷达技术被应用于射电天文的研究，这使英国的射电天文学在世界上一度领先。1950 年至 1959 年，剑桥大学发表了 3 个射电源表（简称 1C、2C 和 3C）。天文学家寻找这些射电源的光学对应体时，发现了类星体。

1960 年，美国天文学家桑德齐首先在三角座找到了 3C48（3C 表中第 48 号）的光学对应体。它看起来像一颗普通的恒星，但它的光谱很不寻常，具有宽的发射线，紫外辐射比较强，亮度还有变化。当时他对光谱中的发射线很难确认其对应元素。1962 年，哈扎德利用月掩星的机会测量了 3C273 的位置（图 23.1 为类星体 3C273 的光学图像），发现它是一个双源，其中一个是 13^m 的蓝色星体，这个蓝色星体和 3C48 一样，也具有宽的发射线，然而这些发射线也无法证认。1963 年，施密特用帕洛马山的 5 m 望远镜进一步观测 3C273，准确地测量了这些发射线的位置。他用了 6 周时间思考这些发射线究竟是什么，最后终于弄清楚，它们就是氢的巴耳末线和电离氧线，只不过是向红端的方向位移了很多。后来施密特测定了 3C273 射电源的光学对应体，光谱中的 4 条谱线的红移量 z 相同，$z = 0.158$。很快，3C48 的红移量也被测出，$z = 0.367$。至此，类星体被正式宣告发现。自发现类星体以来，由于观测技术不断改进，发现类星体的效率提高很快。1977 年由赫维特（Hewitt）和柏比奇（Burbidge）编辑的第一个类星体总表包含 637 颗类星体。2001 年由维隆（Veron）夫妇编辑的"类星体和活动星系核表"（第 10 版）就包含了 23 760 颗类星体，可见新发现的类星体与日俱增。

发现类星体的过程，首先是选择类星体的候选体，然后再对每一颗候选体单独进行分光观测，辨认其发射线，测出红移量。

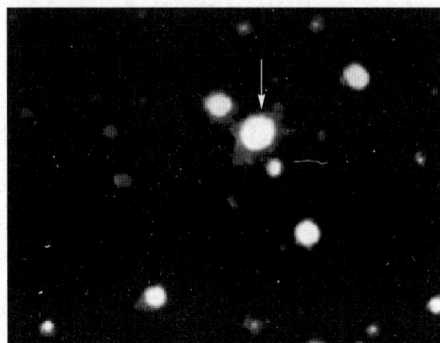

▷图 23.1　类星体 3C273 的光学图像

二、类星体的观测特征

类星体有下列明显的观测特征：

（1）类星体的光学星像与恒星类似，尺度小于 0.1 pc。

（2）光谱中有明显的发射线，发射线的宽度至少大于 2 nm；而且发射线有高的红移。高红移类星体的光谱中常伴有吸收线出现。

（3）连续谱的能量分布为非热辐射幂律谱，辐射强度 F 和频率 ν 之间的关系可表示为 $F(\nu) \propto \nu^{-1}$。

（4）类星体是高光度的活动星系核，$L = 10^{36} \sim 10^{41}$ J/s，绝对星等很小，M_ν 为 $-30^m \sim -23^m$。

（5）许多类星体具有光变特性，而且光变没有规律，光变周期从几周到几个月不等。

（6）大多数类星体具有偏振辐射，但大多偏振度很低，不到 1%，个别的类星体偏振度高，可达 10%；光变的时标和偏振度大小之间有很强的相关性。

下面我们较详细地阐明类星体的光谱观测特征。

类星体的光谱由三部分组成：连续谱、发射线和吸收线。从图 23.2 中我们看出，类星体 3C273 的光谱内有很强的发射线（氢线 H_β、H_γ、H_δ 和二次电离的氧线）和连续谱；在 350~900 nm 波段，还可以看到有 L_α 及 CII、CIII、SiIV、AlII、AlIII 和 MgII 等发射线，这些发射线近旁常伴有很强的同条谱线的吸收线。

1. 连续谱

在光学波段，类星体的连续谱可以用一个简单的幂律谱表示，在 10^{11} Hz 的范围内，谱辐射强度 F_ν 与频率 ν 的关系为

$$F_\nu \propto \nu^{-1}$$

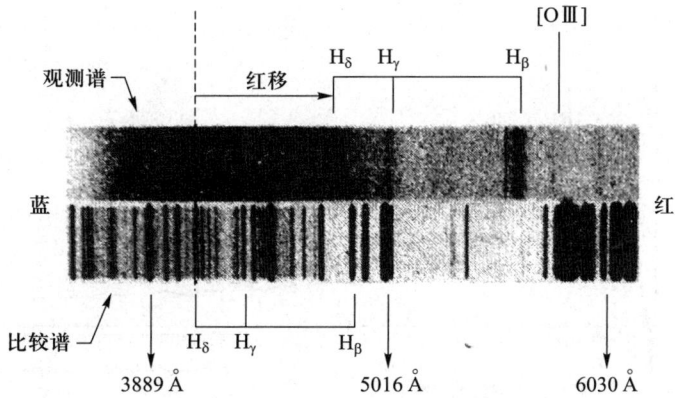

▷图 23.2　类星体 3C273 的光谱

在不同的波段连续谱会出现相当的不连续现象，这表明它们的辐射机制和起源不同。

在红外波段，辐射由两部分组成：热辐射和非热辐射。红外连续谱呈现出显著的非热辐射特征，这并不意味着没有尘埃辐射的影响，事实上，一些类星体的红外光度大大超过它的射电光度，这说明有大量的热辐射成分在内。

射电波段的连续谱分为平谱和陡谱。定义谱指数 $\alpha \geqslant -0.5$ 为平谱，$\alpha < -0.5$ 为陡谱。致密源大都是平谱，展源是陡谱。而且，一个致密源是由许多致密的子源集合而成的。辐射机制主要是相对论性电子的非相干同步加速辐射。

紫外连续谱和光学谱相似，虽然也基本上是幂律谱，但形成机制相当复杂。

目前已发现数百个类星体是强 X 射线源，许多类星体都发射很强的 X 射线辐射。X 射线来源于类星体的核心附近，最可能的辐射机制是同步康普顿辐射。许多类星体的 X 射线的谱指数 $\alpha = -0.7$，到了紫外波段附近变为 $\alpha = -1.3$。

2. 发射线

类星体的发射线有 60 多条，出现频率较多的发射线及其相对强度列在表 23.1 中。

表 23.1　类星体的主要发射线及其相对强度（连续谱强度＝1）

波长 /nm	离子	相对强度	波长 /nm	离子	相对强度
103.4	OVI	20	342.6	[NeV]	5
121.6	HI（Lyα）	100	372.7	[OII]	10
124.0	NV	20	386.9	[NeIII]	5
140.0	SiIV＋OIV	10	486.1	HI（H_β）	20
154.9	CIV	50	495.9	[OIII]	20
164.0	HeII	5	500.7	[OIII]	60
190.9	[CIII]	20	656.2	HI（H_α）	100
279.8	MgII	20			

图 23.3 是标准类星体光谱的分光光度图。

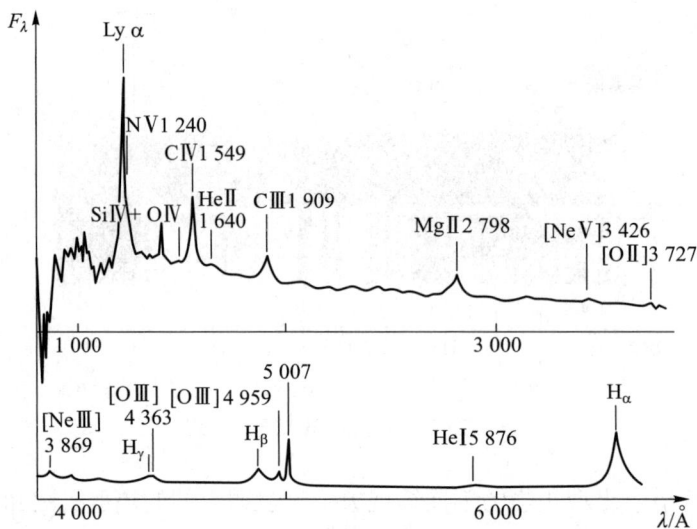

▷图 23.3　标准类星体的分光光度图

目前天文学家认为发射线的形成机制是，中心区的高能连续辐射使发射区的气体光致电离，电离气体在复合时形成的。除了光致电离模型外，也有人用其他辐射机制说明，但没有令人满意的解释。

3. 吸收线

一些类星体，特别是高红移的类星体，其光谱除了发射线外，还伴随有吸收线。根据维曼（Weymann）建议，类星体的吸收线分为 A、B、C 和 D 四种类型。

（1）A 型　在光谱中有非常宽的吸收线。除了具有 Ly α（$\lambda = 121.6$ nm）宽发射线以外，还具有其他的宽吸收线，如 CIV 的 154.9 nm 吸收线展宽达 135～160 nm。

（2）B 型　在光谱中有锐的吸收线。发射线红移 z_e 与相邻吸收线红移 z_a 的关系满足 $\dfrac{z_e - z_a}{1 + z_e} \leqslant 0.01$。这就是说，吸收线和发射线之间的速度差要大于 3 000 km/s，这种现象可以理解为造成吸收线的吸收物质是类星体周围的物质。

（3）C 型　在光谱中有锐的吸收线组及一些锐的吸收双线。出现最多的是 CIV 和 MgII 的双线，最常观测到的一些吸收双线如表 23.2 所示。这些吸收线可能是由于一些延伸的、低密度的星系晕形成的。这些星系处于类星体和观测者之间，距离类星体很远，由于它们的距离不同，因而形成多重红移。在一些高红移的类星体中，多重红移的数目达到 10 重以上。

表 23.2　类星体光谱中最常见的吸收双线

谱线	波长 /nm	谱线	波长 /nm
NV	123.88 124.28	SiIV	139.38 1 402.8
SiII	126.04 1 304.4	CIV	154.82 155.08

谱线	波长 /nm	谱线	波长 /nm
AlⅢ	185.47 186.28	CaⅡ	393.48 396.96
MgⅡ	279.63 280.35	NaⅠ	589.16 589.76

有的吸收线分类把 B 型和 C 型合成一类，统称为重元素吸收线。

（4）D 型　这种类型类星体的光谱在吸收线 Ly α 短波一侧有大量多重吸收线。1970年，林茨（Lynds）首先指出，在 Ly α 发射线短波一侧的吸收线只能是 Ly α 吸收线，因为比 Ly α 线波长更短的天然谱线十分稀少。显然，在光学波段能观测到 Ly α 多重吸收线的条件只能是高红移的类星体，红移量应该大于 2。进一步观测表明，从红移量 $z=1.5$ 到 $z=4$ 的类星体中都发现了大量这种多重吸收线。在一颗类星体的谱线中往往能观测到几十根这种吸收线，所以又称为 Ly α 森林或线丛。

由于这个线丛的成因和其他类星体的吸收线的性质完全不同，它们是由于类星体与观测者之间的星际云产生的。这些星际云可能是原始星系，或者是星系际介质。由于这些星际云的光度很小，目前只能通过 Ly α 线丛探测到。

三、类星体的红移

至今类星体的物理本质仍然存在许多未解之谜，首先是"红移之谜"。观测事实表明，类星体的红移特别大，比一般星系的红移量大得多。

天体物理学家一直热衷于寻找大红移类星体，因为它标志着人们对宇宙探测的距离的极限。随着科学技术的发展，科学家们探测的宇宙也越来越远。20 世纪 70 年代发现的红移最大的类星体 PKS2000−330，$z=3.78$，而 80 年代发现的类星体 PC1247+3406，视星等为 20.4 m，退行速度为 2.8×10^5 km/s，$z=4.897$，它距离我们大约 142 亿光年。2000 年基特峰天文台发现的红移最大的类星体 J030117+002025 的红移量 $z=5.5$。2001 年 SLOAN 巡天观测发现的红移很大的类星体 J103027.10+052455.0，$z=6.28$（目前已知的最大红移）。图 23.4 给出了三个大红移类星体的分光光度图。

最大红移类星体的宇宙距离有多远呢？这个问题涉及宇宙的年龄和类星体的形成时期。依据哈勃常量 H_0 的倒数可以计算宇宙的年龄，宇宙的特征膨胀年龄大致可按 $1/H_0$ 来估计，宇宙的年龄在 100 亿到 200 亿年之间。类星体距离的光年数意味着类星体的年龄的下限，由红移量 z 我们可以推算出类星体在宇宙中的形成年代。例如一个 $z=5$ 的类星体，取哈勃常量 $H_0=67.8$ km/(s·Mpc)，由 $v/c=[(1+z)^2-1]/[(1+z)^2+1]=0.946$，求出该类星体的退行速度 v 为 2.838×10^5 km/s，则该类星体距离我们有 4 186 Mpc，即 136.5 亿光年，这意味着该类星体的年龄至少有 136.5 亿年。

由宇宙的年龄也可以推算出类星体距离的上限。按照宇宙大爆炸学说，宇宙的年龄大约是 138 亿年，因此最远的星系（包括类星体）估计不会超过 200 亿光年。

表 23.3 给出极高红移类星体的物理参量，其中类星体的名称中 SDSS 是美国的斯隆

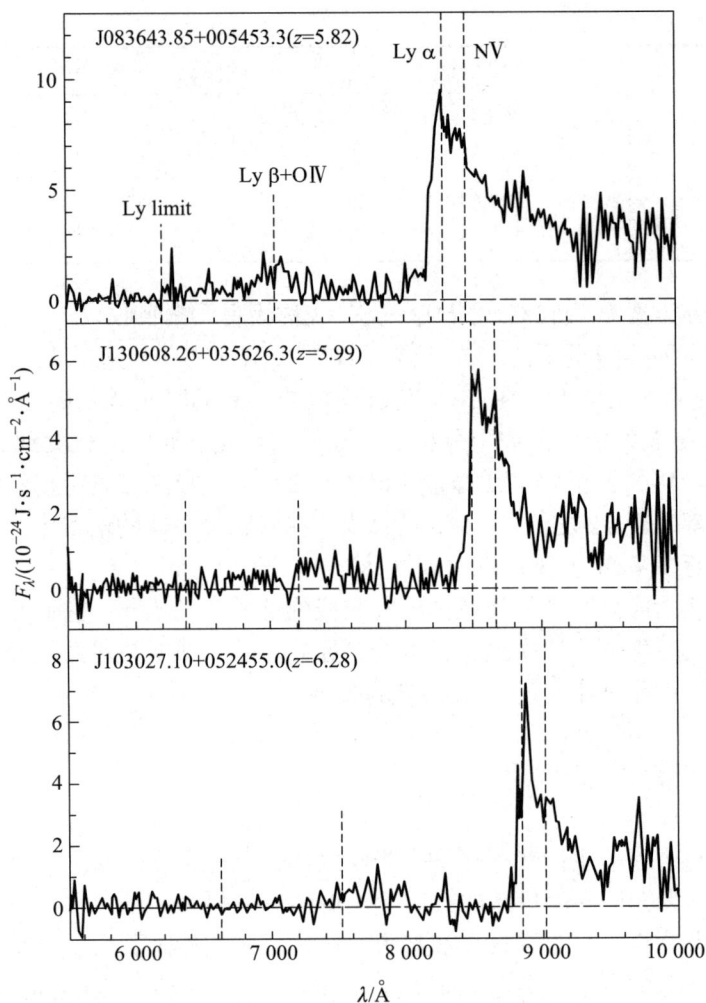

▷图 23.4　三个大红移类星体的分光光度图

数字巡天（Sloan Digital Sky Survey）的简称。SDSS 的排号是按类星体的赤经、赤纬进行的。SDSS 观测配有 640 条光纤，可进行测光巡天，也可进行分光观测。在测光系统中采用 5 种颜色的滤光片，中心波长分别为

$$u = 354.3 \text{ nm}, \quad g = 477.0 \text{ nm}, \quad r = 623.1 \text{ nm}, \quad i = 762.5 \text{ nm}, \quad z = 913.4 \text{ nm}$$

表 23.3　极高红移类星体的物理参量

类星体的名称	红移量	i 星等	z 星等	D_A	D_B	吸收线红移
SDSS 1044−0125	5.80	21.81	19.23	0.91	0.95	5.5
SDSS 0836＋0054	5.82	21.04	18.74	0.90	0.91	5.5
SDSS 1306＋0356	5.99	22.58	19.47	0.92	0.95	5.7
SDSS 1030＋0524	6.28	23.52	20.05	0.93	0.99	6.0

注：D_A 表示 Ly α—Ly β 波段连续谱的减弱量，D_B 表示 Ly β—Ly 线系限波段连续谱的减弱量。

由于在宇宙中分布着大量的星系际中性氢云，所以类星体发射的氢 Ly α 辐射穿过星系际空间时，会被吸收和再辐射，从而减弱了连续谱的辐射强度。这样在 Ly α 发射线的短波一侧的连续谱会减弱，这叫作冈－皮特森（Gunn-Peterson）效应。由冈－皮特森效应引起的连续谱的减弱会出现吸收带，这是由于从类星体到观测者之间分布着大量的中性氢云。我们定义连续谱的减弱量 D 为

$$D = 1 - \frac{f_{观}}{f_{理}}$$

式中，$f_{观}$ 为观测到的连续谱强度，$f_{理}$ 为理论计算的连续谱强度。连续谱按幂律谱处理，取谱指数为 $\alpha = -0.5$。在实测中，D 取两段分别测量，D_A 表示 Ly α—Ly β 波段连续谱的减弱量，D_B 表示 Ly β—Ly 线系限波段连续谱的减弱量。由表 23.3 可见，D_A 与 D_B 的减弱量只有 10% 左右，但是却随着红移的大小而改变，红移越大，这种效应越小，这说明它们之间存在着演化效应。

* 四、类星体红移的本质

目前关于类星体红移的原因仍存在争论，主要有两种对立的看法：大多数天文学家认为，类星体红移与河外星系红移一样是宇宙膨胀随动引起的，类星体仍然服从哈勃定律，其距离由红移量来决定，这种看法称为宇宙学红移；少数天文学家认为，类星体的红移是由其内部的物理性质决定的，这种看法称为内禀性红移或非宇宙学红移。我们对这两种观点分述如下。

1. 宇宙学红移

宇宙学红移观点的主要观测依据：① 类星体的光谱和一般发射线星系的光谱没有本质的区别，尤其是赛弗特星系的光谱和类星体的光谱完全一致，只是在光度上有所不同。② 类星体的光谱有吸收线，有的吸收线和发射线一一相伴，说明它们是由类星体周围的气体星云形成的。③ Ly α 线丛的存在被解释为由类星体与观测者之间的星云造成的。④ 在和星系靠近的类星体中观测到了红移量和星系距离关系一致的吸收线。⑤ 在成对的类星体中观测到了属于对方的吸收线。⑥ 引力透镜现象得到证实，而且观测到了引力透镜效应的透镜天体。⑦ 观测到了类星体周围的气体云，而且测得的气体云的距离和类星体一样，表明类星体是活动星系核。

以上大量的观测事实都支持类星体的红移是宇宙学红移，即类星体与星系的红移都是由于宇宙膨胀而形成的，它们只不过比普通星系远得多。

2. 非宇宙学红移

美国天文学家阿尔普（Arp）和柏比奇（Burbidge）、英国天文学家霍伊尔（Hoyle）及印度天文学家纳卡尔（Narlikar）共同倡导非宇宙学红移观点，他们列举的主要事实：① 一些类星体和星系非常靠近，似乎有物理联系，但它们的红移量却相差很大。② 类星体和星系存在着一定的统计的相关性。③ 一些亮星系周围的类星体的数密度明显高于场

类星体的数密度。④ 一些亮星系存在着"特区"，即某些亮斑或旋臂的一些特殊部位，其视向速度和星系本身的视向速度相差甚大，甚至相差一个数量级。非宇宙学红移观点正是以此来佐证星系可以和类星体共存。⑤ 类星体往往存在着特殊的排列或成团性，与星系有很大区别。⑥ 观测上缺乏足够的证据来证明每一个类星体都必然存在着黑洞。⑦ 观测到的类星体产能率与计算的发射能量有矛盾，然而解释不能令人满意。

目前，大多数天文学家认为类星体的红移是宇宙学红移，少数人坚持非宇宙学红移，认为它是类星体特有的内秉性红移，两种观点一直争论至今。

五、引力透镜效应

类星体可以作为宇宙的探针，一是它们具有大的红移，二是类星体的引力透镜现象。引力透镜的理论基于伟大的物理学家爱因斯坦于 1915 年创立的广义相对论。广义相对论说明了空间和时间如何因大质量物体的存在而畸变，认为物质弯曲了时空，而时空的弯曲又反过来影响穿越空间物体的运动。宇宙中大质量物体将使穿行天体的光线发生偏折，使其沿着弯曲的轨迹前进，如图 23.5 所示。

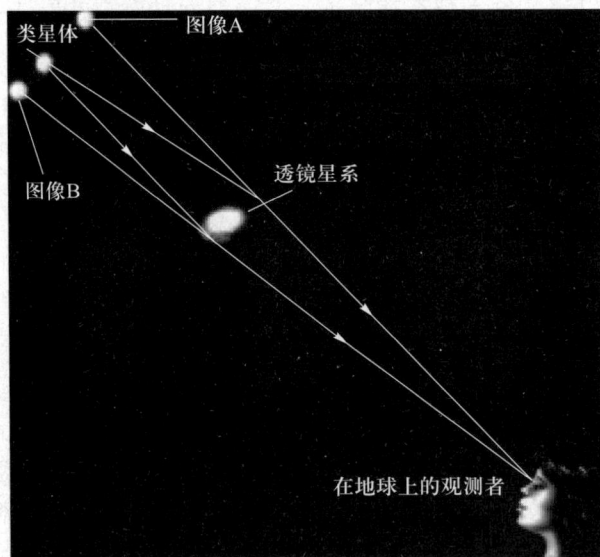

▷图 23.5 引力透镜效应的原理

1919 年，英国天文学家爱丁顿利用日全食机会验证了，广义相对论的光线弯曲理论是正确的。同年，英国物理学家罗杰（Lodge）提出了大质量天体作为引力透镜会聚星光，并形成多重像的观点。1979 年果真发现了引力透镜形成的类星体双像 Q0957+561A、B。它们分开只有 $6.15''$，光谱完全相同，红移量都是 $z=1.41$。天文学家分析指出，这是同一颗类星体，由于在它与我们之间有一个大质量的暗星系，此星系的引力场使类星体的光线弯曲。如同经过光学透镜一样，通过引力透镜中心的光线不发生偏折，而离开中心的光线便发生偏折。在某个特定距离处偏折最大，因此由于引力透镜的作用，结果会产生两个像（见图 23.6）。这个类星体双像令人信服地证实了引力透镜确实存在。

六、类星体的模型

类星体是典型的活动星系核。从光谱观测特征上看，类星体与一些活动星系，如赛弗特星系、蝎虎座 BL 星系等很相似。从类星体的分布上看，它与星系存在着成协现象，它们彼此靠得相当近。1980 年发现有117 颗类星体与星系成协。近年，美国天文学家用 5 m 望远镜观测到 3C48 周围的暗云，测出了这些暗云具有发射线和吸收线，并且与类星体的红移量相同，这说明类星体与周围的星云或星系成协。

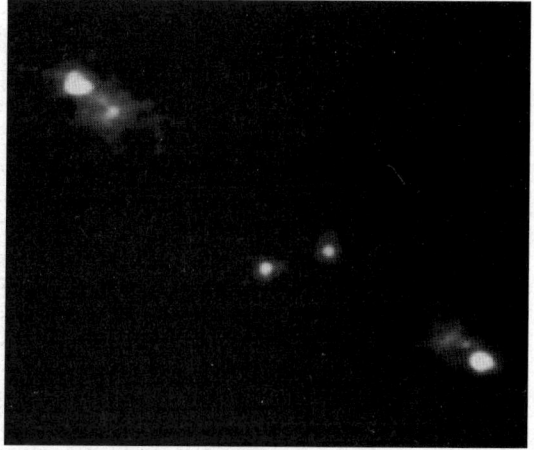

▷图 23.6　星系的引力透镜效应

大量观测事实表明，类星体是活动性很强的活动星系核，核心的本质是什么呢？理论研究认为，核心很可能是一个黑洞，而黑洞的周围被一层一层气体包围着。图 23.7 给出了类星体的核心是黑洞的模型。我们所能观测到的来自类星体的各种辐射可能是从这些气体发出的。类星体的核心黑洞的半径由施瓦西半径计算：

$$R_g = 2Gm/c^2$$

式中 G 为引力常量，c 为真空中的光速，m 为黑洞的质量。类星体的质量绝大部分都集

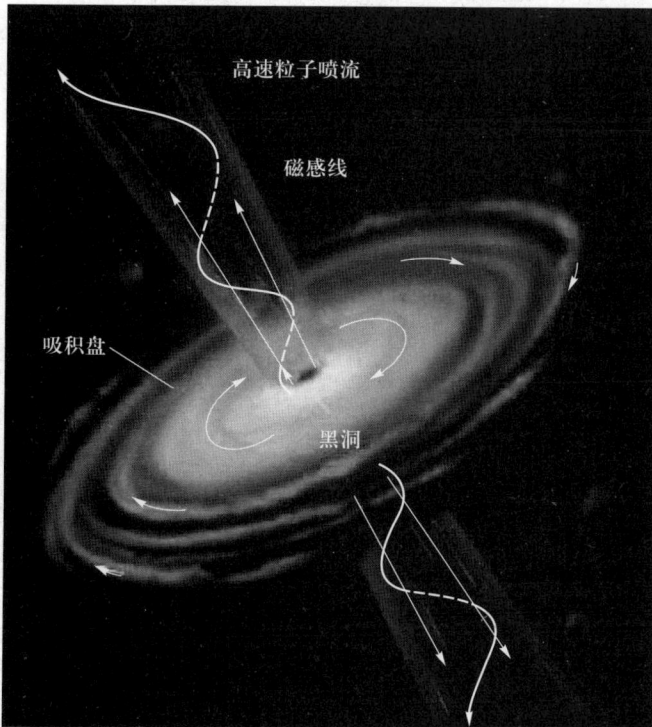

▷图 23.7　类星体的模型

中在这里。黑洞的质量为 $10^8 \sim 10^{12} m_\odot$。对于一个 $10^8 m_\odot$ 的类星体，黑洞的半径约为 3×10^8 km，是太阳半径的近 500 倍。在黑洞周围 $3 \times 10^8 \sim 10^{10}$ km 之间的区域，主要发射高能 X 射线辐射和紫外辐射，再往外大约到 10^{14} km 的范围是稀薄的气体，它们发射可见光，我们观测到的发射线是从这里发出的。类星体延伸的外层可达 10^{18} km，那里主要发射射电辐射。

从宇宙学角度来看，类星体是宇宙中最早形成的天体。类星体是成团的吗？这个问题至今还没有定论。

第 2 节 ｜ 赛弗特星系

美国天文学家赛弗特（Seyfert）于 1943 年在威尔逊山天文台从事星系的红外辐射研究。他发现一些星系具有反常的发射线和明显的星系核，且星系核有剧烈活动现象，这种类型的星系后来被命名为赛弗特星系。苏联天文学家马卡良从事了大量的星系巡天观测，他发表的《马卡良天体星表》中有 10% 的天体是赛弗特星系。截止到 2000 年，天文学家已发现了 1 711 个赛弗特星系。这类星系离我们比较遥远，大多数有几百 Mpc，少数距离我们 $20 \sim 30$ Mpc。

一、赛弗特星系的观测特征

赛弗特星系的明显观测特征是，中心有明亮的恒星状活动星系核，其大小仅约 1 kpc，星系核比银河亮 1 万倍。星系核的周围有暗弱的旋涡结构，星系一般是 Sa 型或 Sb 型的旋涡星系。此外，星系核有很强的紫外、红外及射电辐射，有人推测赛弗特星系中心是个具有强磁场的高速旋转的大质量星体或者黑洞。例如，距离我们大约 40 Mpc 远的赛弗特星系 NGC5728 的图像（见图 23.8）显示出星系的核心有喷流，这很可能就是黑洞。

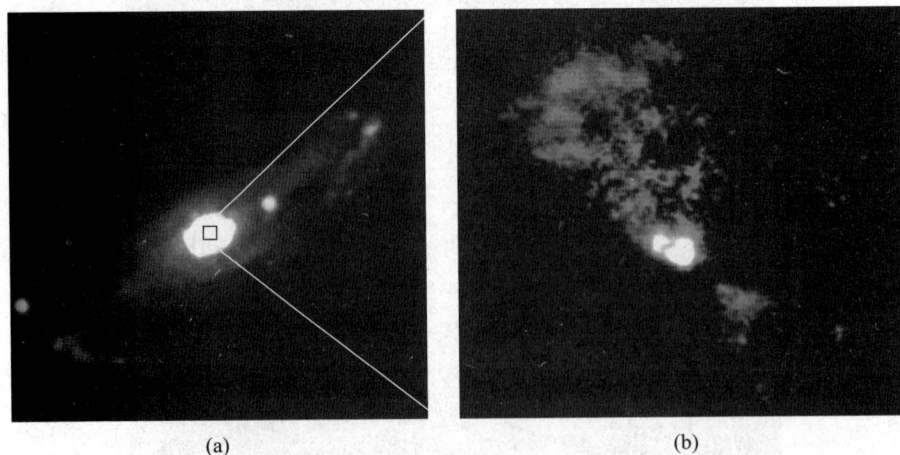

(a)　　　　　　　　　　　　　　　　(b)

▷ 图 23.8　赛弗特星系 NGC5728

（a）地面望远镜拍到的图像；（b）轨道上拍到的图像，此图是图（a）的两条锥线相交部分的放大图，可以清楚地看到亮的星系核及从核心喷射出的喷流在这类星系核的光谱中有明显的宽发射线，包括原子光谱的允许线、半禁戒线和禁线。允许线的宽度一般都比较宽，如巴耳末线的多普勒宽度可达 $500\sim10^4$ km/s，甚至有高次电离谱线，如有 13 次电离的铁线；谱线红移比较大，说明核内的物质以很高的速度脱离星系核。光谱中除了强发射线外，也有相对弱的吸收线。

连续谱呈蓝色或紫外超，为非热谱或不完全是非热谱，由此可以推测这类星系的温度很高。而且，这类星系的连续谱在几天到一年内常发生强度方面的变化。

赛弗特星系是低光度活动星系核。这类星系的绝对星等 M_v 为 $-22^m\sim-19^m$。

二、赛弗特星系的分类

20 世纪 70 年代初，这类星系被分成两个次型：赛弗特I型和赛弗特II型。两者的划分主要是根据谱线宽度，确切地说，是谱线强度极大值一半所对应的谱线全宽度（FWHM）。其中谱线宽度 $\Delta\lambda$ 的单位是 nm，可通过公式 $(\Delta\lambda/\lambda)c=v$，换算成单位 km/s。观测表明，赛弗特I型星系的允许线宽度非常宽，氢的 H_α 线的谱线宽度大于 3 000 km/s；而赛弗特II型星系的允许线宽度和禁线宽度差不多，一般为 $500\sim1\,000$ km/s。

现代典型的判断方法是，用比较谱线 H_β（$\lambda=486.3$ nm）和氧的禁线［OIII］（$\lambda=500.7$ nm）谱线的 FWHM 的比值来划分赛弗特星系。

对于赛弗特I型，FWHM（H_β）/FWHM（［OIII］）≈1。

对于赛弗特II型，FWHM（H_β）/FWHM（［OIII］）≈0.1。

此外，单独根据［OIII］（$\lambda=500.7$ nm）谱线的 FWHM 也可以区分两个次型的赛弗特星系，即

对于赛弗特I型，FWHM（$\lambda=500.7$ nm）≈370 km/s。

对于赛弗特II型，FWHM（$\lambda=500.7$ nm）≈500 km/s。

在光变方面，赛弗特I型一般都有光变，光变的时标从几周到几个月；而赛弗特II型一般没有光变。

在偏振度方面，赛弗特I型的偏振度要高，达到 $1\%\sim8\%$；而赛弗特II型的偏振度只有 $1\%\sim4\%$。

20 世纪 80 年代，有的天文学家在仔细研究赛弗特星系时把它分成更多的次型。例如根据谱线的相对强度，若所有的谱线轮廓都清楚则是赛弗特 1.5 型；若 HI 的发射线中 H_α 相对弱但出现 H_β 则是赛弗特 1.8 型；若 H_β 几乎看不出则是赛弗特 1.9 型等。表 23.4 给出一些赛弗特星系的观测物理参量。

表 23.4 一些赛弗特星系的观测物理参量

星系名	类型	累积视星等	$cz/(\text{km}\cdot\text{s}^{-1})$	$U-B$	$B-V$	M_B
NGC1068	II	10.5	1 134	1.0	0.0	-20
NGC1566	I	10.3	1 178	0.8	0.0	-20
NGC3227	II	11.7	1 050	0.8	-0.1	-19
NGC3516	I	12.6	2 710	0.8	-0.2	-20

星系名	类型	累积视星等	$cz/(\mathrm{km \cdot s^{-1}})$	$U-B$	$B-V$	M_B
NGC4051	I	11.0	726	0.7	−0.4	−19
NGC4151	I	11.1	1 002	0.5	−0.7	−19
NGC6814	I	12.0	1 578	1.1	+0.4	−19

注：cz 为光速乘以红移量；$U-B$ 和 $B-V$ 是色指数；M_B 是 B 波段的绝对星等。

三、赛弗特星系的电磁谱

赛弗特星系的光谱是由连续谱叠加发射线组成的。发射线的组成与类星体非常相似，有许多高激发态的禁线，例如 $[\mathrm{FeX}]$（$\lambda = 637.4\ \mathrm{nm}$），激发电势为 234 eV；$[\mathrm{FeXI}]$（$\lambda = 789.2\ \mathrm{nm}$），激发电势为 262 eV；$[\mathrm{FeXIV}]$（$\lambda = 530.3\ \mathrm{nm}$），激发电势为 361 eV。

赛弗特星系光谱中的巴耳末线 H_α、H_β、H_γ 之间的强度比有反常的陡降，红端的 H_α 线比预计的要强。造成这种现象的原因可能有两个：第一，由于碰撞激发或辐射激发，或者巴耳末线的自吸收，使得氢原子的能态分布出现反常；第二，光谱整个被红化，这意味着能量被尘埃大量吸收，然后在偏红波段再辐射。目前观测已证明，赛弗特星系大多都是很强的红外源。这说明赛弗特星系核的附近有大量的尘埃使核的亮度减小。

赛弗特星系的连续谱明显地偏离通常由恒星组成的星系核的光谱，呈现为热谱和非热谱的混合谱。赛弗特I型星系的连续谱大都是幂律谱，而赛弗特II型星系的连续谱常混有恒星的光谱以及由尘埃造成的红化。一般认为热辐射和非热辐射结合的辐射机制有三种情况：① 相对论性电子的同步辐射；② 恒星的光球辐射；③ 尘埃的红外辐射。

赛弗特星系连续谱的突出特征是，具有很强的红外辐射（从近红外到大于 $100\ \mu\mathrm{m}$ 的远红外），在红外波段的辐射还表现出光变现象和偏振现象。IRAS 卫星发现的大部分红外源被验证是新的赛弗特星系。

赛弗特星系连续谱的紫外波段呈现为非热谱，只是谱指数小些。这类星系的 X 射线辐射普遍很强，同强红外辐射一样，这也是这类星系的一个重要物理特征。赛弗特星系的 X 射线光度为 $10^{33} \sim 10^{38}$ J/s。此外，X 射线辐射具有光变特征，光变时标从几分钟到数十天，光变幅度可以成倍地变化。许多赛弗特星系的 X 射线谱（包括软 X 射线）可以用单一的谱指数去拟合。X 射线的辐射与其他波段的辐射存在着相关性，特别是光学辐射和红外辐射有明显的相关性。有的科学家分析出，X 射线与 H_α、H_β、$[\mathrm{OIII}]$（$\lambda = 500.7\ \mathrm{nm}$），甚至与 21 cm 射电谱线之间也存在着联系。

*第 3 节 ｜ 蝎虎座 BL 天体

1966 年天文学家在致密星系巡天中发现了一类新的活动星系核，因为它以蝎虎星座 BL 为典型的天体，便称之为 BL Lac 天体（或蝎虎座 BL 天体）。大多数蝎虎座 BL 天体是通过射电波段的巡天观测发现的。平谱射电源的光学对应体至少亮于 20^m。光学光谱中没有或只有很弱的发射线。后来通过卫星的 X 射线巡天观测，天文学家发现了一批与 BL Lac 类似的天体，于是把它们统称为蝎虎座 BL 天体，简称蝎虎天体。到 2000 年总共发现了 462 颗蝎虎天体。其中，有一半是通过射电观测方法发现的，大约 1/3 是通过 X 射线源探测方法发现的。随着观测技术的不断改进，尤其是高灵敏 X 射线卫星的探测，更多的蝎虎天体将会被发现。

现已证明蝎虎天体是活动星系核，这主要依据两个观测事实：第一，某些蝎虎天体似乎镶在星系的核心区之中；第二，用 21 cm 波段的射电望远镜观测蝎虎天体与地球之间的星系，它们吸收蝎虎天体的光，产生的氢吸收线红移很大。这说明蝎虎天体比这些河外星系更远。

一、蝎虎天体的主要观测特征

1. 非热型的连续谱

蝎虎天体的辐射在射电波段呈现出平谱，有很强的辐射。从射电、红外、光学到紫外甚至延伸到 X 射线都呈现为典型的非热幂律谱。波段流量随着波长的缩短而逐渐减少，连续谱的强度随着波长的变化按照幂指数规律变化。它在红外波段的辐射也很强，这是 BL Lac 天体的另一个显著特征。X 射线谱同样表现为非热型，过去都是用单一的幂律谱来描述。后来发现仅 X 射线谱也需要用双幂律谱才能符合观测的结果。造成双谱的原因一般为，软 X 射线部分是由同步辐射形成的，而硬 X 射线部分是由逆康普顿辐射形成的。

2. 快速光变

蝎虎天体的光度有剧烈变化，但没有周期性，是不规则的，光变时标往往从几十分钟到几个月，光变幅度可达到几个星等。个别的蝎虎天体呈现出巨大的灾变性的变化，在几周内光变幅度达 5^m，相当于光度变化 100 倍。蝎虎天体最亮时比正常星系亮约 1 万倍。蝎虎天体的光变现象不仅发生在光学波段，在红外和 X 射线波段同样有光变。

蝎虎天体的光变时标与波段有关，光学波段的光变时标往往是从几小时到月的量级，而射电波段的时标达到月的量级。由于光变的不规则性，蝎虎天体还出现双重光变周期，即在长的时标变化上叠加有短的时标变化。

3. 高偏振度

蝎虎天体的光学和射电辐射都是偏振辐射。在活动星系核中蝎虎天体的偏振度可能是最高的，往往可以达到 30%。偏振度同样与波长有关，其随波长的增加而减少，而且偏振度本身也有变化。

4. 发射线很弱

近代高信噪比、高分辨的光谱观测揭示出，大多数蝎虎天体具有弱而窄的发射线，如 [OⅢ] ($\lambda = 500.7$ nm) 的发射线强度与其连续谱相比很弱。特别是当蝎虎天体处于光变极小期时更为明显。

由于蝎虎天体的发射线很弱，测量红移只能通过弱的吸收线，个别的蝎虎天体可以用 21 cm 射电谱线的位移来测量红移。

以蝎虎天体为代表的这类活动星系核的典型物理特性是光变和偏振，所以近年来又称这类天体为"闪偏天体"（Blazar），它们是当今热门的研究课题之一。

二、蝎虎天体的分类

目前天文学家将蝎虎天体分为两类：一类是中等强度的射电星系，称为 FRⅠ，其喷流方向朝向观测者，因而形成了光变和偏振现象；另一类是强射电源，称为 FRⅡ，它们处在更远的距离上，其喷流方向几乎正对向我们，因此呈现更快速的光变现象。

理论研究认为，蝎虎天体是一种独具特色、活动特别激烈的活动星系核。核内很可能由黑洞和吸积盘及喷流组成。也有人认为蝎虎天体就是类星体，只不过在到达观测者的路上受到了微引力透镜的影响。目前有关蝎虎天体理论模型的研究还不够充分，仍有许多奥秘未被揭开。

*第 4 节 | 其他活动星系

一、车轮星系 PGC2248（环状星系）

车轮星系距离地球约 5 亿光年，位于南天的玉夫座中。科学家认为大约 4 亿年前，它与另一个小星系发生了高速碰撞。这一事件改变了车轮星系的形状和结构，让它变成了今天我们看到的这副模样。车轮星系中形成了两个环状结构：一个明亮的内环围绕着星系中心，另一个色彩丰富的外环则框住了整个星系。这两个环从碰撞中心向外扩展，就像池塘里扔进一块石头后引发的涟漪。

在近红外和中红外合成的图像（见图 23.9）中，旋臂被展示为亮红色。这种颜色表明了星系中有富含碳氢化合物的尘埃。

图 23.10 不仅分辨出了车轮星系外环上恒星形成区域内的单颗恒星，还展示了星系中央超大质量黑洞周边非常年轻的恒星群，也揭示了有关恒星形成和中央黑洞的新细节。

哈勃空间望远镜早在 27 年前就对它进行过观测。但詹姆斯·韦布望远镜利用自己强大的红外线观测能力，揭示了这个星系结构中大量前所未见的细节。比如，随着外环向外扩张，它将环绕星系的尘埃和气体向外推，从而引发了恒星的形成。新恒星诞生的区域在近红外图像中显示为小蓝点，分散在整个星系，但在外环中特别集中。

我们能够看到时隔短短 27 年，虽然车轮星系本身没有明显的变化，但恰好出现在车轮星系前方的银河系内的恒星（白框内）却明显移动了一小段距离，如图 23.11 所示。詹姆斯·韦布望远镜能够透过车轮星系，看到它背后的许多更遥远的星系，这极大地拓展了人类探索宇宙的能力。

▷图 23.9　詹姆斯·韦布望远镜的中红外设备拍摄的车轮星系图像

▷图 23.10　詹姆斯·韦布望远镜拍摄的车轮星系的新图像

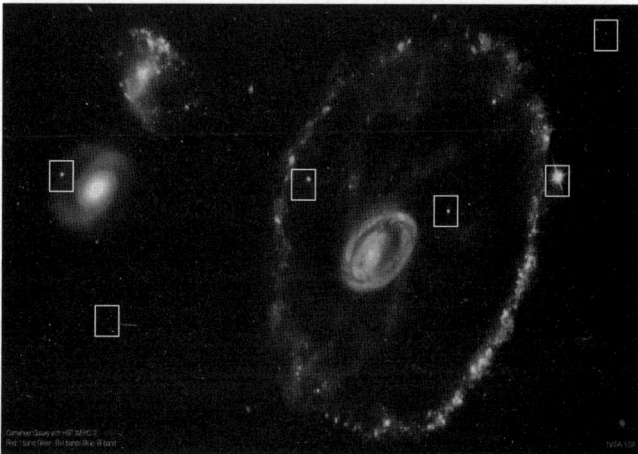

▷图 23.11　詹姆斯·韦布望远镜与哈勃空间望远镜的图像对比结果

二、N 星系

这类星系的名称最早是由摩根（Morgen）引入的，其特征是中心具有一个亮的恒星似的核，周围被低亮度的延伸的星云包围，中心亮核的颜色和类星体相似，而延伸星云的颜色和亮度分布类似一个巨椭圆星系。由于它的活动星系核周围有星云（nebula），所以称为 N 星系。

美国天文学家桑德奇认为，N 星系可能是通常的椭圆星系（E 型星系）中间有一个微型类星体。后来发现，不仅仅是椭圆星系，个别的旋涡星系也有同样的特征。

三、LINER 活动星系核

LINER（即 Low Ionization Narrow Emission-line Region 的缩写）活动星系核的全称是"具有低电离窄发射线区的星系"。在 LINER 活动星系核的光谱中有几个显著的特点：① 低电离电势 [OI]（$\lambda = 630.0$ nm）的谱线很强，而高电离电势线 [NeV] 和 [FeVII] 观测不到。② 两条线的强度比 [OII]（$\lambda = 372.7$ nm)/[OIII]（$\lambda = 500.7$ nm)≈ 1，而在赛弗特星系光谱中，这两条线的强度比只有 0.5 左右。此外 H_β 线显得很弱。因此，用 [OIII]（$\lambda = 500.7$ nm)/H_β 的谱线强度比也可以将 LINER 区分出来。这类活动星系核的光谱中典型的发射线宽度只有 200～400 km/s，远远窄于其他活动星系核。

目前，关于 LINER 活动星系核的理论模型还在研究中。

四、星暴星系

星暴星系是指有大质量恒星爆发或正在形成的星系，这是一类内部正在发生极为剧烈恒星形成过程的河外星系。它们有比形态相同的其他星系更蓝更亮的核，例如 NGC253、M82 和 NGC7714 等。

如图 23.12 所示，M82 星系就是一个典型的星暴星系，它的星系核有猛烈的爆发现象，从星系核中抛出的物质流的速度高达 1 000 km/s。可以推算出，它喷出的氢至少相当于 500 万颗普通恒星的所含氢的总量。

观测研究表明，星暴星系的红外光度远大于光学波段的辐射强度；核区的光度远大于星系其他部分的光度之和。在近距离的旋涡星系和不规则星系中约有 10% 的星系具有极强的红外辐射、X 射线辐射和射电辐射，它们有可能是星暴星系。

此外，星暴星系的光谱中有很强且窄的星云发射线。这些都表明在星系中伴随着大质量恒星的爆发过程。星暴星系的质光比（m/L）很小，并且恒星的形成率很高，说明其内部正在形成大质量的恒星，而且恒星的形成过程具有爆发的特征。

天文学家认为，星暴星系和普通星系中恒星的形成有本质上的区别：第一是时标短，对于星暴星系来说典型的爆发时标只有约 10^7 年，而对于普通星系的恒星形成过程，大约是 $10^9 \sim 10^{10}$ 年。第二是爆发的区域不同，星暴星系的爆发出现在核心区域，尺度仅约 1 kpc，而普通星系中的恒星形成区是在星系盘或旋臂中。有人认为超新星的爆发是星系爆发的主要能源。

▷图 23.12　哈勃空间望远镜拍摄的 M82 星暴星系

右图为 M82 的星系核部分

在连续谱的分布上，如果同一般的活动星系核相比，星暴星系在远红外波段（60～100 μm）呈现出明显的峰值。而且在这些波段上有尘埃谱线和分子吸收线以及氢和氦的共振线。同时，观测到了只有激波才能激发的高电离谱线。根据氢线和氦线的强度分析，得出星暴星系的有效温度 T_{eff} 的范围为 3.85×10^4～4.7×10^4 K。根据质量为 30～$60m_\odot$ 的 O7、O6、O5 型星的谱线分析，得出星系的年龄只有 10^7～10^8 年。通常认为，星暴星系是活动星系核演化的前身，作为演化的初始阶段，星暴星系和 LINER 以及赛弗特 II 星系十分相似，都处于大质量的热主序星形成阶段。这一阶段的后期，可能出现大质量的沃尔夫 – 拉叶型恒星，当温度达到 10^5 K 时，中心区域开始形成黑洞，进一步演化则出现超新星型的恒星爆发，形成中心具有黑洞的标准活动星系核。目前，星暴星系的爆发机制和演化过程尚在探讨之中。

*第 5 节 ｜ 活动星系核的统一模型

依据活动星系核的观测特征，可以对活动星系核整体结构和特性作出概括性的分析。经过研究，天文学家们认为存在一个共同的模型（见图 23.13），不同类型的活动星系核仅仅是由于观测角度的不同而造成的。

一、活动星系核的光度、尺度和质量

活动星系核往往在所有电磁波段都有极强的辐射。一般来说，活动星系核的总光度

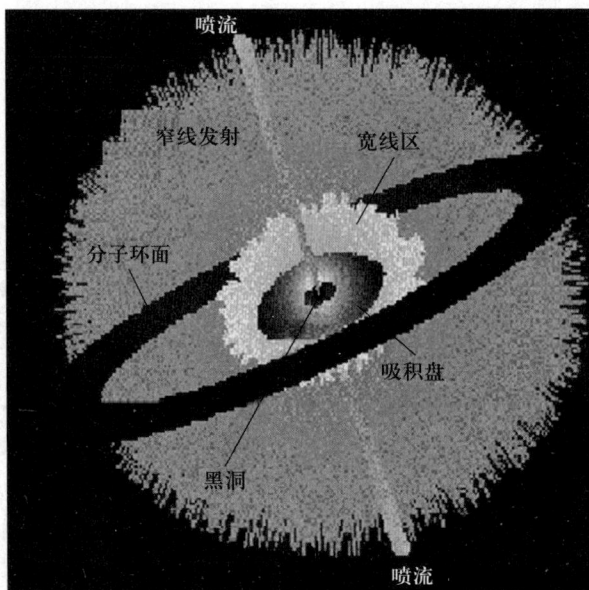

▷图 23.13　活动星系核的统一模型示意图

为 $10^{36} \sim 10^{41}$ J/s。例如，类星体光度是普通星系的 1 000 到 1 万倍。然而，活动星系的尺度比一般星系小，观测到的星系的射电展源的范围约为 1 Mpc，星系的核心部分大约为 1 kpc，其中致密射电核约为 0.1 pc。由观测到的光度可以估计出活动星系核的质量为 $10^5 \sim 10^{10} m_\odot$。

二、核心是黑洞

如上所述，活动星系核的质量这样大，尺度又如此小，因此，其中心一定是超高密度的黑洞。这个思想的观测依据如下。

（1）快速光变现象：光变周期和天体的直径（D）的关系为 $\Delta t \geqslant D/c$（c 为光速）。赛弗特星系的光变时标仅有 1 分钟，相当于穿越一个约 $10^7 m_\odot$ 的施瓦西黑洞，而且光变时标的长度有随光度增加的趋势。

（2）极高效率的能量转化：普通恒星或正常星系都没有活动星系核辐射能量的效率高。

（3）视超光速现象：活动星系核的核心喷出的物质流速度，测出来有超光速现象，称为活动星系核的视超光速膨胀。这说明活动星系核内应有相对论性的流体，并具有相对论性运动速度，所以核心应当有相对论性的引力势。

（4）射电源在空间的轴向取向能维持在 10^7 年以上不变，只有旋转的黑洞才能维持这样长的时间。

（5）活动星系核显示出中心有强的引力势。

三、活动星系核的电磁谱特征

活动星系核的典型连续辐射谱型是非热辐射谱型，呈幂律谱，谱辐射强度 F_ν 与频率 ν 的关系为

$$F_\nu \propto \nu^\alpha$$

式中 α 为谱指数。多数活动星系核的谱指数为 $\alpha \approx -1$。

近年来的观测表明，有许多活动星系核在光学和红外波段表现出以热致辐射谱型为主的连续谱，这使活动星系核的连续谱特征显得更为复杂。有些活动星系核还具有光变现象而且光变的时标比较短，从几小时到几年。

人们最早观测到的光学波段的喷流现象是室女座星系团中 M87 的光学波段的喷流现象，近年来发现了大量的射电星系和类星体有喷流现象，喷流的尺度从 1 pc 直到 1 Mpc。

四、活动星系核的能源

某些星系核的体积比太阳系大不了多少，但是它的光度比整个银河系还亮。类星体就是最亮的活动星系核。理论家认为如此巨大的能量输出只能来自核心的超大质量黑洞。后来认识到能量也可以从黑洞的自转中抽取。这些想法的依据是许多星系核核心可能拥有超大质量的黑洞。近年来，甚长基线天线阵（VLBA）对 NGC4258 星系核心的观测，提供了存在超大质量黑洞的无可置疑的证据。哈勃空间望远镜的观测也证实，大多数近距星系的核心都隐藏着超大质量的黑洞。

这些超大质量的黑洞是如何形成和演化的呢？它们是由恒星"种子"长大而成，还是起源于星系形成的最初阶段呢？这是天文学家的研究任务。要解决这个问题需要进一步对星系核的全波段的电磁辐射进行观测，以及探测红移量 $z=10$ 以上的活动星系核。大质量的黑洞不仅吸积物质，而且也在附近抛出近光速的强大喷流。按照相对论，这种高速喷流是相对论粒子流，会产生能量极高的光子，其频率比可见光要高 10^{11} 倍。一些大质量的黑洞也可能会合并。黑洞合并这种灾变事件会产生强大的引力波，能在非常远的距离（红移量至少高达 20）被探测到。这种引力辐射可以在实际并合之前就被探知，从而使人们能够精确预报后随事件，以便采用全波段进行观测。由于强烈的恒星形成爆发或存在超大质量黑洞，因此星系核可以变得非常明亮。这种"星暴"可能与星系的初始形成有关，也可能是与别的星系的相互作用所触发的。

此外，活动星系核可能是超高能宇宙射线的来源（也有人认为 γ 射线暴和星系际激波是这类高能粒子源）。一般假设这些宇宙射线是被加速到非常高能量的质子。其能量是如此之高，以至等价于 10 亿到 1 000 亿个静止质子的能量，这方面的研究也是当今天体物理学的重要课题。

📚 **例题 1** 某一个类星体的红移量为 0.17，如果它在 500 pc 远处具有太阳那样的视亮度，设哈勃常量为 65 km/(s·Mpc)，计算该类星体的光度。

解答： 由类星体的红移量 $z=0.17$ 推出

$$v/c = [(z+1)^2 - 1] / [(z+1)^2 + 1] = 0.156$$

由哈勃定律 $v=H_0D$ 可得类星体的距离为

$$D=0.156c/\left[65\ \text{km}/(\text{s}\cdot\text{Mpc})\right]=720\ \text{Mpc}$$

由于被观测天体的星等与距离的平方成反比，所以

$$m_2-m_\odot=5\lg(720\ \text{Mpc}/500\ \text{pc})$$

太阳的视星等为 $m_\odot=-26.8^\text{m}$，所以 $m_2=-26.8+30.79=3.99$。则

$$M=3.99+5-5\lg(720)-30=-35.3$$
$$M-M_\odot=-2.5\lg(L/L_\odot)=-35.3-4.75$$

所以
$$\lg(L/L_\odot)=16.02$$
$$L=1.05\times10^{16}L_\odot$$

📚 **例题2** 两个星系相距 500 kpc 彼此绕转，它们的轨道周期估计为 300 亿年。利用开普勒定律求两个星系的总质量。

解答：由开普勒第三定律得

$$m_1+m_2=a^3/P^2=(5\times10^5/2\times206\ 265)^3/(3\times10^{10})^2$$
$$=(2.5\times206\ 265)^3\times10^{15}/(9\times10^{20})=1.523\times10^{11}m_\odot$$

所以，两个星系的总质量为 $1.523\times10^{11}m_\odot$。

📚 **例题3** 类星体 3C279 呈现有 1 光周（光传播一周的距离）的尺度变化，估计产生辐射区域的大小。它的视星等是 18^m，如果它的距离是 2 000 Mpc，它的绝对星等和光度是多少？每立方天文单位的空间 $(\text{AU})^3$ 可产生多少能量？

解答：1 光周相应的尺度为 $3\times10^5\times7\times86\ 400=1.814\times10^{11}$ km。

由于 1 AU $=1.496\times10^8$ km，所以辐射区的直径即 1 光周的为 1 212.57 AU，由视星等和绝对星等与距离的关系公式 $M=m+5-5\lg r$，求出 $M=18+5-5\lg(2\ 000\times10^6)=-23.5$。假定它近似等于绝对热星等，则由 $M-M_\odot=-2.5\lg(L/L_\odot)$ 得 $-23.5-4.75=-2.5\lg(L/L_\odot)$，解出 $L=2\times10^{11}L_\odot$，这是每秒发出的总能量。辐射区的体积是 $4\pi/3\times(1\ 212.57/2)^3$，由此可得到单位体积产生的能量为 $220L_\odot/(\text{AU})^3$。

📚 **例题4** NGC772 星系类似于 M31 是 Sb 型旋涡星系，它的角直径是 $7'$，视星等是 12.0^m，而 M31 星系的角直径是 $3.0°$，视星等是 5.0^m。

（1）假定两个星系的大小相等，求两个星系的距离之比。

（2）假定两个星系有相同的光度，求两个星系的距离之比。

解答：设两个星系的距离分别是 r_1 和 r_2。

（1）假定两个星系的大小相等，则

$$\frac{r_1}{r_2}=\frac{3\times60'}{7'}=25.7$$

所以两个星系的距离之比约为 26。

（2）假定两个星系有相同的光度，则由 $M=m+5-5\lg r$ 得

$$12+5-5\lg r_1=5+5+5\lg r_2$$
$$5\lg(r_1/r_2)=12-5$$
$$r_1/r_2=25.1$$

所以两个星系的距离之比约为 25。

📖 **例题 5** 观测一个类星体的光谱，其中静止波长为 300 nm 的谱线红移到了 1 500 nm。（1）请估算这个类星体的退行速度；（2）根据哈勃定律，它到我们的距离是多少？（设哈勃常量为 $H_0 = 65$ km（s·Mpc），以上两项计算的精度要求为 30%。）

解答：（1）红移量 z 用下面的公式描述：$z = \Delta\lambda/\lambda_0$，式中 λ_0 是某谱线的静止波长，λ 是同一谱线在天体中的波长。$z > 0$ 时表示谱线由静止波长向波长较长的红端移动，称为红移。按照多普勒效应，当天体的退行速度 v 比较大，且与光速 c 可以相比的情况下，需要考虑相对论效应。此时

$$\frac{v}{c} = \frac{(z+1)^2 - 1}{(z+1)^2 + 1}$$

这个类星体的红移量 $z = \dfrac{1500 - 300}{300} = 4$，由于它的退行速度很大，必须考虑相对论效应。这个类星体的退行速度为 $v = 0.923c = 2.77 \times 10^5$ km/s。

（2）由哈勃定律 $v = H_0 D$，式中 v 为天体的视向退行速度，$v = 2.77 \times 10^5$ km/s，H_0 为哈勃常量，$H_0 = 65$ km（s·Mpc），D 为天体的距离。将数值代入，可得这个类星体到我们的距离为 $D = 4\,262$ Mpc。

习题二十三

习题二十三
参考答案

1. 观测到的一个赛弗特星系的谱线致宽表明，它在距离轨道中心 1 pc 处具有 1 000 km/s 的轨道速度。假设轨道是圆形的，利用开普勒定律估算 1 pc 半径范围内的星系质量。

2. 假设一喷流的速度为 $0.75c$，问在人马座 A 的星系核与它的射电发射瓣之间横跨 500 kpc 的距离，物质喷流穿越要多少时间？

3. 哈勃空间望远镜观测的分辨率为 $0.05''$，相当于能分辨 M87 星系的 5 pc 范围。在星系中心这个区域内的质量大约为 $3 \times 10^9 m_\odot$，请计算距离 M87 中心 0.5 pc 处轨道上物质的轨道速度。

4. 假设一类星体的产能率（即释放的能量与可用质量所产生的总能量之比）为 10%，一个发光具有 10^{41} J 能量的类星体，如果它可利用的总质量为 $10^{10} m_\odot$，那么它可维持发光多久？

5. 一个遥远的类星体，它的光在偏离地球上探测器之前，距离星系团中心 10 Mpc（星系团直径约 3 Mpc）。如果地球、星系团和类星体都排列在一条线上，类星体在 750 Mpc 远处，星系团在地球和类星体之间，请计算星系团对类星体的光产生的引力弯曲的角度。

6. 仙女座星系目前距离我们 800 kpc，并以 120 km/s 的视向速度接近银河系。忽略速度的横向分量和引力对运动的加速效应，问两个星系多少年后碰撞？

7. 利用开普勒第三定律，估算一个星系以 750 km/s 的速度保持在半径为 2 Mpc 的圆轨道上运动，所需要的轨道以内的星系团的质量。

8. 一个小的卫星星系以圆轨道围绕一个大得多的母星系运动，运动方向恰好完全平行于我们的视线方向。现测得卫星星系和母星系的退行速度分别为 6 450 km/s 和 6 500 km/s，它们在天空中的角距离为 $0.1°$。假设 $H_0 = 70$ km/（s·Mpc），请计算母星系的质量。

第二十四章

星际介质

在浩瀚的宇宙中充满着大量的由气体和尘埃组成的星际介质。星际介质中的不透明物质是以微小的固体颗粒形式存在的尘埃，星际气体是冷而稀薄的气体。星际介质对天体发出的光有消光和红化作用，是星际云的形成物，是宇宙不可忽视的组成部分。

第1节 | 星际消光

银河系内的星际介质的质量可能达几十亿个太阳质量。星际介质的自引力作用小，非常稀薄，分布在广袤的恒星际之间，这种弥漫介质比地球上实验室里获得的所谓最好的"真空"还要稀薄。星际介质的温度从几开到几百开，这取决于它附近的恒星和辐射源。一般取星际介质的平均温度为 100 K，我们知道水的结冰温度是 273 K，所以星际空间是很冷的。

星际介质的密度很小，已观测到的星际气体分子的数密度为 $10^4 \sim 10^9 \mathrm{m}^{-3}$，它的密度比地球上实验室的真空（$10^{10}\mathrm{m}^{-3}$）还小。星际尘埃颗粒的密度更小，平均数密度约为 $10^{-6}\mathrm{m}^{-3}$。

虽然星际介质很稀薄，但它对我们观测到的星光和星云有重要影响，这就是星际消光与星际红化效应。星际消光是指我们观测到的恒星的光，由于被星际介质散射和吸收而减弱。由于大部分尘埃颗粒的直径小于可见光的波长，而且一般尘埃颗粒比星际气体分子大 1 000 倍，所以星际介质中对消光起主要作用的是尘埃。而尘埃对蓝光的散射比对红光强，这使得星光变红，所以这种效应叫作星际红化效应。星际介质的散射还可以使星光偏振化。

概括起来星际尘埃对星光的影响如下：① 星际消光：由于悬浮在空间的尘埃颗粒对通过的星光吸收和散射，背景星整体变暗。② 星际红化：由于蓝光受到的消光选择性地比红光厉害，星际尘埃颗粒使得星光变红。③ 星际偏振：星际尘埃会有选择性地减弱那些偏振矢量平行于尘埃颗粒长轴的星光。假如尘埃颗粒长轴垂直于星际磁场，则经过星际尘埃消光的星光，其偏振方向平行于星际磁场方向。由星际尘埃颗粒引起的星际散射也导致星云的反射效应。于是我们可以通过反射的星光看见星际介质。最明显的例子是反射星云，即使最暗的暗星云也反射一些星光。

星际介质的化学成分可对星际云的光谱分析研究得知。星际介质中的尘埃颗粒有硅酸盐、铁或者含碳的化合物，如石墨或碳化硅，可能还包含一些干冰。

第 2 节 | 气 体 星 云

星际空间中的尘埃和气体是完全混合在一起的，它们一般居留在星际云里或者在云复合体里。在银河系中，总的尘埃质量和总的气体质量的比例大约是 1：100。由于银河系中的气体质量仅占恒星质量的百分之几，因此，星际尘埃只占银河系质量的很小一部分。不过星际尘埃对银河系的观测有很大的影响，因为在许多地方，尘埃遮挡了部分星光。气体和尘埃云的形态特征部分地取决于观测这些云的波长，另一方面也部分地取决于它们与附近恒星间的距离。银河系的星云的温度是较低的，并处在极稀薄的状态下，它的亮度来自邻近或其内的恒星。

气体星云按照光学特征分为暗星云和亮星云，亮星云又分为发射星云、反射星云、超新星遗迹等。

一、暗星云与亮星云

1. 暗星云

由于遮挡背景星或某些亮的背景（如电离氢 HⅡ区）而被观测到的气体星云。气体和尘埃云往往遮挡了大部分或者所有它后面天空区域的星光。而在这个尘埃云的边缘，我们可以清楚地看到许多恒星，在星云里面只看到一些恒星。在暗星云之中，特别有趣的是那些由巴纳德（Barnard）和博克（Bok）所研究的圆暗星云，也叫"博克球状体"。它们具有规则的球形，说明它们是一种自引力球。著名的尘埃暗星云马头星云（见图 24.1）距离我们的地球约 500 pc。

▷图 24.1　马头星云

2. 反射星云

反射星云内的物质散射沉浸在云内的恒星的光，星云由于反射恒星发出的光而发亮。反射星云的光谱是沉浸在云内恒星的吸收线谱。反射星云内部都有一颗非常炽热的中央星，中央星的紫外辐射被星云反射，发出霓虹灯一样的冷光。看起来反射星云里中心星发出的光比星云红些。这是中心恒星发出的光在穿过星云的路径上，蓝光比红光被星际尘埃粒子散射得更多的缘故，例如猎户座大星云（见图 24.2）。

3. 发射星云

发射星云也称热辐射星云（HⅡ区），是围绕在新形成的亮的 O 型星、B 型星周围由电离氢离子和电子组成的 H II 区。发射星云的光谱主要是发射线，也有热连续辐射。在 H II 区里面，电离氢和电子总是试图结合形成中性氢原子。但是，由于中心热恒星连续不断地发射紫外辐射，这些等离子体几乎保持完全电离状态。紫外光子把任何新形成的氢原子拆散，接着这些被拆散的离子和电子又结合成新的原子。中心星发射的紫外辐射使 H II 区的复合和电离平衡。氢的正离子与电子的复合使得围绕一颗或者一群亮星的气体云发射可见光，这使我们能看到星云。因此可以说，在星云里刚刚形成的 O 型星、B 型星，激发了周围的气体云。如 M20 是红色发射星云，直径约为 4 pc，叫作三叶星云（见图 24.3）。

▷图 24.2　哈勃空间望远镜拍摄的猎户座大星云

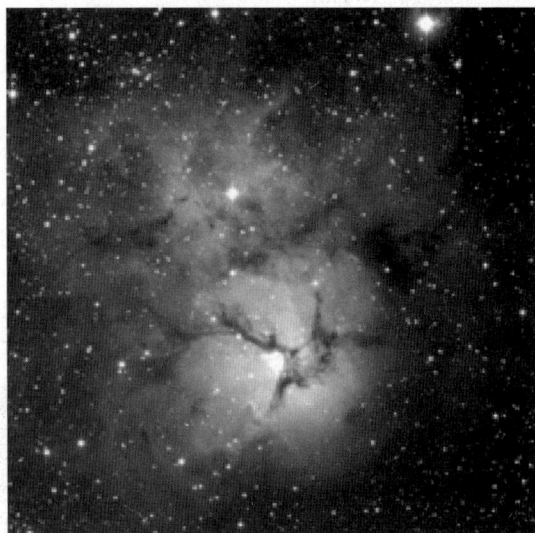

▷图 24.3　三叶星云

二、星云光谱

　　星际气体的化学成分也可以通过观测星云光谱来分析。一般人想象，气体星云的光谱和核心区亮恒星的光谱一定混在一起不好分，实际上，由于星际气体是冷的、低密度的，天文学家很容易把星际气体的吸收线与恒星低层热大气形成的宽吸收线辨别开，因为它们形成的物理机制不同。稀薄的热气体产生明显的发射线，所以，如果拍摄到有恒星在视场内的星云谱，谱中有恒星产生的连续谱上叠加的吸收线，也有热气体星云产生的发射线。如果没有恒星在视场内，观测到的光谱就只有热气体星云的发射线。图 24.4 是一个典型的发射星云的光谱（可见光区及近紫外区光谱），其中有氢、氮和氧等元素的发射线。所以据谱分析可知，气体星云的化学丰度氢占 90%，氦占 9%，其余重元素等只占 1%。

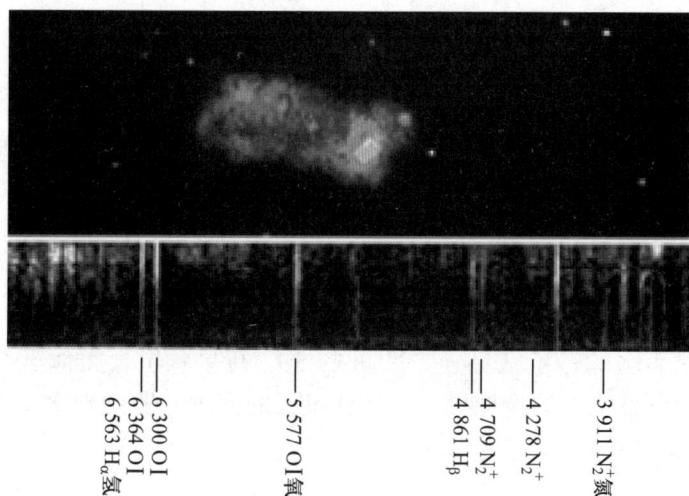

△图 24.4 蝴蝶星云和它的光谱图

三、星云光谱中的禁戒线

发生在 HII 区里面的辐射机制是光致电离和复合的平衡过程，正离子和电子复合形成一个处于激发态的中性氢原子，而后发射出另外的光子而衰变到基态。由于气体星云非常稀薄，辐射过程如此之有效，以至于绝大部分氢原子处于电子基态。假如星云包含足够的氢，则中心星发出的紫外连续辐射光子最后将衰变为 Ly α 线光子和巴耳末线光子以及能量更低的光子。所以在 HII 区里，电离和复合的平衡也使得氢原子、离子和电子被加热。在稳定状态下，热输入与随后的热输出是平衡的，处于加热状态的电子和离子频繁碰撞，其中一部分是非弹性碰撞，把一些部分电离的原子提高到激发电子态。这个原子在与另一个粒子发生弹性碰撞之前，可能发射一个光子，这叫辐射退激发。

处于基态能级上的原子的碰撞激发发生在约 10^4 K 温度的情况下，热粒子之间的多数碰撞都相当弱，不可能把原子激发到比基态高一点点的能级水平上。氢原子没有这样容易达到激发态。但是，一次电离的氢、氧、硫以及两次电离的氧和氖相对比较丰富，在约 10^4 K 温度下，能被激发到达低能态的亚稳能级，这意味着原子发射的是不允许跃迁的辐射。这种退激发辐射在实验室不容易观测到，因为在容器里原子数本身就不多。然而在广袤的星际空间，原子数量很大，即使辐射退激发率很低，也能产生可检测到的光子辐射。每个由非弹性碰撞引起的向上跃迁总伴随着一个"禁戒"光子的发射，相应的谱线叫**禁戒线**或星云线。禁戒线几乎同一般的"允许跃迁"谱线一样强，有时甚至可能比"允许跃迁"谱线还强。

在亮星云的光谱中普遍存在波长分别为 495.9 nm 和 500.7 nm 的绿线对，其强度与氢线相似。根据已知的地球上的化学元素，不能认证出这些谱线。有人把它叫作"云"线。长期以来，这一直是困扰天文学家的问题。现在，我们知道，这两条星云绿线是由星云中二次电离氧的"禁戒跃迁"引起的。天文学家一般用方括号把相应的原子的符号括起来，来区分"禁戒跃迁"和"允许跃迁"。例如星云绿线可表示为〔OIII〕4959 和〔OIII〕5007。

由于星云的禁戒线主要是由热电子的碰撞而激发的，于是由观测到的禁戒线强度可以计算 HII 区的密度、温度以及它们的化学成分。研究分析表明，光学 HII 区的数密度范围是 $10\sim10^3$ 个粒子 $/cm^3$。更低密度的 HII 区也是存在的，但辐射很弱，很难被观测到。数密度比 10^3 个粒子 $/cm^3$ 更高的 HII 区也是存在的，但是这种"致密" HII 区常常伴随着尘埃存在，尘埃几乎遮挡了全部的可见光，使得其不易在光学波段被观测到。一般认为，银河系中的 HII 区的温度低于 $10^4 K$，其化学成分类似于星族 I 星的化学成分。

四、行星状星云

天琴座星云是著名的行星状星云（见图 24.5）。行星状星云类似于 HII 区，但星云中心的激发源是一个濒临死亡的晚型星。行星状星云的密度一般比光学 HII 区的密度大，而尺度一般比光学 HII 区小。

*五、中性氢（HI）区的 21 cm 辐射

HII 区在银河系中比较稀少，因为它们只可能在新形成的 OB 型星附近找到。大量的星际介质比较冷（温度为 $10\sim100 K$），大量的氢以原子或分子的形式存在于这种又冷又稀薄的气体和尘埃云中。气体云也可以由其内的重元素原子吸收线来检测。然而光学技术只允许天文学家观测离太阳系比较近的那些气体云，且观测也不是直接的，因为最丰富的气体——氢气不能直接测量，在非常冷的气体云中的氢气，不可能有任何光学波段可检测的辐射。1945 年，赫尔斯托（Van de Hulst）宣布应该可以观测到原子氢的 21 cm 波长的辐射。他的理论预言在 1951 年结出了硕果。在这一年，尤恩（Ewen）和珀塞尔（Purcell）以及穆勒（Müller）和奥尔特（Oort）几乎同时检测到了星际介质的 21 cm 波长的射电辐射（见图 24.6）。21 cm 波长的射电辐射的发现可能是星际介质天文学研究中最重要的研究成果之一。

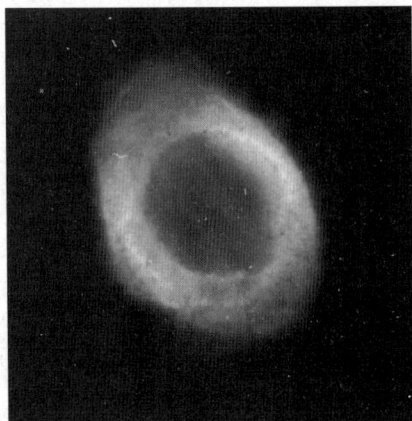

▷图 24.5　著名的天琴座行星状星云

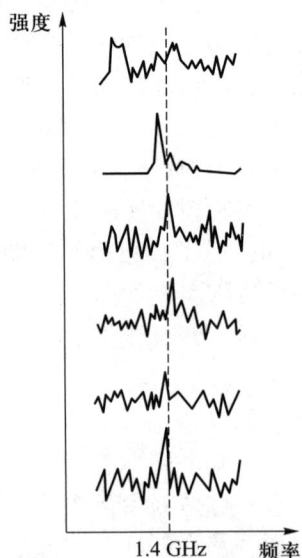

▷图 24.6　在一些不同星际空间区域

所观测到的 21 cm 射电谱线

当射电望远镜指向不亮的连续辐射背景源的星际气体时，天文学家一般可以看到具有两个分量的 21 cm 射电辐射。窄分量来自冷的 H I 云的辐射；宽肩分量来自热的 H I 云的辐射。

当射电望远镜观测亮的射电连续辐射源的时候，常常在 21 cm 波长的位置看到一条窄的吸收线。这条吸收线可能是由亮连续辐射源和望远镜之间温度稍低于 100 K 的 H I 云引起的。其中看不到宽肩吸收分量，这意味着对应于宽肩分量的气体太热（$T > 1\,000$ K）而不能产生吸收。

*六、分子云射电谱线与星际分子

在数密度为 10^2 cm^{-3} 或更大些，温度为 10 K 左右的星际气体云里，氢不再保持原子形式，氢原子与另外的氢原子很快形成氢分子（$H + H \longrightarrow H_2$）。天文学家认为，在星际空间这种反应往往是由于尘埃粒子的催化而进行的。尘埃粒子的表面提供有效的反应场所，它吸收由这个反应释放的动能。由原子氢到分子氢的转换，意味着 21 cm 谱线不可能用来研究星际空间最冷和最稠密的区域。这很可惜，因为许多有趣的过程，特别是年轻恒星的形成，只发生在星际空间最稠密的区域。而分子氢（H_2）没有射电辐射，于是不能用射电天文技术来直接观测。然而光学天文学家在星际空间已检测到 CH、CH$^+$ 和 CN 分子的吸收线。20 世纪 50 年代，贝茨（Bates）等及赫兹伯格（Herzberg）等通过理论分析后提出：各种各样的简单分子，应该能在那些能屏蔽恒星紫外光子，且不被离解的浓密气体星云里形成。其中几种分子由于核的旋转与电子轨道角动量的相互作用引起的射电谱线是可以观测到的。1963 年，美国天文学家温雷伯（Weinreb）等首次用射电望远镜在仙后座 A 方向观测到羟基（OH）分子的微波吸收线，这是首次观测到的星际分子射电谱线。

在发现 OH 分子射电谱线后不久，一些天文学家在强射电连续辐射源的 H II 区附近，进行 OH 发射线的搜索，观测到了 OH 发射线。这种 OH 发射线辐射非常强，有特别的精细结构与线强度比，且有非常窄的线宽和非常高的偏振度，以及在几天时间范围内的变化。假如它是由热过程引起的话，温度必须在 10^{12} K 量级！很显然这种天体的辐射不是热辐射。不久，珀金斯（Perkins）等提出了一个目前已被人们普遍接受的机制，即这种强辐射是 OH 分子的受激发射。

脉泽（maser）的意思是因受激发射而产生的微波放大。汤斯（Townes）和肖洛（Schawlow）在地面实验室里实现了这种脉泽现象。若要产生脉泽，则激发态和基态的分子数的比例应与局部热动平衡态下所预计的比例不同，也就是说激发态和基态的分子数的布局应该"反转"。对于热动平衡态，内部各个能态上电子遵循玻耳兹曼分布，即绝大部分应处于基态，次多的是第一激发态，等等。然而在星际介质中，原子和分子通常是偏离局部热动平衡态的，在这个区域里较高能态上的粒子数多于基态上的粒子数。于是，在星际介质中的原子和分子有相反的能级布居，这恰恰是激光和脉泽所需要的布居。对应于射电谱线跃迁的能级，这个差别很小，但是普遍存在。在一定天文环境里，OH 分子有足够的能量并以某种方式，使得激发能级上有过多的 OH 分子布居。在这种激发态上有过多的分子的情况下，偶尔一个光子就可能触发一连串辐射退激发的"雪崩"，这种雪崩导致了所观测到的强脉泽辐射。假如分子能连续不断地从基态抽运到激发态，则可以引起连续不断的脉泽辐射。

目前知道至少有两种不同的 OH 脉泽源：一种脉泽与年轻恒星的诞生有关，这类源在最早被观测的致密 HⅡ 区附近；另一类脉泽与演化到晚期的晚型星成协。这两种脉泽辐射都发生在离中心星或原恒星几光天处，非常特别又非常稠密（$n \approx 10^8 \, cm^{-3}$）的区域里。

1969 年汤斯科学小组又在人马座 B2、猎户座 A 以及 W49 等方向上检测到了 H_2O 分子的受激发射谱线（波长约 1.35 cm）。1968 年，琼（Cheung）、汤斯等宣称在银河系中心方向检测到了氨分子（NH_3）。紧接着这个惊人的发现之后，科学家们在星际空间的几个区域探测到甲醛（H_2CO）分子的 4 830 MHz 吸收线。至 2020 年，发现的星际分子数量已增加到 200 来个，其中的一些是相当复杂的有机分子。例如，在银河系中心附近发现大量的乙醇（CH_3CH_2OH）分子。

显然在相对比较低的温度环境里，当达到适当高的密度时，星际介质趋向于形成分子，而不是保持原子状态。分子形成利用了较大的分子有较高的化学束缚能的性质。除了发现的脉泽辐射以外，星际分子还有另外的使人惊奇的现象。甲醛的发现者——斯奈德（Snyder）等发现，观测到的甲醛吸收充满整个宇宙的微波背景辐射。这意味着甲醛分子的激发温度低于宇宙微波背景辐射温度，令人难以理解地低。有人提出了一种反脉泽效应来解释此现象，但到目前还无定论。

星际分子，特别是一氧化碳（CO）分子，现在被用来探测银河系分子云的大尺度分布和运动。利用具有相同化学组成而有不同原子量的同位素的分子（例如 $^{13}C^{16}O$ 和 $^{12}C^{18}O$）强度之间的比较，可以得到银河系各个不同区域各种元素合成率的信息。

20 世纪 70 年代后，载有紫外望远镜的卫星上天，它发现了星际介质中最丰富的氢分子，大批星际分子的发现促成了分子天体物理学的诞生。由于星际分子广泛存在于星际云、恒星形成区、星周包层、类星体、年轻的超新星遗迹以及河外星系中的星际物质中，它可以提供给我们大量的天体物理信息，所以星际分子的发现被列为 20 世纪 60 年代的四大射电发现之一。

七、超新星遗迹

超新星爆发后留下的遗迹是些不规则的天体。它的光谱主要由发射线组成。1944 年发现的蟹状星云就是著名的 SN1054 超新星的遗迹。

另外，有几个纤维状星云，现在也已被证明与历史上的超新星有联系。对它们的纤维状体化学成分的研究表明，它们都是重元素丰富的区域。这个发现证实了这样一个思想：这些纤维状星云发生过相当多的核反应过程，是很晚期恒星的喷射物。这也支持了星际介质中大部分丰富的重元素来自超新星爆发的观点。

超新星爆发留下的没有规则形状的星云状物质的辐射是一个连续谱，而且辐射是强偏振的。如蟹状星云里的光偏振很强，很难用尘埃粒子的散射引起偏振来解释。阿尔芬（Alfven）等提出，超新星遗迹的辐射是由同步加速辐射过程引起的。有人有不同意见，但还是认为它的辐射是非热辐射，所以超新星遗迹称为非热辐射星云。

*第3节 | 宇宙线和星际磁场

宇宙空间存在许多高能带电粒子，其中一些具有非常高能量的粒子除受到地球磁场的作用有一点点偏转以外，可以从各个方向打到地球，我们称之为宇宙线。由于宇宙线运动的速度接近于光速，它们不会受到银河系引力的制约。对任何宇宙线来说，即使整个银河系的引力都不会对它的运动产生有意义的影响。然而，这种高速运动的相对论性的带电粒子，会受到弱星际磁场的偏转作用。由于电离的热气体离子和电子都有沿着磁感线做螺旋运动的趋向，电离的热气体流和磁场是"冻结"在一起的，因而，高能带电粒子流组成的磁流体不可能克服银河系的引力而逃逸出去。由于这个间接的作用，星际磁场和宇宙线被束缚在银河系里面。然而，这种束缚是不稳定的。

宇宙线的起源问题是天文学家努力探索的课题。一个非常重要的线索是宇宙线的化学成分是清楚的，大部分宇宙线是质子，即氢核。然而，在宇宙线中也有不少比氢核更重的重核，其中铁元素的重核比其他元素丰富一些。这种铁过剩现象可以说明宇宙线是从非常年老的恒星，特别是从超新星里喷发出来的。当宇宙线从超新星里喷出来的时候，它们激起磁场结构的扰动，其结果是妨碍宇宙线传播得很远。因此，许多天文学家都抛弃了宇宙线直接来源于超新星的假说，而认为宇宙线可能是由星际介质中各种各样的流体运动加速的粒子形成的。最有希望解决宇宙线起源问题的理论是：具有异常高能量的带电粒子，在与"无碰撞激波"相关联的"磁镜"里，反复地被反射加速而形成相对论性粒子。

原则上，星际磁场的磁感强度可以利用谱线的塞曼效应来测量。实际上，利用这个方法做起来是很困难的，一般是应用偏振测光，测量星际介质的线偏振连续辐射，并结合脉冲星的测量，可以得到星际空间磁感强度和自由电子数密度的信息。利用这个方法求出的星际平均磁感强度约为 3×10^{-7} T。

习题二十四

1. 在离太阳 100 pc 的范围内，星际气体的平均数密度大约是 $10^3 \mathrm{m}^{-3}$。氢原子的质量是 1.67×10^{-27} kg，求在一个与地球相等的体积内的星际气体的总质量。

2. 一束光穿过一个密集的分子云，每经过 3 pc 光减弱 1/2.5。如果云的总的厚度是 60 pc，问光总共减弱了多少？

3. 星际消光有时以每 1 kpc 多少星等来度量。光从距离观测者 250 pc 远的恒星穿行到观测者，星际消光使星光的强度减弱了 1/100。按照星光的亮度与距离的平方成反比的定律，问沿视线方向的平均消光量是多少？

4. 为了使一个氢原子电离所需携带的能量，要求光子的波长必须短于 91.2 nm。利用维恩位移定律计算一个恒星的黑体辐射谱曲线峰值波长所对应的温度值。

5. 在北美星云的某一部分，可见光波段的星际消光量为 1.1 个星等。该星云的厚度估计为 20 pc，距地球约 700 pc。假设在星云的方向观测到一颗 B 型主序星，从光谱数据可知该恒星的绝

习题二十四
参考答案

对视星等为 $M_v = -1.1$。忽略观测者与星云之间的任何其他消光源，问：

（1）如果这颗恒星正好在星云的前面，那么它的视星等是多少？

（2）如果这颗恒星正好在星云的后面，那么它的视星等是多少？

第二十五章

星系群、星系团与超星系团

许多星系通过相互碰撞、互相吞并可以聚集成星系群、星系团或超星系团。星系分布的统计分析表明，孤立的星系只占少数，多数星系是成群的，它们相互间有动力学的联系。

第 1 节 ｜ 星 系 群

由十个至几十个星系组成的有动力学联系的天体系统叫星系群。包含银河系的这个星系群称为**本星系群**。本星系群除了银河系和著名的 M31 仙女座星系以外，还有大约 33 个成员星系，它们分布在大约 15 Mpc 的范围内。今后随着地面、空间探测技术的发展，我们会发现更多的成员星系。本星系群的结构很松散，其成员星系间的距离远远大于星系的尺度。在本星系群内有一些大的椭圆星系与旋涡星系，它们在光度和尺度上差不多，没有较亮的椭圆星系，但矮椭圆星系占一半多，而不规则星系较少。

本星系群分为银河系和 M31 仙女座星系两个子群。在银河系子群中，银河系有大麦哲伦云和小麦哲伦云两个伴星系，它们与太阳的距离分别约为 50 kpc 和 60 kpc，这两个星系都是不规则星系。在 M31 子群中，M31 有 M32 和 NGC205 两个邻近的星系，以及更远些的双重伴星系：矮椭圆星系 NGC147 和 NGC185。本星系群目前正朝着长蛇座的方向以大约 600 km/s 的速度飞驰。

星系群之间也有吞并的情况。例如 NGC6166 是一个射电星系，它也是一个超巨椭圆星系（cD 星系），约有 100 万光年的可见半径，比普通巨椭圆星系或旋涡星系大 20 倍左右。它通过吞食邻近较小的星系而逐渐膨胀。星系群的互相吸引与合并产生了更大的星系团和超星系团。

第 2 节 ｜ 星系团与超星系团

一、星系团

相互有动力学联系的更多星系组成的天体系统叫**星系团**。星系团是比星系群更大的星系集团，是星系的系综，正如星系是恒星的系综一样。自 20 世纪 70 年代以来，星系团备受天文学家的关注。星系团是由快速运行的星系和聚集在一起的众多暗物质构成的。它像一个西瓜，星系如同籽粒嵌于稀薄的星系际物质和星系际气体之中。这些稀薄的气体不能以可见光的形式被观测到；但在星系团中由于它非常热，温度在 10^7 K 以上，所以能激发出 X 射线辐射而被探测到。

目前，已知的星系团大约有数千个，除了室女星系团以外，还有半人马星系团、长蛇星系团、船帆星系团、孔雀星系团、船底星系团和英仙－双鱼星系团等。银河系所属的这个星系团称为**本星系团**。

按照包含星系的多少，星系团可分为富星系团和贫星系团。其中富星系团包含几千个星系，它们分布在 1 000 万光年的范围内，在星系团的中心附近存在　二个十分明亮的超巨椭圆星系，这些超巨椭圆星系支配着星系团的外观。贫星系团的成员星系相对富星系团少些，旋涡星系在贫星系团里是很普遍的。

离我们最近的富星系团是室女星系团，它约有 2 000 个星系，其中约有 200 个亮星系。图 25.1 为室女星系团的局部照片。在室女星系团中，68% 的星系是旋涡星系，19% 是椭圆星系，其余是不规则星系或未分类的星系，其中最亮的椭圆星系是 M87 星系。后发星系团包括上万个星系，其中大部分星系是椭圆星系或 S0 星系，估计有 15% 的旋涡星系或不规则星系。后发星系团离我们有 3 亿光年之遥，它的 X 射线图像显示出一定的规则形状，其中只有少量的团块。

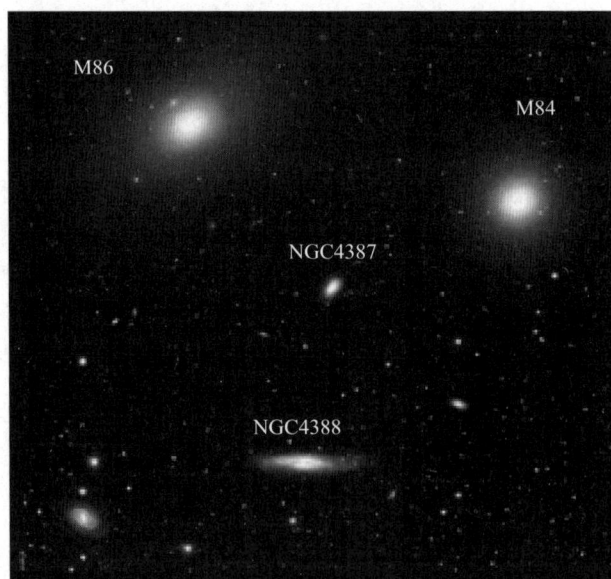

▷图 25.1　室女星系团的局部照片

著名的船底星系团离我们约为 6 500 万光年，它包含了约 650 个星系。

观测表明，在宇宙中星系团的分布是不均匀的。星系团内的恒星由于彼此相距极其遥远，而且恒星的质量与整个星系的质量相比微不足道，所以在星系的条件下，速度弥散、力学摩擦等都没有足够的时间影响恒星的运动，这样我们可以认为星系里的恒星是不发生碰撞的。然而，星系核要比任何单个恒星的质量大得多，因此星系核由于力学的摩擦而发生的偏转不能忽略。

二、超星系团

近年来，除了一般的星系团之外，还发现了由星系团组成的更大星系团，我们称之为超星系团。超星系团是引力在极大范围上作用的结果，它的结构和演变与宇宙本身的结构和演化密切相关。在超星系团中，包含银河系的超星系团称为**本超星系团**。本超星系团以室女星系团为中心，并且可能有自转。图 25.2 所示为本超星系团的局部。

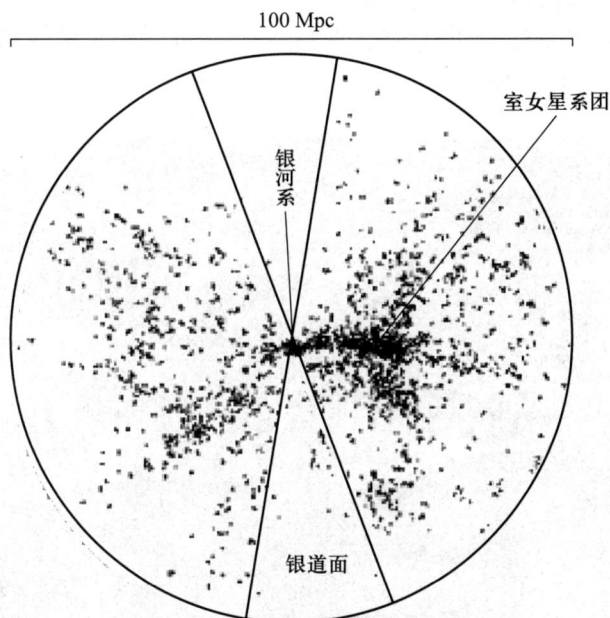

▷图 25.2　本超星系团的局部（100 Mpc）
图中的 2 200 个点代表星系，中心是银河系

20 世纪 50 年代提出的"超星系团"理论在当时掀起了一场争论的风波，可是现在天文学家们不再争论宇宙中"有""无"超星系团这种大尺度结构，而是寻求理解它的形成和性质。因为哈勃空间望远镜的观测结果已为超星系团等大宇宙结构提供了大量的有力证据。哈勃空间望远镜的观测范围超过了几十亿光年的立方空间范围，它发现了宇宙中数千个星系团和 50 多个超星系团，如武仙超星系团、北冕超星系团等。近年发现的蛇夫超星系团，距离我们地球有 3.7 亿光年，包含了数千个星系。有些超星系团极其庞大，例如后发超星系团，包含了大约 1 万个星系。从星系群、星系团到超星系团，可以看出宇宙中的星系之间存在着动力学联系，它们是宇宙的大尺度结构的重要标志，也是星系与宇宙环境相互作用及演化的重要场地，被视为河外天文学和宇宙天文学研究的"实验室"。

超星系团还不是宇宙中最大尺度的天体。最近在距银河系约 2 亿光年的地方发现一个巨大的引力源，总质量有 $10^{17} m_\odot$，尺度有 100～150 Mpc，天文学家们把它叫作巨吸引体，它牵引着**本超星系团**。这个巨吸引体可能是许多超星系团组成的甚大超星系团的中心。

最近，美国哈佛－史密松天体物理中心（cfA）的一个科学小组的科学家们在做红移巡天观测时发现，宇宙中有泡沫样的结构，即宇宙中有些天区几乎空无一物，这些天区称为"**宇宙空洞**"。

令人震惊的是"宇宙长城"的发现。1989 年，这个 cfA 科学小组巡天观测了几千个星系，发现在距地球 3 亿光年的地方有一个长约 5 亿光年、高约 2 亿光年的星系"巨壁"。这是目前已知的宇宙中存在的最大的天体星系链，它们像"珍珠项链"，交叉在浩瀚的宇宙之中，又宛如中国巍巍壮观的长城，所以天文学家把它称为"宇宙链"，也称为"**宇宙长城**"。这种壮丽的宇宙奇观激起了人们更活跃的思想火花，也使天文界掀起了追寻宇宙大尺度结构形成和演化的热潮。

2003 年 10 月斯隆光谱巡天（SDSS）观测，得到 100 万个星系的红移资料（见图 25.3，右图为离我们最近的室女星系团）。

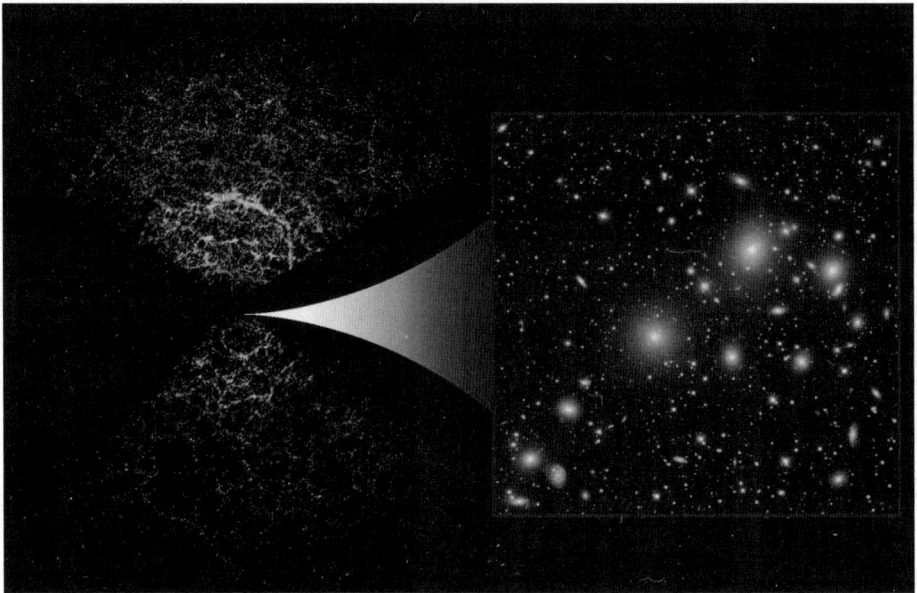

▷图 25.3 星系的红移资料

图 25.4 为哈勃空间望远镜拍摄的 CL1358＋62 高红移星系团（$z＝4.92$），右图是左图方框部分的放大像，背景星系受星系团的引力透镜效应的影响，呈现弧形，它们的形状与暗物质的引力有关。这个星系团离我们有 10 亿光年，包含大量的星系，我们可以看到某些星系清晰的旋涡结构，有的星系互相作用，正在发生碰撞、吞并或撕裂的情景。

近年哈勃空间望远镜观测到宇宙深空的一些图像，其中可以明显地见到一些神奇的圆弧状物，有的像呈现为环状，它们分布在大质量吸引体（如大的星系、密集星系群等）的周围，它们是引力透镜效应所造成的星系像。这就是爱因斯坦曾预言的那种引力透镜的"光环"，被称为**爱因斯坦环**。我们已经知道，当星系、大质量吸引体和观测者位于一条线上，星系的光线经过大质量吸引体（引力透镜）时，如果引力透镜是点状或是球状的，引力透镜效应就可呈现出星系的环像。

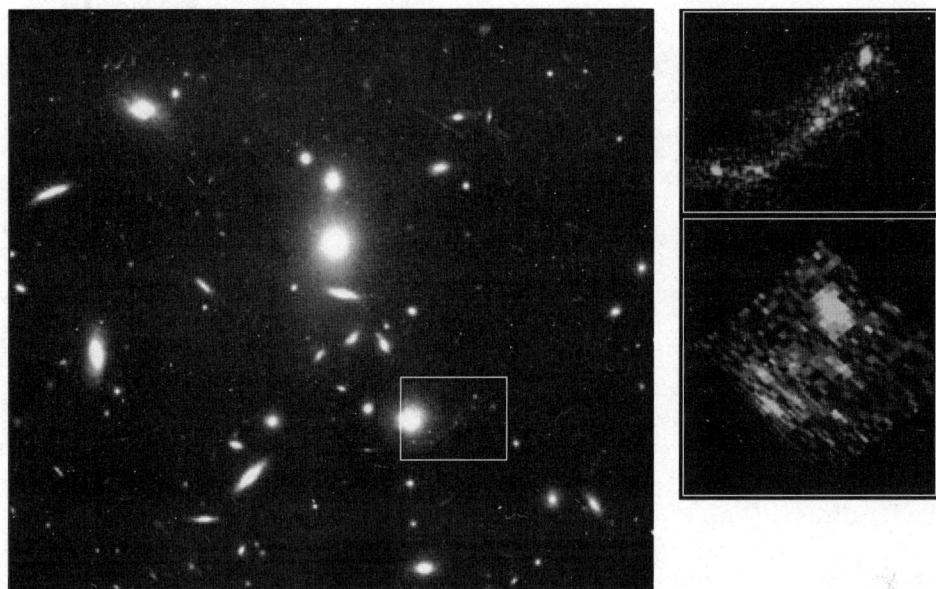

▷图 25.4　CL1358＋62 高红移星系团（$z=4.92$）

第五篇

膨胀的宇宙与宇宙中生命的探寻

第二十六章

宇宙学

　　浩瀚的宇宙蕴藏了无穷的奥秘，历来是人们想象力纵横驰骋的原野，它吸引了无数的科学志士为之不屈不挠地上下求索。我们无法回到时间的源头，也看不到宇宙的尽头，但是人们由天文观测结果和积累的科学知识可以追溯其源，也可以预测宇宙的未来。近百年来，随着科学技术的进步，人们建造出了越来越大、分辨能力也越来越高的天文望远镜，观测波段由可见光拓宽到了全波段，观测地点从地面发展到了空间。现今，人们的视野已延伸到 930 亿光年，在时间上，可以追溯到 138 亿年之前。

第 1 节 ｜ 现代宇宙学的观测基础

　　20 世纪以来，人们的视野扩展到了更遥远的河外星系，更大尺度的宇宙结构：星系群、星系团与超星系团。对宇宙的物质分布、平均密度、化学元素丰度、膨胀速度及宇宙背景辐射等的进一步认识，使人们开始建立以观测事实为基础，以现代物理学知识为背景的现代宇宙学。星系红移、宇宙背景辐射和轻元素的合成这三方面的观测事实，可以说是现代宇宙学的三大基石。

一、星系红移

　　1929 年，美国天文学家哈勃通过研究大量的星系观测结果发现，河外星系的退行速度与离我们的距离有关，距离越远的星系离开我们的退行速度越大，这就是哈勃定律。据哈勃空间望远镜和地面大型望远镜的新探测结果证实，宇宙中像银河系这样的星系约有 5 000 亿个。根据河外星系光谱中谱线的多普勒红移得知，绝大多数河外星系都远离我们而去。这使人们联想到，我们的宇宙像一个正在膨胀着的巨大"橡皮气球"，橡皮气球上的固定点之间的距离在不断地增大，但是这种增大不仅仅是单纯的固定点之间的距离改变，而是固定点之间的距离随着气球的膨胀而增大。河外星系红移的观测事实揭示出，所有天体都在相互远离，越远的星系退行得越快，即我们观测的宇宙正在膨胀。

　　前面已述，哈勃定律的数学描述是：星系的红移速度 v_r 与星系跟我们的距离 r 有 $v_r = H_0 r$ 的关系，比例系数 H_0 称为哈勃常量。哈勃常量描述了宇宙膨胀率。哈勃定律明显的线性规律暗示了宇宙是在均匀地膨胀。那么它更深的含义是什么呢？首先，它意味着不管我们在哪一个星系内，实际上其他星系都是离我们而去的。这意味着星系在空间不是固定的，彼此之间的距离一直在不断增加，随着空间的膨胀逐渐远离。

二、宇宙背景辐射

20 世纪 60 年代四大天文发现除了脉冲星、类星体、星际分子的发现之外，就是宇宙微波背景辐射的发现。这一重要发现为宇宙大爆炸模型和宇宙暴胀理论的建立提供了有利的证据，为观测宇宙学开辟了一个新领域，也为各种宇宙模型提供了一个新的观测约束。

早在 1948 年，宇宙大爆炸理论的先驱伽莫夫（Gamov）就预言，应有宇宙大爆炸之后的热辐射背景。而在 17 年后美国贝尔实验室的工程师彭齐亚斯（Penzias）和威耳孙（Wilson）证实了宇宙背景辐射的存在。他们在 1964 年使用一架高约 7 m、工作波段为 7.35 cm 的低噪声喇叭形反射天线，与 4 号人造地球卫星进行通信联系，进行天体辐射的绝对测量。为了降低天线的噪声水平，他们进行了一系列的测量。天线的地面噪声是温度为 300 K 的辐射。他们估计对准天空测量时应该只有 0.3 K，但当他们对准银河系平面测量时，却惊人地发现存在着 6.7 K 的辐射，而且这种辐射与方向无关。经过一年的反复测量，扣除大气吸收以及天线自身的影响，确认出：存在着来自宇宙各个方向 3.5 K 的微波背景辐射（温度为 3 K 的辐射的极值波长在微波波段）。1965 年他们在天体物理杂志上发表了《在 4 080 MHz 频率上对天线过热温度的一次测量》，这一结果引起了天文学界的极大关注，此发现为宇宙大爆炸理论提供了强有力的证据，奠定了现代宇宙学的基础。因此，彭齐亚斯和威耳孙于 1978 年获得了诺贝尔物理学奖。

1989 年 11 月 18 日美国发射的宇宙背景探测器（COBE）观测表明，在所观测波段范围内，宇宙微波背景辐射是一个标准的黑体谱，其对应的热力学温度为 $T = 2.735$ K，排除观测者自身运动的多普勒效应和其他天体的辐射，宇宙背景辐射是均匀的和各向同性的。1992 年，COBE 卫星上的 DMR 探测器发现，宇宙微波背景辐射有 10 万分之一的不均匀性，这被宇宙学家称为"宇宙大尺度结构的种子"。

三、轻元素的合成

科学家对宇宙中各类天体（包括太阳）的化学元素丰度测量结果的研究表明，不论什么天体，其氦元素的丰度都占总化学成分的 24% 左右。这一数值远远超过恒星内部热核反应所能提供的氦丰度。用恒星核反应机制不能说明为什么有如此多的氦，而根据大爆炸理论，宇宙早期温度很高，产生氦的效率也很高，这可以说明这一事实。只要知道今天热辐射的温度，由大爆炸理论就很容易计算出，宇宙诞生后约 1 s 时各处的温度约为 100 亿开，这对现有的原子核的合成来说是太高了。那时的物质必定以最基本的成分存在，形成一锅粒子汤，诸如质子、中子和电子。但是随着这锅汤变冷，原子就可能出现了。特别是，中子和质子就很容易成对聚合在一起。接下来，这些粒子对合成元素氦的核。计算表明，合成氦核的活动延续了大约 3 分钟，大约有 1/4 质量的物质聚合成氦核。这个过程用完了所有可利用的中子，余下的核子是没有聚合的质子，自然就成了氢原子核。因此，这一理论预言了宇宙应当由大约 75% 的氢和 25% 的氦组成，这与天文观测结果极为吻合。

1964 年霍伊尔（Hoyle）和泰勒（Taylor）根据宇宙大爆炸模型，对热演化史做了详细计算。根据大爆炸宇宙学的核合成理论，计算结果表明氦丰度为 23%～25%。随后，一些科学家又给出了其他轻元素 ^{3}He、D 和 ^{7}Li 的丰度。由于大爆炸宇宙学的核合成理论阐述了所产生的轻元素的丰度与位置无关，故而解释了最初的氦丰度的测量，而且实测的 ^{3}He 和 ^{7}Li 的丰度与氦的丰度相差 9 个数量级，这与大爆炸宇宙学的核合成理论预言的结果完全吻合。

*第 2 节 ｜ 现代宇宙学

一、牛顿的静态宇宙模型

从力学上讲，宇宙是一个自引力作用下的系统。在牛顿理论中，时间和空间是绝对的，相互独立的。时间和空间都是无限的。绝对空间是独立于运动着的物质之外的背景，是无限的而且是静止不动的；绝对时间是永远流逝的；空间和时间都永无止境，不存在起源的问题。当人们试图写出这个无限介质中一个任意物质元所受到的引力时，却发现牛顿引力完全失效。

1826 年德国的天文学家奥伯斯（Olbers）提出一种被称为"奥伯斯佯谬"的论点，使牛顿的静态模型陷入困境。他指出，为什么夜晚的天空是暗的？如果宇宙中均匀分布着无限多个恒星，设每一个恒星的照度都是 E，恒星的空间分布密度为 N。考虑宇宙空间中的任一点 O，以 O 为球心，以 r 为半径的一个薄薄的球壳的厚度为 $\mathrm{d}r$，这层球壳的体积为 $4\pi r^2\mathrm{d}r$，其中分布的恒星总数为 $4\pi Nr^2\mathrm{d}r$，每一颗星对 O 点产生的照度为 E/r^2，则整个球壳对 O 点产生的照度为 $4\pi NE\mathrm{d}r$，这个量与距离 r 无关。整个无限宇宙中的无限多重球壳，对 O 点产生的总照度为 $4\pi NER$，结果是宇宙中任意一点的光强都是无限大，无论在任何位置看"天空总是无限明亮的"，所以称为奥伯斯佯谬（见图 26.1）。

从牛顿引力理论来看，引力与距离的平方成反比，与质量成正比，然而壳内的质量又正比于 r^2，因此远近不同的壳对质点 O 产生同样大的引力，一个锥体中的物质对 O 点的总引力是无穷大。在相反方向也产生一个无穷大的引力。那么这两个无穷大的引力之差是多大，在数学上求不出来。这说明牛顿引力理论在研究宇宙动力学方面完全失效，牛顿的静态宇宙模型不能自洽。

广义相对论建立的宇宙模型打破了经典的时空概念，指出时空的性质和空间中的物质是联系在一起的，物质产生的引力会引起空间弯曲，不再遵守牛顿的平直空间，宇宙

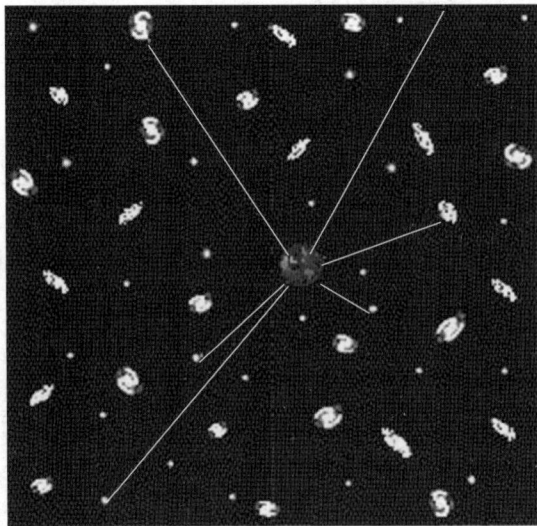

▷图 26.1　奥伯斯佯谬论点的示意图

不是无限的。此外，宇宙中天体的分布是逐级成团式的（星系团、星系群、星系、恒星），恒星的分布不是均匀的。宇宙中存在着的大量物质会吸收星体发出的光，使星光减弱。如果宇宙中的时间不是无限长，那么在有限的时间里光运行的路程也是有限的，更遥远恒星的光还没传播到这里就不会产生照度的影响。奥伯斯佯谬论点的最根本错误是，不了解宇宙正在膨胀，河外星系正以一定速度远离我们，我们接收到的恒星的光照度自然会减少。

二、爱因斯坦的有限无界宇宙模型

现代宇宙学诞生于 20 世纪 30 年代，它是建立在宇宙学原理和广义相对论的基础上的。1916 年广义相对论被创立，爱因斯坦就其场方程发表了第一宇宙解，把宇宙作为一个整体加以研究，从而为宇宙学的发展建立了理论基础。

1912 年爱因斯坦在他的同班同学数学教授格罗斯曼的协助下，在黎曼几何和张量分析中找到了建立广义相对论的数学工具。他们经过一年的奋力合作，于 1913 年发表了重要论文《广义相对论纲要和引力理论》，提出了引力度规场理论。这是首次把引力和度规结合起来，使黎曼几何获得实在的物理意义。爱因斯坦于 1915 年 11 月发表了广义相对论，论文描写了满足守恒定律的普遍协变引力场方程；并根据新的引力场方程计算出了光线经过太阳表面会发生 1.7″ 的偏转；水星近日点每 100 年的相对进动是 43″。1916 年春，爱因斯坦又写出了一篇总结性的论文《广义相对论的基础》；同年底，又写了科普读物《狭义与广义相对论浅说》。1916 年 6 月他提出了引力波理论。后人泰勒等间接地证明了引力波的存在，为此，约瑟夫·泰勒和拉塞尔·赫尔获得 1993 年的诺贝尔物理学奖。

广义相对论是在牛顿引力理论和狭义相对论的基础上发展起来的，它是研究空间、时间、物质和引力的理论，它进一步揭示了四维时空同物质的统一关系，指出空间和时间不能离开物质而单独存在。空间的结构性质取决于物质的分布。爱因斯坦说过："空间、时间未必能被看作是一种可以离开物理实在的实际客体而独立存在的东西。物理客体不是在空间中，而是这些客体有着空间的广延。因此'空虚空间'这概念就失去了意义。"空间处处都有物质，由物质产生的引力导致空间不是平坦的欧几里得空间，而是弯曲的黎曼空间。广义相对论认为时间和空间密不可分，时空的弯曲是引力场造成的，而引力场来源于物质的万有引力作用。只要有物质就存在引力场，引力场的大小决定了时空的弯曲程度。时间和空间的结构和性质是依赖于物质的，不能独立于物质而绝对地存在。

1917 年，爱因斯坦用广义相对论的结果来研究宇宙的时空结构，发表了开创性的论文《根据广义相对论对宇宙所作的考察》，提出了有限无界的宇宙模型：即现实的三维空间无论向哪个方向都永远走不到尽头，不可能遇到边界；宇宙中所有各处都具有同等地位，处处都是中心，又处处都不是中心，或者说宇宙没有中心。

爱因斯坦建立的有限无界的宇宙模型是一个静态宇宙模型。他指出宇宙的几何性质不随时间而改变，然而它是不稳定的，宇宙一旦略微变小，宇宙中所有物体之间的距离都将略微缩小，从而使引力增强，这就会促使宇宙进一步收缩，并一直收缩下去；反过来，宇宙一旦有微小膨胀，必将一直膨胀下去。爱因斯坦为了得到一个稳定的静态宇宙模型，在引力场方程中加进了一个常数，这个常数称为宇宙项，表现为一种斥力，它抵消引力，起到了"负"物质的作用。正是这样一个常数，后来被爱因斯坦称为"一生中最大的错事"。

1922 年，苏联数学家弗里德曼发表了著名的论文《论空间的曲率》，求出了不含引力常数的引力场方程的通解，得到了一个膨胀的有限而无界的宇宙模型。

1927 年，爱丁顿的学生，比利时天文学家勒梅特（G. Lemaitre）通过求解引力场方程得出了一个膨胀的宇宙模型。

1929 年哈勃的重要发现对宇宙学的发展起了巨大的推进作用。哈勃对河外星系进行了大量观测，发现不同星系的谱线红移随着星系距离的增大而增加，即距离我们越远的河外星系退行速度越大，这证实了宇宙正在膨胀。爱因斯坦在《关于宇宙学问题的评注》一文中说："人们不得不认为哈勃的发现就是说明宇宙在膨胀"，"倘若哈勃的膨胀是在广义相对论的创立时期发现的，宇宙项就绝不会被引进来"。爱因斯坦的宇宙模型虽然有它的局限性，但在现代宇宙学中具有开拓性的创新意义。

三、稳恒态宇宙模型

稳恒态宇宙模型是英国的天文学家邦迪（H. Bondi）、霍伊尔（F. Hoyle）和高尔德（T. Gold）建立的。他们提出，当宇宙膨胀然后星系间距离越来越大时，物质从无到创生并充满了宇宙空间。后来这些物质凝聚，形成新的恒星和星系。年轻的新生星系取代了老死的星系，宇宙在任何时刻都和其他时刻极其相像。因此，宇宙处于一种稳定的状态。至今还有一些科学家坚持这种学说，与多数科学家认可的标准宇宙学模型——宇宙大爆炸模型相抗衡。

第 3 节 ｜ 标准宇宙学模型——宇宙大爆炸模型

在广义相对论基础上建立的各种宇宙学模型中，最流行的现代宇宙学模型是标准宇宙学模型——宇宙大爆炸模型，也叫弗里德曼宇宙学模型。宇宙大爆炸模型的理论基础是宇宙学原理和广义相对论。

一、宇宙学原理

天文观测表明，在 1 亿光年的尺度范围内，物质是成团分布的。行星、卫星和太阳组成太阳系，众多的恒星、星团、星云组成银河系，众多的星系组成星系团，超星系团还有"宇宙长城"及直径达几十兆秒差距的巨大空洞（气泡结构）。这些不同层次宇宙结构的物质都在万有引力的作用下围绕着各自的质心转动。但是在更大的宇宙尺度，大于 1 亿光年的尺度上，天体的分布基本上是均匀的、各向同性的。宇宙学家建立了一个讨论问题的前提，称之为宇宙学原理。

宇宙学原理就是假设宇宙在空间上（大尺度范围）是均匀的和各向同性的。这一假设已被大尺度星系巡天、X 射线源的分布、深度射电星系巡天以及类星体的分布等观测结果所支持，宇宙微波背景辐射的高度各向同性（各向异性的程度～10^{-5}）更是对宇宙学原理的强有力的支持。

宇宙学原理的含义：① 在宇宙尺度上，空间任一点和任一点的任一方向，在物理学上是不可分辨的，即在密度、能量、压强、曲率和红移等诸方面都是完全相同的。但同一点在不同时刻，其各个物理量都可以不同，即允许存在宇宙演化。② 从宇宙中任何一点进行观测，观察到的物理量和物理规律是完全相同的，没有任何一处是特殊的。我们把大于 1 亿光年的尺度称为宇观尺度。观测表明，在宇观尺度上，物质的分布是均匀各向同性的。

*二、罗伯逊－沃克度规

一般引力场应当由四维时空的度规来描写。从物理概念上讲，引力场的存在是通过时空弯曲来体现的。空间可以是弯曲的，而且空间的尺度可以随时间变化。在弯曲的时空中无法建立直角坐标系，时空的性质完全由度规来确定。

罗伯逊（Robertson）和沃克（Walker）给出了满足宇宙学原理的时空度规，称之为罗伯逊－沃克（R–W）度规。

在球面坐标系（r, θ, ϕ）中，点（r, θ, ϕ）和点（$r+\mathrm{d}r$, $\theta+\mathrm{d}\theta$, $\phi+\mathrm{d}\phi$）之间线元的一般数学表达式为

$$\mathrm{d}s^2 = c^2\mathrm{d}t^2 - R^2(t)\left[\frac{\mathrm{d}r^2}{1-kr^2} + r^2(\mathrm{d}\theta^2 + \sin^2\theta\mathrm{d}\phi^2)\right]$$

这个满足宇宙学原理的四维时空线元的度规就叫罗伯逊－沃克度规。式中 R 称为宇宙尺度因子，表示宇宙尺度的大小；t 为宇宙时；c 是光速；k 为空间的曲率，k 可以取 -1、0 和 1（如果 $k=0$，就回到了欧氏空间）；r 所表示的是测量距离 L 与尺度因子 R 的比。罗伯逊－沃克度规的表达式可以用来检验大尺度空间的性质：

（1）k 为正值，表示球面空间，对应的宇宙是有限封闭的、振荡型的。

（2）k 为负值，表示双曲面空间，对应的宇宙是无限开放的。

（3）k 为零，表示平直空间，即欧氏空间。对应的宇宙是无限开放的，也称为爱因斯坦－德西特宇宙。

式中的尺度因子 $R(t)$ 仅仅是时间的函数，与坐标无关。在一定意义下，$R(t)$ 可以理解为宇宙的半径。罗伯逊－沃克度规的精髓正是引入了 $R(t)$，$R(t)$ 描述了宇宙的动力学性质。我们的宇宙目前正处于膨胀状态，$R(t)$ 随时间增大。但因 k 的不同，$R(t)$ 会有不同的走向，或者无限地膨胀下去，或者膨胀之后再收缩。

罗伯逊－沃克度规中的径向坐标 r，不是从观测者到天体的距离，而是径向共动距离。由于我们观测到的星系的位置是遥远星系过去的位置，随着宇宙膨胀，星系随时间变化，所以 r 仅仅是和星系一起运动的标志，真实距离的改变都体现在 $R(t)$ 的变化中。

各种宇宙模型的实质都在于确定 $R(t)$ 随时间的变化形式。在标准宇宙学模型中，$R(t)$ 随时间膨胀的变化可以用一个级数来表示。若目前的时间为 t_0，所讨论的时间为 t，且 t 与 t_0 的间隔不太大时，则 $R(t)$ 按泰勒级数展开为

$$R(t) = R(t_0) + \frac{dR(t_0)}{dt}(t - t_0) + \frac{1}{2!}\frac{d^2 R(t_0)}{dt^2}(t - t_0)^2 + \cdots$$

$$= R(t_0)\left[1 + \frac{\dot{R}(t_0)}{R(t_0)}(t - t_0) + \frac{1}{2}\frac{\ddot{R}(t_0)}{R(t_0)}(t - t_0)^2 + \cdots\right]$$

上式中第二项的系数所表示的正是宇宙的膨胀速度，也就是哈勃常量 H_0，即

$$H_0 \equiv \frac{\dot{R}(t_0)}{R(t_0)}$$

第三项的系数则和宇宙膨胀的加速度有关。

宇宙大爆炸模型的基本内容概括起来有以下几点：① 宇宙起源于一次热大爆炸；② 宇宙中的物质分布是均匀的和各向同性的；③ 目前的宇宙处于膨胀状态之中；④ 宇宙时空用罗伯逊 – 沃克度规来描述。用公式概括表示即：罗伯逊 – 沃克度规 + 爱因斯坦场方程 + 物态方程 ⇒ 宇宙动力学方程（弗里德曼方程）⇒ 标准宇宙学模型。

三、宇宙大爆炸模型

在星系红移和哈勃定律发现之后，天文学家们普遍确认宇宙正在膨胀，空间正在伸展。那么如果由此往前推测，又会得到什么结论呢？显然，那就是回溯过去越久远，全部星系就靠得越近，那么必定在过去的某一时刻宇宙中的物质都聚集在一起，密度趋于无穷大，这也许就是宇宙的开端。

1932 年，比利时天文学家勒梅特基于这样的观测事实提出，原始宇宙是一个极端高温、极端压缩状态的"原始原子"。在一场无与伦比的爆炸中，诞生了我们今天的宇宙。也就是说，我们的宇宙是在整体膨胀、徐徐冷却，并在不断稀化的状态中诞生和演化的。

1948 年，美籍苏联物理学家伽莫夫等发表了《宇宙的起源》与《化学元素的起源》等文章。他依据宇宙在小尺度上分布不均匀，而在特大尺度上趋于均匀的事实及天体间的引力作用，提出了宇宙大爆炸理论。他指出，宇宙起始于超高温、超高密状态的"原始火球"，在原始火球里，物质以基本粒子的形式出现，在基本粒子的相互作用下原始火球发生大爆炸。这种爆炸不是物质向虚无的空间飞散，而是向四面八方均匀地膨胀，物质随膨胀而距离增大。原始火球的基本粒子开始时几乎全部都是中子，由宇宙膨胀导致的温度下降，使中子按照放射性衰变过程自由地转化为质子、电子等，逐渐产生由轻到重的化学元素。随着整个宇宙的膨胀和降温，各种粒子进一步形成星系、恒星等宇宙中的天体，然后逐渐演化到现在的宇宙。此理论解释了现今宇宙中存在的大量氢及占 25%～30% 的氦。它认为这是早期宇宙的主要产物，单靠恒星内部的氢 – 氦反应不可能达到如此高的氦丰度。此理论还预言了宇宙演变到今天，应当遗留下温度为 4～10 K 的宇宙背景辐射。

但是，由于当时射电天文学处于发展初期阶段，不能用观测证明宇宙背景辐射，所以此理论在当时不被大多数科学家接受，大爆炸理论因此被冷落了 20 年。1965 年，由于观测到了宇宙背景辐射，加上核物理理论的发展，宇宙大爆炸理论重放光彩。

宇宙大爆炸模型成功地解释了重要的观测事实：① 观测到星系红移，即河外星系都远离我们而去，距离越远的星系退行速度越大，这是由于宇宙正在膨胀。② 大爆炸理论

认为所有恒星都是在温度下降后产生的，因而任何天体的年龄都应比自温度下降时至今天这一段时间短，即应小于 138 亿年。目前，各种天体年龄的测量证明了这一点。③ 观测到各种不同天体的氦丰度相当大，约占 25%。用恒星核反应机制不足以说明为什么有如此多的氦。而根据大爆炸理论，早期温度很高，产生氦的效率也很高，可以说明这一事实。④ 观测到约 3 K 温度的宇宙微波背景辐射，这说明了宇宙大爆炸模型的正确性，并为它提供了强有力的证据。

宇宙大爆炸模型得到了现代天文学界的普遍赞同，被称为"标准宇宙学模型"。

第 4 节 | 宇宙演化的简史

宇宙的演化（见图 26.2）大体分为三个阶段：① 宇宙大爆炸后 10^{-43} s 时的宇宙；② 大爆炸后 38 万年，经过暴胀的宇宙（这个时期产生宇宙背景辐射）；③ 宇宙不断膨胀，恒星、星系、星系团逐渐形成的阶段。

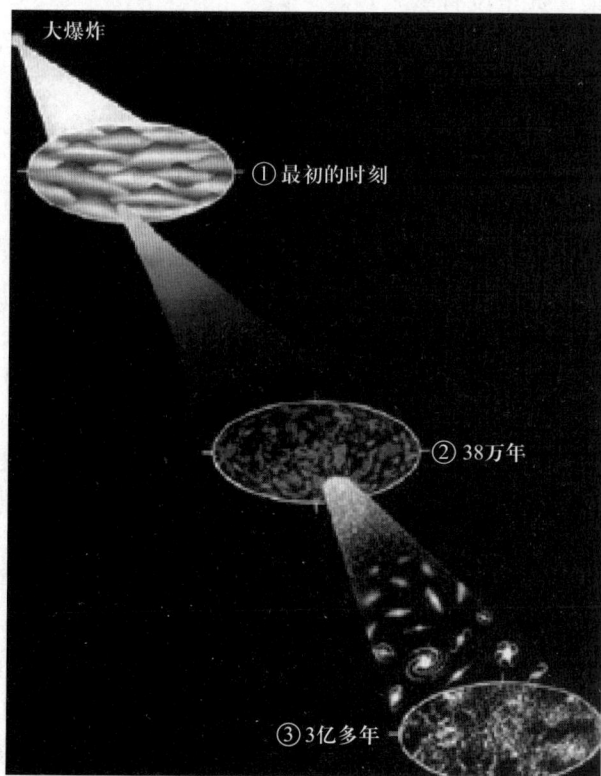

▷图 26.2　宇宙演化的三个阶段

宇宙大爆炸模型给出了如下的宇宙演化的简史。

在约 138 亿年前发生了一次猛烈的爆炸，在那一瞬间，宇宙是无限致密的，并且具有超高的温度。从宇宙大爆炸开始到爆炸发生后的 10^{-43} s 这段时间，科学家们现在还无法了解那时的空间、时间、物质形态和物理状况等，但空间无疑是在膨胀着的粒子和反粒子混合的高能汤中猛烈地膨胀着的。

大爆炸发生后的 $10^{-43} \sim 10^{-35}$ s，即"大统一"时代，所有的物质和能量本质上是可交换的和守恒的，而且电磁力与强核力、弱核力是统一的。随着宇宙的膨胀，一次暴胀发生了，这是最初的暴胀，在此之前，夸克（反夸克）的数目与光子数是相等的。光子数与重子数之比为 $10^9 \sim 10^{10}$。在宇宙暴胀之后，宇宙逐渐地冷却下来。

随着宇宙继续膨胀和冷却，强核力从弱电力中分离出来，夸克和反夸克粒子冷凝成重子，重子是最稳定的，也是我们最熟悉的，例如质子和中子。重子和介子的数量少量超过反重子和反介子的数量。

短程的强核力已经从其他力中分离出来，并将质子和中子拉在了一起，从而释放了巨大的能量。宇宙在 10^{-33} s 内膨胀了 10^{50} 倍，所以称之为"宇宙的暴胀阶段"，宇宙在此阶段内按指数量级膨胀。在 10^{-32} s 时宇宙的暴胀结束。宇宙从 10^{-25} m³ 膨胀为 0.1 m³ 时，夸克和轻子以及和它们相对应的反物质粒子不断地碰撞、湮没并释放出能量。两个碰撞的光子能够同样创造新的物质和反物质。而且，夸克能够衰变成轻子，也能创生。那时宇宙的主要组分是光子、夸克和反夸克以及有色胶子。它的温度继续降低。这时的质子是不稳定的，这一阶段还无元素，甚至没有氢。

在 10^{-12} s 时，弱核力与电磁力分离，在此期间宇宙很少有活动，常称之为"荒芜"时期。

大爆炸后少于 1 s 的时间内，物质的最初形式是光子、夸克、中微子和电子，然后是质子和中子。宇宙创生后 1 s 时，宇宙冷却到电子和反电子对不能创生。结果是，一种物质的湮没创生了更多的光子并遗留下一些电子。弱电力也失去了它在中微子、反中微子和其他粒子之间的媒介作用。中微子不再和反中微子相互作用彼此湮没。它们开始大量地游离于宇宙空间中，并一直持续到今天。一些科学家相信，这些粒子可能是暗物质的一个重要组成部分。在我们的宇宙中，最初的原子核氦、氘（重氢）和一些锂几乎全是在核形成时期创生的，这时期开始于大爆炸发生后的 1 s，结束于大爆炸后的 3 分 45 秒。大爆炸后的 10~1 000 s 是宇宙最初元素的合成时期。

大爆炸后的 10^{11} s，光子和重子退耦，在此之前辐射能密度高于物质密度，在此之后物质密度高于辐射能密度，宇宙以物质为主。因为退耦伴随着自由电子与核结合形成原子，在这时期温度降低到了质子和中子能够不被高能光子阻隔并合在一起的程度。中微子和反中微子失去了与质子或中子和所有的正电子（电子的反物质粒子）互相作用的能力，最终被湮没了。核形成的条件成熟，这时期形成的核主要有最稳定的 2 个中子和 2 个质子组成的氦（占原始的轻元素的 24%）以及大量的氘（1 个中子）、氚（2 个中子）和锂（3 个质子和 4 个中子）。剩下的质子变为氢核。这些原子核经过许多年以后和电子结合最终成为恒星的种子。所有其他的元素，从碳、氮、氧到铁、铜和金等都形成于恒星诞生和死亡的循环中。

在大爆炸之后 38 万年，核物质和辐射物质组成的不透明的汤逐渐开始变得清晰。这个时候，宇宙的温度降低到了 4 000 K，光子不再有足够的能量将电子撞离原子核，光子可以自由地穿过宇宙，最终从物质中分离。这个时期叫作复合时期，持续了大约 100 万年。在复合之前的极早期，巨大的光子海坚持以宇宙辐射背景的形式向宇宙渗透。它不可能在宇宙膨胀了近138亿年后依然保持高温高密度的状态，这种辐射现在已经冷却到了2.73 K。1989年宇宙背景探测器（COBE）的观测显示，这种辐射具有黑体谱，并检测到宇宙背景辐射的细微变化，温度的涨落只有约10^{-5} K。这反映了该辐射发出时宇宙的平滑性。宇宙背景辐射的微小变化说明，在复合时期物质的密度和能量存在微小的扰动。这些微小的扰动最终由于引力作用被放大，便形成了今天我们的宇宙（见图26.3）。

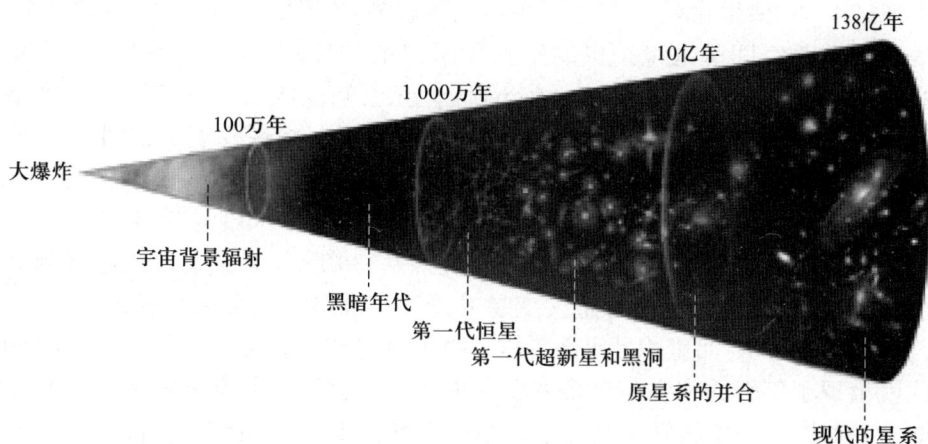

▷图26.3　宇宙演化的简史

　　在大爆炸后3亿多年（10^{16} s），星系、恒星和行星开始形成，宇宙继续膨胀，温度逐渐下降。现今我们的宇宙仍在膨胀之中。

第5节 ｜ 宇宙的年龄与未来

一、宇宙的年龄

　　现代观测研究认为，我们现在的宇宙的年龄约为138亿年。这段演化时间与人类的历史或地质年代相比，是那样的漫漫悠长，那么科学家是如何推算宇宙年龄的呢？自从发现星系退行现象以后，天文学家便开始了测定宇宙年龄的工作。多年来，好多个天文小组在用不同的方法估计宇宙的年龄，测定的结果有明显的不同，从80亿年到200亿年不等。因此，研究人员常常要对测定方法进行检验。在哈勃空间望远镜发射以前，天文学家经常用造父变星方法测邻近星系的距离，也用较亮的超新星在爆发后的一定时间标度的光度作为标准烛光（绝对星等是一定值）来测定超新星所在的星系的距离。

　　天文学家普遍认为，在估计宇宙的年龄时首先需要求得准确的哈勃常量，因为哈勃常量表明了星系退行速度随距离而变的速率，由哈勃常量的倒数可以估算宇宙的年龄。由哈勃定律可以方便地测定星系与类星体的距离，假设宇宙膨胀速度是常量，我们可以问给定的星系经过了多长时间穿过现在的距离到达我们这里。此时间等于距离除以膨胀速度，即

$$宇宙年龄（时间）= \frac{星系距离}{星系退行速度} = \frac{1}{H_0}$$

按照 $H_0 = 50$ km/（s·Mpc）计算，宇宙的年龄约为 196 亿年。但是如果按照 $H_0 = 67.8$ km/（s·Mpc）计算，宇宙的年龄约为 138 亿年。因此精确地测定哈勃常量是计算宇宙年龄的关键。

近年来，以 W. 弗里德曼为首的一些美国年轻科学家发展了一个估计哈勃常量的新方法。他们对哈勃空间望远镜拍摄的室女星系团中 M100 星系内 20 颗造父变星进行研究，这些造父变星的光变周期从 20 天到 65 天，光变幅度从 25^m 到 27^m。他们测出 M100 星系的距离为（56±6）Ml.y.。结合该星系的退行速度，并在校正了银河系落向室女星系团的速度后，得出哈勃常量的值 $H_0 = $（80±17）km/（s·Mpc），比桑德奇的值［$H_0 = 50$ km/（s·Mpc）］大得多，从而所得宇宙年龄值要小得多，即他们求出的从宇宙大爆炸算起的宇宙年龄为（80～120）亿年。此外，美国基特峰天文台的皮尔斯等观测室女星系团中旋涡星系 MGC4571 内的 3 颗造父变星的光变，求得哈勃常量的值 $H_0 = $（87±7）km/（s·Mpc），其推论与 W. 弗里德曼等人一样。由于目前已知最老的恒星年龄为（150～160）亿年。这就出现了年轻的宇宙与老龄的恒星的矛盾，因为按照常理恒星不可能在宇宙出现之前诞生。对此，一些科学家提出了有趣的解释：① 在宇宙创生以前，有过另一次大爆炸，现在观测到的一些老年星是那次爆炸的产物，即存在着多个宇宙、多次大爆炸。② 宇宙大爆炸是随机的，两次大爆炸之间的平均时间间隔可能达几十亿年，平均空间距离可能达几十亿光年。③ 印度天文学家辛格的理论研究认为，只要宇宙常数 Λ（此常数指爱因斯坦的广义相对论方程中的宇宙常数项）不为零，推测出的宇宙实际年龄就比我们由现代观测得到的年龄大得多。

今后为了正确估算宇宙年龄，天文学家将要进一步证实暗能量的存在，以及暗物质是否具有可以与普通物质相比拟的密度。而且，仍然需要精确地对氘测量，进一步测定高红移的超新星以证实宇宙膨胀是否加速。要走出解决宇宙年龄问题的窘境，天文学家还需要详细了解宇宙大尺度结构的空间分布。

二、宇宙的未来

宇宙的膨胀史依赖于宇宙中物质的总密度（普通物质和暗物质）和可能的非零"宇宙常数"，这一常数可能代表宇宙中的一种"暗能量"。这些参数决定着宇宙的几何性质和它未来的命运，即它将永远膨胀还是再次塌缩。

我们生存的宇宙未来的命运如何呢？关于宇宙的前途，1922 年由苏联数学家弗里德曼发展起来的标准宇宙学模型阐明了此问题。这一理论建立在爱因斯坦的广义相对论方程基础上，但没有引入宇宙常数项。因为剔除了这一常数项，弗里德曼得到的宇宙学模型解是动态的，即宇宙是运动着的而不是静止的。

弗里德曼的宇宙学理论论述了宇宙前途的三种模型：开放式宇宙模型、闭合式宇宙模型和平直式宇宙模型，如图 26.4 所示。天文学家认为，宇宙的最后结局是从开始就决定了的，它取决于宇宙的平均密度。若宇宙的平均密度大于临界密度，则有足够的宇宙物质终止它的膨胀而且使其再收缩，称之为封闭的宇宙；若宇宙的平均密度小于临界密度，则宇宙将永远膨胀下去，称之为开放的宇宙；若宇宙的平均密度等于临界密度，则宇宙没有曲率，是"平坦的"，称之为临界宇宙。对于哈勃常量 $H_0 = 67.8$ km/(s·Mpc)，天文学家推出的临界密度大约是 10^{-26} kg/m^3。

天文学家描述宇宙密度用参量 Ω_0，在平直式宇宙模型中 $\Omega_0 = 1$，在开放式宇宙模型中 $\Omega_0 < 1$，在封闭式宇宙模型中 $\Omega_0 > 1$。

开放式宇宙模型是指宇宙从大爆炸开始，一旦开始了膨胀，便不停顿地永远膨胀下去。在这个过程中，各个恒星将耗尽内部的核燃料，逐渐成为白矮星、中子星或黑洞；演化

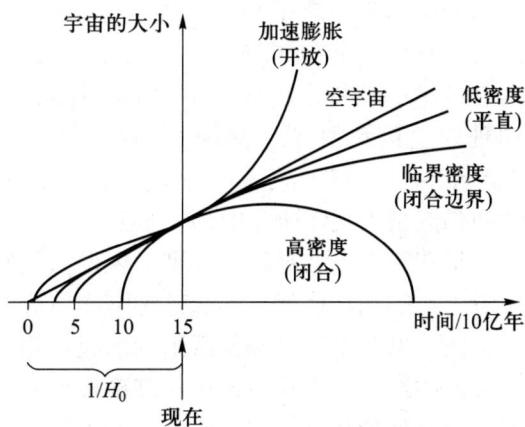

▷图 26.4　宇宙可能的三种未来

到后期，黑洞遍布宇宙，黑洞吞食万物，整个宇宙变成黑暗的世界；最后黑洞也蒸发，组成的基本粒子也会衰变，宇宙由此变成了一个混沌世界。

闭合式宇宙模型与之相反，是指宇宙膨胀后，由于自身的引力作用，膨胀到一定程度后转而逐渐收缩。随着宇宙的逐渐收缩，整个宇宙的温度升高，恒星不断合并，最后形成一个大黑洞，最终又缩回到原来的状态。会不会再爆炸，产生第二代宇宙呢？这有待未来的天文学家来回答。

平直式宇宙模型介于上述两种情形之间。大爆炸之后宇宙经历暴胀，此后膨胀逐渐减慢，反复地收缩、膨胀，总是在坍缩的边缘来回摇摆、振荡，永无休止。

究竟哪一种宇宙演化模型符合客观实际呢？至今尚无定论。从近年测定的宇宙中的氘含量来推算，宇宙应当是开放得更合理些，即宇宙将无休止地膨胀下去。对遥远星系和类星体所统计的退行速度的减速情况，对闭合式模型有利，但是，由于没有考虑宇宙中的暗物质，也不能令人置信。从 COBE 卫星的观测发现，微波背景辐射的起伏非常小，仅为 10^{-5} K，这一事实说明宇宙是平直的。总之，从观测和理论研究的总体来看，宇宙的开放式模型与平直式模型是更合适的。

第 6 节 ｜ 暗物质和暗能量

许多观测表明，宇宙中还存在着许多我们"看不见的"物质，即暗物质。例如，银河系和其他星系的引力要比观测到的发光恒星所产生的引力大得多，即使包含了星系中的气体和尘埃之后依然如此。星系团引力透镜效应的观测也表明暗物质的存在。实际上，宇宙中的暗物质要比普通物质占更多的比例。宇宙中元素丰度的观测对普通物质的密度作出了很好的限制。对于氦-3 元素丰度的观测给出了普通物质密度的下限，而对于锂元素丰度的观测则给出了普通物质密度的上限。结合这两种观测结果可知，普通物质在宇宙总的物质能量组分中占比不超过 5%。对星系和星系团的引力效应观测显示，它们包含的物质远

大于这一比例，这表明宇宙中的暗物质占据了总物质的大部分。

普通物质由质子和中子等重子组成，天文学家们认为大多数暗物质不是由重子组成的，将它称为非重子物质。一些理论认为，宇宙中的一类丰富的非重子物质——中微子具有足够的质量来形成宇宙中的暗物质，然而现在的观测并不支持这一观点。一些粒子物理理论则预测了一些新的弱相互作用大质量粒子（WIMP：Weak Interaction Massive Particles）的存在，但是目前还没有关于这种粒子的确切探测证据。因此，暗物质的真正性质仍然是天文学研究中的一个谜题。

早期宇宙中的星系形成理论模型为我们提供了一些线索。如果组成暗物质的粒子具有接近光速的运动速度，那么这种暗物质称为热暗物质。较高的速度使得暗物质粒子不能轻易成团，抑制了星系和星系团的形成。相反，冷暗物质粒子具有较小的速度，更容易形成小尺度的结构，满足星系形成理论模型的要求。非重子的暗物质不与普通物质或光子发生除引力之外的相互作用，因此我们不能"看见"它们，这也意味着暗物质在辐射主导时期不受强烈辐射作用的影响。在辐射主导时期，普通物质的相互吸引成团被辐射抑制，星系的形成被阻止。暗物质则可以摆脱这种抑制，在宇宙早期便可以聚集成团，从而为后续的星系形成提供有利的开端。非重子的冷暗物质模型成功地预测了我们所观测到的星系和星系团的尺度以及形成历史。

尽管观测表明宇宙中存在着大量的暗物质，普通物质和暗物质也只占了宇宙总的物质能量组分的约30%，宇宙中剩下的70%是暗能量。

1998年，两个独立的研究团队以遥远的超新星作为距离指示器，发现宇宙正在经历加速膨胀。通过对一些距离几十亿光年的超新星的观测发现，它们的亮度要比之前所预测的相应红移处的亮度低，因为加速膨胀使得这些超新星具有更遥远的距离，从而变得更暗。在这一现象被发现后，天文学家们观测到了更多的和更遥远的超新星，一些达到了120亿光年。与近处的超新星相反，更遥远的超新星比期待中的更加明亮。这是由于在宇宙早期，引力作用比暗能量作用更强，延缓了宇宙的膨胀，使得早期宇宙的膨胀是减速的，从而使遥远的超新星变得更亮。随着宇宙的膨胀，引力作用逐渐变弱，暗能量作用逐渐占主导，宇宙膨胀由减速变为加速。观测表明，这一过程发生在60亿年前。

为了解释这种加速膨胀，宇宙中需要存在一种与引力起相反作用的斥力。关于这种斥力，其来源仍然是一个谜，最直接的一个解释便是宇宙常数。爱因斯坦在将广义相对论应用于宇宙学研究时，为了平衡引力作用以维持一个静态的宇宙，便引入了一个常数 Λ，称之为宇宙常数。这一常数代表了一种斥力，它抵消了宇宙中的引力作用，使得宇宙既不收缩也不膨胀，这一常数在哈勃发现宇宙膨胀之后被舍弃。在宇宙加速膨胀被发现后，宇宙常数便可以作为对此的一个解释。此外，天文学家们还提出了一些非常数的模型，如精质模型等。无论最终的结果是宇宙常数，还是非常数的精质模型，或是其他的模型，宇宙的加速膨胀表明，宇宙中存在一种遍及整个宇宙的未知的能量，天文学家称之为暗能量。

习题二十六

1. 一个星系巡天观测的探测器，极限星等为 20^m，问它可探测的最远距离是多少？它能够探测到像银河系（绝对星等为 -20^m）这样亮的星系吗？

2. 如果整个宇宙充满了银河系这样的星系，平均密度为 1 个星系每（Mpc）^{3}，如上题，像银河系这样的星系覆盖整个天空，求可观测的星系数。

3. 8 个星系分别位于一个立方体的每个角内，邻近的两个星系间现在的距离是 10 Mpc，整个立方体按照哈勃定律膨胀，$H_0 = 67.8$ km/（s·Mpc）。求星系相对于立方体内的相对的角的退行速度。

4. 对于 70 km/（s·Mpc）的哈勃常量，临界密度为 9×10^{-23} kg/m^3。问：

（1）1 AU^3 体积对应多少质量？

（2）若要包含 1 个地球质量的话，则需要一个多大的正方体？

5. 一个自旋体旋转的角动量正比于它的质量、角速度和半径的平方。一个具有 0.1 l.y. 直径缓慢自转的星际云碎块，每百万年转一圈。开始塌缩时，假定质量保持常量，估计当星际云收缩到太阳云的尺度，即横跨约 100 AU 时，此星际云的旋转周期。

🔭 宇宙学选题

1. 后发星系团在天空的角直径大约是 100′，包含了超过 1 000 个的独立星系，其中大部分是矮星系和巨椭圆星系。它们围绕着星系团的质量中心做近似圆轨道运动。

（1）通过列表求出平均视向速度，求出该星系团到我们的距离。

（2）估计星系团的物理直径有多少 Mpc。

（3）依据位力定理可知，如果星系团处于动力学平衡状态，那么平均动能（K）、平均引力势能（U）有以下关系：

$$-2K = U$$

假设后发星系团是正球形的。为了简化计算，假设每个星系的质量大致相同。应用位力定理证明，在这种情况下星系团的总质量（也被称为位力质量）可以表示为

$$m = \frac{5R}{G} \sigma_r^2$$

其中 σ_r^2 是星系团的速度弥散。标准差公式为

$$\sigma = \sqrt{\frac{\sum_{i=1}^{n}(x_i - \bar{x})^2}{n-1}}$$

求星系团的质量。

2. 假设中微子的质量为 $m_\nu = 10^{-5} m_e$。请求用来弥补宇宙中暗物质质量所需的中微子的数密度。假设宇宙是平直的，暗物质质量占整个宇宙质量的 25%。（提示：经典宇宙的总能量为零。）

第二十七章

茫茫宇宙觅知音

人类在探索宇宙的同时也寻找着自己的"知音",自从人类登上月球以后,就以更积极的行动在太阳系和银河系内继续探寻。目前,人类探索的脚步已越出了太阳系,已观测到了银河系内很多恒星存在着行星系统,在那里闪烁着生命之光,它们可能是人类宇宙"知音"的故乡。

第1节 | 太阳系中的生命探索

一、"飞碟"的误会

早在 1952 年 7 月,美国华盛顿国际机场的雷达探测到来历不明的飞行物,美国人怀疑它是来自苏联的侦察物或某种秘密武器,安全部门调查的结果否定了这个怀疑。此后,各地屡有类似的发现和报道,并把这种不明飞行物取名为飞碟。一些报纸刊载和报道:几个人被外星人劫持到飞碟中去,并给他们安装上探测器,致使他们失去记忆后,再放回来……,如此等等。不多时,有关"不明飞行物"(UFO)的传说沸沸扬扬。20 世纪 60年代中期,以美国亚利桑那州气象部门的麦克唐纳和西北大学的海叶克为代表的一些学者,提出了外星人来访地球是可能的论断。此后,有关飞碟或外星人访地球的传闻、报道、科幻读物等在世界各地广为流传。这场风波也冲击到了中国的广大天文爱好者,一段时间内出现了一场"飞碟"热。

二、月球及太阳系大行星的巡访

1969 年 7 月 20 日,"阿波罗"11 号登月舱第一次实现了人类登上月球的梦想。从1969 年 7 月至 1972 年 12 月,先后有 6 艘"阿波罗"飞船登月成功,共有 12 名宇航员登上月球考察。1994 年美国发射的"克莱门汀号"航天器,在月球南极附近发现了冻土——"冰湖"。1998 年 1 月,美国发射的"月球勘探者号"无人驾驶飞船,环绕月球飞行一年,探明月球的两极区域有大量的水冰存在,因此人类可以开发月球水资源,并以月球为中继站到更遥远的空间寻觅"知音"。

2019 年中国发射的"嫦娥"四号探测器,成功着陆月球背面。它搭载的"玉兔"二号月球车,实现了人类对月球背面的考察。虽说目前还没有发现火星上具有智慧生命,但火星上有无生命的问题仍在探索。目前火星上有证据表明可能有微生物。2021 年 5 月中国的"祝融号"火星车着陆火星表面，开始开展对火星表面的考察。到目前为止，人类已经有 30 多个探测器到达火星，不久人类可能亲自登上火星进行实地考察。

木星的卫星是现代人们探寻地外生命的主要目标。1996 年 6 月 27 日"伽利略号"飞船飞临木卫二。拍摄的图像表明，木卫二表面布满环形山，有山脊、裂缝和沟槽，表面为冰层所覆盖，还不断释放出氢原子和带电的氢离子，两极还有臭氧，有自己的磁场。"伽利略号"还发现，木卫二上面的白色冰层有浅浅的纵横的沟壑和一些巨大的裂痕，这证明冰层下有大量的水，说明很可能有某种形式的生命存在。

第 2 节 | 银河系中的生命之光

现代，人类探索"天外知音"的计划早已越出了太阳系，而且取得了初步成功。目前人们已发现了数千颗类太阳恒星有行星系统，这使人类看到了银河系中的生命之光。

人类探索太阳系外恒星的行星系统主要通过如下手段：① 直接用高分辨率的望远镜和探测器对其成像；② 用高精度的分光仪观测恒星光谱，测量谱线位移，求恒星的视向速度变化；也可通过测量能谱的形状或分析化学元素及有无生命生存需要的液态水，大气及臭氧、二氧化碳等；③ 高精度地测量恒星位置的变化；④ 高精度地测光观测恒星光度的变化；⑤ 采用高时间分辨率测量恒星信号到达时刻的变化（对于一些脉冲星采用此项技术）。

1972—1973 年美国发射的"先驱者"10 号、"先驱者"11 号行星际飞船，带有 $14 \times 22.5 \ cm^2$ 的镀金铝板，刻有用二进制编码编写的有关太阳系和地球的各种信息，还有地球上男性、女性的裸像图，于 1984 年飞离了太阳系。1977 年 8 月发射的"旅行者"1 号、"旅行者"2 号行星际探测器带有更多的音像资料，包括地上的天象、环境、人体及各种自然界、动物和人类的声音，其中还有中国古典音乐《高山流水》，也已飞离太阳系，向宇宙空间呼唤着太阳系外的"知音"。

1992 年人们为发现环绕脉冲星 PSR1257 + 12 有 3 颗行星而惊喜，奇怪的是脉冲星居然有行星系统，而且有 3 颗行星围绕它在转。1995 年人们又发现飞马座 51（51 Peg）有一颗行星。同年 10 月哈佛大学的"十亿频道地外电波分析计划"开始启动。他们用三个方向不同的天线，十多台最快速度的微机联网，来搜索天线接收的信号。直到目前为止，已搜检出大量无法解释的信号。这是"外星人的呼唤"，还是什么其他信息，有待进一步研究。

近年来，哈勃空间望远镜拍到绘架座 β 星周围有尘埃盘，它的暗区有冥王星的轨道这么大，很可能有绕行的大行星系统。自 1996 年以来，天文学家已发现了一批距地球 70 l.y. 以内的恒星具有行星系统，如室女座 70、大熊座 47 星和飞马座 51 等。其中大熊座 47 距离我们 46 l.y.，它有两个木星级的行星。这些发现给探索外星人和外星文明带来了希望，它们再次使我们确信地球并不是宇宙中唯一有文明的行星。

1998 年哈勃空间望远镜在猎户座大星云中也发现盘状物，它很可能是行星系统，该行星系统中的恒星与我们的太阳大小相当。

1999 年天文学家发现仙女座 υ 星（υ And）有 3 颗行星。同年还发现 HD209458 恒星有行星"凌星"现象。2000 年又探测到一颗 HD209458 恒星由于被行星掩食发生了流量变化。

近年天文学家通过地面大望远镜观测到一些近距的恒星，它们的运动有周期性的摆动。由此推测，它们受一颗或几颗行星的引力影响。根据此原理，2002 年 6 月又发现了 20 多颗新的太阳系外的行星。

2002 年发现距离我们地球 41 l.y. 的巨蟹座 55 恒星（视星等为 6^m，光谱型为 G8 型，质量比太阳的略小，光度为 $0.62L_\odot$）有两颗行星，一颗行星的质量约为 4 个木星质量，另一颗行星的质量约为 0.2 个木星质量。

21 世纪初还发现距离地球 52 l.y. 的 HD190360A 恒星有颗行星，估计这颗行星的最小质量与木星相同。在 HD46974 恒星的周围探测到一颗小质量的行星，只有木星质量的 0.12 倍。船尾座的 HD70642 恒星有一颗 2 倍于木星质量的行星，在近圆形轨道上运行，距母恒星的距离为木星距太阳距离的一半。

截至 2022 年 1 月 1 日，已经证实的系外行星有 4 905 个，它们围绕 3 629 个恒星旋转，其中 808 个恒星有不止一个行星。

实习 1 | 天文年历、星表、星图和星图软件的使用

一、实验目的

了解天文年历、星表、星图及星图软件的内容，并学会使用。

二、简介

1. 天文年历

天文年历是天文学家运用天体力学理论推算的天文历书，其中列有每年天体（太阳、月球、大行星和亮的恒星等）的视位置；这一年特殊天象（日食、月食、彗星、流星雨和月掩星等）发生的日期、时刻以及亮变星的变化情况等。中国紫金山天文台每年编写出版一本《天文年历》，天文爱好者杂志社每年编写出版《天文普及年历》。

2. 星表

星表记载着恒星的各类基本数据，如位置、星等、色指数、光谱型等。

按照天体的类型，星表可分为变星星表、星云星表、星团星表、星系星表、射电源星表和 X 射线源星表等，本书附录 2 给出了常用的梅西叶星云、星团表。

目视星表中最重要的有：

（1）波恩巡天星表（The Bonner Durchmusterung，简称 BD）

它是最早的巡天星表，包含有亮于 9.5^m 的恒星 325 037 颗，它的坐标历元是 1885 年。

（2）HD 星表（Henry Draper Catalogue）

它给出 88 883 颗恒星的 2000 年历元位置、星等、自行、光谱型等数据，是最传统的星表之一。

（3）亮星星表（Catalogue of Bright Stars，简称 BSC）

它给出全天 9 110 颗亮于 6.5^m 的亮星的位置（历元 2000）、星等、B–V、光谱型、自行、视向速度、视差等，对双星给出了两星的角距离等参数。

（4）SAO 星表（Smithsonian Astrophysical Observatory，1966）

SAO 星表是天文观测最常用的星表，它给出了 258 997 颗亮于 11^m 的恒星，有编号、自行值、光谱型、V 星等，表内列有与 HD 星表和 BD（DM）星表的交叉证认序号。

（5）美国海军天文台全天星表（The Whole-Sky USNO-B1.0 Catalogue）

它提供了全天 1 045 913 669 个天体的位置（历元 2000）、自行、BRI 星等（极限星等为 21^m）。底片和数据来自过去 50 年来积累的 7 435 张施密特巡天底片。

（6）博斯星表

它是天体测量常用的星表，其中包含 33 342 颗亮于 7^m 的恒星赤径、赤纬（历元 1950.0）和自行的数据。1985 年再版改正了一些错误数据。

（7）目视双星星表

它收集了由依巴谷卫星最新观测的 41 255 颗目视双星，并给出 2000 年历元的赤经、赤纬、星等、角距、方位角和 HD 星表号等参数。

（8）星云星团总星表（简称 NGC）

它包括 NGC 星表、索引（IC）星表和第二版的索引（IC）星表，给出了 13 226 个非恒星天体（星系、星云及星团等）的位置（历元 2000）、所在星座、视角直径大小和累积星等。

（9）变星总表（简称 GCVS）

它包括 28 484 颗经过交叉证认的变星，包括变星、新星、超新星，给出了历元分别为 2000 年和 1950 年的赤经、赤纬、变星类型、光变最大和最小时的星等、光变周期、光谱型等参数。

3. 星图

将天体在天球上的视位置投影在平面上所绘成的图就是星图。实用星图可以帮助我们认星、找星、熟悉天体的星等和颜色。星图大致可分为 3 种。

（1）全天星图

全天星图的星位准确，星数很多。全天星图按照一定的历元，标出每颗星在天球上的视位置（用赤纬和赤经表示）和星等（用大小不同的黑点表示），并用不同符号来表示双星、变星等。星图把天区按照赤经分成 24 个经区，每隔 10° 绘一个纬圈，一般包括极区附近的天图及不同赤经、赤纬的分图。

（2）星图软件

在现代天文观测中，由于计算机的广泛使用，借助于星图软件，可使天文观测变得既方便又准确。如 EZC 软件可以展示不同地区、不同时间的星空图像、月像，大行星视运动的轨迹，以及各种天体如大行星、星系、星云等的图像，还可以提供主要亮星的坐标、星等、方位、地平高度等参数，以及地方时间的换算。目前常用的星图软件有 Skymap 和 EZC 等，也可从网上下载其他相关的天文软件。

（3）活动星图

它一般由两部分组成。固定部分上绘有星图，图中心为北天极。图上标有黄道和天赤道两个圆圈，天赤道上标有赤经的数值，每颗星的赤经、赤纬都可在星图上读出。星图的四周标明日期，即太阳在黄道上视运行到相应位置的日期。另一部分是活动星图的活动部分。图的中心表示北天极，图上椭圆切口表示当地纬度的地平圈，即可见范围。图的周围标明一天中的 24 小时，将两张图的中心对准，就得到一张活动星图。若想观测某日星空，可转动活动盘，将当日的日期对准固定盘对应的时刻，椭圆切口内出现的星空，即观测时刻的星空。

三、实验指导

1. 在教师的指导下，熟悉星图、星表及天文年历的内容和使用方法。
2. 通过天文观测活动，逐步熟练地掌握各类星图、星表和天文年历的使用方法。
3. 回答如下问题：
（1）当夜的星空中主要有哪些星座？有哪些主要变星、双星、星云和星团等？
（2）说出观测当夜所见大行星的名称、出现的视位置及时间。
（3）观测当夜的月相如何？

附1 星图软件（EZC）的使用说明

启动软件后，屏幕显示：

日期　时间和地区　儒略日　世界时和恒星时　　　视场大小　视场中央的赤经　赤纬

Date：02-16-1990　Julian day：2447939.38380　Field width：180

Time：15:12:40　Universal Time：21:12:40　RA　　　　00:31:40

Zone：-6（cst）　LocaL Sidereal Time：00:31:51　DEC　　　+32°47′00

城市　　　地理纬度和地理经度　Cons：　ON 星座开关　Tags：OFF　标识符

City：　　DALLAS，TEXAS　NGCs：ON 星系开关　Lbls：ON　字符

Latitude：　　+32°47′00　　Plns：　ON 行星开关　DeDOStime 不执行 DOS 系统

Longitude：　96°48′00

如果要改变此状态，按以下键可执行命令（Commmands）：

D：Change Local date	改变日期
T：Change Local time	改变地方时间
Z：Chang time zone	改变时区
L：Change your Location	改变地点
O：Change Config options	改变操作的形式
C：Load/Save configuration	输入/存储形式
H：Display help	显示帮助信息
Q：Exit to DOS	退出 DOS 系统
P：Plot the sky	星空演示

星空演示的主要内容：

1. F：寻找天体　　　　　　　　2. R：重绘天体图
3. O：概观　　　　　　　　　　4. Z：放大视场范围
5. M：极限星等范围　　　　　　6. C：星座连线开关（on/off）
7. N：星系开关（on/off）　　　 8. P：行星开关（on/off）

9. T：星座名开关（on/off）   10. L：字符开关（on/off）

11. V：观察天体图像   12. A：行星的轨道运动

13. H：帮助   14. D：打印

15. S：屏幕状态

附 2　星图软件（SkyMap）的使用说明

一、功能简介

（1）SkyMap 软件的主要功能是，能够显示公元前 4000—8000 年地球上任意位置所能见到的星空。观察范围可以大到整个星空，或小到一个极小的区域。

（2）可以对想要观察的天区放大和缩小，通过键盘或鼠标还可以旋转星空。

（3）能显示超过 1 500 万颗恒星以及超过 20 万个延伸天体：星团、星云、星系等。

（4）显示太阳、月球、大行星的位置，位置精确度小于 1″。

（5）显示 88 个星座的名称和星座形状连线。

（6）显示所有已知的小行星和彗星（包括多于 11 000 颗小行星和彗星的数据库）。

（7）显示地平坐标系、赤道坐标系、黄道坐标系、银道坐标系等多种不同的坐标系栅格和刻度线。

（8）可以在星图上增加你自己的注释，包括文字标签、线条、箭头、用于观看的圆形视场及相机和 CCD 的矩形视场。

（9）通过 Windows 打印机可以打印星图。

（10）SkyMap 能预测从公元前 2000 年到公元 3000 年间月食和日食的发生。对于日食，程序还能够在高精度世界地图上显示日食扫过的地区，星图可以卷动、放大缩小、打印等。

二、使用简介（图 sx.1）

1. 菜单

File：文件菜单，主要有文件的打开、关闭、保存、打印等。其中有两项值得注意：一个是 Save Defaults（保存为默认值），另一个是 Preference（设定）。

View：查看菜单。其中 Toolbars 可以设定是否显示各工具栏和工具箱。Colours 用于设定主介面的显示色彩（如果看惯平常用的印刷黑白星图，你可以将原来的 Normal 改为 Black on White）。Clean up map 则用于清除你在星图上标注的文字和线段。

Insert：插入菜单。作为观测的辅助工具，你可以在星图中插入望远镜的圆形视场范围、相机或 CCD 拍摄的矩形范围等。功能完全可以由工具栏中的 ⚲◎□○A↘ 代替。

Search：搜索菜单。你可以按行星、恒星、彗星、深空天体等分类进行搜索和查找。

Planning：计划菜单，用于观测计划的制定。

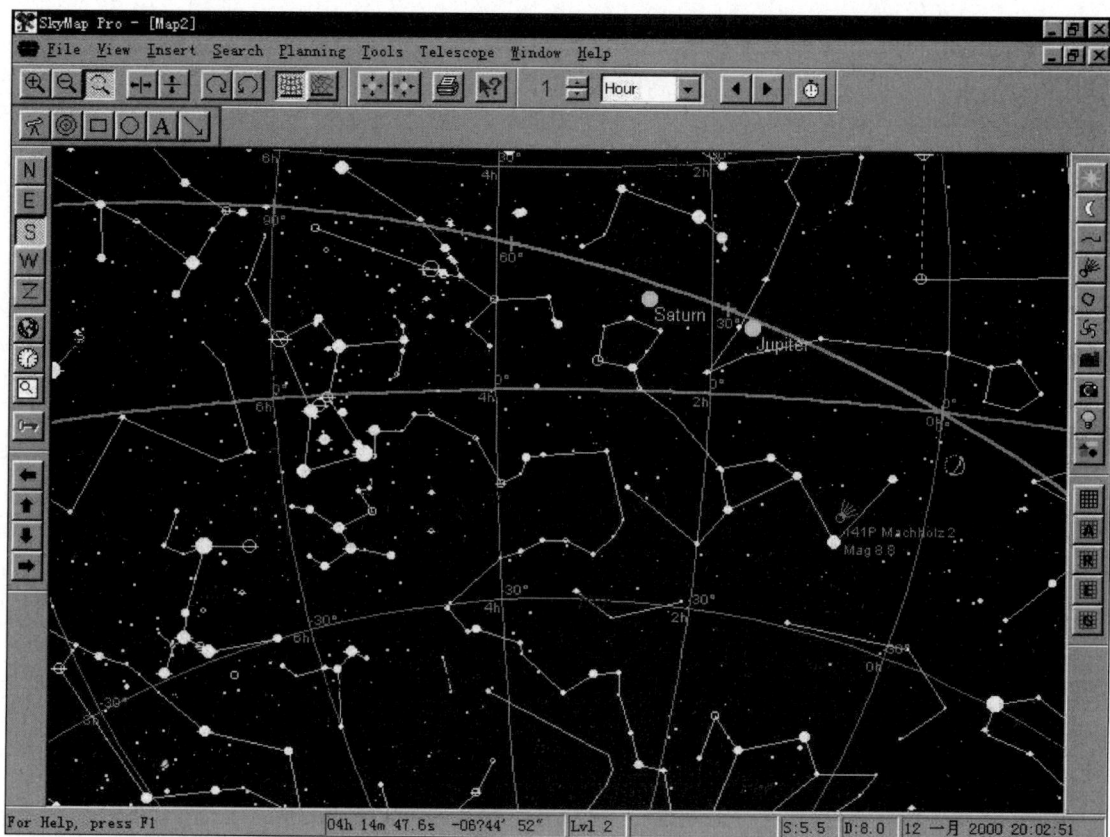

▷图 sx.1　SkyMap 主界面

上方是菜单和工具栏，中间是星空图，星空图的两侧还有左右两组工具箱

Tools：工具菜单。在这里你可以查到每天发生的事件（Daily Events），包含太阳和行星的出没，白天和黑夜交替的时间（Day and Night），月相（Phases of the moon），日食（solar eclipses）和月食（lunar eclipses）等。

Telescope：望远镜菜单。如果你的望远镜有相应的接口和电脑的串口（COM1）连接，你可以通过该菜单进行设置和连接，并实现用 SkyMap 控制望远镜。

2. 工具栏

最常用的操作都被安排在工具栏和左右工具箱中。首先我们看工具栏：

部分常用工具功能如下：

 放大 / 缩小 / 缩放时是否锁定星图设置

 文字标注 / 直线和箭头标注

顺时针转动星图 / 逆时针转动星图

 设定星图刷新的时间间隔，这里默认值是 1 小时

 提高极限星等 / 降低极限星等

 向后回溯一个时间单位 / 向前一个时间单位 / 真实时间更新开关

 望远镜视场标注

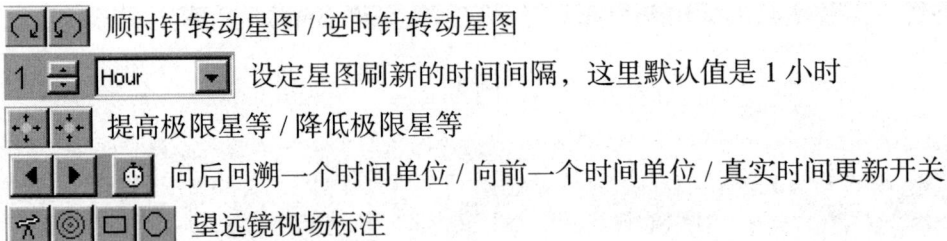

3. 左右工具箱（图 sx.2）

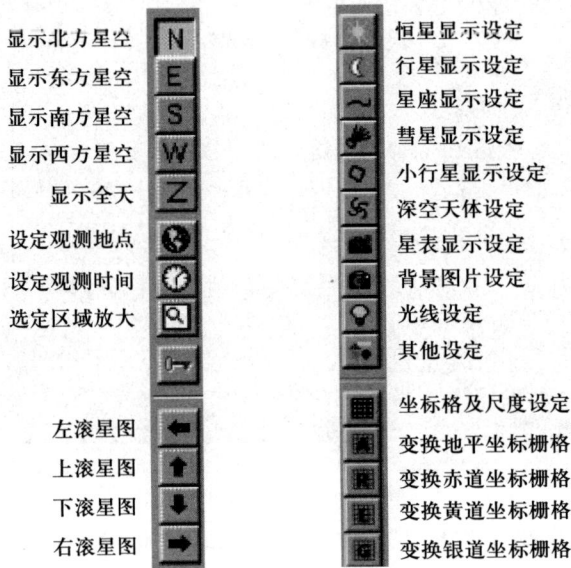

显示北方星空　　　　　　　恒星显示设定
显示东方星空　　　　　　　行星显示设定
显示南方星空　　　　　　　星座显示设定
显示西方星空　　　　　　　彗星显示设定
　显示全天　　　　　　　　小行星显示设定
设定观测地点　　　　　　　深空天体设定
设定观测时间　　　　　　　星表显示设定
选定区域放大　　　　　　　背景图片设定
　　　　　　　　　　　　　光线设定
　　　　　　　　　　　　　其他设定
左滚星图　　　　　　　　　坐标格及尺度设定
上滚星图　　　　　　　　　变换地平坐标栅格
下滚星图　　　　　　　　　变换赤道坐标栅格
右滚星图　　　　　　　　　变换黄道坐标栅格
　　　　　　　　　　　　　变换银道坐标栅格

▷图 sx.2　演示星空的工具箱图示

4. 时间工具板详解

选择显示菜单工具条选项中的 Time Palette，按从左到右、从上到下的顺序，上面的六个按钮 Y、M、D、H、M、S 分别表示以年、月、日、时、分、秒为单位改变观测时间；按钮 D+ 的作用是以恒星日为单位改变时间；上箭头与下箭头按钮分别表示增加或减少一个时间单位，比如你已经选择了按钮 H，即每次改变一小时的时间，这时你若选择向上箭头按钮，则时间单位改变成了两小时，向下箭头按钮的作用相反；表盘按钮的作用是打开观测时间对话框，这个对话窗口用于输入你实际观测的时间参数，也可以使用当前的时间，或者使用夏令时；最后的两个按钮左箭头与右箭头分别是向前或向后改变单位时间。使用这些按钮，可以回溯到公元前 4000 年或者预览到公元 8000 年时的天象！

5. 个性化设置

为了使 SkyMap 更加个性化，我们可以通过文件菜单中参数选择项（Preferences）中的全局设置（general）设置一些系统参数。在 Display 面板中可以设置 SkyMap 启动时的默认星图类型，以及实时模式中两种星图的自动刷新间隔时间；在 File 面板中设置默认

的天体图片浏览程序及天体图片存放目录；在 Status Bar 面板中设置状态条上显示的信息，可以在状态条中显示高度/方位角（Altitude/Azimu）、赤经/赤纬（RA/Dec）、两次鼠标单击事件的角距离（Anglar separation）、星等限制（Limiting magnitude）、时间与日期（Time and date）、机器时钟（LMT clock）、协调世界时（UTC clock）、当地标准时（LST clock）；GSC 面板是为 SkyMap 配套的《哈勃恒星指南双 CD》准备的，没有的话，可以不选择，以免影响性能。另外在选项菜单（Options）中也有一些局部环境的设置，用于设置星图中各种天体的显示特性，这里就不再多说了，一试便知。其中涉及的许多专用名词不在本书讨论范围内，请在专业资料中查找。

在使用星图时，将鼠标移动到星图中的任何区域，单击右键会出现一个菜单。选择 Center，可以改变星图的显示中心。若想得到指定天体的详细数据，则可使用查找菜单（Search），在对应的天体类型中输入名称，天体便可到屏幕的正中心。然后在选定的对象上单击右键，选择 About 即可。如果指定的天体在图片目录中有名称符合的图像文件，在右键菜单中就会出现 Picture of 选项，便可以使用图片浏览程序观看美丽的天体照片；如果指定的天体是一颗行星或彗星，右键菜单中还会出现 Lock onto 和 Track of 选项，分别用于在实时模式中锁定和显示对象的运行轨迹。还能从状态条中得到很多有用的信息，如鼠标位置的高度、方位、赤经、赤纬、日期等，最有用的是可以显示两次单击选定的两个天体之间的角距离。

6. 搜索功能

SkyMap 还有一个强大的搜索功能。在【Search】菜单中有下列选项：【Planet...】、【Constellation...】、【Star】、【Deep Sky Catalog Number...】、【Deep Sky Popular Name...】、【Comet...】和【Asteroid...】，分别为寻找行星、星座、恒星、深空天体（按星表名）、深空天体（按俗称）、彗星和小行星。这些菜单的对话框都有一个特点，那就是都有两个按钮：【Goto】和【Info...】。前者可以把星图指向你要找的天体，后者则能提供相关天体的信息。【Planet...】、【Comet...】、【Asteroid...】菜单的使用方法基本相同。在左边的列表中选择你要找的天体名称，然后在右边按【Goto】或【Info...】按钮即可。【Star】、【Deep Sky Catalog Number...】的使用则有些不同，它们还有子菜单。以【Deep Sky Catalog Number...】为例，我想这也许是大家最关心的了。它搜索的内容支持 NGC 星表、梅西叶星表及其他星表的深空天体。以寻找天蝎座的 M7 疏散星团为例，选择【Deep Sky Catalog Number...】这一项，在对话框中输入 M7，再按一下【Goto】按钮就可以找到它了。

实习 2 ｜ 流星和流星雨的观测

一、实验目的

观测流星和流星雨，掌握有关观测方法。

二、实验原理与步骤

1. 流星和流星雨的目视观测

直接用眼睛或通过双筒望远镜、广角望远镜来做目视观测。

（1）预备阶段

首先要选择好观测地点，要在天光背景暗的空旷地区进行观测，最好在城郊地区，那里没有或很少有灯光污染。

备好星图、钟表、暗的红光手电筒（电筒前遮一块红布）、录音机、记录纸、铅笔等；若在冬季，要注意保暖，带好防寒用品。

观测当夜要先测试自己眼睛的极限星等：观测天顶附近的星座，看不同亮度的恒星，由星图标出的星等检验眼睛看到星的亮度，由此测试你能看到的最暗星是几等星，测试多次，然后取其平均值。

（2）观测和记录内容

首先要做好观测环境记录：观测地点（地理经度、纬度）、天气状况（晴、阴、云、雾、气温等）等。

要准确记录观测时间，包括开始时间、结束时间以及观测的有效时间等。

记录内容：最好用录音机录下口述结果。

① 流星或流星雨出现的时刻、持续时间；

② 流星的计数，每小时或每分钟出现多少颗；

③ 流星的亮度估计，各星等流星的星数；

④ 流星的颜色（白色、黄色、红色，还是绿色）；

⑤ 流星出现点、消失点的坐标（可同时描绘在星图上）；

⑥ 视场中心位置（可用视场中心的星座或恒星的名称表示）。

（3）目视观测注意事项

① 观测流星雨时不要只把目光盯住辐射点，要注意辐射点周围较大范围的天区。

② 每个人独立观测，并如实记录所观测到的一切；眼睛要始终盯着观测天区，即使记录时也不要将目光移开；最好有人专门负责记录，或用录音机进行口录。

③ 要区分流星雨和偶发流星。沿流星路径反方向作延长线，看它是否通过辐射点，如果通过则属于流星雨，否则就是群外流星。

④ 如果发生火流星，就要注意观察流星余迹，记录其持续时间；若流星余迹消失很快（短于 1/10 秒），则在这颗流星上角注上"+"号，表明这是一颗余迹短暂的流星。

2. 流星和流星雨的照相观测方法和器材

流星和流星雨的照相观测能客观地描绘出它们的准确方位和星等。

（1）直接照相有两种方法：一种是固定拍摄方法，即将相机固定在三脚架上，将快门置于"B"或"T"位置上，完成拍摄的整个过程中相机始终固定不动，选取相同的露光时间连续拍摄（如5分钟拍一次）；另一种为跟踪拍摄方法，即将相机固定在望远镜的跟踪装置上，在相机与星空一同做周日视运动的情况下进行拍摄。

（2）拍摄前，应先估算出照相观测的极限星等 m_p，即了解照相机能够拍摄下来的最暗的星等值，可按如下经验公式计算：

$$m_p = 4 + 5\lg D + 2.5\lg t$$

式中，D 是望远镜的物镜口径或照相机的口径，以厘米为单位；t 为照相露光时间，以分钟为单位。这里没有考虑天气条件及应用特殊灵敏底片等情况。

（3）若在相机前加一旋转的快门，则可以拍摄到断断续续的流星划迹。已知快门旋转的速度就可以计算出流星的运动速度。

（4）观测注意：不要把相机的镜头对向辐射点，应有一定的角度位置（辐射点周围 $30° \sim 40°$），因为这是流星最可能经过的地方。

（5）照相器材：

照相机　选择好一架广角数码照相机，视场越大越好，如 $20° \sim 40°$。对它的极限星等要有所了解。

三脚架和快门线　要有稳固的三脚架及控制灵活的快门线，这是拍出好片子至关重要的因素。可在三脚架下加重物来增强其稳定性。拍摄前，一定要检查快门与快门线，使其无论是在寒冷的冬夜还是在潮湿多雾的凌晨，都能开关自如。

三、观测资料处理

1. 天顶小时率的计算

辐射点位置不同时，可观测到的流星数目不同。辐射点越低，可观测到的流星数目越少，这是地球大气的吸收和散射造成的消光影响所致。因此，为了客观地比较流星活动的强弱，应把所观测到的流星数目都归化到同一高度。为此，引入了天顶小时率 ZHR，它定义为晴夜在天顶处每小时观测到的流星数，其计算公式为

$$\mathrm{ZHR} = nfcz/t$$

式中，t 为有效观测时间，即扣除中间休息的观测时间，以小时为单位；n 为该时段内观测到的流星个数；f 为云量的改正因子；c 为目视极限星等的改正因子；z 为辐射点不在天顶时的改正量。

f 通过云覆盖量加权平均系数来计算：

$$f = 1/(1-k)$$

晴夜时，$k=0$，$f=1$；若有云，则先求出 k。

极限星等改正因子 c，即观测者的目视极限星等 m_L 不等于 6.5^m 时的改正量：

$$c = r^{6.5}m_L$$

式中，r 是星等为 $m+1$ 的流星数 N_{m+1} 与星等为 m 的流星数 N_m 之比。对于流星暴雨，$r = 2.0 \sim 3.5$，或取 $r = 3.0$。

z 由下式计算：

$$z = \arcsin h$$

式中，h 为辐射点的地平高度（$10° \leqslant h \leqslant 90°$），可由球面公式计算（也可由天文软件查出）：

$$\sin h = \sin \phi \sin \delta + \cos \phi \cos \delta \cos (S-\alpha)$$

式中，ϕ 为观测地的地理纬度；α 为辐射点的赤经（以度表示）；δ 为辐射点的赤纬；S 为地方恒星时，$S-\alpha=t$，t 为辐射点的时角。

2. 辐射点坐标的确定

先把流星矢线表绘在星图上，然后将矢线沿流星运动相反方向延长，同一流星群的延长线将会聚于一点或一小区域，这就是辐射点的位置所在；它在星图上的赤经和赤纬即辐射点的坐标。

3. 目视观测流星雨的记录格式

按照国际流星组织（IMO）的要求填写目视观测流星雨的记录表，内容如下。

观测日期：开始观测时间，结束观测时间（世界时）；

观测地区：地理经度 λ，地理纬度 ϕ；

观测地：国家或地区；

观测者姓名：

观测的流星雨：观测到的每小时的流星数和每个流星雨的流星总数（可能一夜出现多个流星雨）；

流星雨辐射点位置：α、δ；

观测的流星数 N：若没有看到流星，记为"0"；若流星雨的流星很多，不计其数，记为"/"。

实习3 | 天文望远镜的使用与光学性能的测定

一、40 cm 卡塞格林反射望远镜的操作

1. 实验目的

了解天文望远镜的性能，并学会独立操作望远镜。

2. 实验仪器

40 cm 反射望远镜。

本实验使用的望远镜为卡塞格林 R-C 系统，赤道式装置。两个度盘分别为赤纬（δ）、时角（t），主镜为凹的双曲面镜，口径 $D=400$ mm，副镜为凸的双曲面镜，系统的有效焦距 $F=6\,000$ mm；导星镜为 $D=150$ mm，$F=1\,980$ mm 的折射望远镜，如图 sx.3 所示。

赤道装置：这种装置有两个相互垂直的轴，即赤纬轴

▷图 sx.3　40 cm 反射望远镜

和赤经轴（极轴）。极轴指向天极，与地球自转轴平行，其高度应当等于当地的地理纬度。镜筒可以绕着赤纬轴转动，并可以固定在一定的赤纬方向上。通常有赤纬盘及时角盘显示望远镜的指向。跟踪天体时，望远镜自东向西绕极轴运动，方向与地球自转方向相反，速度为15″/s，用来补偿地球自转，使望远镜保持指向被测的天体。利用赤道装置实现跟踪天体的周日视运动是很方便的。

3. 实验指导

在某一北京时间 T^h 观测一个已知天体（α、δ）。观测前首先将当晚的北京时按公式 $S = S_0 + (T^h - 8^h)(1 + \mu) + \lambda$ 换算成北京地方恒星时，用一个恒星时钟计量恒星时，利用公式 $t = S - \alpha$，计算出观测时刻天体的时角 t。由望远镜的电控度盘，将望远镜指向预定的天区（t、δ）。待测天体进入视场后，打开转仪钟进行跟踪。天体的 α、δ 及观测时刻的恒星时 S，也可从星空软件中直接读取。

4. 实验步骤

（1）观测前的准备工作

① 校准恒星钟。

② 查出待测天体的位置（α、δ），并在星图中熟悉待测天体周围亮星的相对位置和特点，以便观测时在寻星镜中找到它。

③ 根据待测天体，选好合适的目镜。

④ 使用仪器前，要在教师指导下，熟悉仪器的电控装置及各种旋钮的使用注意事项等。

（2）观测步骤

① 在观测时刻的恒星时 S 之前约五分钟，计算出待测星在此恒星时时刻的时角 t。

② 用望远镜的电控装置将望远镜指向（t、δ）天区。

③ 待恒星钟钟面时到达预定的恒星时 S 时，打开转仪钟，进行跟踪。

④ 先在寻星镜中找到待测天体，并把它调整到视场中央，此时即可在主镜中观测到此天体了。

（3）做好观测记录

观测结束后记下观测日期、观测时刻、使用仪器、望远镜口径、物镜焦距、目镜焦距、天体的 α、δ、t 值等。

二、Meade LX200 16″ 折反射望远镜的操作

1. 实验仪器

Meade LX200 16″ 望远镜（见图 sx.4）是 40 cm 的折反射望远镜，为赤道式装置，主镜口径 $D = 406$ mm，焦距 $F = 4\ 064$ mm，是施密特 – 卡塞格林式望远镜，采用一种施密特系统与卡塞格林系统相结合的新型系统。其特点是把施密特改正透镜的中心区里面镀铝，作为副镜反射光用。望远镜系统将来自天体的光束经过改正镜、主镜、副镜会聚后，光束通过主镜中心孔后成像于焦平面上，如图 sx.5 所示。

▷图 sx.4 Meade LX200 望远镜

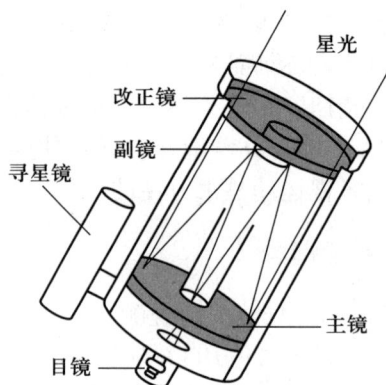

▷图 sx.5 Meade LX200 望远镜光路图

2. 望远镜键盘手控器的说明

望远镜功能都在键盘手控器上。它有一个计算机化的数据库信息显示中心，一个数字坐标读出系统，一个脉冲目镜十字亮度照明控制器，一个两速电动调焦控制器和一个红色 LED 手电筒。

LX200 键盘上各个键钮（见图 sx.6）介绍如下。

（1）ENTER（回车）键

ENTER 键用于选择一个菜单文件、一个文件选项或编辑一个数值。通过按下和放开 ENTER 键来选择一个文件或一个选择项。手控器发出一个短的嘟声，执行指令。若要编辑一个数值，按住 ENTER 键直到听到两下嘟嘟声，并看到闪烁光标出现在显示器上。两种按键法分别称为"按"和"按住"。

（2）MODE（模式）键

MODE 键用于望远镜五种模式之间的切换，并用来退出特定的菜单文件。

（3）GO TO（指向）键

GO TO 键使望远镜机架自动转向所输入的天体坐标。在 COORDINATES/GO TO（坐标 / 指向）模式的 GO TO 菜单文件中 GO TO 键也会产生闪烁光标，这时可键入新天体的赤经和赤纬。

（4）方向键

标有 N（北）、S（南）、E（东）和 W（西）的四个键是方向键。通过对它的操作可使望远镜指向一个特定的方向。

（5）速度键

速度键可以设定望远镜的转动速度，用 N、S、E 和 W 键启动。速度由快到慢分为四挡，分别为 SLEW（4°/s），FIND（1°/s），CNTR（16 倍恒星速率）和 GUIDE（2 倍恒星速率）。

SLEW（快动）、FIND（慢动）、CNTR（对中）和 GUIDE（导星）键还分别是数字

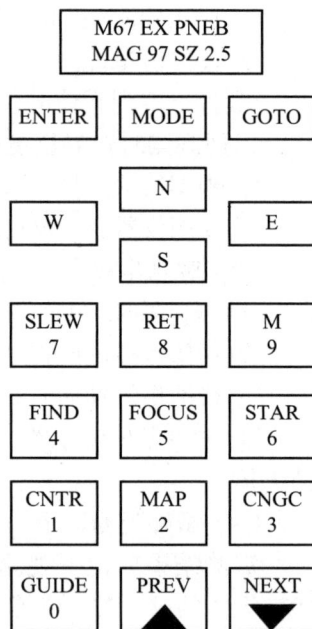

▷图 sx.6

键。SLEW 和 FIND 也用来设置电动调焦的"快"调聚焦速度,而 CNTR 和 GUIDE 设置"慢"调焦速度。

（6）天体键

这些键可直接访问望远镜的天体数据库。按了天体键后,键盘显示器将给出一闪烁光标,输入天体库中所列出的星表号（见 64 359 颗天体数据库）后按 ENTER 键,再按 GO TO 键即可看到所输入的天体。星表键符号的简单说明如下:M 为梅西叶天体表,STAR 为恒星和行星表,CNGC 为 NGC 天体表。

3."Meade 16"望远镜使用说明（观测前的准备）

（1）打开望远镜的开关,几秒钟后（自检完毕）,控制望远镜键盘显示器上将显示:

```
->TELESCOPE
   OBJECT LIBRARY
```

（2）按 ENTER（回车）键选择 TELESCOPE（望远镜）功能。显示器上应该显示:

```
->1）SITE
   2）ALIGN
```

（3）按 PREV 或 NEXT 键移动光标到指令 ALIGN（校准）,并按回车键。

```
   1）SITE
->2）ALIGN
```

（4）按 PREV 或 NEXT 键移动光标到指令 POLAR（极轴式）。

```
   1）ALTAZ
->2）POLAR
```

（5）按回车键。

POLAR（极轴式）可以使 Meade LX200 望远镜按赤道式望远镜操作。选择 POLAR 菜单项后,再用 N、S、W 和 E 键电控转动望远镜,调节望远镜转到赤纬圈 90°,时角 00^h00^m。按回车键,望远镜自动地按赤经、赤纬旋转到北极星的位置。

（6）利用 N、S、W 和 E 键将北极星移至望远镜视场中心。再按回车键,望远镜会选择并转向天顶以南的一颗亮恒星,通常在导星镜的视场中就能看到。此时,用 N、S、W 和 E 键调节望远镜,使亮星位于视场中心,然后按回车键,即可使用望远镜的各种功能。

行星在"STAR"中的编号如下所示。

901	902	903	904	905	906	907	908
水星	金星	月球	火星	木星	土星	天王星	海王星

三、望远镜光学性能的测试

1. 视场的测定

将望远镜对准赤纬为 δ 的恒星（选取赤道附近的恒星）,配上有叉丝与刻度的测微目镜，关闭转仪钟，然后转动目镜，定出星在视场中周日视运动的方向，使目镜的一条叉丝与天体的周日视运动方向平行，将星像移到水平丝的一端，关掉转仪钟并记录星经过视场直径所需的时间 t。由公式 $\omega = 15t\cos\delta$，即可求出视场，ω 以角秒为单位，t 以秒为单位。

2. 分辨角的测定

根据观测当晚的星空，选取 4~8 个角距从 5″ 到 25″ 的双星，先从角距大的双星观测起，依角距递减顺序观测下去，至分辨不出时止，记下刚刚能分辨的双星的角距，即望远镜的实测分辨角；按照公式 $\delta'' = 140/D$（mm）计算望远镜的理论分辨角；然后进行比较，说明为什么实测的分辨角要比理论的分辨角大得多。

3. 目视极限星等

目视方法是通过对北极星或昴星团进行观测，也可利用星图软件找一些已知星等的标准星，记下所能观测到的最暗弱恒星的极限星等值；由经验公式 $m = 2.1 + 5\lg D$（mm），D 为望远镜的口径，计算出目视极限星等，然后与实测值进行比较，说明差异的原因。

4. 跟踪精度

打开转仪钟，把某恒星调到目镜的十字中心，记录观察的时间段可选 $\Delta t = 30\,\text{s}$、$1\,\text{min}$、$2\,\text{min}$、…，检查星像有无明显移动。利用视场的大小比例（例如星像移动了 1/5 的视场）和观察的时间段，计算星像在 1 s 内移动的角距离，即 $0.2\omega/\Delta t$。

5. 基本参数

写出该望远镜的口径 D、有效焦距 F、光力 A、底片比例尺 α（″/mm）及目镜相应的放大率 G。

实习 4 | 月球的白光照相

一、实验目的

拍摄月球的白光像，掌握天体照相的方法，熟悉月面结构（见图 sx.7）。

二、实验仪器

天文望远镜和数码照相机。

卸去望远镜的目镜和照相机的镜头，把照相机的机身通过一个接口连接在望远镜上，以望远镜的物镜取代照相机的镜头。

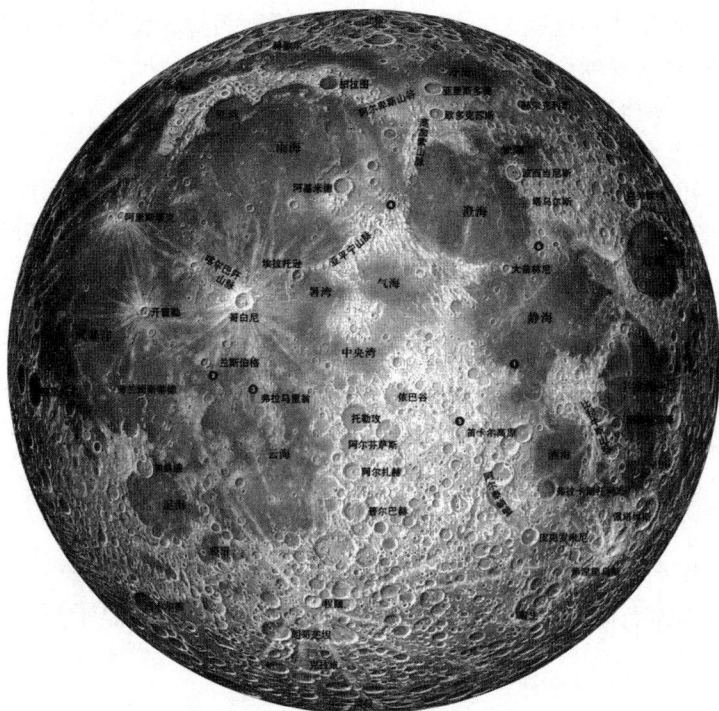

▷图 sx.7　月球的正面结构图

三、实验指导

1. 月像的大小

当望远镜物镜的焦距为 F（以 mm 为单位）时，月面像的直径 d（以 mm 为单位）为

$$d=2F\tan(\theta/2)$$

式中，θ 为月球的视角直径，平均为 31′，故月面像的直径 $d=0.009F$。若使用 150/1 980 的折射望远镜，可以得到的月面像直径为 17.82 mm。

2. 拍摄清晰的月面像

调焦　利用照相机上的取景器反复调焦，直到月像清楚为止。

曝光时间　曝光时间无严格标准，它取决于望远镜的光力、月相、月球的地平高度及照相底片的灵敏度等。可利用照相机内的测光器测光或经过多次反复试验后，确定曝光时间。一般情况下，当望远镜的光力为 1/15，使用 ISO100 底片拍满月像时，曝光时间约为 1/15 s。在上、下弦月时拍照，曝光时间为满月时的 4 倍。在新月残月时拍照，曝光时间为满月时的 12 倍。

四、实验步骤及要求

（1）在教师指导下，熟悉望远镜和照相机的结构。

（2）将照相机连接在望远镜上，调节望远镜的平衡装置，使其达到平衡。

（3）将望远镜对准月球，使望远镜自动跟踪。

（4）认真调焦，使取景器中的月像达到最清楚为止。

（5）把月像位置调至视场中央，选定曝光时间，进行拍照。

（6）将拍照后的底片拿到暗室进行冲洗、印像，具体方法通过实际操作掌握。

（7）在月球照片上，熟悉月球的主要结构，并标出主要环形山和月海的名称。

实习 5 ｜ 太阳黑子的投影观测及数据处理

一、实验目的

1. 学会太阳黑子的投影观测方法。

2. 运用太阳球面坐标系，黑子分型的相关知识，学会太阳黑子相应观测资料的处理方法。

二、实验仪器

天文望远镜附加太阳投影屏、黑子观测记录纸（见图 sx.8）。

三、太阳黑子的投影观测

（1）调节望远镜，使日面像进入视场，并按要求把记录纸固定在投影屏上，启动转仪钟。

（2）调节望远镜的焦距，使日面像最清楚。

（3）调整投影屏的前后位置，使日面像与观测纪录纸上的圆重合。

（4）确定投影屏上图纸的东西方向：调节望远镜，使其沿着赤经方向来回微动（利用电钮控制或用手动操作杆来实现），移动图纸，使黑子移动方向严格地沿图纸上的东西方向（即图纸上的东西线与黑子移动方向一致）。

（5）描绘黑子时要求大小、形状尽可能一致，位置要准确。下笔时先轻描，当位置准确后再重描。先描本影，后描半影，全部描完后，再检查一遍，看是否有遗漏的小黑子。

（6）最后记录观测完毕的时刻及观测当日世界时为 0^h 的 P（日轴方位角）、B_0（日面中心纬度）、L_0（日面中心经度）和天气状况等。

四、观测资料的分析处理

太阳黑子投影观测每日数据处理包括如下内容。

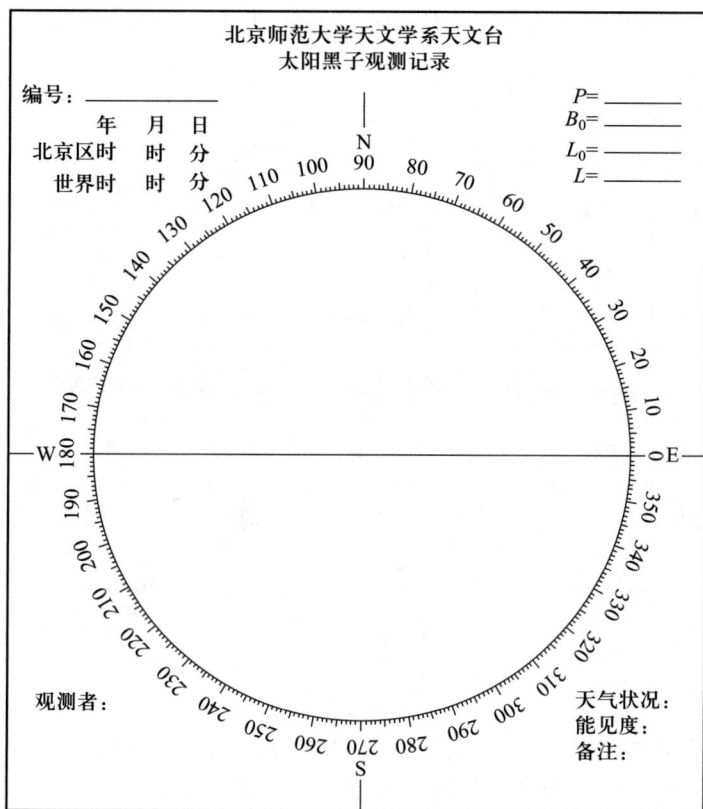

北京师范大学天文学系天文台
太阳黑子观测记录

编号：_____

	年	月	日
北京区时	时	分	
世界时	时	分	

$P=$ _____
$B_0=$ _____
$L_0=$ _____
$L=$ _____

观测者：_____

天气状况：
能见度：
备注：

▷图 sx.8　太阳黑子观测记录纸

1. 黑子的分群、编号、分型

一般相距极近的几个黑子常属于同一群，但也有仅一个单独黑子而相当于一群的。分群后，按黑子出现的先后，自西向东给黑子群一个顺序编号。依据黑子的分型标准，给各群黑子标出所属类型。

黑子群有好几种分类法，在此我们只介绍苏黎世天文台的分类法：按照黑子群演变的发展阶段分为 A、B、C、D、E、F、G、H、J 共 9 种类型。演变到最强是 E 型和 F 型，演变到最末是 J 型。

A 型：没有半影的黑子或者单极小黑子群。

B 型：没有半影的双极黑子群。

C 型：同 B 型相似，但其中一个主要黑子有半影。

D 型：双极群，两个主要黑子都有半影，其中一个黑子是简单结构；东西方向延伸不小于 $10°$。

E 型：大的双极群，结构复杂，两个主要黑子都有半影，在两个主要黑子之间有些小黑子；东西方向延伸不小于 $10°$。

F 型：很大的双极群或者很复杂的黑子群；东西方向延伸不小于 $15°$。

G 型：大的双极群，只有几个较大的黑子；东西方向延伸不小于 $10°$。

H 型：有半影的单极黑子或者黑子群，有时也具有复杂的结构；直径大于 $2.5°$。

J型：有半影的单极黑子或者黑子群；直径小于 2.5°（见图 sx.9）。

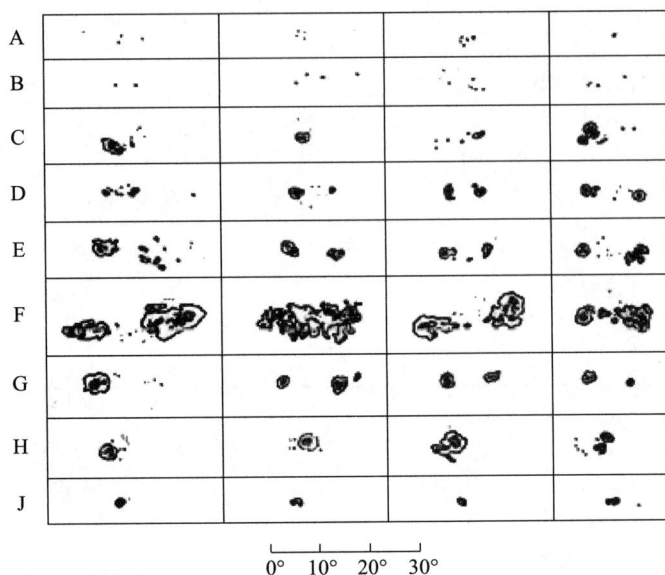

▷图 sx.9　太阳黑子的分型图

由于太阳是个球体，黑子群在日面边缘时形状会发生很大的变化，东西长度会大大缩短。因此对于刚从东面转出来的黑子群，等过两三天看到全貌后再确定类型比较妥当。

确定类型还要注意连续性，如果前后好几天都是 E 型，另有中间一天是 C 型，那么这一天也应记 E 型。当然，黑子群的类型有小的反复也是可能的，如从 C 型变到 D 型再回到 C 型等。

2. 黑子和黑子群日面位置的测定

（1）日面坐标

日面经度 L：从本初子午圈向西计量（0°～360°）。

日面纬度 B：从太阳赤道分别向南北两极量度（±90°）。

日轴方位角 P：太阳自转轴与地球自转轴夹角的投影，由 P 值可确定日面坐标的北点。范围：±26.30°。

（2）日面位置的测定

查天文年历中的太阳表，记录下观测日世界时为 0^h 的 B_0（日面中心纬度）、L_0（日面中心经度）、P（日轴方位角）。因 B_0、P 值一天内变化不大，不必做改正，而 L_0 在一天内变化较大，要用线性内插法进行改正，求出观测时刻的日面中心经度 L 的值。

（3）根据 P 值，在黑子投影图上画出日期日轴，$P>0$ 时，日轴偏于北点之东。

（4）根据 B_0 值选出合适的日面经纬网格图（见图 sx.10，日面经纬网格图从 0° 到 ±7°，每隔 ±0.5° 一张，共 15 张。光盘中只给出日面中心纬度 B_0= ±1.5°，±5°，±7° 的日面经纬网格图，其他纬度的日面经纬网格图请自查相关资料），将其按日面坐标套在描迹的黑子观测记录纸上。在黑子网格图上，读出黑子和黑子群的日面纬度、日面经度（先读出中经距，再加上日心经圈的经度）。测量日面经纬度时，对黑子群应选取其面积中心量度。

3. 黑子面积的测定

（1）用毫米直尺量出黑子或黑子群至日面中心的距离 r（mm）。

（2）用特制的毫米方格纸（见图 sx.11），数出黑子或黑子群的毫米方格数 A（mm^2），计算出日面上的黑子面积 $S_d = A \times 10^6/(\pi R^2)$。式中，$R$ 为日面半径（mm），S_d 以太阳半球面积的百万分之一为单位。

（3）考虑日面的投影效应，应对 S_d 进行改正，使其归化到球面面积 $S_p = S_d \sec [\arcsin (r/R)]$（太阳半球面积的百万分之一）。

（4）对各黑子、黑子群分别归算，最后进行累计。

▷图 sx.10　日面经纬网格图（$B_0 = \pm 5°$）

▷图 sx.11　毫米方格纸示意图

4. 求太阳黑子相对数 R

太阳黑子相对数可按公式 $R = K(10g + f)$ 计算。式中，g 为观测到的黑子总群数，f 为黑子的总个数，K 为台站转换系数，一般可取 $K=1$。注意：一个半影中有 5 个本影黑点，黑子个数应为 5。只有 1 个本影黑点算 1 个黑子。

5. 将计算结果填入表格

_____年___月___日　　　世界时：_____　　P：_____　　B_0：_____　　L：_____

编号	坐标			r/R	方格数		S_d		S_p		r	分型
	纬度	经度	中经距		全群	最大黑子	全群	最大黑子	全群	最大黑子		

相对数：S：_____　　总：_____　　　面积S：_____　　总：_____
　　　　N：_____　　　　　　　　　　　　　　N：_____

图 sx.12 为太阳黑子待测图。

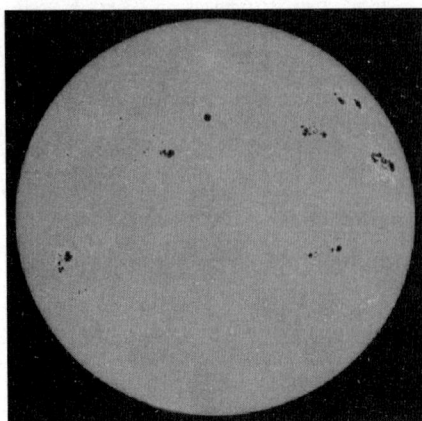

▷图 sx.12　太阳黑子待测图

实习 6 ｜ 太阳光球光谱的拍摄与认证

一、实验目的

拍摄太阳光谱，掌握认证太阳光谱的方法。

二、实验仪器

天文望远镜、摄谱仪和照相机。

三、实验原理

当太阳内部的光向外穿越比它冷的光球大气层时，光球大气中的各种元素吸收了与它们各自频率相同的谱线，从而使得太阳的连续谱上叠加了许多暗的吸收线。通过认证太阳光谱，可以研究太阳的化学组成，依据其谱线特征可确定其光谱型，以了解它的物理特性。太阳光球光谱中重要的吸收线如表 sx.1 所示。

表 sx.1　太阳光球光谱中重要的夫琅禾费吸收线

波长 /nm	谱线名称	相应元素	波长 /nm	谱线名称	相应元素
279.24		$MgII$	285.16		MgI
280.23		$MgII$	288.11		SiI

波长 /nm	谱线名称	相应元素	波长 /nm	谱线名称	相应元素
358.121	N	Fe I	517.270	b_2	Mg I
374.387	M	Fe I	518.362	b_1	Mg I
382.044	L	Fe I	587.56	D_3	He I
393.368	K	Ca II	588.997	D_2	Na I
396.849	H	Ca II	589.594	D_1	Na I
404.583		Fe I	656.281	C, H_α	H I
410.178	h, H_δ	H I	849.806	IRT_1	Ca II
422.674	g	Ca I	854.214	IRT_2	Ca II
434.048	G, H_γ	H I	866.217	IRT_3	Ca II
438.356	d	Fe I	1 004.927	P_δ	H I
486.134	F, H_β	H I	1 093.610	P_γ	H I
516.733	b_4	Mg I	1 281.823	P_β	H I

注：元素符号后的罗马数字"I"表示中性原子，"II"表示一次电离。

四、实验步骤

1. 拍摄太阳光谱

（1）在教师指导下，熟悉望远镜和摄谱仪的结构及操作方法。

（2）将摄谱仪连接在望远镜的卡塞格林焦点上，将望远镜对准太阳。

（3）调节摄谱仪的入射狭缝大小。

（4）调节棱镜的位置（调节摄谱仪的鼓轮），使计划拍摄的谱线进入视场。

（5）调节照相机的焦距，光圈要最大。

（6）调节摄谱仪上的焦距，以使太阳光谱上的吸收线最清楚为标准。

（7）选择曝光时间，可根据望远镜的光力、大气条件及底片的感光度，经多次试验后确定。

2. 光谱片的认证

（1）先熟悉已知太阳光谱片中的各条吸收线的波长、谱线特征及形成这些谱线的元素。

（2）根据图 sx.13 太阳光球光谱图中标明的各条吸收线的波长及给出的太阳光谱，去认证自己所拍的太阳光谱片上的各条暗线（吸收线）的波长，并详细标明在光谱片上。

3. 记录观测时的各项数据

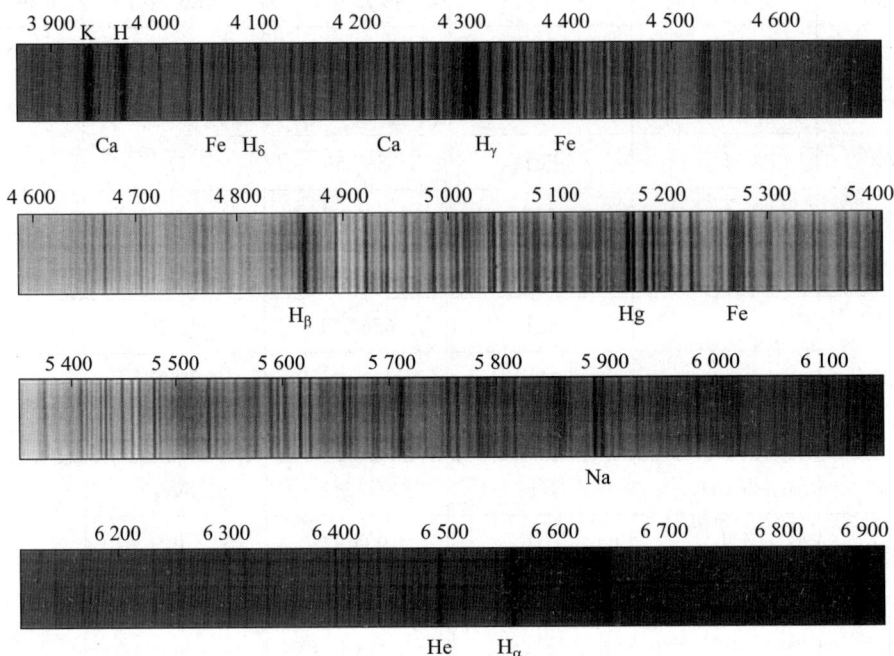

▷图 sx.13　太阳光球光谱图

$$\boxed{\textbf{实习 7}\ \ |\ \ \textbf{目视双星的目视观测}}$$

一、实验目的

掌握目视双星的目视观测方法。

二、实验仪器

天文望远镜和动丝测微目镜。

1. 动丝测微目镜

它是目视观测的必备器件。使用口径在 15 cm 以上、光力为 1/5～1/20 的望远镜都可进行此项观测，但目镜必须是测微目镜，也叫目镜动丝测微器。动丝测微器通常由一个冉斯登型的目镜配有能调节的十字丝组成。在视场里可以看到一个固定的十字丝及一条可移动的竖丝。图 sx.14 中 aa'、bb' 为固定

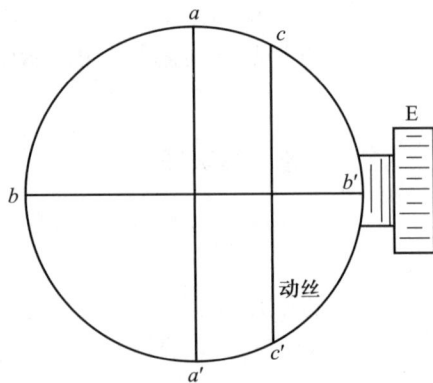

▷图 sx.14　动丝测微器

十字丝，cc' 为动丝，E 是测微器螺旋。用测微器螺旋 E 可调节动丝移动，移动的大小可由有刻度的标尺读出。

2. 螺旋周值的测定步骤

用动丝测微器进行测量时，首先要定出测微器的螺旋周值和零点。螺旋周值指测微器的螺旋旋转 1 周时动丝移动的距离相当于天球上的角的大小（以角秒表示）。

（1）首先对准一颗亮星，关闭望远镜的转仪钟，通过转动测微目镜，令固定的十字丝 bb' 平行于天体的周日视动方向。

（2）转动测微螺旋使动丝 cc' 与定丝 aa' 重合，然后再转动测微螺旋数周 m（如 $m=5$）。

（3）把选的亮星移到定丝的一侧，关闭转仪钟，记录该恒星穿过动丝与定丝间隔所需的时间 t（用秒表记录）。

（4）计算螺旋周值。螺旋周值 $L=15''t^s\cos\delta/m$（角秒 / 每周），δ 为恒星的赤纬。若测微螺旋上一周的刻度数为 N，则可以求出每分格相对应的天空角直径，即 $a=L/N=15''t^s\cos\delta/(mN)$。

零点是指视场中让动丝 cc' 从左面或右面调至与静丝 aa' 相重合时测微器的读数，即动丝在中央与静止的竖丝重合时的测微器的读数。

三、实验原理

测定目视双星的两颗子星间的角距离 ρ 和方位角 θ，以便累积资料求解轨道要素。

1. 选星的原则

用一般小望远镜观测时应选择较亮的、角距离较大的目视双星来观测。

2. 角距离 ρ 和方位角 θ 的测量

设目视双星（主星 S 与伴星 M）两颗子星在天球上的角距离为 ρ，两颗子星的连线与南北连线的夹角叫作双星的方位角 θ（从北点向东量度为正），如图 sx.15 所示。

四、实验步骤

（1）使定丝 bb' 平行于周日平行圈（东西方向），使子星 S 处于十字丝中央，并记取螺旋读数 x_1。

（2）转动测微器螺旋，调整动丝 cc' 使其与另一子星 M 位置重合，记下读数 x_2，求出两次读数之差 $x=x_1-x_2$。测定多次，求出平均值 $\bar{x}$。

（3）让测微器绕光轴转动 90°，然后再把子星 S 调到十字丝的中央位置，此时定丝 bb' 平行于南北方向，再进行类似上述的测量。由读数差定出 $\bar{y}$ 值，由此可求出 ρ 和 θ：

$$\rho^2=\bar{x}^2+\bar{y}^2$$

$$\tan(90° - \theta) = \overline{y} / \overline{x}$$

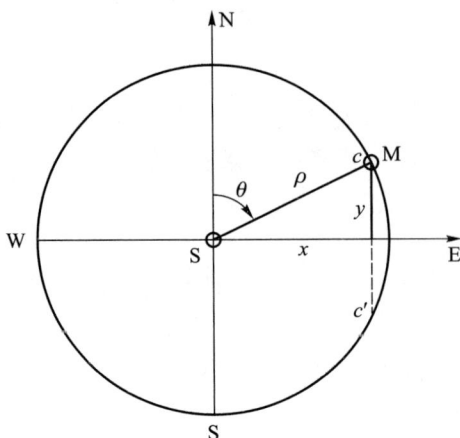

▷图 sx.15　目视双星角距离 ρ 和方位角 θ 的测量

（4）表 sx.2 为观测目视双星的记录表格。

表 sx.2　观测目视双星的记录表格

双星名称	观测时间	双星位置（α、δ）	ρ	θ	天气情况

表 sx.3 列出了可供选择观测的目视双星的参数。

表 sx.3　可供选择观测的目视双星的参数

ADS	SAO	赤经（2000） （h）（m）（s）	赤纬（2000） （°）（′）（″）	m_1，m_2	角距离 ρ/（″）	方位角 /（°）	光谱型
ADS 1A	10937	00 02 36.09	+66 05 56	6.0,7.5	15.2	070	G0
BDS 71 A	4062	00 14 02.61	+76 01 37	7.1, 7.9	76.3	103	M4
ADS 191 A	109087	00 14 58.82	+08 49 15	5.9, 8.1	11.6	148	F0
ADS 1563 A	75051	01 57 55.72	+23 35 45	4.8, 7.6	37.4	046	A5
BDS 1116 AC	75171	02 09 25.34	+25 56 23	5.1, 8.6	105.9	278	F0
ADS 1683 A	55330	02 10 52.83	+39 02 22	6.0, 6.7	16.6	035	A0
BDS 1094 A	4594	02 12 49.91	+79 41 29	6.5, 7.1	55.3	276	A3
ADS 2582 A	75970	03 31 20.75	+27 34 18	6.5, 6.9	11.3	270	A0
ADS 2735 A	76122	03 44 37.18	+27 53 50	6.7, 7.0	126.7	043	F0
ADS 2984 A	13031	04 07 51.39	+62 19 48	7.0, 7.1	17.9	304	B0
ADS 3137 A	76558	04 20 21.22	+27 21 02	5.1, 9.0	52.1	250	K0

ADS	SAO	赤经（2000） （h）（m）（s）	赤纬（2000） （°）（′）（″）	m_1，m_2	角距离 ρ/（″）	方位角 /（°）	光谱型
ADS 4200 AB	77313	05 36 26.38	+21 59 35	7.2, 7.8	3.6	268	F8
BDS 2867 A	112980	05 37 53.45	+00 5 807	7.2, 7.9	80.1	031	B6V
ADS 5705 AC	134061	07 01 27.05	−03 07 03	7.9, 9.0	23.2	005	B3
HD 72965	97952	08 36 22.31	+13 45 55	7.7, 8.4	43.5	133	A0
ADS 6900	136111	08 37 50.4	−06 48 25	6.7, 8.5	61.0	202	G0
HD 7366S	80333	08 40 06.4	+20 00 28.	6.5,6.5	149.8	151	K0
HD 76813	61177	08 59 32.6	+32 25 06	5.6,8.7	89.6	295	G5
HD 78610	136612	09 09 08.6	−01 35 16	7.4,12.0	53.2	328	K5
ADS7260	80723	09 15 33.32	+27 55 19	7.9,10.3	8.0	061	F8
HD 77600	27112	09 05 45.18	+50 16 36	8.1,8.3	79.2	258	G5
ADS7182	117428	09 06 44.43	+02 48 36	7.9,8.2	11.5	273	F5
HD88849	7099	10 17 50.55	+71 03 38	6.7,7.3	16.6	171	A7
HD 90125	118278	10 24 13.18	+02 22 04	6.4, 6.7	212.2	64	G9V
HD 90386	118299	10 26 09.20	+03 55 57	6.6, 8.5	116.3	192	A2
HD 90839	27670	10 30 37.58	+55 58 49	4.8, 9.0	120.0	304	F8V
ADS 7979 A	81583	10 55 36.82	+24 44 59	4.5,6.3	6.5	110	A1V
HD 97334	62451	11 12 32.35	+35 48 50	6.3,7.9	138.7	070	G0V
ADS 8100 A	7320	11 15 11.90	+73 28 30	7.6, 8.2	54.5	104	K5
ADS 8162 A	118864	11 26 45.32	+03 00 47	6.2,7.9	28.7	149	K0IV
ADS 8434 A	28253	12 08 07.07	+55 27 50	8.0,8.4	22.3	082	F8
ADS 8450 A	28287	12 11 27.76	+53 25 17	7.5,7.7	12.7	221	K0
ADS 9338 A	101138	14 40 43.57	+16 25 06	4.9,5.8	5.6	108	A0
ADS 9728 A	140672	15 38 40.08	−08 47 29	6.5,6.6	11.9	188	F8
BDS 7631 A	29607	15 38 54.58	+57 27 42	7.6, 9.1	91.2	205	M3
ADS 9737 A	64834	15 39 22.67	+36 38 08	5.1, 6.0	6.3	305	B8
BDS 7480 A	65024	16 01 02.66	+33 18 12	5.5,9.9	89.6	071	F8
BDS 7535 A	8415	16 04 48.96	+70 15 42	6.7, 9.3	46.7	084	A0
ADS 9922 A	101922	16 06 02.83	+13 19 15	6.7,8.5	36.6	323	K0
ADS 9933 A	101951	16 08 04.53	+17 02 49	5.3, 6.5	28.4	012	G5
HD 149632	102259	16 35 26.29	+17 03 26	6.3,7.3	156.6	360	A0
HD 157789		17 24 54.70	+13 19 43	8.4, 9.3	26.4	326	F8
ADS 10562 A	102835	17 27 52.25	+11 23 25	7.0.8.6	27.3	283	A3

ADS	SAO	赤经（2000） （h）（m）（s）	赤纬（2000） （°）（′）（″）	m_1, m_2	角距离 ρ/（″）	方位角 /（°）	光谱型
ADS 10715 A	85310	17 41 05.49	+24 30 47	6.5,6.1	16.3	008	K0
ADS 10759 A	8890	17 41 56.36	+72 08 55	4.9,6.1	30.3	015	F5
ADS 11061A	8996	18 00 09.22	+80 00 14	5.8,6.2	19.0	234	F5
ADS 11086 A	103406	18 07 48.35	+13 04 16	6.5,10.2	42.3	138	A0
ADS 11089 A	85753	18 07 49.56	+26 06 04	5.9, 6.0	14.2	183	A3
HD 184170	31711	19 30 12.25	+55 25 21	6.8, 9.3	76.3	086	K0
ADS 12540 A	87301	19 30 43.28	+27 57 34	3.2.5.4	34.3	054	K0
BDS 9448 A	18395	19 33 10.07	+60 09 31	6.4, 8.4	76.2	287	K5
ADS 12750 A	105104	19 39 25.34	+16 34 16	6.6, 9.4	28.2	302	K5
ADS 12815 A	31898	19 41 48.95	+50 31 30	6.3, 6.4	39.0	134	G0
ADS 13092 A	18575	19 52 47.68	+64 10 33	6.8,8.9	27.8	184	G5
ADS 13087 A	143898	19 54 37.65	−08 13 38	5.8, 6.5	35.7	170	B3
BDS 9825 A	69252	20 00 44.81	+36 35 23	6.7, 8.4	70.6	202	B9
ADS 13783 A	69929	20 22 57.65	+39 12 39	6.6, 8.4	43.0	256	B9
ADS 14710 A	89505	21 10 32.07	+22 27 16	6.9, 7.7	17.9	300	A0
BDS 10923 A	33323	21 19 40.77	+53 03 29	6.8, 8.8	48.5	301	K2
ADS 15493 A	127196	21 58 01.45	+05 56 25	7.3,7.6	10.68	55.23	A2
ADS 15600 A	19827	22 03 47.45	+64 37 40	4.6,6.5	7.5	278	A3
ADS 15670 A	34101	22 08 36.05	+59 17 22	7.2, 7.4	21.6	316	A0
ADS 16642	146605	23 16 35.40	−01 35 08	7.1,7.7	5.0	031	G5
ADS 17020 AC	20866	23 48 38.97	+64 52 34	6.4,8.5	50.4	351	A0
ADS 17079 A	108883	23 52 59.94	+11 55 27	7.3,7.9	19.0	282	F0

实习 8 ｜ 大气消光的光电观测

一、实验目的

学会大气消光的光电观测方法。

二、实验仪器

卡塞格林望远镜、ST-85 型或 ST-80C 型光电光度计。

三、实验原理

1. 大气消光理论

假设地球大气是稳定的,这时地球大气可近似看成由许多平行平面层组成。由理论上可推出,大气消光后光减弱的程度 dI 与穿越大气的厚度 ds、光强 I 和大气的密度 ρ 成正比。即此式经过积分后,可以导出大气消光系数 k。k 由下式决定:

$$m_z = m_0 + kF(z)$$

式中,m_z 为在大气内所见到的天顶距为 z 的天体的视星等,m_0 为天体在地球大气外的视星等,$F(z)$ 称为大气质量。$F(z)$ 可由下式近似求得。

当天顶距 $z < 75°$ 时,大气层可近似看作平行平面层,故有

$$F(z) \approx \sec z$$

当天顶距 z 较大时,应考虑到大气层的弯曲和大气折射,此时 $F(z)$ 按下式近似计算:

$$F(z) = \sec z - 0.001\,816\,7(\sec z - 1) - 0.002\,875(\sec z - 1)^2 - 0.000\,808\,3(\sec z - 1)^3$$

计算天体的天顶距 z 已知观测地的地理纬度 ϕ、天体的赤纬 δ 和时角 t 时,天体的天顶距 z 为

$$\sec z = (\sin\phi\sin\delta + \cos\phi\cos\delta\cos t)^{-1}$$

天体的时角 t 可以通过地方恒星时 S 和天体的赤经 α 来计算,即

$$t = S - \alpha$$

而地方恒星时 S 可由区时 T 计算出来。如北京时间是在第八区,则有

$$S = S_0 + (T-8)(1+\mu) + \lambda$$

式中 S_0 为观测当天,世界时为零时的恒星时(可查天文年历),T 为北京时间,μ 为 $1/365.242\,2$,λ 为当地的地理经度(以小时计算)。

大气消光与色指数(由两个不同波长的光测得的星等差)有关,因此消光系数通常应包括两项:一项是与波长无关的系数,称为主消光系数 k',另一项为与色指数 C 有关的二次消光系数 k''。则大气消光公式为

$$m_z = m_0 + k'F(z) + Ck''F(z) \tag{1}$$

2. 大气消光的光电实测

进行大气消光的光电实测,可以先求二次消光系数,再求主消光系数,也可同时测定。观测前,要选择好一些亮的标准星,表 sx.4 给出了一些一级测光标准星。

表 sx.4　UBV 测光主要标准星(一级测光标准星)

星名	光谱星	星等		
		U	B	V
蝎虎 10	O9IV	3.64	4.68	4.88
长蛇 η	B3V	3.36	4.10	4.30
武仙 τ	B5IV	3.18	3.74	3.89

星名	光谱星	星等		
		U	B	V
天坪 β	B8V	2.13	2.50	2.61
HD18331	A1V	5.30	5.25	5.17
白羊 α	K2Ⅲ	4.27	3.15	2.00
巨蛇 α	K2Ⅲ	5.06	3.82	2.65
北冕 ε	K3Ⅲ	6.64	5.38	4.15
HD219134	K3V	7.47	6.58	5.57
巨蟹 β	K4Ⅲ	6.78	5.00	3.52

3. 消光系数的测定

（1）跟踪法

消光系数的测定可采用通常的跟踪法，即利用望远镜和光电光度计对几颗标准星进行跟踪观测。所测的星位置由低到高（或由高到低），将所测星的光电流值 $f(t)$ 和当时的时间 t（北京区时）分别记录下来。若望远镜能给出天体的地平高度 h，可同时记录下来，由 $z = 90 - h$ 算出天顶距 z。观测一夜或数夜，每夜观测的时间在 4 个小时以上。处理资料时首先将光电流值换算为大气内观测的仪器星等，即

$$m' = -2.5\lg f(t)$$

并将记录的时间 t 由北京时换算成世界时，算出大气质量 $F(z) = \sec z$。

先用作图法，绘出以 m' 为纵坐标、以大气质量 $F(z)$ 为横坐标的图，对观测点求拟合直线，直线的斜率为主消光系数，截距为大气外星等。

如果观测点多，资料可取，再代入式（1），用最小二乘法求解主消光系数 k' 和二次消光系数 k''。

（2）三高三低法

如果当夜的大气很稳定，可利用简捷的"三高三低法"。这种方法是选取三对标准星，第一对选天顶附近的两颗标准星。第二对选天顶距较大的（如 $z = 60°$）两颗标准星，第三对选择在前两对中间的两颗标准星。星对最好由蓝星和红星组成。原则上有一对星就可以解出主消光系数，但误差较大，故常采用三对星，组成三颗高度较高的星和三颗低空的星。观测要在较短时间内迅速完成。

根据较差消光公式，因两颗星一高一低，角距较远，所以 $\Delta F(z) \neq 0$；另一方面，用上述方法 k'' 已经测定，则由观测得到一系列 $\Delta m_{z(i)}$，$\Delta C_{z(i)}$ 和 $\Delta F(z)$；利用最小二乘法即可解出主消光系数 k'。

（3）二次消光系数的测定

二次消光系数可以通过观测两颗以上的标准星来确定。应选取位置相近、光谱型相差较大的标准星，它们的大气外星等和色指数可从标准星星表中查出。由于所选测的两颗标准星位置很近，故它们之间 $F(z)$ 相差很小，即 $\Delta F(z) \approx 0$，因此，利用式（1）求这两

颗星的星等差和色指数之差时可简化为

$$\Delta m_z = \Delta m_0 + \Delta C k'' F(z) \qquad (2)$$

式中，Δm_z 为实测的两颗星的星等差；Δm_0 为两颗星在大气外的星等差，可由标准星表查出；ΔC 为两颗星的色指数之差，$\Delta C = \Delta(U-B)$ 或 $\Delta C = \Delta(B-V)$。

随着观测星天顶距的变化进行多次观测，可得到一系列 $\Delta m_{z(i)}$ 和 $\Delta C F(z_i)$ 值，由观测时间 T 可计算出 $F(z)$ 值；利用最小二乘法即可求出二次消光系数 k''。

二次消光系数往往在一段时间（如一个季节）内比较恒定，其值也比主消光系数小得多，故在一定时期（季节）可认为二次消光系数为常数。而每次观测天体考虑大气消光时，都要同时进行大气消光测定，必须测定当夜的主消光系数。

四、选星

本实习所采用的是全天测光的方法。即在全天不同的地平高度测量一批标准星（即已知大气外 U、B、V 星等的星），来做大气消光的改正。这种方法对所选取的标准星有一定的要求：

（1）恒星的目视星等必须比 4.0^m 暗；

（2）恒星的色指数 $-0.15 \leqslant (B-V) \leqslant +0.15$；

（3）恒星的色指数 $-0.15 \leqslant (U-B) \leqslant +0.15$；

（4）恒星是单星，不能选目视双星或分光双星；

（5）光谱型一般为 A 型星；

（6）不能选择变星。

根据观测季节的恒星位置，在不同地平高度和方位角选择一批标准星，以待观测。表 sx.5 给出了适合于秋冬季观测的消光标准星。

表 sx.5　大气消光标准星及其有关参数

HR	SAO	R.A.（2000）	DEC（2000）	V	$B-V$	$U-B$	SP
63	53777	00 17 05.5	+38 40 54	4.619	+0.06	+0.04	A2V
378	109793	01 17 48.0	+03 36 52	5.145	+0.07	+0.08	A3V
383	74637	01 19 28.0	+27 155 1	4.752	+0.03	+0.10	A3V
718	11054	02 28 09.5	+08 27 36	4.277	−0.06	−0.12	B9III
879	56047	02 58 45.7	+39 39 46	4.685	+0.06	+0.12	A2V
932	4840	03 11 56.3	+74 23 37	4.840	+0.02	+0.05	A2V
972	75810	03 14 54.1	+21 02 40	4.880	−0.01	−0.01	A1V
1448	111896	04 34 08.27	+05 34 07.0	5.681	+0.05	+0.12	A2V
1724	112588	05 16 41.04	÷01 56 50.4	6.410	−0.02	+0.02	A0V
2209	13788	06 18 50.78	+69 19 11.2	4.80	+0.03	+0.00	A0V
2543	114525	0 651 39.38	+03 02 31.2	6.38	+0.04	+0.09	A2V

HR	SAO	R.A.（2000）	DEC（2000）	V	B−V	U−B	SP
2629	114798	07 01 41.44	+04 49 05.1	6.63	+0.06	+0.10	A3V
2946	26474	07 43 00.42	+58 42 37.3	4.96	+0.08	+0.09	A3IV
3067	79774	07 53 29.81	+26 45 56.8	4.98	+0.09	+0.11	A3V
3412	116975	08 38 05.17	+09 34 28.6	6.53	−0.02	−0.04	A1V
3651	117492	09 12 12.88	+03 52 01.1	6.14	−0.01	+0.01	A0V
3799	27298	09 34 49.43	+52 03 05.3	4.51	+0.00	+0.04	A2V
4356	118731	11 13 45.55	−00 04 10.2	5.42	−0.03	−0.05	A0V
4386	118804	11 21 08.19	+06 01 45.6	4.05	−0.06	−0.12	B9.5V
4585	119156	11 59 56.91	+03 39 18.7	5.37	+0.00	+0.00	A1V
4805	119503	12 38 04.42	+03 16 56.8	6.33	+0.01	+0.01	A1V
5021	119867	13 18 51.12	+03 41 15.5	6.62	+0，06	+0.03	AlIV
5037	119 899	13 21 41.64	+02 05 14.1	5.69	+0.06	+0.03	A2V
5859	121170	15 45 23.48	+05 26 50.3	5.58	+0.04	+0.03	A0V
5972	84155	16 02 17.69	+22 48 16.0	4.83	+0.07	+0.05	A3V
6161	17107	16 27 59.01	+68 46 05.3	5.01	−0.06	−0.11	A0III
6436	65921	17 17 40.25	+37 17 29.4	4.66	+0.05	−0.03	A2V
6789	2937	17 32 13.00	+86 35 11.3	4.36	+0.02	+0.03	A1V
7085	123947	18 49 37.1	+00 50 09	6.236	+0.04	+0.01	AlV
7313	124478	19 17 48.2	+02 01 54	6.181	+0.02	+0.01	AlV
7371	18299	19 20 40.09	+65 42 52.3	4.58	0.02	0.06	A2III
7546	105298	19 48 58.7	+19 08 32	5.000	+0.10	+0.05	A3V
7857	125960	20 33 53.6	+10 03 35	6.542	+0.08	+0.05	A2V
8098	126597	21 10 31.2	+10 02 56	6.073	+0.02	+0.04	A2V
8328	127060	21 47 14.0	+02 41 10	5.631	0.00	−0.01	A1V
8491	127420	22 15 59.8	+08 32 58	6.195	+0.02	−0.04	A1V
8641	90717	22 41 45.4	+29 18 27	4.797	−0.01	−0.01	AlIV
9042	128436	23 53 04.8	+02 05 26	6.292	−0.01	−0.01	A1V

　　表 sx.5 中的 HR 表示亮星星表；SAO 表示史密松天体物理天文台星表；R.A.（2000），DEC（2000）分别为 2000 年的赤经和赤纬，V 为大气外的 V 星等，B−V 和 U−B 为色指数，SP 为光谱型。

　　观测要在晴朗无月夜进行，对所选标准星用望远镜分别进行观测。使用 CCD 分别对这些星进行拍照；同时记录每颗星当时的地平高度（EL），此数值可由 Meade LX200 望远镜自动提供。天顶距 z 也可计算。

五、观测步骤

（1）在教师指导下熟悉光电光度计的结构及使用方法。

（2）选定几组待测的标准星，并安排好观测次序。

（3）测定选取的标准星的消光系数；记录时间和光电流值或光子数。

（4）编写有关程序计算恒星的大气内星等，并绘出消光曲线，求出观测点的拟合直线及粗略的主消光系数。

（5）利用最小二乘法求出消光系数（本实习可只求主消光系数）。

实习 9 | 变星的光电测光

一、实验目的

掌握变星的光电较差测光方法。

二、实验仪器

40 cm 反射式望远镜附加光电光度计。光电光度计包括光电头和光电流测量系统两个部分。

（1）光电头

光电头包括光阑、场透镜、滤光片和光电倍增管。

光电倍增管可以选用德国的 EMI 型或美国的 1P21 型光电倍增管作为探测器，配备 U、B、V 标准滤光片，使光电测光系统符合标准的 UBV 测光系统。滤光片要安装在一个可转的盘上用计算机控制它的旋转（也可以手动）。在夏季最好对光电倍增管制冷，以减小光电倍增管的暗流。光电倍增管必须装在一个密闭的金属盒子里以防止外界磁场的干扰。光电头中应当设置一处可以安装目镜，以便观察星象有无在光阑中。

（2）光电流测量系统

它包括高压电源和直流放大器或光子脉冲计数器。光电倍增管的高压电源是负高压，要求稳定性好且可调节。高压的稳定性要好于 0.1%，对于 EMI 光电倍增管要求有 $-2 \sim -1.5$ keV 的直流高压电源。

光电倍增管出来的信号要通过直流放大器或脉冲计数器将电流信号放大以便测量。直流放大器输出的是平均电流值，光子脉冲计数器输出的是光电子脉冲数；直流放大器将信号放大到 1 mA 以上，而且要有良好的线性。

三、实验原理

变星测光最好用较差法，即选一颗光度不变的标准星（参见表 sx.5）与变星（参见表 sx.6 和表 sx.7）作比较测量。要求被选的比较星与变星有三近：位置相近、亮度相近和颜色相近。为了监测比较星的变化，还需要再选择一个光度不变的校验星。

利用变星星表选取一些较亮的变星（根据望远镜的口径和观测地的大气情况而定）作为测光对象。测量变星（x）与比较星（c）的星等差（先由测量出的电流或光电子脉冲数换算成星等）：

$$\Delta m(t)=m_x(t)-m_c(t)$$

式中，$m_x(t)$ 为 t 时刻所测的变星的星等；$m_c(t)$ 为 t 时刻所测的比较星的星等。$\Delta m(t)$ 是变星与比较星的星等差。

四、观测步骤

（1）首先选择好滤光片（如黄色，对应 V 星等），然后把比较星导入望远镜视场的光阑中心，测量比较星的亮度，然后将星移出光阑，测量天空背景的亮度。

（2）把变星导入光阑中心，测量变星的亮度，然后再测其附近的天空背景亮度。

（3）上述过程重复两次后再把校验星导入光阑中心，测校验星的亮度，然后再测附近的天空背景亮度。

可按如下程序进行（在计算机中先预定好观测程序与记录的项目）：

比较星—天光—变星—天光—比较星—天光—变星—天光—校验星—天光

记录星光与天光的观测时间（北京时间）和观测的光电流（或光电子脉冲数）。

五、资料处理和分析

1. 变星与比较星的星等差的计算

由观测记录变星、变星周围的天光、比较星、较验星及其周围的天光的光电子脉冲数（或光电流值）。设在 V 波段变星（x）的光电流数值减去天光的数值为 dv_x；相应的比较星的光电流数值减去天光的数值为 dv_c，首先将数值换算为星等差，即可求得变星与比较星的星等差：

$$\Delta v=-2.5\lg(dv_x/dv_c)$$

2. 对资料作大气消光改正

如果在大气外观测，两颗星的星等差为

$$\Delta v_0=\Delta v-k_v\left[F(z)_x-F(z)_c\right]$$

式中 k_v 为大气消光系数，$F(z)_x$ 和 $F(z)_c$ 分别为变星与比较星的大气质量函数。由于天体高度 h 不同（或说天顶距 z 不同），所穿过的地球大气的密度不同，对天体的消光程度就不同。当天体的天顶距 $z \leqslant 75°$ 时，有 $F(z)=\sec z$。利用最小二乘法可解出大气消光系数和大气外的星等差（详见实习 8）。

在用较差方法进行观测时，可以不作二次大气消光系数的改正和星等归化。

当用 CCD 照相时，若变星与比较星同时出现在 CCD 视场内，同时拍摄，可不用作大气消光改正，直接测量得到变星与比较星的星等差 Δv。

表 sx.6 较亮的变星星表

星名	星座名	赤经（2000）（h）（m）	赤纬（2000）（°）（′）	极大 极小 / 星等	周期 / 天	其他星名
CG And	仙女座	0 00.7	+45 15	6.32 6.42	3.739 75	SAO 53568
β Cas	仙后座	0 09.6	+59 12	2.25 2.31	0.104 30	
γ Peg	飞马座	0 13.7	+15 14	2.80 2.87	0.157 495	
AO Cas	仙后座	0 17.7	+51 26	6.07 6.24	3.523 487	
U Cep	仙王座	1 02.3	+81 53	6.75 9.24	2.493 047 5	
ζ Phe	凤凰座	1 08.8	−55 12	3.92 4.42	1.669 767 1	
UV Cet	鲸鱼座	1 38.8	−17 58	6.8 12.95		
o Cet	鲸鱼座	2 19.8	−02 56	2.0 10.1	333.80	刍藁增二
ι Cas	仙后座	2 29.8	+67 26	4.45 4.53	1.740 50	
δ Cet	鲸鱼座	2 39.9	+00 22	4.05 4.10	0.161 136 68	
α UMi	小熊座	2 42.1	+89 18	1.92 2.07	3.969 778	北极星
β Per	英仙座	3 08.7	+40 59	2.12 3.40	2.867 30	大陵五
GK Per	英仙座	3 31.2	+43 54	0.2 14.0		
o Per	英仙座	3 44.9	+32 19	3.79 3.85	4.419 171	
DO Eri	波江座	3 55.3	−12 06	5.97 6.00	12.448	
γ Eri	波江座	3 58.4	−13 29	2.95		
λ Tau	金牛座	4 01.2	+12 31	3.3 3.80	3.952 955	
VW Hyi	水蛇座	4 09.1	−71 18	8.4 14.4	27.8	
T Tau	金牛座	4 42.8	+22 58	8.4 13.5		
o^1 Ori	猎户座	4 53.0	+14 16	4.65 4.88	30.29	
π^5 Ori	猎户座	4 54.7	+02 27	3.7 3.77	3.700 45	
ε Aur	御夫座	5 02.6	+43 50	2.92 3.83	9 892	
ζ Aur	御夫座	5 03.1	+41 05	3.70 3.97	972.160	
μ Lep	天兔座	5 13.3	−16 12	2.97 3.36	2	
α Aur	御夫座	5 17.3	+46 00	0.06 0.15	104.023	五车二
η Ori	猎户座	5 24.9	−02 23	3.14 3.35	7.989 26	
ε Ori	猎户座	5 36.7	−01 12	1.68 1.71		参宿二
ζ Tau	金牛座	5 38.2	+21 09	2.90 3.03		

星名	星座名	赤经（2000）（h）（m）	赤纬（2000）（°）（'）	极大 极小 / 星等	周期 / 天	其他星名
SU Tau	金牛座	5 49.1	+19 04	9.1 16.0		
T Aur	御夫座	5 49.8	+39 11	4.1 15.5		N1891
λ Col	天鸽座	5 53.4	−33 48	4.85 4.92	0.64	
BH Cam	鹿豹座	5 55.0	+64 59	2.37 2.53		
α Ori	猎户座	5 55.6	+07 24	0.40 1.3	2 110	参宿四
β Aur	御夫座	6 00.2	+44 57	1.89 1.98	3.960 042 1	
θ Aur	御夫座	6 00.3	+37 13	4.85 4.92	3.62	
δ Pic	绘架座	6 10.5	−54 58	4.65 4.9	1.672 541	
η Gem	双子座	6 15.4	+22 30	3.2 3.9	232.9	钺
β CMa	大犬座	6 23.1	−17 58	1.93 2.00	0.250 03	军市一
μ Gem	双子座	6 23.5	+22 31	2.76 3.02		
ξ¹ CMa	大犬座	6 32.2	−23 26	4.33 4.36	0.209 575 5	
WW Aur	御夫座	6 32.5	+32 27	5.79 6.54	2.525 019 22	
RR Pic	绘架座	6 35.6	−62 38	1.2 12.42		N1925
ζ Gem	双子座	7 04.6	+20 33	3.66 4.16	10.150 82	
L² Pup	船尾座	7 13.5	−44 39	2.6 6.2	140.42	
29 CMa	大犬座	7 19.0	−24 35	4.84 5.33	4.393 407	
YZ CMi	小犬座	7 44.7	+03 34	8.6 12.93	2.780 964	
U Gem	双子座	7 55.1	+22 00	8.2 14.9	103	
V Pup	船尾座	7 58.2	−49 15	4.7 5.2	1.454 487 7	
ρ Pup	船尾座	8 07.9	−24 20	2.7 2.8	0.140 881 43	
γ² Vel	船帆座	8 09.8	−47 22	1.6 1.8		
CP Pup	船尾座	8 11.8	−35 21	0.5 >17.0		N1942
λ Vel	船帆座	9 08.3	−43 28	2.14 2.22		
W UMa	大熊座	9 43.8	+55 57	7.9 8.63	0.333 636 96	
R Leo	狮子座	9 47.6	+11 26	4.4 11.3	312.43	
υ UMa	大熊座	9 51.6	+59 00	3.77 3.86	0.16	
AD Leo	狮子座	10 19.7	+19 52	9.41 10.94		
η Car	船底座	10 45.1	−59 52	−0.8 7.9		
β Hya	长蛇座	11 53.4	−33 57	4.2 4.22	2.36	
δ Cen	半人马座	12 08.8	−50 46	2.51 2.65		
UW Cen	半人马座	12 43.3	−54 32	9.1 >14.5		

星名	星座名	赤经（2000）（h）（m）	赤纬（2000）（°）（′）	极大 极小 /星等	周期/天	其他星名
β Cru	南十字座	12 48.2	−59 44	1.23 1.31	0.19	
ε UMa	大熊座	12 54.4	+55 55	1.76 1.79	5.088 7	玉衡（北斗五）
α² CVn	猎犬座	12 56.4	+38 16	2.84 2.98	5.469 39	常陈一
RS CVn	猎犬座	13 10.6	+35 56	7.93 9.14	4.797 81	
α Vir	室女座	13 25.7	−11 12	0.97 1.04	4.014 54	角宿一
78 Vir	室女座	13 34.6	+03 37	4.91 4.99	3.722	
μ cen	半人马座	13 50.1	−42 31	2.92 3.47		
β Cen	半人马座	14 04.4	−60 25	0.61 0.045	0.157	
τ¹ Lup	豺狼座	14 26.7	−45 16	4.36 4.43	0.177 365	
η Cen	半人马座	14 36.1	−42 12	2.30 2.41	1.28	
α Lup	豺狼座	14 42.5	−47 26	2.28 2.31	0.259 864	
44 Boo	牧夫座	15 04.1	+47 37	6.5 7.1	0.267 816 0	
β CrB	北冕座	15 28.2	+29 04	3.65 3.72	18.487	
α CrB	北冕座	15 35.1	+26 41	2.21 2.32	17.359 907	贯索四
RR CrB	北冕座	15 41.4	+38 33	8.4 10.1	60.8	
R CrB	北冕座	15 48.6	+28 09	5.71 14.8		
T CrB	北冕座	15 59.5	+25 55	2.0 10.8	29 000	N1946
SX Her	武仙座	16 07.5	+24 55	8.6 10.9	102.90	
σ Sco	天蝎座	16 21.7	−25 37	2.94 3.06	0.246 840 6	心宿一
α sco	天蝎座	16 29.9	−26 27	0.88 1.80		心宿二（大火）
ε UMi	小熊座	16 45.1	+82 01	4.22 4.28	39.480 9	
μ¹ Sco	天蝎座	16 52.5	−38 04	2.80 3.08	1.440 269 07	
α Her	武仙座	17 15.0	+14 23	3 4		帝座
θ Oph	蛇夫座	17 22.5	−25 00	3.25 3.29	0.140 531	
V843 Oph	蛇夫座	17 30.6	−21 29	−2.5 >19.0		SN1604
λ Sco	天蝎座	17 34.2	−37 07	1.59 1.65	0.213 701 5	尾宿八
κ Sco	天蝎座	17 43.1	−39 02	2.39 2.42	0.199 87	
V566 Oph	蛇夫座	17 56.9	+04 59	7.5 7.96	0.409 646 60	
DQ Her	武仙座	18 07.5	+45 51	1.3 15.6		N1934
AC Her	武仙座	18 30.3	+21 52	7.43 9.74	75.461 9	
α Lyr	天琴座	18 37.2	+38 48	0.03 0.02	0.07	织女一
δ Sct	盾牌座	18 42.8	−09 03	4.98 5.16	0.193 77	

星名	星座名	赤经（2000）（h）（m）	赤纬（2000）（°）（′）	极大　极小／星等	周期／天	其他星名
R Sct	盾牌座	18　47.5	−05　42	4.45　8.20	140.05	
V603 Aq1	天鹰座	18　48.9	+00　35	−1.4　12.03		N1918
β Lyr	天琴座	18　50.4	+33　22	3.34　4.34	12.935 78	渐台二
κ Pav	孔雀座	18　57.8	−67　13	3.94　4.75	9.088	
ε CrA	南冕座	18　59.3	−37　06	4.74　5.00	0.591 426 4	
V3880 Sgr	人马座	19　08.9	−22　14	1.8　2.8	550	
RY Sgr	人马座	19　16.5	−33　31	6.00　>15.0		
υ Sgr	人马座	19　22.2	−15　56	4.3　4.4	137.939	
RR Lyr	天琴座	19　25.5	+42　47	7.06　8.12	0.566 867	
CK Vu1	狐狸座	19　47.6	+27　19	2.7　>17.0		N1670
χ Cyg	天鹅座	19　50.6	+32　55	3.3　14.2	406.93	
SV Vul	狐狸座	19　51.5	+27　28	6.73　7.76	45.035	
V476 Cyg	天鹅座	19　58.4	+53　37	2.0　16.2		N1920
V1300 Aq1	天鹰座	20　10.4	−06　16	2.2　3.2	680	
R Sge	天箭座	20　14.1	+16　44	9.46　11.46	70.594	
V444 Cyg	天鹅座	20　19.5	+38　44	8.3　8.6	4.212 424	
U Cyg	天鹅座	20　19.6	+47　54	5.9　12.1	462.40	
α Cyg	天鹅座	20　41.7	+45　19	1.25		天津四
HR Del	海豚座	20　42.3	+19　10	3.70　12.38		N1967
δ Del	海豚座	20　43.9	+15　06	4.39　4.49	0.158	
V1489 Cyg	天鹅座	20　46.4	+40　07	0.38　1.10	1 280	
V1500 Cyg	天鹅座	21　11.6	+48　09	2.22　>21		N1975
β Cep	仙王座	21　28.8	+70　36	3.16　3.27	0.190 488 1	上卫增一
SS Cyg	天鹅座	21　42.7	+43　35	8.2　12.4	50.1	
μ Cep	仙王座	21　43.8	+58　49	3.43　5.1	730	
ε Peg	飞马座	21　44.6	+09　55	0.7　3.5		危宿三
δ Cap	摩羯座	21　47.5	−16　05	2.81　3.05	1.022 768 8	
PR Cep	仙王座	21　58.0	+56　44	1.48　1.86		
CP Lac	蝎虎座	22　15.7	+55　37	2.1　15.6		N1936
δ Cep	仙王座	22　29.5	+58　28	3.48　4.37	5.366 341	
DI Lac	蝎虎座	22　35.8	+52　43	4.3　14.9		N1910
β Gru	天鹤座	22　43.2	−46　50	2.0　2.3		

星名	星座名	赤经（2000）（h）（m）	赤纬（2000）（°）（′）	极大 极小 /星等	周期/天	其他星名
EV Lac	蝎虎座	22 46.9	+44 20	8.28 11.83		
β Peg	飞马座	23 04.2	+28 08	2.31 2.74		室宿二
λ And	仙女座	23 38.0	+46 30	3.69 3.97	54.33	
Z Aqr	宝瓶座	23 52.2	−15 51	9.5 12.0	135.5	

注：在"其他星名"栏中，N 是新星，N 后的数字是发现年份。本星表摘自《星座奥秘探索图典》，作者是林完次、渡部润一，2002 年。

表 sx.7　较暗的变星星表

星名	星表名	赤经 2000.0 （h）（m）（s）	赤纬 2000.0 （°）（′）（″）	光谱型	周期 /天	V_{max}	V_{min}	类型	光变极小时刻历元 JD2448500+
GP And	HIP 4322	00 55 18.1	+23 09 49	A3	0.078 682 8	10.571	11.078	DSCT	0.038 5
TW Cet	HIP 8447	01 48 54.1	−20 53 35	G5	0.316 852	10.413	11.167	EW	0.175 0
V1128Tau	SAO 93621	03 49 27.8	+12 54 44	G0	0.305 373 2	9.649	10.241	EB	0.062 0
EZ Cep	HIP 18548	03 58 05.4	+81 14 23		0.379 004	12.192	13.550	RR	0.037 6
RR Gem	HIP 35667	07 21 33.5	+30 52 59	A8	0.397 292	10.847	12.096	RR	0.353 5
VZ Cnc	SAO 98035	08 40 52.1	+09 49 27	A9III	0.178 363	7.362	7.994	SXPHE	0.083 0
AE UMa	HIP 47181	09 36 53.2	+44 04 01	A9	0.086 017 5	11.049	11.576	SXPHE	0.017 6
GW UMa	SAO 43453	10 44 11.3	+44 40 44	F3V	0.203 194	9.474	9.976	RR	0.116 0
AM Leo	SAO 99413	11 02 10.9	+09 53 43	F8Vn	0.365 798	9.256	9.760	EW	0.331 0
RZ Com	HIP 61414	12 35 05.1	+23 20 14	G0Vn	0.338 509	10.483	11.224	EW	0.216 0
U Com	HIP 61809	12 40 03.2	+27 29 56	A9	0.292 736	11.525	12.106	RR	0.265 0
HW Vir	HIP 62157	12 44 20.2	−08 40 17		0.233 439 0	10.501	11.039	EA	0.198 1
AU Vir	HIP 65445	13 24 48.0	−06 58 45	A0	0.343 221	11.441	12.037	RR	0.004 0
SX UMa	HIP 65547	13 26 13.5	+56 15 25	A8.5	0.307 139 5	10.618	11.221	RR	0.234 0
TV Boo	HIP 69759	14 16 36.6	+42 21 36	B9	0.312 557	10.714	11.349	RR	0.051 0
VW Boo	HIP 69826	14 17 26.1	+12 34 04	G5	0.342 318	10.604	11.203	EW	0.051 0
AC Boo	HIP 73103	14 56 28.1	+46 21 44	F8Vn	0.352 441	10.084	10.683	EW	0.296 0
VZ Lib	HIP 76050	15 31 51.8	−15 41 10	F5	0.358 256	10.377	10.940	DSCT	0.073 0
RV CrB	HIP 79974	16 19 25.9	+29 42 48	A1	0.331 588	11.206	11.796	RR	0.303 6
DY Her	HIP 80903	16 31 17.9	+11 59 52	A9III	0.148 630 9	10.238	10.788	SXPHE	0.138 5
TW Her	HIP 87681	17 54 31.2	+30 24 38	F6	0.399 599	10.546	12.103	RR	0.259 0

星名	星表名	赤经 2000.0 （h）（m） （s）	赤纬 2000.0 （°）（′） （″）	光谱型	周期 /天	V_{max}	V_{min}	类型	光变极小 时刻历元 JD2448500+
V417 Aql	SAO 124824	19 35 24.1	+05 50 18	G2V	0.370 315	10.617	11.297	EW	0.368 0
XX Cyg	HIP 98737	20 03 15.7	+58 57 17	A	0.134 865 8	11.386	12.318	SXPHE	0.001 4
YZ Cap	HD 358431	21 19 32.4	−15 07 01	F5	0.273 461	11.129	11.632	RR	0.183 0
AV Peg	HIP107935	21 52 02.8	+22 34 29	F0	0.390 378	9.948	11.072	RR	0.220 2
BB Peg	HIP 110493	22 22 56.9	+16 19 28	F8	0.361 505	11.055	11.731	EW	0.015 0
CY Aqr	HIP 111719	22 37 47.8	+01 32 04	B8	0.610 388	10.511	11.260	SXPHE	0.030 0
DY Peg	HD 218549	23 08 51.2	+17 12 56	F5	0.072 926	10.116	10.695	SXPHE	0.037 0
VZ Peg	HIP 116942	23 42 16.3	+24 54 58	A0	0.306 493	11.714	12.251	RR	0.107 0
U Peg	SAO 108933	23 57 58.5	+15 57 10	G2V	0.374 778	9.596	10.171	EW	0.132 0

注：第 2 栏：SAO—史密松天体物理天文台星表；HIP—依巴谷星表；HD—Henry Draper Catalogue，简称 HD 星表。第 9 栏：DSCT—盾牌座 δ 型变星，SXPHE—凤凰座 SX 型变星，类似盾牌座 δ 型变星；RR—天琴座 RR 型变星；EW—大熊座 W 型食双星；EB—天琴座 β 型食双星；EA—大陵五型食双星。

本星表由中国科学院国家天文台胡景耀研究员提供。食变双星的光变示意图如图 sx.16 所示。

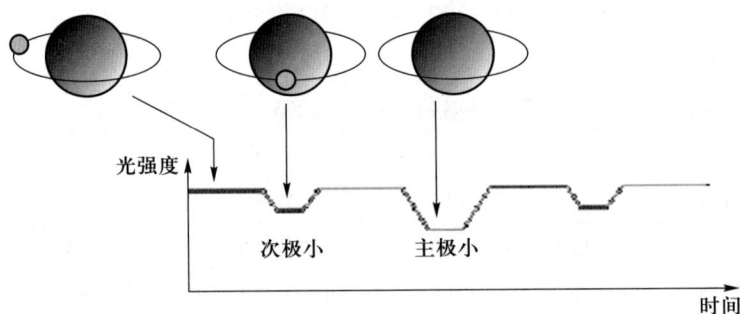

▷图 sx.16　食变双星的光变示意图

3. 星等归化

尽管各台站都使用镀铝的反射望远镜及采用规定的滤光片和光电倍增管，但是其仪器系统的分光响应与标准系统还会有差别，因此在光度测量中要进行星等系统的归化，即将测量仪器系统的大气外星等归化到国际标准的 UBV 系统，如 V 星等的归化可按如下方程式计算：

$$V_{国际}=v_0+\varepsilon（B-V）$$

式中，ε 为观测台站的仪器系统与标准系统之间的星等归化系数。实际测量一批标准星可以测定此归化系数。公式左端 $V_{国际}$ 为国际系统，右端 v_0 为观测站所测该星的大气外星等，

（$B-V$）为该星的色指数（由星表可知）。由于比较星的 U、B、V 值可由星表查出，所以由上述方程式可以求出变星的国际标准 UBV 系统的星等。

4. 绘制光变曲线

为了研究变星的光度随时间的变化情况，要绘制光变曲线，如图 sx.17 所示。它是以 V 星等（或星等差 ΔV）为纵坐标，以时间（世界时或儒略日）为横坐标绘制而成的曲线。

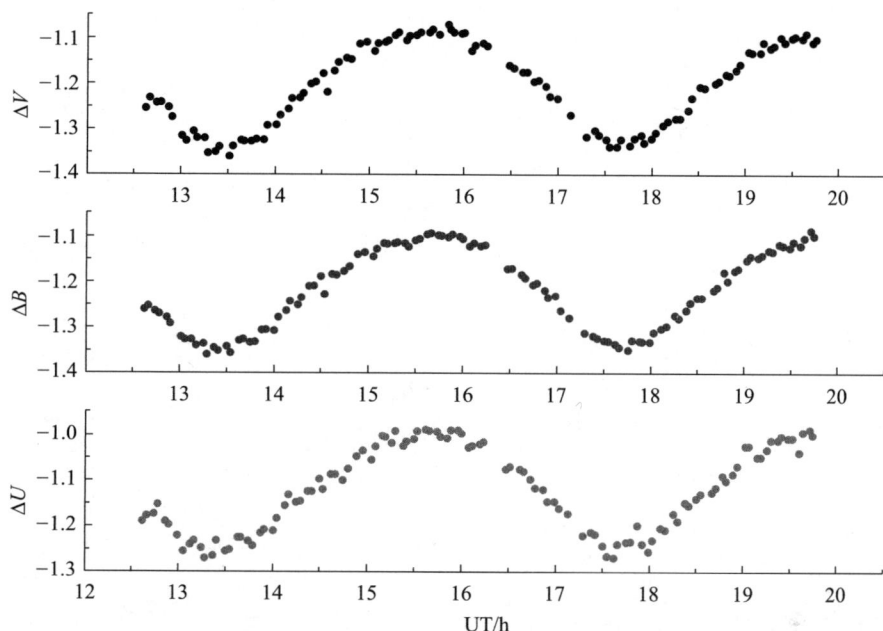

▷图 sx.17　1991 年 5 月 9—10 日在国家天文台兴隆观测站用光电测光得到的
牧夫座 CK（CK Boo）食变双星的 U、B、V 光变曲线

图中横坐标 UT 为世界时，已作了日心儒略日改正

5. 求解光变周期 P 和光变幅 Δm

变星的光变曲线的最小值叫光变极小，最大值叫光变极大，二者的差值为光变幅 Δm。用绘图法或最小二乘法求出两个邻近光变极小的时间间隔，这就是变星的光变周期 P。

6. 光变历元公式的计算

由观测求出光变周期 P 和光变极小时刻，就可以写出此变星的历元公式。例如食变双星 CK Boo 的历元公式为

$$\min(I) = \mathrm{JD}\,2\,442\,537.433 + 0.355\,150\,1^{\mathrm{d}}\,E$$

此公式告诉我们，可以利用变星的光变极小时刻（儒略日 2 442 537.433）和周期（0.355 150 1 天）的整数倍 E 来推算此变星以后发生光变的极小时刻。

7. 分析周期的变化

除了自己测量的变星的光变极小时刻外，还可以收集其他人的观测结果（可参阅匈

牙利天文台出版的《变星快报（IBVS）》）。算出观测的极小时刻（O）与按历元公式推算的极小时刻（C）之差，这个差 O—C 以天为单位。绘制（O—C）与 E 的图，此图称为（O—C）曲线。由此曲线的趋势可以研究光变周期的变化。

附　录

拉丁名	所有格	缩写	汉语名	位置	面积①	大小	星数②
Andromeda	Andromedae	And	仙女座	北天	722	19	100
Antlia	Antliae	Ant	唧筒座	南天	239	62	20
Apus	Apodis	Aps	天燕座	南天	206	67	20
Aquarius	Aquarii	Aqr	宝瓶座	赤道	980	10	90
Aquila	Aquilae	Aql	天鹰座	赤道	652	22	70
Ara	Arae	Ara	天坛座	南天	237	63	30
Aries	Arietis	Ari	白羊座	赤道	441	39	50
Auriga	Aurigae	Aur	御夫座	北天	657	21	90
Bootes	Bootis	Boo	牧夫座	赤道	907	13	90
Caelum	Caeli	Cae	雕具座	南天	125	81	10
Camelopardalis	Camelopardalis	Cam	鹿豹座	北天	757	18	50
Cancer	Cancri	Cnc	巨蟹座	赤道	506	31	60
Canes Venatici	Canum Venaticorum	CVn	猎犬座	北天	465	38	30
Canis Major	Canis Majoris	CMa	大犬座	赤道	380	43	80
Canis Minor	Canis Minoris	CMi	小犬座	赤道	183	71	20
Capricornus	Capricorni	Cap	摩羯座	赤道	414	40	50
Carina	Carinae	Car	船底座	南天	494	34	110
Cassiopeia	Cassiopeiae	Cas	仙后座	北天	598	25	90
Centaurus	Centauri	Cen	半人马座	南天	1 060	09	150
Cepheus	Cephei	Cep	仙王座	北天	588	27	60
Cetus	Ceti	Cet	鲸鱼座	赤道	1 231	04	100
Chamaeleon	Chamaeleonis	Cha	蝘蜓座	南天	132	79	20
Circinus	Circini	Cir	圆规座	南天	93	85	20
Columba	Columbae	Col	天鸽座	南天	270	54	40

拉丁名	所有格	缩写	汉语名	位置	面积	大小	星数
ComaBerenices	ComaeBerenices	Com	后发座	赤道	386	42	53
CoronaAustrilis	CoronaeAustrilis	CrA	南冕座	南天	128	80	25
CoronaBorealis	CoronaeBorealis	CrB	北冕座	赤道	179	73	20
Corvus	Corvi	Crv	乌鸦座	赤道	184	70	15
Crater	Crateris	Crt	巨爵座	赤道	282	53	20
Crux	Crucis	Cru	南十字座	南天	68	88	30
Cygnus	Cygni	Cyg	天鹅座	北天	804	16	150
Delphinus	Delphini	Del	海豚座	赤道	189	69	30
Dorado	Doradus	Dor	箭鱼座	南天	179	72	20
Draco	Draconis	Dra	天龙座	北天	1 083	08	80
Equuleus	Equulei	Equ	小马座	赤道	72	87	10
Eridanus	Eridani	Eri	波江座	赤道	1 138	06	100
Fornax	Fornacis	For	天炉座	赤道	398	41	35
Gemini	Geminorum	Gem	双子座	赤道	514	30	70
Grus	Gruis	Gru	天鹤座	南天	366	45	30
Hercules	Herculis	Her	武仙座	赤道	1 225	05	140
Horologium	Horologii	Hor	时钟座	南天	249	58	20
Hydra	Hydrae	Hya	长蛇座	赤道	1 303	01	20
Hydrus	Hudri	Hyi	水蛇座	南天	243	61	20
Indus	Indi	Ind	印地安座	南天	294	49	20
Lacerta	Lacertae	Lac	蝎虎座	北天	201	68	35
Leo	Leonis	Leo	狮子座	赤道	947	12	70
LeoMinor	LeonisMinoris	LMi	小狮座	赤道	232	64	20
Lepus	Leporis	Lep	天兔座	赤道	290	51	40
Libra	Librae	Lib	天秤座	赤道	538	29	50
Lupus	Lupi	Lup	豺狼座	南天	334	46	70
Lynx	Lyncis	Lyn	天猫座	北天	545	28	60
Lyra	Lyrae	Lyr	天琴座	北天	286	52	45
Mensa	Mensae	Men	山案座	南天	153	75	15
Microseopium	Microacopii	Mic	显微镜座	南天	210	66	20
Monoceros	Monocerotis	Mon	麒麟座	南天	483	35	85
Musca	Muscae	Mus	苍蝇座	南天	138	77	30
Norma	Normae	Nor	矩尺座	南天	165	74	20

拉丁名	所有格	缩写	汉语名	位置	面积	大小	星数
Octans	Octantis	Oct	南极座	南天	291	50	35
Ophiuchus	Ophiuchi	Oph	蛇夫座	赤道	948	11	100
Orion	Orionis	Ori	猎户座	赤道	594	26	120
Pavo	Pavonis	Pav	孔雀座	南天	378	44	45
Pegasus	Pegasi	Peg	飞马座	赤道	1 121	07	100
Perseus	Persei	Per	英仙座	北天	615	24	90
Phoenix	Phoenicis	Phe	凤凰座	南天	469	37	40
Pictor	Pictoris	Pic	绘架座	南天	247	59	30
Pisces	Piscium	Psc	双鱼座	赤道	889	14	75
PiscisAustrinus	PiscisAustrini	PsA	南鱼座	赤道	245	60	25
Puppis	Puppis	Pup	船尾座	赤道	673	20	140
Pyxis	Pyxidis	Pyx	罗盘座	赤道	221	65	25
Reticulum	Reticuli	Ret	网罟座	南天	114	82	15
Sagitta	Sagittae	Sge	天箭座	赤道	80	86	20
Sagittarius	Sagittarii	Sgr	人马座	赤道	867	15	115
Scorpius	Scorpii	Sco	天蝎座	赤道	497	33	100
Sculptor	Sculptoris	Scl	玉夫座	赤道	475	36	30
Scutum	Scuti	Sct	盾牌座	赤道	109	84	20
Serpens	Serpentis	Ser	巨蛇座	赤道	637	23	60
Sextans	Sextantis	Sex	六分仪座	赤道	314	47	25
Taurus	Tauri	Tau	金牛座	赤道	797	17	125
Telescopium	Telescopii	Tel	望远镜座	南天	252	57	30
Triangulum	Trianguli	Tri	三角座	赤道	132	78	15
TriangulumAustrale	TrianguliAustralis	TrA	南三角座	南天	110	83	20
Tucana	Tucanae	Tuc	杜鹃座	南天	295	48	25
UrsaMajor	UrsaeMajoris	UMa	大熊座	北天	1 280	03	125
UrsaMinor	UrsaeMinoris	UMi	小熊座	北天	256	56	20
Vela	Velorum	Vel	船帆座	南天	500	32	110
Virgo	Virginis	Vir	室女座	赤道	1 294	02	95
Volans	Volantis	Vol	飞鱼座	南天	141	76	20
Vulpecula	Vulpeculae	Vul	狐狸座	赤道	268	55	45

注：① 单位为平方度；

② 亮于 6 等星的星数。

附录 2 | 梅西叶星云、星团表

编号	NGC	赤经（2000）	赤纬（2000）	尺度 /（′）	视星等	星座	天体类型
M 1	1952	05 34.5	+22 01	6×4	8.4	金牛座	蟹状星云
M 2	7089	21 33.5	−00 49	13	6.5	宝瓶座	球状星团
M 3	5272	13 42.5	+28 23	16	6.4	猎犬座	球状星团
M 4	6121	16 23.6	−26 32	26	5.9	天蝎座	球状星团
M 5	5904	15 18.6	+02 05	17	5.8	巨蛇座	疏散星团
M 6	6405	17 40.1	−32 13	15	4.2	天蝎座	疏散星团
M 7	6475	17 53.9	−34 49	80	3.3	天蝎座	疏散星团
M 8	6523	18 03.8	−24 23	90×40	5.8	人马座	礁湖星云
M 9	6333	17 19.2	−18 31	9	7.9	蛇夫座	球状星团
M10	6254	16 57.1	−04 06	15	6.6	蛇夫座	球状星团
M11	6705	18 51.1	−06 16	14	5.8	盾牌座	疏散星团
M12	6218	16 47.2	−01 57	15	6.6	蛇夫座	球状星团
M13	6205	16 41.7	+36 28	17	5.9	武仙座	球状星团
M14	6402	17 37.6	−03 15	12	7.6	蛇夫座	球状星团
M15	7078	21 30.0	+12 10	12	5.4	飞马座	球状星团
M16	6611	18 18.8	−13 47	35	6.0	巨蛇座	老鹰星云
M17	6618	18 20.8	−16 11	46×37	7.0	人马座	奥米加星云
M18	6613	18 19.9	−17 08	9	6.9	人马座	疏散星团
M19	6273	17 02.6	−26 16	14	7.2	蛇夫座	球状星团
M20	6514	18 02.3	−23 02	29×27	6.3	人马座	三叶星云
M21	6531	18 04.6	−22 30	13	5.9	人马座	疏散星团
M22	6656	18 36.4	−23 54	24	5.1	人马座	球状星团
M23	6494	17 56.8	−19 01	27	5.5	人马座	疏散星团
M24	6603	18 18.4	−18 25	90	4.5	人马座	疏散星团
M25	IC4725	18 31.6	−19 15	32	4.6	人马座	疏散星团
M26	6694	18 45.2	−09 24	15	8.0	盾牌座	疏散星团
M27	6853	19 59.6	+22 43	8×4	8.1	狐狸座	哑铃星云
M28	6626	18 24.5	−24 52	11	6.9	人马座	球状星团

编号	NGC	赤经 （2000）	赤纬 （2000）	尺度/（′）	视星等	星座	天体类型
M29	6913	20 23.9	+38 32	7	6.6	天鹅座	疏散星团
M30	7099	21 40.4	−23 11	11	7.5	摩羯座	球状星团
M31	224	00 42.7	+41 16	178×63	3.4	仙女座	仙女座大星云
M32	221	00 42.7	+40 52	8×6	8.2	仙女座	椭圆星系
M33	598	01 33.9	+30 39	62×39	5.7	三角座	旋涡星系
M34	1039	02 42.0	+42 47	35	5.2	英仙座	疏散星团
M35	2168	06 08.9	+24 20	28	5.1	双子座	疏散星团
M36	1960	05 36.1	+34 08′	12	6.0	御夫座	疏散星团
M37	2099	05 52.4	−32 33	24	5.6	御夫座	疏散星团
M38	1912	05 28.7	+35 50	21	6.4	御夫座	疏散星团
M39	7092	21 32.2	+48 26	32	4.6	天鹅座	疏散星团
M40	/	12 22.4	+58 05	/	8.0	大熊座	双星
M41	2287	06 47.0	−20 44	38	4.5	大犬座	疏散星团
M42	1976	05 35.4	−05 27′	66×60	4	猎户座	猎户座大星云
M43	1982	05 35.6	−05 16	20×15	9	猎户座	弥漫星云
M44	2632	08 40.1	+19 59	95	3.1	巨蟹座	鬼星团
M45	/	03 47.0	+24 07	110	1.2	金牛座	昴星团
M46	2437	07 41.8	−14 49	27	6.1	船尾座	疏散星团
M47	2422	07 36.6	−14 30	30	4.4	船尾座	疏散星团
M48	2548	08 13.8	−05 48	54	5.8	长蛇座	疏散星团
M49	4472	12 29.8	+08 00	9×7	8.4	室女座	椭圆星系
M50	2323	07 03.2	+08 20	16	5.9	麒麟座	疏散星团
M51	5194	13 29.9	+47 12	11×8	8.8	猎犬座	旋涡星系
M52	7654	23 24.2	+61 35′	13	6.9	仙后座	疏散星团
M53	5024	13 12.9	+18 10	13	7.7	后发座	球状星团
M54	6715	18 55.1M	−30 29	9	7.7	人马座	球状星团
M55	6809	19 40.0	−30 58	19	7.0	人马座	球状星团
M56	6779	19 16.6	+30 11	7	8.2	天琴座	球状星团
M57	6720	18 53.6	+33 02	1	9.0	天琴座	环状星云
M58	4579	12 37.7	+11 49	5×4	9.8	室女座	旋涡星系
M59	4621	12 42.0	+11 39	5×3	9.8	室女座	椭圆星系
M60	4649	12 43.7	+11 33	7×6	8.8	室女座	椭圆星系

编号	NGC	赤经（2000）	赤纬（2000）	尺度/(′)	视星等	星座	天体类型
M61	4303	12 21.9	+4 28	6×6	6.6	室女座	旋涡星系
M62	6266	17 01.2	+30 07	14	8.8	蛇夫座	球状星团
M63	5055	13 15.8	+42 02	12×8	8.6	猎犬座	旋涡星系
M64	4826	12 56.7	+21 41	9×5	8.5	后发座	旋涡星系
M65	3623	11 18.9	+13 05	10×3	9.3	狮子座	旋涡星系
M66	3627	11 20.2	+12 59	9×4	9.0	狮子座	旋涡星系
M67	2682	08 50.4	+11 49	30	6.9	巨蟹座	疏散星团
M68	4590	12 39.5	+26 45	12	8.2	长蛇座	球状星团
M69	6637	18 31.4	−32 21	4	7.7	人马座	球状星团
M70	6681	18 43.2	−32 18	8	8.1	人马座	球状星团
M71	6838	19 53.9	+18 47	7	8.3	天箭座	球状星团
M72	6981	20 53.5	−12 32	6	9.4	宝瓶座	球状星团
M73	6994	20 59.0	−12 38	3	8.9	宝瓶座	疏散星团（4合星）
M74	628	01 36.7	+15 47	10×10	9.2	双鱼座	旋涡星系
M75	6864	20 06.1	−21 55	6	8.6	人马座	球状星团
M76	651	01 42.4	+51 34	2×1	12.2	英仙座	行星状星云
M77	1068	02 42.7	−00 01	7×6	8.8	鲸鱼座	旋涡星系
M78	2068	05 46.7	+00 03	8×6	—	猎户座	弥漫星云
M79	1904	05 24.5	+24 33	9	8.0	天兔座	球状星团
M80	6093	16 17.1	+22 59	9	7.2	天蝎座	球状星团
M81	3031	09 55.6	+69 04	26×14	6.9	大熊座	旋涡星系
M82	3034	09 55.8	+69 41	11×5	8.4	大熊座	不规则星系
M83	5236	13 37.0	−18 52	11×10	8.0	长蛇座	旋涡星系
M84	4374	12 25.1	+12 53	5×4	9.3	室女座	椭圆星系
M85	4382	12 25.4	+18 11	7×5	9.2	后发座	椭圆星系
M86	4406	12 26.2	+12 57	7×6	9.2	室女座	椭圆星系
M87	4486	12 30.8	+12 24	7×7	8.6	室女座	椭圆星系
M88	4501	12 32.0	+14 25	7×4	9.5	后发座	旋涡星系
M89	4552	12 35.7	+12 33	4×4	9.8	室女座	椭圆星系
M90	4569	12 36.8	+13 10	10×5	9.5	室女座	旋涡星系
M91	4548	12 35.4	+14 30	5×4	10.2	后发座	旋涡星系
M92	6341	17 17.1	+43 08	11	6.5	武仙座	球状星团

编号	NGC	赤经 （2000）	赤纬 （2000）	尺度/（'）	视星等	星座	天体类型
M93	2447	07 44.6	+23 52	22	6.2	船尾座	疏散星团
M94	4736	12 50.9	+41 07	11×9	8.2	猎犬座	旋涡星系
M95	3351	10 44.0	+11 42	7×5	9.7	狮子座	棒旋星系
M96	3368	10 46.8	+11 49	7×5	9.2	狮子座	旋涡星系
M97	3587	11 14.8	+55 01	3	12.0	大熊座	行星状星云
M98	4192	12 13.8	+14 54	10×3	10.1	后发座	旋涡星系
M99	4254	12 18.8	+14 25	5×5	9.8	后发座	旋涡星系
M100	4321	12 22.9	+15 49	7×6	9.4	后发座	旋涡星系
M101	5457	14 03.2	+54 21	27×26	7.7	大熊座	旋涡星系
M102	5866	15 06.5	+55 46	5×2	11.1	天龙座	透镜星系
M103	581	01 33.2	+60 42	6	7.4	仙后座	疏散星团
M104	4594	12 40.0	−11 37	8×4	9.0	室女座	草帽星系
M105	3379	10 47.8	+12 35	5×4	9.3	狮子座	椭圆星系
M106	4258	12 19.0	+47 18	18×8	8.3	猎犬座	旋涡星系
M107	6171	16 32.5	−13 03	10	8.1	蛇夫座	球状星团
M108	3556	11 11.5	+55 40	8×3	10.1	大熊座	旋涡星系
M109	3992	11 57.6	+53 23	8×5	9.8	大熊座	棒旋星系
M110	205	00 40.4	+41 41	17×10	8.0	仙女座	椭圆星系

附录 3 ｜ 天文学常用数据表

名称	符号	数值及单位
天文单位（日地距离）	AU	$1.495\,978\,706\,91\,(3)\times10^{11}$ m
光年	l.y.	9.461×10^{15} m $=0.306\,6$ pc
秒差距	pc	$3.085\,68\times10^{16}$ m $=3.261\,5$ l.y.
平均恒星年	a	$365.256\,36$ d $=3.156\times10^{7}$ s
平均恒星日	d	23 h56 m$04.090\,54$ s $=86\,164.090\,54$ s
太阳的质量	m_{S}	$1.988\,92\times10^{30}$ kg $(=3.329\times10^{5}\,m_{\mathrm{E}})$
太阳的半径	R_{S}	6.965×10^{8} m $(=109.2R_{\mathrm{E}})$

名称	符号	数值及单位
太阳的光度	L_S	$3.826（8）\times 10^{26}$ W
地球的质量	m_E	5.976×10^{24} kg
地球的半径	R_E	$6.356.779 \times 10^6$ m（两极半径）
		$6.371.03 \times 10^6$ m（平均半径）
		$6.378.164 \times 10^6$ m（赤道半径）
地球的体积	V_E	1.083×10^{12} km^3
地球的密度	ρ_E	5.52×10^3 kg $\cdot$ m^{-3}
地心到日心距离	d_{ES}	1.496×10^{11} m（平均值）
		1.471×10^{11} m（在近日点）
		1.521×10^{11} m（在远日点）
地球重力加速度 （海平面）	g_E	$9.806\ 65$ m $\cdot$ s^{-2}（标准参考值）
		$9.780\ 4$ m $\cdot$ s^{-2}（赤道）
		$9.832\ 2$ m $\cdot$ s^{-2}（两极）
月球的质量	m_M	7.349×10^{22} kg（$=0.012\ 3m_E$）
月球的半径	R_M	$1.737\ 4 \times 10^6$ m（$=0.272\ 5R_E$）
月球的密度	ρ_M	3.35×10^3 kg $\cdot$ m^{-3}
月球公转周期	T_M	27.32 d $= 2.360 \times 10^6$ s
月心到地心距离	d_{ME}	3.844×10^8 m
月球表面重力加速度	g_M	1.62 m $\cdot$ s^{-2}（$=0.165g$）

附录 4 ｜ 常用物理常量表

名称	符号	数值	单位	相对标准 不确定度
真空中的光速	c	299 792 458	m $\cdot$ s^{-1}	精确
普朗克常量	h	$6.626\ 070\ 15 \times 10^{-34}$	J $\cdot$ s	精确
约化普朗克常量	$h/2\pi$	$1.054\ 571\ 817\cdots \times 10^{-34}$	J $\cdot$ s	精确
元电荷	e	$1.602\ 176\ 634 \times 10^{-19}$	C	精确
阿伏伽德罗常量	N_A	$6.022\ 140\ 76 \times 10^{23}$	mol^{-1}	精确
玻耳兹曼常量	k	$1.380\ 649 \times 10^{-23}$	J $\cdot$ K^{-1}	精确
摩尔气体常量	R	$8.314\ 462\ 618\cdots$	J $\cdot$ mol^{-1} $\cdot$ K^{-1}	精确

名称	符号	数值	单位	相对标准不确定度
理想气体的摩尔体积（标准状况下）	V_m	$22.413\,969\,54\cdots \times 10^{-3}$	$m^3 \cdot mol^{-1}$	精确
洛施密特常量	n_0	$2.686\,780\,111\cdots \times 10^{25}$	m^{-3}	精确
斯特藩-玻耳兹曼常量	σ	$5.670\,374\,419\cdots \times 10^{-8}$	$W \cdot m^{-2} \cdot K^{-4}$	精确
维恩位移定律常量	b	$2.897\,771\,955\cdots \times 10^{-3}$	$m \cdot K$	精确
引力常量	G	$6.674\,30\,(15) \times 10^{-11}$	$m^3 \cdot kg^{-1} \cdot s^{-2}$	2.2×10^{-5}
真空磁导率	μ_0	$1.256\,637\,061\,27\,(20) \times 10^{-6}$	$N \cdot A^{-2}$	1.6×10^{-10}
真空电容率	ε_0	$8.854\,187\,818\,8\,(14) \times 10^{-12}$	$F \cdot m^{-1}$	1.6×10^{-10}
电子质量	m_e	$9.109\,383\,713\,9\,(28) \times 10^{-31}$	kg	3.1×10^{-10}
质子质量	m_p	$1.672\,621\,925\,95\,(52) \times 10^{-27}$	kg	3.1×10^{-10}
中子质量	m_n	$1.674\,927\,500\,56\,(85) \times 10^{-27}$	kg	5.1×10^{-10}
氘核质量	m_d	$3.343\,583\,776\,8\,(10) \times 10^{-27}$	kg	3.1×10^{-10}
氚核质量	m_t	$5.007\,356\,751\,2\,(16) \times 10^{-27}$	kg	3.1×10^{-10}
玻尔磁子	μ_B	$9.274\,010\,065\,7\,(29) \times 10^{-24}$	$J \cdot T^{-1}$	3.1×10^{-10}
核磁子	μ_N	$5.050\,783\,739\,3\,(16) \times 10^{-27}$	$J \cdot T^{-1}$	3.1×10^{-10}
里德伯常量	R_∞	$1.097\,373\,156\,815\,7\,(12) \times 10^{7}$	m^{-1}	1.1×10^{-12}
精细结构常数	α	$7.297\,352\,564\,3\,(11) \times 10^{-3}$		1.6×10^{-10}
玻尔半径	a_0	$5.291\,772\,105\,44\,(82) \times 10^{-11}$	m	1.6×10^{-10}
康普顿波长	λ_C	$2.426\,310\,235\,38\,(76) \times 10^{-12}$	m	3.1×10^{-10}
原子质量常量	m_u	$1.660\,539\,068\,92\,(52) \times 10^{-27}$	kg	3.1×10^{-10}

注：① 表中数据为国际科学理事会（ISC）国际数据委员会（CODATA）2022 年的国际推荐值.

② 标准状况是指 $T = 273.15\ K$，$p = 101325\ Pa$.

附录 5 | 球面三角学基本公式

参考文献

[1] Chaisson E, McMillan S. Astronomy Today[M]. New Jersey: Prentice Hall Inc., 1998.

[2] Karttunen H, Kröger P, Oja H, et al. Fundamental Astronomy[M]. 3nd ed. Berlin: Springer, 1996.

[3] Robbins R R, Jefferys W H, Shawl S J. Discovering Astronomy[M]. 3nd ed. New York: John Wiley & Sons Inc., 1995.

[4] 戴文赛. 天文学教程（上册）［M］. 上海：上海科学技术出版社，1961.

[5] 刘学富. 观测天体物理学［M］. 北京：北京师范大学出版社，1997.

[6] 黄润乾. 恒星物理学［M］. 北京：科学出版社，1998.

[7] 余允强. 大爆炸宇宙学［M］. 北京：高等教育出版社，1995.

[8] 艾伦 C W. 物理量和天体物理量［M］. 杨建，译. 北京：人民出版社，1972.

[9] Rudolf K. 千亿个太阳——恒星的诞生、演变和衰亡［M］. 沈良照，黄润乾，译. 长沙：湖南科学技术出版社，1997.

[10] Воровнцоь‐Велъяминов В А. 天文学习题和练习汇编［M］. 胡挹刚，桑志治，译. 北京：高等教育出版社，1956.

[11] Sparrow G. 行星［M］. 傅圣迪，译. 南昌：江西人民出版社，2017.

[12] 哈兰德 D M. 火星全书［M］. 郑永春，刘晗，译. 北京：北京联合出版公司，2019.

[13] Jones T，Stofen E. 行星世界［M］. 顾玮莱，张晓佳，译. 北京：人民邮电出版社，2020.

[14] Arcand K，Tremblya G，Watzke M，et al. NASA 深空探索［M］. 蒋云，陈维，译. 南京：江苏凤凰科学技术出版社，2021.

[15] 施耐德 H. 终极观星指南［M］. 李煦岱，译. 北京：北京联合出版有限责任公司，2017.

[16] 朱进. 天文爱好者［J］. 增刊. 天文爱好者杂志社，2010—2022.

[17] LAMOST 运行和发展中心编. 巡天遥看一千河——大视场巡天望远镜 LOMOST［M］. 杭州：浙江教育出版社，2018.

[18] Sparrow G. 火星奇观——红色星球新揭秘［M］. 鲁旸筱懿，译. 北京：人民邮电出版社，2017.

读者意见反馈

为收集对教材的意见建议,进一步完善教材编写并做好服务工作,读者可将对本教材的意见建议通过如下渠道反馈至我社。

咨询电话　400-810-0598

反馈邮箱　hepsci@pub.hep.cn

通信地址　北京市朝阳区惠新东街4号富盛大厦1座

　　　　　高等教育出版社理科事业部

邮政编码　100029

防伪查询说明

用户购书后刮开封底防伪涂层,使用手机微信等软件扫描二维码,会跳转至防伪查询网页,获得所购图书详细信息。

防伪客服电话　　(010)58582300